数理统计及其应用

苏 岩 著

科 学 出 版 社
北 京

内 容 简 介

本书内容包括概率论知识、统计学的基本概念、参数估计、假设检验、回归分析、主成分分析、因子分析、蒙特卡罗方法和统计漫谈等, 各章附有适量习题. 在基础知识方面, 第 1 章介绍概率论重要概念与公式, 第 2 章至第 5 章介绍数理统计的基本概念、基本原理和基本方法, 第 6 章是多元分析选讲, 第 7 章是随机模拟初步. 在统计发展方面, 统计漫谈介绍垂直密度表示、正态分布与统计应用、贝叶斯统计的发展、经典统计学的创立、统计推断与科学发现等内容. 在统计应用方面, 书中介绍系统可靠性指标的贝叶斯估计、经验 Logistic 回归模型及其在生物学中的应用、股票的主成分分析与因子分析等.

本书可作为数学、统计学和其他理工科专业的教材使用, 也可用作相关院校教师、实际工作者的参考书.

图书在版编目(CIP)数据

数理统计及其应用/苏岩著. —北京：科学出版社, 2018.1

ISBN 978-7-03-055837-4

Ⅰ. ①数… Ⅱ. ①苏… Ⅲ. ①数理统计 Ⅳ. ①O212

中国版本图书馆 CIP 数据核字(2017) 第 301024 号

责任编辑: 陈玉琢／责任校对: 邹慧卿
责任印制: 赵 博／封面设计: 陈 敬

科 学 出 版 社 出版
北京东黄城根北街 16 号
邮政编码: 100717
http://www.sciencep.com

北京虎彩文化传播有限公司印刷
科学出版社发行 各地新华书店经销

*

2018 年 1 月第 一 版 开本: 720 × 1000 B5
2024 年 3 月第四次印刷 印张: 16 1/2
字数: 320 000

定价: 98.00 元

(如有印装质量问题, 我社负责调换)

前　言

数理统计是统计学的基础理论. 数理统计广泛应用于理、工、农、医、经济、管理以及人文社会科学等领域, 统计软件使统计计算易于实现. 在网络时代, 数理统计成为理工科各专业必备的基础课程.

全书共 7 章. 第 1 章概率论知识是数理统计的基础. 第 2 章讲授统计学的基本概念与抽样分布定理, 它们是后续章节的基础知识. 第 3 章是参数估计, 第 4 章是假设检验, 这两章的内容是统计推断的主要内容. 第 5 章讨论回归分析, 本章内容体现统计推断在线性模型中的综合应用. 第 6 章叙述主成分分析与因子分析, 并结合多元数据做实证分析. 第 7 章是蒙特卡罗方法, 随机模拟在统计理论和应用之间起到桥梁的作用. 本书注重教材内容的系统性与严谨性, 突出统计思想的阐述, 强调数理统计的具体应用. 在取材和写作上, 本书力图做到以下几点.

(1) 着重于介绍数理统计的基本概念、基本原理和基本方法. 对书中一些主要结论以注释的形式予以直观性解释. 注重举例的多样性, 选配了适量习题. 在本书前 5 章中, 列出了各章的重要概念与公式, 用以阐明各章主要内容与基本要求.

(2) 以阐述有限样本的经典统计推断为主. 本书的前 5 章内容适用于理、工科的本科生教学, 前 5 章最后一节为统计漫谈, 用以进一步阐明统计概念、统计理论及应用进展, 供老师选讲或读者选读.

(3) 简明介绍贝叶斯估计、Logistic 回归模型、大样本统计推断、p 值检验、Bootstrap 方法、椭球对称分布、球面均匀分布统计特征等内容, 用以拓展统计知识. 本书后两章及书中带 $*$ 的部分内容适合硕士研究生教学.

本书第 1~5 章内容在华北电力大学信息与计算科学专业试用了两届, 第 6 章和第 7 章内容曾在华北电力大学应用统计硕士课程中使用. 在授课过程中, 作者对书稿做了适当的修改.

作者衷心感谢对本书予以指导和帮助的专家学者, 非常感谢同学们的投入与反馈. 科学出版社对本书的出版给予了大力支持, 在此表示诚挚的谢意.

由于作者水平有限, 书中不足与疏漏之处在所难免, 恳请广大读者批评指正.

苏岩

2017 年 6 月

目　　录

第 1 章　概率论知识

概率论是统计学的基础. 为了顺利进入到统计知识部分, 本章将介绍概率论的一些重要定义和定理. 对于读者熟知的基本结论, 我们将只做叙述而不进行证明.

1.1　随机事件与概率

1. 样本空间

随机试验的任一基本结果称为一个基本事件, 随机试验的所有基本事件构成的集合称为样本空间. 称随机试验的基本事件为样本点, 样本空间就是所有样本点构成的集合. 例如, 投掷一粒骰子, 可能出现 6 种结果. 记 "掷出 i 点" 的事件为 A_i, 则诸 A_i 为基本事件. 若以样本点 ω_i 表示事件 $A_i, i=1,2,\cdots,6$, 则该投掷试验的样本空间为 $\Omega=\{\omega_1,\omega_2,\cdots,\omega_6\}$.

2. 随机事件

随机事件是样本空间的子集, 简称为事件, 一般用大写字母 A,B,C 等表示事件. 称只包含一个样本点的随机事件为基本事件, 称包含两个或多于两个样本点的随机事件为复合事件, 称样本空间 Ω 为必然事件. 称不包含样本点的事件为不可能事件, 用 $\varnothing$ 表示. 在随机试验中, 当且仅当事件 A 中的一个样本点出现时, 称事件 A 发生了.

以投掷一粒骰子为例, $A=\{\omega_1,\omega_3,\omega_5\}$ 表示掷出奇数点的事件, $B=\{\omega_3\}$ 为基本事件, $\Omega=\{\omega_1,\omega_2,\cdots,\omega_6\}$ 为必然事件. 若在一次投掷中, 点 5 出现了, 则称事件 A 发生了.

3. 事件的关系与运算

设 A,B,C 表示事件.

(1) 事件的包含: 若 $A\subset B$, 则称事件 B 包含事件 A, 即当事件 A 发生时, 事件 B 必发生.

(2) 事件的相等: 若 $A\subset B$ 且 $B\subset A$, 则称 A 与 B 相等, 记为 $A=B$.

(3) 事件的并: 称事件 $\{\omega|\omega\in A$ 或 $\omega\in B\}$ 为事件 A 与事件 B 的并, 记为 $A\cup B$. 当且仅当 A,B 中至少有一个事件发生时, 事件 $A\cup B$ 发生.

(4) 事件的交：称事件 $\{\omega|\omega \in A$ 且 $\omega \in B\}$ 为事件 A 与事件 B 的交, 记为 $A \cap B$, 简记为 AB. 当且仅当 A, B 同时发生时, 事件 $A \cap B$ 发生.

(5) 事件的差：称事件 $\{\omega|\omega \in A$ 且 $\omega \notin B\}$ 为事件 A 与事件 B 的差, 记为 $A - B$. 当且仅当 A 发生而 B 不发生时, 事件 $A - B$ 发生.

(6) 事件的互斥：若 $A \cap B = \varnothing$, 则称事件 A 与事件 B 是互斥的. 互斥事件在一次试验中不能同时发生.

(7) 事件的对立：若 $A \cup B = \Omega$ 且 $A \cap B = \varnothing$，则称事件 A 与事件 B 是对立的. 对立事件 A 与 B 在一次试验中必有一个发生, 且仅有一个发生. 记 A 的对立事件为 $\overline{A}$, 则有 $\overline{A} = \Omega - A$. 对立事件必为互斥事件, 反之不然.

可以验证事件的运算满足交换律、结合律和分配律. 可以验证事件的运算满足德·摩根定律：

$$\overline{A \cup B} = \overline{A} \cap \overline{B}, \quad \overline{A \cap B} = \overline{A} \cup \overline{B},$$

$$\overline{\cup_i A_i} = \cap_i \overline{A}_i, \quad \overline{\cap_i A_i} = \cup_i \overline{A}_i.$$

4. 概率的性质

概率是事件发生的可能性大小的一种数量指标, 事件的概率为 0~1 的一个数. 给随机试验的任一事件 A 赋予一个实数, 记为 $P(A)$. 若集合函数 $P(\cdot)$ 满足非负性、规范性与可列可加性, 则称 $P(A)$ 为事件 A 的概率. 此为概率的公理化定义.

事件的概率具有下述性质.

(1) 对任意事件 A, 有 $0 \leqslant P(A) \leqslant 1$, 且有 $P(\Omega) = 1$ 和 $P(\varnothing) = 0$.

(2) 对任意事件 A, B, 有 $P(A \cup B) = P(A) + P(B) - P(AB)$. 特别地, 当 A 与 B 互斥时, $P(A \cup B) = P(A) + P(B)$.

(3) 若 $A \subset B$，则 $P(A) \leqslant P(B)$, 且有 $P(B) = P(A) + P(B - A)$.

(4) 对任意事件 A, 有 $P(A) = 1 - P(\overline{A})$.

(5) 设 $B_1, B_2, \cdots$ 为两两互斥事件, 即

$$B_i B_j = \varnothing, \quad i \neq j,\ i, j = 1, 2, \cdots,$$

则有

$$P(B_1 \cup B_2 \cup \cdots) = P(B_1) + P(B_2) + \cdots.$$

5. 条件概率

(1) 给定事件 B 下, 事件 A 发生的条件概率为

$$P(A|B) = \frac{P(AB)}{P(B)},$$

其中, $P(B) > 0$.

(2) 乘法公式: 设 $P(A)>0$, 则有

$$P(AB)=P(A)P(B|A).$$

(3) 全概率公式: 设 $B_1,B_2,\cdots,B_n$ 为样本空间 Ω 的一个划分. A 为任意事件, 则

$$P(A)=\sum_{i=1}^{n}P(B_i)P(A|B_i).$$

(4) 贝叶斯公式: 设 $B_1,B_2,\cdots,B_n$ 为样本空间 Ω 的一个划分. A 为任意事件, 且 $P(A)>0$, 则

$$P(B_i|A)=\frac{P(B_i)P(A|B_i)}{\sum\limits_{i=1}^{n}P(B_i)P(A|B_i)}.$$

(5) 事件的独立: 若 $P(AB)=P(A)P(B)$, 则称事件 A 与事件 B 是独立的.

(6) 一般加法公式: 设 $A_1,A_2,\cdots,A_n$ 为任意 n 个事件. 则

$$P\left(\bigcup_{i=1}^{n}A_i\right)=\sum_{i=1}^{n}P(A_i)-\sum_{1\leqslant i<j\leqslant n}^{n}P(A_iA_j)+\sum_{1\leqslant i<j<k\leqslant n}^{n}P(A_iA_jA_k)-\cdots+(-1)^{n-1}P(A_1A_2\cdots A_n).$$

在全概率公式中, 事件 A 的发生是伴随着 $B_1,B_2,\cdots,B_n$ 的发生而发生的. 若把事件 A 看作 "结果", 把 $B_1,B_2,\cdots,B_n$ 看作导致 "结果" 的 "原因", 则可把全概率公式看作由 "原因推结果".

贝叶斯公式是求在事件 A 发生的条件下, 事件 B_i 的发生的概率. 故可把贝叶斯公式看作由 "结果推原因", 即当事件 A 发生时, 事件 B_i 对事件 A 的发生所做的 "贡献".

假设 $P(B)>0$, 事件 A 与事件 B 相互独立的另一充要条件是 $P(A|B)=P(A)$. 事件 B 的发生不影响事件 A 的概率.

例 1.1.1 设 n 件产品中含有 m 件次品, 今从中任取两件产品, 在其中一件是次品的条件下, 求另一件也是次品的概率.

解 在 n 件产品中任取两件, 以 B_1 表示其中至少有一件次品, B_2 表示两件都是次品. 则 $B_2\subset B_1$, 且有

$$\begin{aligned}P(B_1)&=1-P(\overline{B_1})\\&=1-\binom{n-m}{2}\Big/\binom{n}{2}\\&=1-\frac{(n-m)(n-m-1)}{n(n-1)}\end{aligned}$$

$$
\begin{aligned}
&= \frac{m(2n-m-1)}{n(n-1)}, \\
P(B_2) &= \binom{m}{2} \Big/ \binom{n}{2} \\
&= \frac{m(m-1)}{n(n-1)}.
\end{aligned}
$$

故所求概率为

$$
\begin{aligned}
P(B_2|B_1) &= \frac{P(B_1B_2)}{P(B_1)} = \frac{P(B_2)}{P(B_1)} \\
&= \frac{m(m-1)}{n(n-1)} \Big/ \frac{m(2n-m-1)}{n(n-1)} \\
&= \frac{m-1}{2n-m-1}.
\end{aligned}
$$

例 1.1.2 设 $0 < P(C) < 1$. 若 $P(A|C) \geqslant P(B|C)$ 且有 $P(A|\overline{C}) \geqslant P(B|\overline{C})$, 证明 $P(A) \geqslant P(B)$.

证明 因为 $P(A|C) > P(B|C)$, 所以

$$
\frac{P(AC)}{P(C)} \geqslant \frac{P(BC)}{P(C)} \Rightarrow P(AC) \geqslant P(BC).
$$

同理, 由 $P(A|\overline{C}) > P(B|\overline{C})$, 得

$$
P(A\overline{C}) \geqslant P(B\overline{C}).
$$

故

$$
\begin{aligned}
P(A) &= P(A \cap (C \cup \overline{C})) \\
&= P(AC \cup A\overline{C}) \\
&= P(AC) + P(A\overline{C}) \\
&\geqslant P(BC) + P(B\overline{C}) = P(B).
\end{aligned}
$$

例 1.1.3 设 $0 < P(A) < 1$, $0 < P(B) < 1$, 且

$$
P(A|B) + P(\overline{A}|\overline{B}) = 1.
$$

证明事件 A 与 B 相互独立.

证明

$$
\begin{aligned}
P(A|B) + P(\overline{A}|\overline{B}) = 1 &\Leftrightarrow P(A|B) = 1 - P(\overline{A}|\overline{B}) \\
&\Leftrightarrow P(A|B) = P(A|\overline{B}) \\
&\Leftrightarrow \frac{P(AB)}{P(B)} = \frac{P(A\overline{B})}{P(\overline{B})} \\
&\Leftrightarrow P(\overline{B})P(AB) = P(B)P(A\overline{B}) \\
&\Leftrightarrow [1 - P(B)]P(AB) = P(B)[P(A) - P(AB)] \\
&\Leftrightarrow P(AB) = P(A)P(B).
\end{aligned}
$$

故知事件 A 与 B 相互独立.

例 1.1.4 某人欲寄 n 封信, 将 n 个通信地址随意写在 n 个信封上, 试求没有一封信碰对地址的概率.

解 以 B 表示“没有一封信碰对地址”, A 表示“至少有一封信碰对地址”, A_i 表示“第 i 封信碰对地址”, 则有

$$A=\bigcup_{i=1}^{n}A_i,\quad P(B)=1-P(A).$$

由一般加法公式知

$$\begin{aligned}P\left(\bigcup_{i=1}^{n}A_i\right)=&\sum_{i=1}^{n}P(A_i)-\sum_{1\leqslant i<j\leqslant n}^{n}P(A_iA_j)\\&+\sum_{1\leqslant i<j<k\leqslant n}^{n}P(A_iA_jA_k)-\cdots+(-1)^{n-1}P(A_1A_2\cdots A_n).\end{aligned}$$

因为

$$P(A_i)=\frac{1}{n},P(A_iA_j)=\frac{1}{n(n-1)},\cdots,P(A_1A_2\cdots A_n)=\frac{1}{n!},$$

所以

$$\begin{aligned}P(A)=&\binom{n}{1}\frac{1}{n}-\binom{n}{2}\frac{1}{n(n-1)}\\&+\binom{n}{3}\frac{1}{n(n-1)(n-2)}-\cdots+(-1)^{n-1}\binom{n}{n}\frac{1}{n!}\\=&1-\frac{1}{2!}+\frac{1}{3!}-\cdots+(-1)^{n-1}\frac{1}{n!},\end{aligned}$$

$$\begin{aligned}P(B)=&1-P(A)\\=&\frac{1}{2!}-\frac{1}{3!}+\cdots-(-1)^{n-1}\frac{1}{n!}.\end{aligned}$$

易知

$$\mathrm{e}^x=1+x+\frac{x^2}{2!}+\frac{x^3}{3!}+\cdots+\frac{x^n}{n!}+\mathrm{e}^{\theta x}\frac{x^{n+1}}{(n+1)!},\quad 0<\theta<1.$$

当 $x=-1$ 时, 有

$$\begin{aligned}\frac{1}{\mathrm{e}}=&1-1+\frac{1}{2!}-\frac{1}{3!}+\cdots+(-1)^n\frac{1}{n!}+(-1)^{n+1}\frac{\mathrm{e}^{-\theta}}{(n+1)!}\\=&1-\left[1-\frac{1}{2!}+\frac{1}{3!}-\cdots+(-1)^{n-1}\frac{1}{n!}\right]+(-1)^{n+1}\frac{\mathrm{e}^{-\theta}}{(n+1)!}\\=&1-P(A)+R_n.\end{aligned}$$

故知

$$P(A)=1-\frac{1}{\mathrm{e}}+R_n,\quad P(B)=\frac{1}{\mathrm{e}}-R_n.$$

误差项 R_n 的绝对值满足

$$|R_n| = \left|(-1)^{n+1}\frac{\mathrm{e}^{-\theta}}{(n+1)!}\right| < \frac{1}{(n+1)!}.$$

当 $n=7$ 时, $|R_n| < 0.00003$, 其误差不超过万分之一. 此时有

$$P(A) \approx 1 - \frac{1}{\mathrm{e}} \approx 0.6321, \quad P(B) \approx \frac{1}{\mathrm{e}} \approx 0.3679.$$

1.2 随机变量及其分布函数

随机变量及其分布函数概念的引入, 使我们对随机现象的研究转化为对函数的研究. 由此, 可将微积分与代数知识应用于概率论与统计分析.

1. 随机变量

设 $X = X(\omega)$ 是定义在样本空间 Ω 上的单值实函数, $\mathbf{R} = (-\infty, \infty)$. 若对任意实数 $x \in \mathbf{R}$, $\{\omega : X(\omega) \leqslant x\}$ 均为事件, 则称 X 为一个随机变量.

设 A 为任一事件, 记示性函数

$$I_A(\omega) = \begin{cases} 1, & \omega \in A, \\ 0, & \omega \notin A, \end{cases} \tag{1.2.1}$$

则有 $P(A) = P(I_A(\omega) = 1)$. 由此, 可将对事件 A 发生概率的研究转化为对相应随机变量 $I_A(\omega)$ 的研究.

若随机变量 X 的取值为有限个或可列个不同的值, 则称 X 为离散型随机变量. 常见的离散型随机变量有 0-1 分布、二项分布及泊松分布. 连续型随机变量的特点是其取值充满某个区间. 常见的连续型随机变量有均匀分布、指数分布及正态分布. 若 $X \sim N(\mu, \sigma^2)$, 则 $Y = (X-\mu)/\sigma \sim N(0,1)$.

2. 分布函数

设 X 为一个随机变量, 则对任意 $x \in \mathbf{R}$, 事件 $\{\omega : X(\omega) \leqslant x\}$ 的概率依赖于 x 值, 记为 $F(x)$. 称

$$F(x) = P(X(\omega) \leqslant x), \quad x \in \mathbf{R}$$

为随机变量 X 的分布函数. 分布函数是单调非降的, 其取值落在 0 与 1 之间, 且有

$$F(x) \to 1,\ x \to \infty; \quad F(x) \to 0,\ x \to -\infty.$$

设 $a < b$, 则 $P(a < X \leqslant b) = F(b) - F(a)$. 随机变量 X 的概率分布与 X 的分布函数 $F(x)$ 具有一一对应关系. 因此, 可以通过分布函数 $F(x)$, 确定随机变量 X 取值的概率特性.

定理 1.2.1 设随机变量 X 的分布函数为 $F(x)$. 则

$$P(X=x)=F(x)-F(x-),\quad x\in\mathbf{R},$$

其中, $F(x-)=\lim\limits_{t\to x^-}F(t)$.

证明 对任意 $x\in\mathbf{R}$, 有

$$\{x\}=\bigcap_{n=1}^{\infty}\left(x-\frac{1}{n},x\right].$$

记 $A_n=\left(x-\dfrac{1}{n},x\right]$, 易知 $A_1\supset A_2\supset\cdots$. 由概率连续性知

$$\begin{aligned}P(X=x)&=P\left[\bigcap_{n=1}^{\infty}\left(x-\frac{1}{n}<X\leqslant x\right)\right]\\&=\lim_{n\to\infty}P\left(x-\frac{1}{n}<X\leqslant x\right)\\&=\lim_{n\to\infty}[F(x)-F(x-1/n)]\\&=F(x)-F(x-).\end{aligned}$$

例 1.2.1 设 $X\sim b(0,1)$, 求 X 的分布函数.

解 X 的概率分布为 $P(X=1)=p,P(X=0)=1-p$. 设 $X\in\mathbf{R}$, 则有

$$F(x)=P(X\leqslant x)=\begin{cases}0, & x<0,\\1-p, & 0\leqslant x<1,\\1, & x\geqslant 1.\end{cases}\tag{1.2.2}$$

例 1.2.2 设随机变量 X 的分布函数由式 (1.2.2) 给出, 则有

$$P(X=0)=F(0)-F(0-)=(1-p)-0=1-p,$$

$$P(X=1)=F(1)-F(1-)=1-(1-p)=p.$$

3. 概率密度

设 X 为连续型随机变量, $F(x)$ 为 X 的分布函数. 则必存在非负函数 $f(x)$, 使得

$$F(x)=\int_{-\infty}^{x}f(t)\mathrm{d}t.\tag{1.2.3}$$

称式 (1.2.3) 中的 $f(x)$ 为连续型随机变量 X 的概率密度. 若 x 为 $f(x)$ 的连续点, 则有

$$F^{'}(x)=f(x),\quad x\in\mathbf{R}.$$

设 $a<b$, 则有

$$P(a<X\leqslant b)=F(b)-F(a)=\int_a^b f(x)\mathrm{d}x.$$

例 1.2.3　设 $X\sim U(0,1)$, 求 X 的分布函数.

解　X 的概率密度为

$$f(x)=\begin{cases}1, & x\in(0,1),\\ 0, & \text{其他}.\end{cases}\tag{1.2.4}$$

设 $X\in\mathbf{R}$, 则有

$$F(x)=P(X\leqslant x)=\int_{-\infty}^x f(t)\mathrm{d}t=\begin{cases}0, & x<0,\\ x, & 0\leqslant x<1,\\ 1, & x\geqslant 1.\end{cases}\tag{1.2.5}$$

例 1.2.4 (指数分布)　设随机变量 X 的概率密度为

$$f(x)=\begin{cases}\lambda\mathrm{e}^{-\lambda x}, & x\geqslant 0,\\ 0, & x<0,\end{cases}\tag{1.2.6}$$

$\lambda>0$ 为参数. 称 X 服从参数为 λ 的指数分布. X 的分布函数为

$$F(x)=P(X\leqslant x)=\int_{-\infty}^x f(t)\mathrm{d}t=\begin{cases}0, & x<0,\\ 1-\mathrm{e}^{-\lambda x}, & x\geqslant 0.\end{cases}\tag{1.2.7}$$

指数分布可用来描述某些电子元件或系统的使用寿命. 称单位时间间隔内元件失效的条件概率为平均失效率, 即

$$\gamma(x)=\frac{P(x\leqslant X\leqslant x+\Delta x|X>x)}{\Delta x}.$$

设寿命 X 服从参数为 λ 的指数分布, 则有

$$\begin{aligned}\gamma(x)&=\frac{P(x\leqslant X\leqslant x+\Delta x)}{P(X>x)\Delta x}\\&=\frac{F(x+\Delta x)-F(x)}{\Delta x}\frac{1}{1-F(x)}\\&\to\frac{F'(x)}{1-F(x)}=\lambda,\quad \Delta x\to 0.\end{aligned}$$

称 λ 为瞬时失效率.

定理 1.2.2 (泊松定理) 设

$$X_n \sim b(n,p_n), \quad 0<p_n<1,\ n=1,2,\cdots.$$

若 $\lim\limits_{n\to\infty} np_n=\lambda>0$, 则对任意非负整数 k, 有

$$\lim_{n\to\infty} P(X_n=k)=\lim_{n\to\infty}\binom{n}{k}p_n^k(1-p_n)^{n-k}=\frac{\lambda^k}{k!}\mathrm{e}^{-\lambda}. \tag{1.2.8}$$

泊松分布可用来描述稀有事件发生的概率. 对于较大的 n 及较小的 p_n, 由泊松定理, 可用泊松分布近似二项分布.

4. 多元随机变量及其联合分布函数

在具体应用中, 常遇到多个变量的观测数据. 例如打靶射击弹着点的位置需用其横坐标和纵坐标两个变量表示. 人们做体检时, 多个检查指标之间具有概率相依性. 人的身高 X 和体重 Y 这两个变量间存在一定的概率相关性, 故需对 (X,Y) 做整体性考虑. 称 n 个随机变量 $X_1,X_2,\cdots,X_n$ 的整体 $\boldsymbol{X}=(X_1,X_2,\cdots,X_n)$ 为 n 元随机变量 (随机向量). 由于多元随机变量与二元随机变量具有相同的概率性质, 下面主要讨论二元随机变量.

若 (X,Y) 只取有限数值对或可列无限多数值对, 则称 (X,Y) 为离散型随机变量. (X,Y) 为连续型随机变量的特点是 (X,Y) 的取值可充满某个区域. 可通过联合概率密度给出连续型随机变量的严格定义.

设 (X,Y) 为二元随机变量, 称

$$F(x,y)=P(X\leqslant x,Y\leqslant y), \quad (x,y)\in\mathbf{R}^2$$

为 (X,Y) 联合分布函数, 简称分布函数.

定义 1.2.1 设二元随机变量 (X,Y) 的分布函数为 $F(x,y)$. 若存在非负的二元函数 $f(x,y)$, 使得

$$F(x,y)=\int_{-\infty}^{x}\int_{-\infty}^{y} f(s,t)\mathrm{d}s\mathrm{d}t, \quad (x,y)\in\mathbf{R}^2,$$

则称 (X,Y) 为连续型随机变量, 称 $f(x,y)$ 为 (X,Y) 的联合概率密度, 简称概率密度.

概率密度 $f(x,y)$ 具有下述性质.

(1) $f(x,y)\geqslant 0$, $F(\infty,\infty)=\displaystyle\int_{-\infty}^{\infty}\int_{-\infty}^{\infty} f(x,y)\mathrm{d}x\mathrm{d}y=1$.

(2) 设 $f(x,y)$ 在点 (x,y) 连续, 则有

$$\frac{\partial^2 F(x,y)}{\partial x\partial y}=f(x,y).$$

(3) 设 D 为平面区域, 则点 (X,Y) 落入 D 的概率为

$$P\{(X,Y)\in D\}=\iint\limits_{D} f(x,y)\mathrm{d}x\mathrm{d}y.$$

其几何意义是 $P\{(X,Y)\in D\}$ 为立于区域 D 的以 $f(x,y)$ 为曲顶的曲顶柱体的体积.

5. 边缘分布

定义 1.2.2 设二元随机变量 (X,Y) 的分布函数为 $F(x,y)$. 记

$$F_X(x)=F(x,\infty),\quad F_Y(y)=F(\infty,y).$$

分别称 $F_X(x)$ 和 $F_Y(y)$ 为分量 X 和 Y 的边缘分布函数.

定义 1.2.3 设离散型二元随机变量 (X,Y) 的概率分布为

$$P(X=x_i,Y=y_j)=p_{ij},\quad i,j=1,2,\cdots.$$

记

$$P(X=x_i)=p_{i\cdot}=\sum_{j=1}^{\infty}p_{ij},\quad i=1,2,\cdots,$$

$$P(Y=y_j)=p_{\cdot j}=\sum_{i=1}^{\infty}p_{ij},\quad j=1,2,\cdots.$$

分别称 $\{p_{i\cdot}\}_{i=1}^{\infty}$ 和 $\{p_{\cdot j}\}_{j=1}^{\infty}$ 为分量 X 和 Y 的边缘概率分布.

定义 1.2.4 设二元随机变量 (X,Y) 为连续型随机变量, $f(x,y)$ 为 (X,Y) 的联合概率密度. 记

$$f_X(x)=\int_{-\infty}^{\infty}f(x,y)\mathrm{d}y,\quad f_Y(y)=\int_{-\infty}^{\infty}f(x,y)\mathrm{d}x.$$

分别称 $f_X(x)$ 和 $f_Y(y)$ 为分量 X 和 Y 的边缘概率密度.

6. 条件分布

定义 1.2.5 设 (X,Y) 为离散型二元随机变量, $P(Y=y_j)>0$. 称

$$P(X=x_i|Y=y_j)=\frac{P(X=x_i,Y=y_j)}{P(Y=y_j)}=\frac{p_{ij}}{p_{\cdot j}},\quad i=1,2,\cdots$$

为在 $Y=y_j$ 条件下随机变量 X 的条件概率分布.

同样, 设 $P(X=x_i)>0$. 称

$$P(Y=y_j|X=x_i)=\frac{P(X=x_i,Y=y_j)}{P(X=x_i)}=\frac{p_{ij}}{p_{i\cdot}},\quad j=1,2,\cdots$$

为在 $X=x_i$ 条件下随机变量 Y 的条件概率分布.

定义 1.2.6 设二元随机变量 (X,Y) 为连续型随机变量, $f(x,y)$ 为 (X,Y) 的联合概率密度, $f_Y(y)$ 为分量 Y 的边缘概率密度. 设对给定的 $y, f_Y(y)>0$. 记

$$f_{X|Y}(x|y)=\frac{f(x,y)}{f_Y(y)},$$

则称 $f_{X|Y}(x|y)$ 为在 $Y=y$ 条件下分量 X 的条件概率密度. 记

$$F_{X|Y}(x|y)=P(X\leqslant x|Y=y)=\int_{-\infty}^{x}\frac{f(x,y)}{f_Y(y)}\mathrm{d}x,$$

则称 $F_{X|Y}(x|y)$ 为在 $Y=y$ 条件下分量 X 的条件分布函数.

设对给定的 $x, f_X(x)>0$. 同样, 称

$$f_{Y|X}(y|x)=\frac{f(x,y)}{f_X(x)}$$

为在 $X=x$ 条件下分量 Y 的条件概率密度. 记

$$F_{Y|X}(y|x)=P(Y\leqslant y|X=x)=\int_{-\infty}^{y}\frac{f(x,y)}{f_X(x)}\mathrm{d}y,$$

则称 $F_{Y|X}(y|x)$ 为在 $X=x$ 条件下分量 Y 的条件分布函数.

7. 随机变量的独立性

定义 1.2.7 设二元随机变量 (X,Y) 的分布函数为 $F(x,y)$, 且设 $F_X(x)$ 和 $F_Y(y)$ 分别为 X 和 Y 的边缘分布函数. 若对任意 $(x,y)\in\mathbf{R}^2$, 均有

$$F(x,y)=F_X(x)F_Y(y),$$

则称随机变量 X 与 Y 相互独立.

随机变量的独立性是事件独立性的推广形式. 记

$$A=\{\omega:X(\omega)\leqslant x\},\quad B=\{\omega:Y(\omega)\leqslant y\}.$$

那么, $F(x,y)=F_X(x)F_Y(y)$ 的充要条件是 $P(AB)=P(A)P(B)$.

设 (X,Y) 为离散型二元随机变量. 则离散型随机变量 X 与 Y 相互独立的充要条件是对任意 i,j, 均有

$$p_{ij}=p_{i\cdot}p_{\cdot j},\quad i,j=1,2,\cdots.$$

设 $f(x,y)$ 为二元连续型随机变量 (X,Y) 的联合概率密度, 且设 $f_X(x)$ 和 $f_Y(y)$ 分别为分量 X 和 Y 的边缘概率密度. 则连续型随机变量 X 与 Y 相互独立的充要条件是

$$f(x,y)=f_X(x)f_Y(y)$$

在 $\mathbf{R}^2$ 内几乎处处成立.

例 1.2.5　设 (X,Y) 在半圆 $x^2+y^2\leqslant 1, y\geqslant 0$ 上服从均匀分布, 问随机变量 X 与 Y 是否相互独立.

解　设 X 的概率密度为 $f_X(x)$. 当 $x\in(-1,1)$ 时,

$$f_X(x)=\int_{-\infty}^{\infty}f(x,y)\mathrm{d}y=\int_0^{\sqrt{1-x^2}}\frac{2}{\pi}\mathrm{d}y=\frac{2}{\pi}\sqrt{1-x^2}.$$

故有

$$f_X(x)=\begin{cases}\dfrac{2}{\pi}\sqrt{1-x^2}, & x\in(-1,1),\\ 0, & \text{其他}.\end{cases}$$

设 Y 的概率密度为 $f_Y(y)$. 当 $y\in(0,1)$ 时,

$$f_Y(y)=\int_{-\infty}^{\infty}f(x,y)\mathrm{d}x=\int_{-\sqrt{1-y^2}}^{\sqrt{1-y^2}}\frac{2}{\pi}\mathrm{d}x=\frac{4}{\pi}\sqrt{1-y^2}.$$

故有

$$f_Y(y)=\begin{cases}\dfrac{4}{\pi}\sqrt{1-y^2}, & y\in(0,1),\\ 0, & \text{其他}.\end{cases}$$

因此

$$f(x,y)\neq f_X(x)f_Y(y),$$

所以, 随机变量 X 与 Y 不是相互独立的.

例 1.2.6　设 X 与 Y 是独立同分布随机变量, 且 $X\sim U(0,1)$. 求 $Z=X+Y$ 的分布函数 $F_Z(z)$ 与概率密度 $f_Z(z)$.

解　由题设可知, (X,Y) 的联合概率密度为

$$f(x,y)=\begin{cases}1, & 0\leqslant x\leqslant 1, 0\leqslant y\leqslant 1,\\ 0, & \text{其他}.\end{cases}$$

且有

$$F_Z(z)=P(Z\leqslant z)=P(X+Y\leqslant z)=\iint\limits_{x+y\leqslant z}f(x,y)\mathrm{d}x\mathrm{d}y.$$

故当 $z<0$ 时, $F_Z(z)=0$. 当 $0\leqslant z\leqslant 1$ 时,

$$F_Z(z)=\int_0^z\mathrm{d}x\int_0^{z-x}\mathrm{d}y=\frac{1}{2}z^2.$$

当 $1<z\leqslant 2$ 时, $F_Z(z)$ 为斜线 $x+y=z$ 下方边长为 1 的正方形的剩余面积, 即

$$F_Z(z)=1\times 1-\frac{1}{2}(2-z)\cdot(2-z)=1-\frac{1}{2}(2-z)^2.$$

当 $z>2$ 时, $F_Z(z)=1$. 故

$$F_Z(z)=\begin{cases}0, & z<0,\\ \dfrac{1}{2}z^2, & 0\leqslant z\leqslant 1,\\ 1-\dfrac{1}{2}(2-z)^2, & 1<z\leqslant 2,\\ 1, & z>2.\end{cases}$$

因为 $f_Z(z)=F_Z'(z)$, 故

$$f_Z(z)=\begin{cases}z, & 0\leqslant z\leqslant 1,\\ 2-z, & 1<z\leqslant 2,\\ 0, & \text{其他}.\end{cases}$$

称 $f_Z(z)$ 为此三角形的概率密度.

定义 1.2.8 称 $(X_1,X_2,\cdots,X_n)$ 服从多项分布 $M(N;p_1,p_2,\cdots,p_n)$, 若

$$P(X_1=k_1,X_2=k_2,\cdots,X_n=k_n)=\frac{N!}{k_1!k_2!\cdots k_n!}p_1^{k_1}p_2^{k_2}\cdots p_n^{k_n}, \tag{1.2.9}$$

其中 k_i 为非负整数, $p_i\geqslant 0, i=1,2,\cdots,n$, 且

$$k_1+k_2+\cdots+k_n=N,\quad p_1+p_2+\cdots+p_n=1.$$

例 1.2.7 设 $(X_1,X_2,\cdots,X_n)\sim M(N;p_1,p_2,\cdots,p_n)$, 求 X_1 的分布.

解 设事件 $A_1,A_2,\cdots,A_n$ 两两互斥且 $A_1,A_2,\cdots,A_n$ 的并为某随机试验的样本空间 Ω. 记 p_i 为 A_i 的概率, 将试验独立重复 N 次, 设 X_i 为在 N 次试验中事件 A_i 发生的次数, $i=1,2,\cdots,n$. 则有

$$(X_1,X_2,\cdots,X_n)\sim M(N;p_1,p_2,\cdots,p_n).$$

在 N 次试验中 A_1 发生的次数为 X_1, $\overline{A}_1$ 发生的次数为 $N-X_1$. 故知 $X_1\sim b(N,p_1)$.

1.3 数字特征与特征函数

概率分布可以完整地刻画随机变量取值的概率性质. 数字特征可以描述随机变量取值的主要概率特性, 特征函数则能够完全刻画随机变量的概率分布. 在极限定理中, 特征函数有着重要应用.

1. 数学期望及其性质

定义 1.3.1 设离散型随机变量 X 的概率分布为

$$p(X=x_i)=p_i,\quad i=1,2,\cdots,m.$$

记

$$E(X)=x_1p_1+x_2p_2+\cdots+x_mp_m,$$

称 $E(X)$ 为随机变量 X 的数学期望, 简称期望, 也称为均值.

由定义 1.3.1 可以看出, 数学期望是 X 取值的加权平均. 若 $p_i=1/m$, $i=1,2,\cdots,m$, 数学期望 $E(X)$ 成为 X 取值的算术平均.

定义 1.3.2　设离散型随机变量 X 的概率分布为

$$p(X=x_i)=p_i,\quad i=1,2,\cdots.$$

若级数

$$\sum_{i=1}^{\infty}|x_i|p_i<\infty,$$

则称级数的和

$$E(X)=\sum_{i=1}^{\infty}x_ip_i$$

为随机变量 X 的数学期望.

定义 1.3.3　设连续型随机变量 X 的概率密度为 $f(x)$. 若积分

$$\int_{-\infty}^{\infty}|x|f(x)\mathrm{d}x<\infty,$$

则称

$$E(X)=\int_{-\infty}^{\infty}xf(x)\mathrm{d}x$$

为随机变量 X 的数学期望.

引理 1.3.1　设 $g(x)$ 是连续函数, 随机变量 $Y=g(X)$. 设离散型随机变量 X 的概率分布为

$$p(X=x_i)=p_i,\quad i=1,2,\cdots,m,$$

则有

$$E(Y)=E[g(X)]=\sum_{i=1}^{m}g(x_i)p_i.$$

引理 1.3.2　设 $g(x)$ 是连续函数, 随机变量 $Y=g(X)$. 设离散型随机变量 X 的概率分布为

$$p(X=x_i)=p_i,\quad i=1,2,\cdots.$$

若级数

$$\sum_{i=1}^{\infty}|g(x_i)|p_i<\infty,$$

则有

$$E(Y)=E[g(X)]=\sum_{i=1}^{\infty}g(x_i)p_i.$$

引理 1.3.3 设 $g(x)$ 是连续函数, 随机变量 $Y=g(X)$. 设连续型随机变量 X 的概率密度为 $f(x)$. 若积分

$$\int_{-\infty}^{\infty}|g(x)|f(x)\mathrm{d}x<\infty,$$

则有

$$E(Y)=E[g(X)]=\int_{-\infty}^{\infty}g(x)f(x)\mathrm{d}x.$$

引理 1.3.4 设 $g(x,y)$ 是连续函数, 随机变量 $Z=g(X,Y)$. 设离散型随机变量 (X,Y) 的概率分布为

$$p(X=x_i,Y=y_j)=p_{ij},\quad i,j=1,2,\cdots.$$

若级数

$$\sum_{i=1}^{\infty}\sum_{j=1}^{\infty}|g(x_i,y_j)|p_{ij}<\infty,$$

则有

$$E(Z)=E[g(X,Y)]=\sum_{i=1}^{\infty}\sum_{j=1}^{\infty}g(x_i,y_j)p_{ij}.$$

引理 1.3.5 设 $g(x,y)$ 是连续函数, 随机变量 $Z=g(X,Y)$. 设连续型随机变量 (X,Y) 的概率密度为 $f(x,y)$. 若积分

$$\int_{-\infty}^{\infty}\int_{-\infty}^{\infty}|g(x,y)|f(x,y)\mathrm{d}x\mathrm{d}y<\infty,$$

则有

$$E(Z)=E[g(X,Y)]=\int_{-\infty}^{\infty}\int_{-\infty}^{\infty}g(x,y)f(x,y)\mathrm{d}x\mathrm{d}y.$$

例 1.3.1 设 (X,Y) 在半圆 $x^2+y^2\leqslant 1, y\geqslant 0$ 上服从均匀分布, 求 $E(X^2Y)$.

解 易知 $z=x^2y$ 为连续函数, 且有

$$f(x,y)=\begin{cases}\dfrac{2}{\pi}, & x^2+y^2\leqslant 1 \text{ 且 } y\geqslant 0,\\ 0, & \text{其他}.\end{cases}$$

故

$$\begin{aligned}E(X^2Y)&=\int_{-1}^{1}\mathrm{d}x\int_{0}^{\sqrt{1-x^2}}x^2y\frac{2}{\pi}\mathrm{d}y\\&=\frac{2}{\pi}\int_{-1}^{1}x^2\mathrm{d}x\int_{0}^{\sqrt{1-x^2}}y\mathrm{d}y\\&=\frac{2}{\pi}\int_{0}^{1}x^2(1-x^2)\mathrm{d}x\\&=\frac{4}{15\pi}.\end{aligned}$$

数学期望具有以下性质:

(1) 设 c 为常数, 则 $E(c)=c$;

(2) 设 c 为常数, 则 $E(cX)=cE(X)$;

(3) $E(X+Y)=E(X)+E(Y)$;

(4) 若 X 与 Y 相互独立, 则 $E(XY)=E(X)E(Y)$.

2. *方差*

定义 1.3.4　设 X 为一随机变量, 且 $E[(X-E(X))^2]$ 存在. 称

$$D(X)=E[(X-E(X))^2]$$

为随机变量 X 的方差. 称 $\sqrt{D(X)}$ 为 X 的标准差或均方差.

随机变量 X 的方差, 刻画了 X 与其期望 $E(X)$ 偏离平方的平均偏离程度. 由方差定义及期望的性质可得

$$D(X)=E(X^2)-[E(X)]^2.$$

设离散型随机变量 X 的概率分布为 $P(X=x_i)=p_i, i=1,2,\cdots$. 设 X 的方差存在, 则有

$$D(X)=\sum_{i=1}^{\infty}[x_i-E(X)]^2p_i.$$

设连续型随机变量 X 的概率密度为 $f(x)$, 且 X 的方差存在. 则有

$$D(X)=\int_{-\infty}^{\infty}[x-E(X)]^2f(x)\mathrm{d}x.$$

引理 1.3.6 (切比雪夫不等式)　设随机变量 X 的方差存在. 则对任意 $\varepsilon>0$, 有

$$P(|X-E(X)|\geqslant\varepsilon)\leqslant\frac{D(X)}{\varepsilon^2}.$$

注 随机变量 X 与期望 $E(X)$ 的偏离程度受控于方差 $D(X)$. 切比雪夫不等式可用于估算事件发生的概率, 以及大数定律的证明.

例 1.3.2 设随机变量 X 的概率密度为 $f(x)=\dfrac{x^k}{k!}\mathrm{e}^{-x}$, $x\geqslant 0$. 证明

$$P(0<X<2(k+1))\geqslant\frac{k}{k+1}.$$

证明

$$\begin{aligned}E(X)&=\int_0^{\infty}x\frac{x^k}{k!}\mathrm{e}^{-x}\mathrm{d}x\\&=\frac{1}{k!}\int_0^{\infty}x^{(k+2)-1}\mathrm{e}^{-x}\mathrm{d}x\\&=\frac{\Gamma(k+2)}{k!}\\&=\frac{(k+1)!}{k!}=k+1.\end{aligned}$$

$$\begin{aligned}E(X^2)&=\int_0^{\infty}x^2\frac{x^k}{k!}\mathrm{e}^{-x}\mathrm{d}x\\&=\frac{1}{k!}\int_0^{\infty}x^{(k+3)-1}\mathrm{e}^{-x}\mathrm{d}x\\&=\frac{\Gamma(k+3)}{k!}\\&=\frac{(k+2)!}{k!}=(k+2)(k+1).\end{aligned}$$

故有

$$\begin{aligned}D(X)&=E(X^2)-E^2(X)\\&=(k+2)(k+1)-(k+1)^2\\&=k+1.\end{aligned}$$

由切比雪夫不等式可得

$$\begin{aligned}P(0<X<2(k+1))&=P(|X-(k+1)|<k+1)\\&\geqslant 1-\frac{D(X)}{(k+1)^2}\\&=1-\frac{k+1}{(k+1)^2}\\&=\frac{k}{k+1}.\end{aligned}$$

引理 1.3.7 (施瓦茨不等式) 设随机变量 X 与 Y 的方差均存在. 则有

$$[E(XY)]^2\leqslant E(X^2)E(Y^2).$$

方差具有以下性质:

(1) 设 c 为常数, 则 $D(c)=0$;

(2) 设 c 为常数, 则 $D(cX)=c^2D(X)$;

(3) 若 X 与 Y 相互独立, 则 $D(X+Y)=D(X)+D(Y)$;

(4) $D(X+Y)=D(X)+D(Y)+2\text{Cov}(X,Y)$;

(5) $D(X)=0$ 的充要条件是 X 以概率 1 为常数 c, 即

$$P(X=c)=1.$$

例 1.3.3　设随机变量 X 服从参数为 n,p 的二项分布, 即 $X\sim b(n,p)$. 求 X 的期望和方差.

解　设 $X_1,X_2,\cdots,X_n$ 相互独立且具有相同的概率分布 $b(1,p)$. 则

$$X=X_1+X_2+\cdots+X_n\sim b(n,p).$$

易知 0-1 分布 $b(1,p)$ 的期望和方差分别为

$$E(X_1)=p,\quad D(X_1)=pq.$$

因为 $X_1,X_2,\cdots,X_n$ 为独立同分布的随机变量, 故

$$E(X)=E(X_1+X_2+\cdots+X_n)=E(X_1)+E(X_2)+\cdots+E(X_n)=np,$$
$$D(X)=D(X_1+X_2+\cdots+X_n)=D(X_1)+D(X_2)+\cdots+D(X_n)=npq.$$

3. *协方差与相关系数*

定义 1.3.5　设 (X,Y) 为二元随机变量, 且 $E[(X-E(X))(Y-E(Y))]$ 存在. 称

$$\text{Cov}(X,Y)=E[(X-E(X))(Y-E(Y))]$$

为 X 与 Y 的协方差. 若 $\text{Cov}(X,Y)=0$, 则称 X 与 Y 是不相关的.

由协方差的定义可得

$$\text{Cov}(X,Y)=\text{Cov}(Y,X)=E(XY)-E(X)E(Y).$$

因此, X 与 Y 是不相关的当且仅当

$$E(XY)=E(X)E(Y).$$

若 X 与 Y 相互独立, 则有 $\text{Cov}(X,Y)=0$. 故若 X 与 Y 相互独立, 则 X 与 Y 是不相关的; 反之不然.

协方差具有以下性质:

(1) $\text{Cov}(c_1X+c_2,c_3Y+c_4)=c_1c_3\text{Cov}(X,Y)$, 其中 $c_i, i=1,2,3,4$ 为常数;

(2) $\text{Cov}(X+Y,Z)=\text{Cov}(X,Y)+\text{Cov}(X,Z)$.

定义 1.3.6 设 (X,Y) 为二元随机变量, 且 $\mathrm{Cov}(X,Y)$ 存在. 称

$$\rho_{X,Y}=\frac{\mathrm{Cov}(X,Y)}{\sqrt{D(X)}\sqrt{D(Y)}}$$

为 X 与 Y 的相关系数.

记

$$X^*=\frac{X-E(X)}{\sqrt{D(X)}},\quad Y^*=\frac{Y-E(Y)}{\sqrt{D(Y)}}.$$

称 X^* 为 X 的标准化随机变量. 因此, Y^* 为 Y 的标准化随机变量. 因为

$$\mathrm{Cov}(X^*,Y^*)=E(X^*Y^*)=\frac{E[(X-E(X))(Y-E(Y))]}{\sqrt{D(X)}\sqrt{D(Y)}}=\rho_{X,Y},$$

故 X 与 Y 的相关系数 $\rho_{X,Y}$, 即为 X 与 Y 对应标准化随机变量的协方差.

相关系数具有以下性质:

(1) $|\rho_{X,Y}|\leqslant 1$;

(2) $|\rho_{X,Y}|=1$ 的充要条件是 X 与 Y 以概率 1 线性相关, 即存在常数 a 与 b, 使得

$$P(Y=a+bX)=1.$$

相关系数 $\rho_{X,Y}$ 是一个无量纲的量, $\rho_{X,Y}$ 刻画了 X 与 Y 之间的线性相关性. 由 X 与 Y 不线性相关, 不能推导出 X 与 Y 是相互独立的, 此时, X 与 Y 可能存在非线性函数关系.

例 1.3.4 设随机变量 X 和 Y 相互独立且同分布. 记 $U=X-Y,V=X+Y$, 证明随机变量 U 和 V 的相关系数 $\rho_{U,V}=0$.

证明 因为

$$\begin{aligned}\mathrm{Cov}(U,V)&=\mathrm{Cov}(X-Y,X+Y)\\&=\mathrm{Cov}(X,X)+\mathrm{Cov}(X,Y)-\mathrm{Cov}(Y,X)-\mathrm{Cov}(Y,Y)\\&=\mathrm{Cov}(X,X)-\mathrm{Cov}(Y,Y)\\&=D(X)-D(Y)=0,\end{aligned}$$

故知

$$\rho_{U,V}=\frac{\mathrm{Cov}(U,V)}{\sqrt{D(U)D(V)}}=0.$$

定义 1.3.7 称二元随机变量 (X,Y) 服从二元正态分布, 若 (X,Y) 的联合概率密度为

$$\begin{aligned}f(x,y)=&\frac{1}{2\pi\sigma_1\sigma_2\sqrt{1-\rho^2}}\exp\left\{-\frac{1}{2(1-\rho^2)}\left[\frac{(x-\mu_1)^2}{\sigma_1^2}\right.\right.\\&\left.\left.-2\rho\frac{(x-\mu_1)(y-\mu_2)}{\sigma_1\sigma_2}+\frac{(y-\mu_2)^2}{\sigma_2^2}\right]\right\},\end{aligned}\tag{1.3.1}$$

其中, $\mu_1, \mu_2, \sigma_1, \sigma_2, \rho$ 均为常数, 且 $\sigma_1 > 0, \sigma_2 > 0, |\rho| < 1$. 记为

$$(X, Y) \sim N(\mu_1, \mu_2, \sigma_1^2, \sigma_2^2, \rho).$$

注 二元正态分布概率密度 $z = f(x, y)$ 表示单峰钟形曲面, 该钟形曲面与 xOy 平面所围成的立体体积为 1.

引理 1.3.8 设 $(X, Y) \sim N(\mu_1, \mu_2, \sigma_1^2, \sigma_2^2, \rho)$, 则

$$X \sim N(\mu_1, \sigma_1^2), \quad Y \sim N(\mu_2, \sigma_2^2),$$

且 (X, Y) 的协差阵为

$$\begin{pmatrix} D(X) & \mathrm{Cov}(X, Y) \\ \mathrm{Cov}(Y, X) & D(Y) \end{pmatrix} = \begin{pmatrix} \sigma_1^2 & \rho\sigma_1\sigma_2 \\ \rho\sigma_1\sigma_2 & \sigma_2^2 \end{pmatrix},$$

其中 ρ 为 X 与 Y 的相关系数.

例 1.3.5 设 $(X, Y) \sim N(\mu_1, \mu_2, \sigma_1^2, \sigma_2^2, \rho)$, 则 X 与 Y 独立的充要条件是 $\rho = 0$.

证明 若 X 与 Y 独立, 易知 $\rho = 0$. 若 $\rho = 0$, 由式 (1.3.1) 知 (X, Y) 的联合概率密度为

$$\begin{aligned} f(x, y) &= \frac{1}{\sqrt{2\pi}\sigma_1} \exp\left[-\frac{(x-\mu_1)^2}{2\sigma_1^2}\right] \cdot \frac{1}{\sqrt{2\pi}\sigma_2} \exp\left[-\frac{(y-\mu_2)^2}{2\sigma_2^2}\right] \\ &= f_X(x) \cdot f_Y(y). \end{aligned}$$

故 X 与 Y 相互独立.

4. 特征函数及其性质

定义 1.3.8 对任一随机变量 X, 称

$$\phi_X(t) = E(\mathrm{e}^{\mathrm{j}tX}) = E(\cos tX) + \mathrm{j}E(\sin tX), \quad t \in \mathbf{R}$$

为 X 的特征函数, 其中 $\mathrm{j} = \sqrt{-1}$.

特征函数 $\phi_X(t)$ 具有以下性质.

(1) $|\phi_X(t)| \leqslant 1$, $\phi_X(0) = 1$.

(2) $\phi_X(t)$ 为 $\mathbf{R}$ 上的一致连续函数.

(3) $\overline{\phi_X(t)} = \phi_X(-t)$. 这里, $\overline{\phi_X(t)}$ 表示 $\phi_X(t)$ 的共轭复数.

(4) 设 α, β 为常数, 则有 $\phi_{\alpha+\beta X}(t) = \mathrm{e}^{\mathrm{j}t\alpha}\phi_X(\beta t)$.

例 1.3.6 设随机变量 $X \sim N(0,1)$, 已知 $N(0,1)$ 的特征函数为

$$\phi_X(t) = \mathrm{e}^{-\frac{t^2}{2}}, \quad t \in \mathbf{R}.$$

求随机变量 $Y = \mu + \sigma X$ 的特征函数. 这里, μ 与 $\sigma > 0$ 为常数.

解 易知, $Y \sim N(\mu, \sigma^2)$. 由特征函数性质 (4) 可知, Y 的特征函数为

$$\phi_Y(t) = \mathrm{e}^{\mathrm{j}t\mu}\phi_X(\sigma t) = \mathrm{e}^{\mathrm{j}t\mu - \frac{\sigma^2 t^2}{2}}, \quad t \in \mathbf{R}.$$

引理 1.3.9 设随机变量 $X_1, X_2, \cdots, X_n$ 相互独立, 记 $Y_n = \sum\limits_{i=1}^{n} X_i$. 则

$$\phi_{Y_n}(t) = \prod_{i=1}^{n} \phi_{X_i}(t).$$

引理 1.3.9 说明, 独立随机变量和的特征函数等于各随机变量特征函数的乘积.

引理 1.3.10 随机变量 X 的分布函数 $F(x)$ 由其特征函数 $\phi_X(t)$ 唯一决定.

引理 1.3.10 说明, 两个随机变量具有相同的概率分布当且仅当它们具有相同的特征函数.

引理 1.3.11 设随机变量 X 的 m 阶矩存在. 则 X 的特征函数 $\phi_X(t)$ 的 m 阶导数存在, 且

$$E(X^k) = \mathrm{j}^{-k}\phi_X^{(k)}(0), \quad k = 1, 2, \cdots, m.$$

例 1.3.7 设 X 服从参数为 λ 的泊松分布, 求 X 的特征函数、期望和方差.

解 X 的概率分布为

$$P(X = k) = \frac{\lambda^k}{k!}\mathrm{e}^{-\lambda}, \quad k = 0, 1, 2, \cdots,$$

故 X 的特征函数为

$$\begin{aligned}\phi_X(t) = E(\mathrm{e}^{\mathrm{j}tX}) &= \sum_{k=0}^{\infty} \mathrm{e}^{\mathrm{j}tk}\frac{\lambda^k}{k!}\mathrm{e}^{-\lambda} \\ &= \mathrm{e}^{-\lambda}\sum_{k=0}^{\infty}\frac{(\lambda \cdot \mathrm{e}^{\mathrm{j}t})^k}{k!} \\ &= \mathrm{e}^{-\lambda}\mathrm{e}^{\lambda \cdot \mathrm{e}^{\mathrm{j}t}} = \mathrm{e}^{\lambda(\mathrm{e}^{\mathrm{j}t} - 1)}.\end{aligned}$$

因为

$$\phi_X'(t) = \mathrm{e}^{\lambda(\mathrm{e}^{\mathrm{j}t}-1)}\lambda \mathrm{e}^{\mathrm{j}t}\mathrm{j}, \quad \phi_X'(0) = \mathrm{j}\lambda,$$

故 X 的期望为

$$E(X) = \mathrm{j}^{-1}\phi_X'(0) = \lambda.$$

又由于

$$\phi_X''(t) = \mathrm{j}^2\lambda \mathrm{e}^{\mathrm{j}t}\mathrm{e}^{\lambda(\mathrm{e}^{\mathrm{j}t}-1)}(1+\lambda\mathrm{e}^{\mathrm{j}t}), \quad \phi_X''(0) = -\lambda(1+\lambda),$$

$$E(X^2) = \mathrm{j}^{-2}\phi_X''(0) = \lambda(1+\lambda),$$

故 X 的方差为

$$D(X) = E(X^2) - [E(X)]^2 = \lambda(1+\lambda) - \lambda^2 = \lambda.$$

5. **分布中位数**

定义 1.3.9 设连续型随机变量 X 的分布函数为 $F(x)$. 若 m 满足

$$P(X \leqslant m) = F(m) = \frac{1}{2},$$

则称 m 为 X 或分布 F 的中位数.

分布中位数是刻画随机变量 X 平均取值的另一数字特征. 分布中位数总存在且其取值较少受个别特大值或特小值的影响.

例 1.3.8 设 X 服从正态分布 $N(\mu, \sigma^2)$, 其概率密度为 $f_X(x)$. 由于曲线 $f_X(x)$ 关于 $x=\mu$ 对称, 故知 X 的中位数为 μ, 易知 X 的期望也为 μ.

设 Y 服从 Cauchy 分布, 其概率密度为

$$f_Y(y) = \frac{1}{\pi(1+y^2)}, \quad y \in \mathbf{R}.$$

由 $f_Y(y)$ 的对称性知, Y 的中位数为 0. 又因为

$$\begin{aligned} E(|Y|) &= \int_{-\infty}^{\infty} \frac{|x|}{\pi(1+x^2)}\mathrm{d}x \\ &= \frac{2}{\pi}\int_0^{\infty} \frac{x}{1+x^2}\mathrm{d}x \\ &= \infty, \end{aligned}$$

故知 Y 的期望不存在.

1.4 极 限 定 理

极限定理既可解释概率的统计定义, 又是大样本统计的理论基础. 频率收敛于概率这一论断是大数定律的特殊情形. 中心极限定理是非参数统计的重要工具, 可用以推导统计量的极限分布, 进而对所研究问题做出统计推断.

1. 大数定律

定义 1.4.1 设 $X_n, n=1,2,\cdots$ 为随机变量序列. 若存在随机变量 X, 使得对任意 $\varepsilon>0$, 有

$$\lim_{n\to\infty} P(|X_n - X| \geqslant \varepsilon) = 0,$$

或等价地

$$\lim_{n\to\infty} P(|X_n - X| < \varepsilon) = 1,$$

则称随机变量序列 $\{X_n\}$ 依概率收敛于随机变量 X, 记为

$$X_n \xrightarrow{P} X, \quad n\to\infty.$$

注 记

$$A_n = \{\omega : |X_n(\omega) - X(\omega)| \geqslant \varepsilon\},$$

$$P(A_n) = a_n, \quad n = 1,2,\cdots.$$

随机变量序列 $\{X_n\}$ 依概率收敛于随机变量 X, 对应着常数列 $\{a_n\}$ 以 0 为极限, 即

$$\lim_{n\to\infty} a_n = 0.$$

例 1.4.1 设 $X_n \xrightarrow{P} X$, $n\to\infty$. 证明

$$X_n - X \xrightarrow{P} 0, \quad n\to\infty.$$

证明 因为 $X_n \xrightarrow{P} X$, 所以对任意 $\varepsilon>0$, 有

$$P(|(X_n - X) - 0| \geqslant \varepsilon) = P(|X_n - X| \geqslant \varepsilon) \to 0, \quad n\to\infty.$$

故知结论成立.

例 1.4.2 设 $X_n \xrightarrow{P} X$, $Y_n \xrightarrow{P} Y$, $n\to\infty$. 证明

$$X_n + Y_n \xrightarrow{P} X + Y, \quad n\to\infty.$$

证明 对任意 $\varepsilon>0$, 因为事件

$$\{|(X_n+Y_n)-(X+Y)| \geqslant \varepsilon\} \subset \{|X_n - X| \geqslant \varepsilon/2\} \cup \{|Y_n - Y| \geqslant \varepsilon/2\},$$

故有

$$P(|(X_n+Y_n)-(X+Y)| \geqslant \varepsilon) \leqslant P(|X_n - X| \geqslant \varepsilon/2) + P(|Y_n - Y| \geqslant \varepsilon/2).$$

因为 $X_n \xrightarrow{P} X$, $Y_n \xrightarrow{P} Y$, $n \to \infty$, 所以

$$P(|X_n - X| \geqslant \varepsilon/2) \to 0, \quad P(|Y_n - Y| \geqslant \varepsilon/2) \to 0, \quad n \to \infty,$$

故有

$$P(|(X_n + Y_n) - (X + Y)| \geqslant \varepsilon) \to 0, \quad n \to \infty.$$

结论得证.

定义 1.4.2　设 $\{X_n\}$ 为一随机变量序列, 且 $E(X_i)$ 存在, $i = 1, 2, \cdots, n$. 记

$$\overline{X}_n = \frac{1}{n}\sum_{i=1}^{n} X_i.$$

若 $\overline{X}_n - E(\overline{X}_n)$ 依概率收敛于 0, 即

$$\overline{X}_n - E(\overline{X}_n) \xrightarrow{P} 0, \quad n \to \infty,$$

则称随机变量序列 $\{X_n\}$ 服从大数定律, 或称 $\{X_n\}$ 服从大数法则.

定理 1.4.1　设 $X_1, X_2, \cdots$ 为独立同分布随机变量序列, 且具有有限的期望和方差, 即 $E(X_i) = \mu$, $D(X_i) = \sigma^2, i = 1, 2, \cdots$. 则对任意 $\varepsilon > 0$, 有

$$\lim_{n\to\infty} P\left(\left|\frac{1}{n}\sum_{i=1}^{n} X_i - \mu\right| \geqslant \varepsilon\right) = 0.$$

证明　因为

$$E\left(\frac{1}{n}\sum_{i=1}^{n} X_i\right) = \mu, \quad D\left(\frac{1}{n}\sum_{i=1}^{n} X_i\right) = \frac{\sigma^2}{n},$$

所以由切比雪夫不等式可得

$$P\left(\left|\frac{1}{n}\sum_{i=1}^{n} X_i - \mu\right| \geqslant \varepsilon\right) \leqslant \frac{\sigma^2}{n\varepsilon^2} \to 0, \quad n \to \infty.$$

故知结论成立.

定理 1.4.2 (伯努利大数定律)　设 $X_1, X_2, \cdots$ 为独立同分布随机变量序列, 且

$$P(X_n = 1) = p, \quad P(X_n = 0) = 1 - p, \quad 0 < p < 1,$$

则对任意 $\varepsilon > 0$, 有

$$\lim_{n\to\infty} P\left(\left|\frac{1}{n}\sum_{i=1}^{n} X_i - p\right| \geqslant \varepsilon\right) = 0.$$

证明　因为 $E(X_n) = p, D(X_n) = p(1 - p)$, $n = 1, 2, \cdots$, 故由切比雪夫不等式可知结论成立.

例 1.4.3 设 $P(A)=p$, 现考察某事件 A 在 n 次独立试验中发生的频率. 以 X_i 为事件 A 在第 i 次试验中发生的次数, 则 X_i 为服从 0-1 分布的随机变量, 且满足

$$P(X_i=1)=p,\quad P(X_i=0)=1-p,\quad i=1,2,\cdots,n.$$

由伯努利大数定律可知, A 在 n 次独立试验中发生的频率

$$\widehat{P}=\frac{1}{n}\sum_{i=1}^{n}X_i\xrightarrow{P}p,\quad n\to\infty,$$

即事件 A 发生的频率 $\widehat{P}$ 依概率收敛到 A 的概率 p. 故以频率估计概率具有合理性.

定理 1.4.3 (切比雪夫大数定律) 设 $X_1,X_2,\cdots$ 为独立随机变量序列, 且

$$E(X_i)=\mu_i,\quad D(X_i)=\sigma_i^2\leqslant c<\infty,\quad i=1,2,\cdots,$$

则对任意 $\varepsilon>0$, 有

$$\lim_{n\to\infty}P\left(\left|\frac{1}{n}\sum_{i=1}^{n}X_i-E\left(\frac{1}{n}\sum_{i=1}^{n}X_i\right)\right|\geqslant\varepsilon\right)=0.$$

证明 因为

$$D\left(\frac{1}{n}\sum_{i=1}^{n}X_i\right)=\frac{1}{n^2}\sum_{i=1}^{n}\sigma_i^2\leqslant\frac{c}{n},$$

所以由切比雪夫不等式可得

$$P\left(\left|\frac{1}{n}\sum_{i=1}^{n}X_i-E\left(\frac{1}{n}\sum_{i=1}^{n}X_i\right)\right|\geqslant\varepsilon\right)\leqslant\frac{c}{n\varepsilon^2}\to 0,\quad n\to\infty.$$

故知结论成立.

定理 1.4.4 (辛钦大数定律) 设 $X_1,X_2,\cdots$ 为独立同分布随机变量序列, 且具有有限的期望, 即 $E(X_i)=\mu, i=1,2,\cdots$, 则对任意 $\varepsilon>0$, 有

$$\lim_{n\to\infty}P\left(\left|\frac{1}{n}\sum_{i=1}^{n}X_i-\mu\right|\geqslant\varepsilon\right)=0.$$

*2. 强大数定律

定义 1.4.3 设 $X_n, n=1,2,\cdots$ 为随机变量序列. 若存在随机变量 X, 使

$$P(\lim_{n\to\infty}X_n=X)=1,$$

则称随机变量序列 $\{X_n\}$ 几乎处处 (almost surely) 收敛于随机变量 X, 也称 $\{X_n\}$ 以概率 1 收敛于随机变量 X, 记为

$$X_n\to X,\ \text{a.s.}$$

注　设 $\{X_n\}$ 是定义在样本空间 Ω 上的随机变量序列, 记

$$B=\{\omega:\lim_{n\to\infty}X_n(\omega)=X(\omega)\},$$

则有 $P(\overline{B})=1-P(B)=0$, 即 $\overline{B}$ 为零概率事件. 若忽略此零概率事件 $\overline{B}$, 则 $X_n\to X$, a.s. 即为通常意义上的极限收敛.

定义 1.4.4　设 $\{X_n\}$ 为一随机变量序列, 且 $E(X_i)$ 存在, $i=1,2,\cdots,n$. 记

$$\overline{X}_n=\frac{1}{n}\sum_{i=1}^{n}X_i.$$

若 $\overline{X}_n-E(\overline{X}_n)$ 几乎处处收敛于 0, 即

$$\overline{X}_n-E(\overline{X}_n)\to 0,\ \text{a.s.},$$

则称随机变量序列 $\{X_n\}$ 服从强大数定律 (strong law of large numbers).

定理 1.4.5 (科尔莫哥洛夫强大数定律)　设 $X_1,X_2,\cdots$ 为独立同分布随机变量序列, 且 $E|X_1|<\infty$. 则 $\{X_n\}$ 服从强大数定律.

定理 1.4.6　若 $X_n\to X,\text{a.s.}$, 则 $X_n\xrightarrow{P}X$.

3. 中心极限定理

定义 1.4.5　设 $X_n,n=1,2,\cdots$ 为随机变量序列, $F_n(x)$ 为 X_n 的分布函数, $F(x)$ 为随机变量 X 的分布函数. 若对 $F(x)$ 的任一连续点 x, 有

$$\lim_{n\to\infty}F_n(x)=F(x),$$

则称随机变量序列 $\{X_n\}$ 依分布收敛于随机变量 X, 记为

$$X_n\xrightarrow{d}X,\quad n\to\infty.$$

定理 1.4.7　若分布函数列 $\{F_n(x)\}$ 收敛于连续的分布函数 $F(x)$, 则该收敛对 $x\in\mathbf{R}$ 是一致的.

定理 1.4.8　设 $\phi(t)$ 为 X 的特征函数, $\phi_{X_n}(t)$ 为 X_n 的特征函数, $n=1,2,\cdots$, 则 $X_n\xrightarrow{d}X$ 的充要条件是 $\phi_{X_n}(t)\to\phi_X(t)$,对任意$t\in\mathbf{R}$.

定义 1.4.6　设 $X_n,n=1,2,\cdots$ 为相互独立的随机变量序列, 有有限的数学期望和方差:

$$E(X_n)=\mu_n,\quad D(X_n)=\sigma_n^2,\quad n=1,2,\cdots.$$

记 $\Phi(x)$ 为标准正态分布 $N(0,1)$ 的分布函数, 且记

$$B_n^2=\sum_{i=1}^{n}\sigma_i^2,\quad Y_n=\frac{\displaystyle\sum_{i=1}^{n}X_i-\sum_{i=1}^{n}\mu_i}{B_n},$$

Y_n 的分布函数为 $F_{Y_n}(x)$. 若对 $x\in\mathbf{R}$, 一致地有

$$\lim_{n\to\infty}P(Y_n\leqslant x)=\int_{-\infty}^{x}\frac{1}{\sqrt{2\pi}}\mathrm{e}^{-t^2/2}\mathrm{d}t,$$

即

$$\lim_{n\to\infty}F_{Y_n}(x)=\Phi(x),$$

则称随机变量序列 $\{X_n\}$ 服从中心极限定理.

定理 1.4.9 设 $X_1,X_2,\cdots$ 为独立同分布的随机变量序列, 且 $E(X_i)=\mu$, $D(X_i)=\sigma^2$, $0<\sigma^2<\infty$. 记

$$Y_n=\frac{\sum_{i=1}^{n}X_i-n\mu}{\sqrt{n}\sigma}=\frac{\sqrt{n}(\overline{X}-\mu)}{\sigma},$$

则对任意实数 x, 一致地有

$$\lim_{n\to\infty}P(Y_n\leqslant x)=\int_{-\infty}^{x}\frac{1}{\sqrt{2\pi}}\mathrm{e}^{-t^2/2}\mathrm{d}t=\Phi(x).$$

证明 设 $X_i-\mu$ 的特征函数为 $\phi(t)$. 因为

$$Y_n=\sum_{i=1}^{n}\frac{1}{\sqrt{n}\sigma}(X_i-\mu),$$

故由 $X_i, i\leqslant n$ 的独立性可知, Y_n 的特征函数为

$$\phi_{Y_n}(t)=\left[\phi\left(\frac{t}{\sqrt{n}\sigma}\right)\right]^n.$$

因为 $E(X_i-\mu)=0$, $E(X_i-\mu)^2=D(X_i)=\sigma^2$, 故由引理 1.3.11 知

$$\phi(t)=1-\frac{1}{2}\sigma^2t^2+o(t^2).$$

因此, 当 $n\to\infty$ 时, 有

$$\left[\phi\left(\frac{t}{\sqrt{n}\sigma}\right)\right]^n=\left[1-\frac{t^2}{2n}+o\left(\frac{t^2}{n}\right)\right]^n\to\mathrm{e}^{-\frac{t^2}{2}}.$$

又标准正态分布 $N(0,1)$ 的特征函数为 $\mathrm{e}^{-\frac{t^2}{2}}$, 故由定理 1.4.8 知

$$Y_n\xrightarrow{d}N(0,1),\quad n\to\infty.$$

又由于 $N(0,1)$ 的分布函数处处连续, 故由定理 1.4.7 知收敛具有一致性.

Y_n 为部分和 $X_1+X_2+\cdots+X_n$ 的标准化随机变量. 定理 1.4.9 说明, Y_n 依分布收敛到标准正态分布 $N(0,1)$. 因此, 当 n 充分大时, 近似地有 $Y_n \sim N(0,1)$. 下面介绍定理 1.4.9 的特殊情形.

定理 1.4.10 (棣莫弗–拉普拉斯定理)　设随机变量 $Z_n \sim b(n,p)$, $0<p<1$. 则对任意实数 x, 一致地有

$$\lim_{n\to\infty} P\left(\frac{Z_n-np}{\sqrt{np(1-p)}} \leqslant x\right)=\Phi(x).$$

注　(1) 设 ξ_i 为独立同 0-1 分布 $b(1,p)$ 的随机变量序列, 则

$$Z_n=\sum_{i=1}^{n}\xi_i \sim b(n,p),$$

故知随机变量序列 $\{\xi_i\}$ 服从中心极限定理. 此时, 离散型随机变量部分和的标准化随机变量的极限分布为连续型标准正态分布.

(2) 当 n 充分大时, 可由定理 1.4.10 计算二项分布随机变量落入某区间的概率.

例 1.4.4　设随机变量 $Z_n \sim b(n,p)$, $0<p<1$. 对较大的 n, 求 $P(a \leqslant Z_n \leqslant b)$.

解　由定理 1.4.10 可知, 当 n 充分大时, 近似地有

$$\frac{Z_n-np}{\sqrt{np(1-p)}} \sim N(0,1).$$

故对较大的 n, 有

$$\begin{aligned}P(a \leqslant Z_n \leqslant b) &= P\left(\frac{a-np}{\sqrt{np(1-p)}} \leqslant \frac{Z_n-np}{\sqrt{np(1-p)}} \leqslant \frac{b-np}{\sqrt{np(1-p)}}\right)\\ &\approx \Phi\left(\frac{b-np}{\sqrt{np(1-p)}}\right)-\Phi\left(\frac{a-np}{\sqrt{np(1-p)}}\right).\end{aligned}$$

定理 1.4.11 (林德伯格定理)　设独立随机序列 $X_n, n=1,2,\cdots$ 有有限的数学期望和方差:

$$E(X_i)=\mu_i,\quad D(X_i)=\sigma_i^2,\quad i=1,2,\cdots.$$

记 $F_i(x)$ 为 X_i 的分布函数, $B_n^2=\sum\limits_{i=1}^{n}\sigma_i^2$. 若 X_n 满足林德伯格条件, 即对任意 $\varepsilon>0$, 有

$$\lim_{n\to\infty}\frac{1}{B_n^2}\sum_{i=1}^{n}\int_{|x-\mu_i|>\varepsilon B_n}(x-\mu_i)^2\mathrm{d}F_i(x)=0,$$

则对 $x\in\mathbf{R}$, 一致地有

$$\lim_{n\to\infty}P\left(\frac{1}{B_n}\sum_{i=1}^{n}(X_i-\mu_i)\leqslant x\right)=\int_{-\infty}^{x}\frac{1}{\sqrt{2\pi}}\mathrm{e}^{-t^2/2}\mathrm{d}t.$$

推论 1.4.1 (李雅普诺夫定理) 设独立随机序列 $X_n, n=1,2,\cdots$ 有有限的数学期望和方差. 记

$$E(X_i)=\mu_i,\quad B_n^2=\sum_{i=1}^{n}D(X_i)=\sum_{i=1}^{n}\sigma_i^2.$$

若存在 $\delta>0$, 使得

$$\lim_{n\to\infty}\frac{1}{B_n^{2+\delta}}\sum_{i=1}^{n}E|X_i-\mu_i|^{2+\delta}=0,$$

则 $\{X_n\}$ 服从中心极限定理.

本章重要概念与公式

随机事件、基本事件、对立事件、互斥事件、相互独立随机事件、样本空间、概率、条件概率、概率的乘法公式、全概率公式、贝叶斯公式.

随机变量、分布函数、概率分布、概率密度、0-1 分布、二项分布、泊松分布、均匀分布、指数分布、正态分布、二元随机变量、联合概率分布、联合概率密度、联合分布函数、边缘分布函数、边缘概率分布、边缘概率密度、条件概率分布、条件概率密度、条件分布函数、随机变量的独立性、随机变量函数的分布.

数学期望、随机变量函数的期望、方差、标准差、切比雪夫不等式、标准化随机变量、协方差、相关系数、特征函数、独立随机变量和的特征函数.

依概率收敛、大数定律、伯努利大数定律、辛钦大数定律、依分布收敛、中心极限定理、棣莫弗–拉普拉斯中心极限定理、李雅普诺夫中心极限定理.

*1.5 统计漫谈: 垂直密度表示

垂直密度表示的提出与 Lebesgue 积分的创立有异曲同工之处. 联合概率密度的 I-型垂直密度表示与 II-型垂直密度表示分别对应曲面积分与区域积分. 垂直密度表示是一种特殊类型的变量变换, 可用于探究多元概率分布的内在结构特性.

多元随机变量及其分布是概率论知识的重点与难点内容. 条件分布将多元随机变量分量的相关性联系起来.

例 1.5.1 设二元连续型随机变量 (X,Y) 的联合概率密度为 $f(x,y)$. 设 $f_X(x)$ 和 $f_Y(y)$ 分别为 X 和 Y 的边缘概率密度, $f_{X|Y}(x|y)$ 为给定 $Y=y$ 条件下, X 的条件概率密度. 则 X 与 Y 相互独立的充要条件是

$$f(x,y)=f_X(x)f_Y(y)$$

在 xOy 平面上几乎处处成立. 若 $f_Y(y)>0$, 则有

$$f(x,y)=f_Y(y)f_{X|Y}(x|y).\tag{1.5.1}$$

利用式 (1.5.1), 可以生成二元连续型随机变量 (X,Y) 随机数:

(1) 生成 $f_Y(y)$ 随机数 y;

(2) 对于给定随机数 y, 生成条件密度 $f_{X|Y}(x|y)$ 随机数 x.

则 (x,y) 为概率密度 $f(x,y)$ 随机数.

1. Ⅰ-型 VDR 与Ⅱ-型 VDR

Troutt (1991) 提出了垂直密度表示 (vertical density representation, VDR), 给出了生成正态分布随机数 Box-Muller 算法的一种新的解释. 设 $\boldsymbol{X}_d$ 是 d 元随机变量, $f(\boldsymbol{x}_d)$ 为 $\boldsymbol{X}_d$ 的概率密度, 那么 $V=f(\boldsymbol{X}_d)$ 是一元随机变量. 由此, 得到Ⅰ-型垂直密度表示, 简记为Ⅰ-型 VDR. 利用 $\boldsymbol{X}_d$ 自身的多元概率密度, Ⅰ-型 VDR 构造出一元概率密度, 进而得到 $\boldsymbol{X}_d$ 概率密度的条件表示.

定理 1.5.1 (Ⅰ-型 VDR)　设 d 元连续型随机变量 $\boldsymbol{X}_d$ 的概率密度为 $f(\boldsymbol{x}_d)$, 记 $V=f(\boldsymbol{X}_d)$, $D_{(d,[f])}(v)=\{\boldsymbol{x}_d\in\mathbf{R}^d:\ f(\boldsymbol{x}_d)\geqslant v\}$, 且记 $f_0=\sup\{f(\boldsymbol{x}_d):\boldsymbol{x}_d\in\mathbf{R}^d\}$. 设 $L_d(A)$ 为 A 的 Lebesgue 测度, $A\in\mathbf{R}^d$. 若 $L_d(D_{(d,[f])}(v))$ 可微, 则 V 的概率密度为

$$g(v)=-v\frac{\mathrm{d}}{\mathrm{d}v}L_d(D_{(d,[f])}(v)),\tag{1.5.2}$$

且概率密度 $f(\boldsymbol{x}_d)$ 可表示为

$$f(\boldsymbol{x}_d)=\int_0^{f_0}h_v(\boldsymbol{x}_d|v)g(v)\mathrm{d}v,\tag{1.5.3}$$

其中, $h_v(\boldsymbol{x}_d|v)$ 是给定 $V=v$ 条件下, $\boldsymbol{X}_d$ 的条件概率密度.

Fang, Yang 和 Kotz(2001) 提出了Ⅱ-型垂直密度表示, 简记为Ⅱ-型 VDR. 通过考虑 $d+1$ 维曲顶柱体上的均匀分布, 得到 $\boldsymbol{X}_d$ 的条件分布为曲顶柱体相应水平截面上的均匀分布.

定理 1.5.2 (Ⅱ-型 VDR)　设 d 元连续型随机变量 $\boldsymbol{X}_d$ 的概率密度为 $f(\boldsymbol{x}_d)$, 定义 $D_{(d+1,[f])}\subset\mathbf{R}^{d+1}$ 为

$$D_{(d+1,[f])}=\{\boldsymbol{x}_{d+1}=(\boldsymbol{x}_d,x_{d+1}):0\leqslant x_{d+1}\leqslant f(\boldsymbol{x}_d),\boldsymbol{x}_d\in\mathbf{R}^d\}.$$

则 $(\boldsymbol{X}_d,X_{d+1})$ 在 $D_{(d+1,[f])}$ 上服从均匀分布的充要条件是

(1) X_{d+1} 的密度函数为 $L_d(D_{(d,[f])}(x))$;

(2) 给定 $X_{d+1}=v$ 条件下, $\boldsymbol{X}_d$ 的条件分布是 $D_{(d,[f])}(v)$ 上的均匀分布.

区域 $D_{(d+1,[f])}(v)$ 是由 "坐标面 $\boldsymbol{X}_d$" 及曲面 $f(\boldsymbol{x}_d)\geqslant 0$ 所围成. Ⅰ-型 VDR 与Ⅱ-型 VDR 的区别在于 $\Gamma_f(v)=\{\boldsymbol{x}_d:f(\boldsymbol{x}_d)=v\}$ 为 $d-1$ 维超曲面, 而 $D_{(d,[f])}(v)$ 为 "坐标面 $\boldsymbol{X}_d$" 上的 d 维实心区域. 我们知道, 积分主要有两类: 曲面积分、曲面围成的区域上的积分. Ⅰ-型 VDR 对应着曲面积分, Ⅱ-型 VDR 对应着区域积分. 一般来讲, 区域积分较曲面积分更易计算.

例 1.5.2 设随机变量 X_1 的密度函数为

$$f(x) = \frac{2}{\pi}\sqrt{1-x^2}, \quad -1 \leqslant x \leqslant 1. \tag{1.5.4}$$

记 $V = f(X_1)$, 求 V 的概率密度 $g(v)$.

解 由定理 1.5.1,

$$D_{(1,[f])}(v) = \left\{x : -\sqrt{1-\frac{\pi^2v^2}{4}} \leqslant x \leqslant \sqrt{1-\frac{\pi^2v^2}{4}}\right\},$$

$$L_1(D_{(1,[f])}(v)) = \sqrt{4-\pi^2v^2}, \quad 0 \leqslant v \leqslant \frac{2}{\pi},$$

$$g(v) = \pi^2v^2(4-\pi^2v^2)^{-\frac{1}{2}}, \quad 0 \leqslant v \leqslant \frac{2}{\pi} = f_0.$$

例 1.5.3 设随机变量 X_1 的密度函数为

$$f(x) = \frac{2}{\pi}\sqrt{1-x^2}, \quad -1 \leqslant x \leqslant 1,$$

其中, (X_1, X_2) 在 $D_{(2,[f])}$ 上服从均匀分布 (对 $d=1$, X_2 由定理 1.5.2 定义). 求 X_2 的密度函数及给定 $X_2 = v$ 的条件下 X_1 的条件分布.

解 由定理 1.5.2, X_2 的密度函数为

$$m(v) = \sqrt{4-\pi^2v^2}, \quad 0 \leqslant v \leqslant \frac{2}{\pi} = f_0,$$

$$X_1|_{X_2=v} \sim U\left(-\sqrt{1-\frac{\pi^2v^2}{4}}, \sqrt{1-\frac{\pi^2v^2}{4}}\right).$$

因此, (X_1, X_2) 在以 $f(x)$ 为曲边的曲边梯形上服从均匀分布. 给定 $X_2 = v$ 的条件下, X_1 服从区间 $(-\sqrt{1-\pi^2v^2/4}, \sqrt{1-\pi^2v^2/4})$ 上的均匀分布.

利用定理 1.5.1, 可以得到 d 维随机变量 $\boldsymbol{X}_d$ 的随机数生成步骤:

(1) 生成随机数 $v \sim g(v)$;

(2) 对于给定随机数 v, 生成 $\boldsymbol{x}_d \sim h_v(\boldsymbol{x}_d|v)$.

则 $\boldsymbol{x}_d$ 为概率密度 $f(\boldsymbol{x}_d)$ 随机数.

2. 标准多元正态分布的随机表示

利用垂直密度表示, 可以得出 d 元正态分布的随机表示.

推论 1.5.1 设 $\boldsymbol{X} \sim N_d(\boldsymbol{0}, I_d)$, 其中 I_d 为 d 阶单位阵. 则

$$\boldsymbol{X} = R\boldsymbol{U}_d, \tag{1.5.5}$$

其中, $R > 0$ 与 $\boldsymbol{U}_d$ 相互独立, R^2 服从自由度为 d 的 χ^2 分布, $\boldsymbol{U}_d$ 服从球心在原点的单位球面均匀分布.

证明　因为 $\boldsymbol{X} \sim N_d(\mathbf{0}, I_d)$, 故 $\boldsymbol{X}$ 的联合概率密度为

$$f(\boldsymbol{x}) = h(\boldsymbol{x}^{\mathrm{T}}\boldsymbol{x}) = \frac{1}{(2\pi)^{d/2}} \exp\left(-\frac{1}{2}\boldsymbol{x}^{\mathrm{T}}\boldsymbol{x}\right), \quad \boldsymbol{x} \in \mathbf{R}^d.$$

记

$$f_0 = \frac{1}{(2\pi)^{d/2}}, \quad r(v) = \sqrt{-2\ln(v/f_0)}. \tag{1.5.6}$$

则对任意 $v \in (0, f_0]$, 有

$$\begin{aligned} D_{(d,[f])}(v) &= \{\boldsymbol{x} \in \mathbf{R}^d:\ f(\boldsymbol{x}) \geqslant v\} \\ &= \{\boldsymbol{x} \in \mathbf{R}^d:\ \boldsymbol{x}^{\mathrm{T}}\boldsymbol{x} \leqslant r^2\}. \end{aligned}$$

故 $D_{(d,[f])}(v)$ 是半径为 $r(v)$ 的球.

设 $(\boldsymbol{X}_d, X_{d+1})$ 在 $D_{(d+1,[f])}$ 上服从均匀分布, 则由定理 1.5.2 知,

(1) X_{d+1} 的密度函数为

$$f_{X_{d+1}}(v) = L_d(D_{(d,[f])}(x)) = [r(v)]^d \frac{\left[\Gamma\left(\frac{1}{2}\right)\right]^d}{\Gamma\left(\frac{d}{2}+1\right)}; \tag{1.5.7}$$

(2) 给定 $X_{d+1} = v$ 条件下, $\boldsymbol{X}_d$ 的条件分布是 $D_{(d,[f])}(v)$ 上的均匀分布. 记

$$\xi = \sqrt{-2\ln(X_{d+1}/f_0)}. \tag{1.5.8}$$

在给定 $\xi = r(v)$ 条件下, 易知 $\boldsymbol{V}_d = \dfrac{\boldsymbol{X}_d}{r(v)}$ 服从球心在原点的单位球上的均匀分布, 故 $\boldsymbol{V}_d$ 与 ξ 相互独立. 由此可得 $\boldsymbol{X}_d = \xi\dfrac{\boldsymbol{X}_d}{\xi} \equiv \xi\boldsymbol{V}_d$. 故知

$$\boldsymbol{X}_d = \xi\boldsymbol{V}_d, \tag{1.5.9}$$

其中, ξ 非负且与 $\boldsymbol{V}_d$ 相互独立, $\boldsymbol{V}_d$ 服从单位球上的均匀分布.

记 $R = \xi\|\boldsymbol{V}_d\|, \boldsymbol{U}_d = \boldsymbol{V}_d/\|\boldsymbol{V}_d\|$. 由式 (1.5.9) 知

$$\boldsymbol{X}_d = \xi\|\boldsymbol{V}_d\|\frac{\boldsymbol{V}_d}{\|\boldsymbol{V}_d\|} = R\boldsymbol{U}_d.$$

故知

$$\boldsymbol{X}_d = R\boldsymbol{U}_d, \tag{1.5.10}$$

其中, R 非负且与 $\boldsymbol{U}_d$ 相互独立, $R^2 \sim \chi^2(d)$, $\boldsymbol{U}_d$ 服从单位球面上的均匀分布. 称式 (1.5.9) 与式 (1.5.10) 为标准多元正态分布的随机表示.

推论 1.5.2 设 ξ 由式 (1.5.9) 定义. 证明

$$\xi \sim \chi(d+2), \quad \xi^2 \sim \chi^2(d+2),$$

其中, $\chi(d+2)$ 表示自由度为 $d+2$ 的 χ 分布.

证明 由式 (1.5.6) 可得

$$r = r(v) = \sqrt{-2\ln(v/f_0)}, \quad v = v(r) = f_0 \exp\left[-\frac{1}{2}r^2\right].$$

记 $c = \left[\Gamma\left(\frac{1}{2}\right)\right]^d \Big/ \Gamma\left(\frac{d}{2}+1\right)$. 由式 (1.5.7) 知, ξ 的概率密度为

$$\begin{aligned} f_\xi(r) &= f_{X_{d+1}}(v(r)) \cdot \left|\frac{\mathrm{d}v(r)}{\mathrm{d}r}\right| \\ &= cr^d \cdot f_0 r \mathrm{e}^{-r^2/2} \\ &= cr^{d+1}\mathrm{e}^{-r^2/2} \\ &= \left[2^{\frac{d}{2}}\Gamma\left(\frac{d+2}{2}\right)\right]^{-1} r^{(d+2)-1}\mathrm{e}^{-\frac{r^2}{2}}. \end{aligned}$$

故知 $\xi \sim \chi(d+2)$. 记 $\eta = \xi^2$, 易知 η 的概率密度为

$$f_\eta(t) = \left[2^{\frac{d+2}{2}}\Gamma\left(\frac{d+2}{2}\right)\right]^{-1} t^{\frac{d+2}{2}-1}\mathrm{e}^{-\frac{t}{2}}, \quad t > 0.$$

故知 $\xi^2 \sim \chi^2(d+2)$.

多元正态分布是椭球对称分布的特殊情形, 椭球对称分布可由球面均匀分布生成. 称球面均匀分布为椭球对称分布 (含多元正态分布) 的生成基. 对任意 d 维非零随机向量 $\boldsymbol{X}$, 均有

$$\boldsymbol{X} = \|\boldsymbol{X}\| \cdot \frac{\boldsymbol{X}}{\|\boldsymbol{X}\|}, \tag{1.5.11}$$

即 $\boldsymbol{X}$ 等于其模长与方向向量之积. 对椭球对称分布 (包含多元正态分布) 的拟合优度检验, 可以转化为球面均匀分布的拟合优度检验. 由此, 可将对球面均匀分布的拟合优度检验推广至各种回归模型 (包含时间序列模型) 的有效性检验.

线性代数中向量组的线性相关性、向量组的秩及某向量表示为若干向量的线性组合等概念, 为理解矩阵的秩与方程组的解等内容提供了新的方法与解释. 类似地, 垂直密度表示理论为统计理论与方法提供了新的分析视角. 杨振海 (2014) 基于垂直密度表示理论进行了中心相似分布参数估计与 VDR 检验研究.

习 题 1

1. 设 A, B 是两个事件, $P(A)=0.3, P(A\cup B)=0.7$.

(1) 当 A 与 B 互斥时, 求 $P(B)$.

(2) 当 A 与 B 独立时, 求 $P(B)$.

2. 已知事件 A, B 满足条件 $P(AB)=P(\overline{A}\,\overline{B})$, 且 $P(A)=p$. 求 $P(B)$.

3. 设 $P(A)=\dfrac{1}{4},\ P(B|A)=\dfrac{1}{3}$, 求 $P(AB)$.

4. 设 $0<P(B)<1$. 已知 $P(A|B)=P(A|\overline{B})$, 证明事件 A 与事件 B 相互独立.

5. 设随机变量 X 服从二项分布 $b(n,p)$. 求 $P(X\geqslant 2|X\geqslant 1)$.

6. 设袋中有 a 只红球, b 只白球, 每次从袋中任取一球, 观察颜色后放回, 并同时放入 n 只与所取出的那只同色的球. 连续在袋中取球 4 次, 求第 1 次、第 2 次取到红球且第 3 次取到白球, 第 4 次取到红球的概率.

7. 投掷一粒骰子, 问需投掷多少次, 才能保证不出现点 5 的概率小于 0.3.

8. 投掷两粒骰子, 求两粒骰子中至少一粒出现点 1, 且点数之和为偶数的概率.

9. 把长度为 10 米的木棒任意折成三段, 求它们可以构成一个三角形的概率.

10. 已知在 12 只晶体管中有 3 只次品. 在其中任取两次, 每次任取一只, 做不放回抽样. 求下列事件的概率:

(1) 两只都是次品;

(2) 一只是正品, 一只是次品;

(3) 第二次取出的是次品.

11. 设有甲、乙两袋. 甲袋中装有 N_1 只白球, M_1 只红球, 乙袋中装有 N_2 只白球, M_2 只红球. 今从乙袋中任取一球放入甲袋中, 再从甲袋任取一球, 问取到红球的概率.

12. 证明 $P(A\overline{B}\cup\overline{A}B)=P(A)+P(B)-2P(AB)$.

13. 设随机变量 X 的概率密度为

$$f(x)=\begin{cases}\mathrm{e}^{-x}, & x>0,\\ 0, & x\leqslant 0.\end{cases}$$

记 $Y=\mu+\beta X$, 其中 $\mu,\beta>0$ 为参数. 求随机变量 Y 的概率密度.

14. 设随机变量 X 的分布函数为

$$F(x)=\begin{cases}a+b\mathrm{e}^{-x^2/2}, & x>0,\\ 0, & x\leqslant 0.\end{cases}$$

(1) 求常数 a, b.

(2) 求随机变量 X 的概率密度.

15. 设球的直径服从均匀分布 $U(a,b)$. 求球的体积的概率密度.

16. 在区间 $[0,b](b>0)$ 上任意投掷一个质点, 以 X 表示这个质点的坐标. 设该质点落在 $[0,b]$ 中任意小区间内的概率与这个小区间的长度成正比, 求 X 的分布函数与概率密度.

17. 设 (X,Y) 的概率分布如下表.

(X,Y)	$X=1$	$X=2$
$Y=1$	$\frac{1}{3}$	$\frac{1}{9}$
$Y=2$	$\frac{2}{9}$	$\frac{1}{3}$

求 X 与 Y 的边缘概率分布.

18. 设 $X \sim N(0,1)$. 求 $Y=|X|$ 的概率密度.

19. 设随机变量 X 与 Y 相互独立. 设连续型随机变量 $X \sim N(0,\sigma^2)$, 离散型随机变量 Y 的概率分布如下表.

Y	-1	1
P	$\frac{1}{2}$	$\frac{1}{2}$

求 $Z=X+Y$ 的概率密度函数 $h(z)$.

20. 设 X 与 Y 独立同分布, 且 $X \sim U(0,\alpha)$. 求 $Z=\dfrac{X}{Y}$ 的分布函数与概率密度.

21. 设 (X,Y) 的概率密度为

$$f(x,y)=\begin{cases} b(r-\sqrt{x^2+y^2}), & x^2+y^2 \leqslant r^2, \\ 0, & \text{其他}. \end{cases}$$

(1) 求常数 b.

(2) 求 (X,Y) 落在圆 $x^2+y^2 \leqslant b^2\ (0<b<r)$ 的概率.

22. 设随机变量 X,Y 满足 $3X+Y=1$. 证明: X,Y 的相关系数为 -1.

23. 设随机变量 X,Y 相互独立且均服从 $N(0,1)$. 求 $E(\sqrt{X^2+Y^2})$.

24. 设 X 为随机变量, c 为常数. 证明 $D(X) \leqslant E[(X-c)^2]$.

25. 设随机变量 X 服从 $N(0,1), Y=X^2$. 求 $E(Y^2)$.

26. 设随机变量 $X \sim U(0,1), Y=X^2$. 证明 X 与 Y 是不相关的.

27. 设 (X,Y) 的概率分布如下表.

(X,Y)	$X=-1$	$X=1$
$Y=-1$	$\frac{1}{6}$	$\frac{1}{4}$
$Y=1$	$\frac{1}{4}$	$\frac{1}{3}$

(1) 问 X 与 Y 是否独立.

(2) 求 $E(X^3+Y^2)$.

28. 设 (X,Y) 的概率分布如下表.

(X,Y)	$X=1$	$X=2$	$X=3$
$Y=1$	$\frac{1}{6}$	$\frac{1}{9}$	$\frac{1}{18}$
$Y=2$	$\frac{1}{3}$	a	b

问 a 与 b 取何值时, X 与 Y 相互独立.

29. 设 $g(x) \geqslant 0$, 且对随机变量 $X, E(g(X)) < \infty$. 证明: 对任意 $\varepsilon > 0$, 有

$$P(g(X) \geqslant \varepsilon) \leqslant \frac{E(g(X))}{\varepsilon}.$$

30. 设随机变量 (X, Y) 具有概率密度

$$f(x,y) = \begin{cases} x+y, & 0 \leqslant x \leqslant 1, 0 \leqslant y \leqslant 1, \\ 0, & \text{其他}. \end{cases}$$

求 $\mathrm{Cov}(X, Y)$.

31. 设随机变量 (X, Y) 具有概率密度

$$f(x,y) = \begin{cases} c, & 0 \leqslant x \leqslant 1, 0 \leqslant y \leqslant x, \\ 0, & \text{其他}. \end{cases}$$

(1) 求常数 c.

(2) 求 $E(XY)$.

32. 设随机变量 (X, Y) 在圆域 $X^2 + Y^2 \leqslant 1$ 上服从均匀分布.

(1) 问随机变量 X 与 Y 是否相互独立.

(2) 向圆域 $X^2 + Y^2 \leqslant 1$ 内随机投下 3 点, 问这 3 点恰有 2 点落在第一象限圆域的概率.

33. 设 $\{X_n\}$ 服从大数定律, α 与 $\beta > 0$ 为常数. 记 $Y_n = \alpha + \beta X_n$. 证明 $\{Y_n\}$ 服从大数定律.

34. 设 $\{X_n\}$ 和 $\{Y_n\}$ 均服从大数定律, 证明 $\{X_n \pm Y_n\}$ 服从大数定律.

35. 设 $X_1, X_2, \cdots, X_n, \cdots$ 为互不相关的随机变量序列, 且 $E(X_n) = 0,\ D(X_n) = \sigma_i^2 > 0,\ i = 1, 2, \cdots$. 设当 $n \to \infty$ 时, $B_n^2 = \sum\limits_{i=1}^{n} \sigma_i^2 \to \infty$. 证明

$$Y_n = \sum_{i=1}^{n} X_i / B_n^2 \xrightarrow{P} 0, \quad n \to \infty.$$

36. 设 $X_1, X_2, \cdots, X_n, \cdots$ 为独立同分布随机变量序列, 且 $X_1 \sim b(1, p)$.

(1) 求 $\sum\limits_{i=1}^{n} X_i$ 的标准化随机变量 Y.

(2) 求 Y 的极限分布.

37. 设 $X \sim \chi^2(n)$. 证明

$$\frac{X-n}{\sqrt{2n}} \xrightarrow{d} N(0,1), \quad n \to \infty.$$

38. 设 $X_1, X_2, \cdots, X_n$ 为来自总体 $X \sim b(1, p)$ 的样本. 证明

$$\frac{\sqrt{n}(\overline{X} - p)}{\sqrt{\overline{X}(1 - \overline{X})}} \xrightarrow{d} N(0,1), \quad n \to \infty.$$

39. 设一个复杂系统由 100 个相互独立的元件组成, 在系统运行期间每个元件损坏的概率为 0.1, 且知为使系统正常运行, 至少需有 85 个元件工作.

(1) 求系统正常运行的概率.

(2) 若上述系统由 n 个相互独立的元件组成，且要求至少有 80% 的元件才能使系统正常运行. 问 n 至少为多大时, 才能保证系统正常运行的概率为 0.95.

40. 设 $\{X_n\}$ 相互独立, 且 $\{X_n\}$ 的分布列如下表.

X_n	$-n$	0	n
P	$\frac{1}{3}$	$\frac{1}{3}$	$\frac{1}{3}$

证明 $\{X_n\}$ 服从中心极限定理.

参考文献

盛骤, 谢式千, 潘承毅. 2010. 概率论与数理统计. 4 版. 北京: 高等教育出版社.

杨振海. 2014. 随机估计及 VDR 检验. 北京: 高等教育出版社.

Fang K T, Yang Z H, Kotz S, 2001. Generation of multivariate distributions by vertical density representation. statistics, 35, 281–293.

Troutt M D. 1991. A theorem on the density of the density ordinate and an alternative interpretation of the Box-Muller method. Statistics, 22, 463–466.

Troutt M D, Pang W K, Hou S H. 2004. Vertical Density Representation and its Application. Singapore: World Scientific.

第 2 章　统计学的基本概念

统计学是一门收集数据、分析数据并根据数据进行推断的科学, 简称为数据的科学. 概率论是统计学的基础, 统计学的应用范围几乎覆盖了自然科学和社会科学的各个领域. 本章介绍统计学的基本概念、抽样分布定理, 它们是后续章节的基础性知识.

2.1　基 本 概 念

2.1.1　总体、样本

总体是指某一问题研究对象的全体所构成的集合, 组成总体 (集合) 的每个元素称为个体. 从总体中随机抽取的 n 个个体称为样本, 称 n 为样本容量. 这里 "随机抽取" 是指总体中的每一个个体具有同等被抽出的机会. 例如, 把某批电子元件视为一个总体, 则每个电子元件为个体. 实际应用中, 我们往往关心个体的某一特征指标 X, 抽取得到的样本表现为 n 个数据 $X_1, X_2, \cdots, X_n$. 在抽样前, 哪些个体被抽到具有随机性, 因此特征指标 X 为随机变量. 设随机变量 X 的分布函数为 $F(x)$, 称研究的总体为总体 X 或总体 $F(x)$.

定义 2.1.1　设 $X_1, X_2, \cdots, X_n$ 为来自总体 X 的样本. 若 $X_1, X_2, \cdots, X_n$ 相互独立且每一个 X_i 都是与总体 X 有相同分布的随机变量, 则称 $X_1, X_2, \cdots, X_n$ 为总体 X 的样本容量为 n 的简单随机样本, 简称为样本.

样本具有二重性. 当进行理论推导以期得到一般性的结论、公式时, 做理论抽样, 所得样本为独立同分布的随机变量. 当将统计推断的一般性结论、公式应用于实际观测时, 所得样本为具体数据 (实数). 以后, 本书中所提 $X_1, X_2, \cdots, X_n$ 为来自总体 X 的样本, 均指简单随机样本.

2.1.2　统计量

从总体中抽取的样本往往是杂乱无章的, 需要对样本进行加工, 以提取有用的信息. 完全由样本决定的量, 即为统计量. 当样本观测值已知时, 统计量的值也就确定了, 进而可推知总体中的未知信息.

定义 2.1.2　设 $X_1, X_2, \cdots, X_n$ 为来自总体 X 的样本. $h(X_1, X_2, \cdots, X_n)$ 为样本 $X_1, X_2, \cdots, X_n$ 的 n 元函数, 若当样本观测值已知时, $h(X_1, X_2, \cdots, X_n)$ 的取值是已知的, 则称 $h(X_1, X_2, \cdots, X_n)$ 是一统计量.

定义 2.1.3 设 $X_1, X_2, \cdots, X_n$ 为来自总体 X 的样本,

$$X_{(i)} = X_{(i)}(X_1, X_2, \cdots, X_n)$$

且满足 $X_{(1)} \leqslant X_{(2)} \leqslant \cdots \leqslant X_{(n)}$. 则称 $X_{(1)}, X_{(2)}, \cdots, X_{(n)}$ 为顺序统计量, $X_{(1)}$ 为最小项统计量, $X_{(n)}$ 为最大项统计量.

易知

$$X_{(1)} = X_{(1)}(\omega) = \min\{X_1(\omega), X_2(\omega), \cdots, X_n(\omega)\}, \quad \omega \in \Omega,$$

$$X_{(n)} = X_{(n)}(\omega) = \max\{X_1(\omega), X_2(\omega), \cdots, X_n(\omega)\}, \quad \omega \in \Omega,$$

其中 Ω 为样本空间, ω 为 Ω 中的样本点.

以下为一些常用的统计量. 设 $X_1, X_2, \cdots, X_n$ 为来自总体 X 的样本, 定义

样本均值

$$\overline{X} = \frac{1}{n}\sum_{i=1}^{n} X_i; \tag{2.1.1}$$

样本方差

$$S^2 = \frac{1}{n-1}\sum_{i=1}^{n}(X_i - \overline{X})^2; \tag{2.1.2}$$

样本标准差

$$S = \sqrt{S^2} = \sqrt{\frac{1}{n-1}\sum_{i=1}^{n}(X_i - \overline{X})^2}; \tag{2.1.3}$$

样本 k 阶原点矩

$$A_k = \frac{1}{n}\sum_{i=1}^{n} X_i^k; \tag{2.1.4}$$

样本 k 阶中心矩

$$M_k = \frac{1}{n}\sum_{i=1}^{n}(X_i - \overline{X})^k; \tag{2.1.5}$$

样本中位数

$$\text{Med} = \begin{cases} X_{\left(\frac{n+1}{2}\right)}, & n \text{ 为奇数}, \\ \frac{1}{2}\left(X_{\left(\frac{n}{2}\right)} + X_{\left(\frac{n}{2}+1\right)}\right), & n \text{ 为偶数}. \end{cases} \tag{2.1.6}$$

样本中位数位于数据的中心位置. 当把数据由小到大排列时,位于中间位置的数值即为样本中位数. 设有数组: $-6, -2, -1, 0, 1, 2, 96$, 该数组的样本均值为 $\frac{90}{7}$, 样

本中位数为 0. 若考虑某地区居民收入指标, 样本中位数更具有统计稳健性, 它较少受极端值的影响.

样本极差

$$R = X_{(n)} - X_{(1)}, \tag{2.1.7}$$

其中, $X_{(n)}$ 为最大项统计量, $X_{(1)}$ 为最小项统计量.

众数 称样本中出现最多的数值为众数 (mode).

注 样本中众数可以不存在, 也可以是存在但不唯一. 例如, 设有数据 2, 3, 3, 5, 7, 7, 9, 12, 则该组数据的众数为 3 和 7.

变异系数

$$V = \frac{S}{\overline{X}}. \tag{2.1.8}$$

注 变异系数是样本相对于样本均值的离散程度, 变异系数是没有量纲的量. 变异系数可以用来比较不同度量单位或均值差异较大的两组数据分散程度的大小.

定义 2.1.4 设总体 X 的分布函数为 $F(x)$. 设 $X_1, X_2, \cdots, X_n$ 为来自总体 $X \sim F$ 的样本, $X_{(1)}, X_{(2)}, \cdots, X_{(n)}$ 为顺序统计量. 定义

$$F_n(x) = \frac{1}{n}\sum_{i=1}^{n} I_{(-\infty,x]}(X_i), \quad \forall x \in \mathbf{R}, \tag{2.1.9}$$

其中, $I_A(x)$ 为示性函数. 则称 $F_n(x)$ 为总体 X 的经验分布函数.

易知

$$F_n(x) = \frac{^\sharp\{X_i \leqslant x\}}{n}, \quad \forall x \in \mathbf{R},$$

其中, $^\sharp\mathcal{B}$ 表示集合 $\mathcal{B}$ 中所包含元素的个数. 由此可得

$$F_n(x) = \begin{cases} 0, & x < X_{(1)}, \\ \dfrac{k}{n}, & X_{(k)} \leqslant x < X_{(k+1)}, k = 1, 2, \cdots, n-1, \\ 1, & X_{(n)} \leqslant x. \end{cases} \tag{2.1.10}$$

故知, $F_n(x)$ 表示带形区域 $(-\infty, \infty) \times [0, 1]$ 中单调不减、右连续的阶梯状曲线. $x = X_{(i)}, i = 1, 2, \cdots, n$ 为 $F_n(x)$ 的 n 个间断点, 且 $F_n(x)$ 在每个间断点处的跳跃量为 $\dfrac{1}{n}$.

因为 $I_{(-\infty,x]}(X_i)$ 服从二项分布 $b(1, F(x))$, 故 $nF_n(x) \sim b(n, F(x))$. 由此可得

$$E(F_n(x)) = F(x), \quad D(F_n(x)) = \frac{F(x)(1 - F(x))}{n}.$$

由切比雪夫不等式, 对 $\forall \varepsilon > 0$,

$$\begin{aligned}P(|F_n(x)-F(x)|\geqslant \varepsilon)&\leqslant D(F_n(x))/\varepsilon^2\\&=F(x)(1-F(x))/[n\varepsilon^2]\to 0,\quad n\to\infty.\end{aligned}$$

所以, 经验分布函数 $F_n(x)$ 依概率收敛到总体 X 的分布函数为 $F(x)$. 进一步有下述结论.

定理 2.1.1 (格里汶科) 设总体 X 的分布函数为 $F(x)$, $X_1, X_2, \cdots, X_n$ 为来自总体 $X \sim F$ 的样本, $F_n(x)$ 为其经验分布函数. 令

$$D_n(F) = \sup_{x\in\mathbf{R}} |F_n(x) - F(x)|, \tag{2.1.11}$$

则

$$P(\lim_{n\to\infty} D_n(F) = 0) = 1. \tag{2.1.12}$$

对任意 $x \in \mathbf{R}$, 统计量 $D_n(F)$ 刻画了经验分布函数 $F_n(x)$ 与总体分布函数 $F(x)$ 的最大偏离程度. 当 $n \to \infty$ 时, 格里汶科定理表明 $F_n(x)$ 以概率 1 一致收敛于 $F(x)$. 若 $F(x)$ 未知, 当样本容量充分大时, 可由 $F_n(x)$ 估计 $F(x)$.

2.2 抽 样 分 布

统计方法的特点是基于样本 (部分) 去推断总体, 即做统计推断. 为了给出所做推断的有效性度量, 需要研究统计量的概率分布. 称统计量的分布为抽样分布.

2.2.1 统计三大分布

1. χ^2 分布

定义 2.2.1 设 $X_1, X_2, \cdots, X_n$ 为来自总体 $N(0,1)$ 的样本. 称统计量

$$\chi^2 = X_1^2 + X_2^2 + \cdots + X_n^2 \tag{2.2.1}$$

服从自由度为 n 的 χ^2 分布, 记为 $\chi^2 \sim \chi^2(n)$.

称 $\Gamma(\alpha)=\int_0^{\infty} x^{\alpha-1}\mathrm{e}^{-x}\mathrm{d}x$ 为 Gamma 函数. 易知 $\Gamma(\alpha+1)=\alpha\Gamma(\alpha), \Gamma(1/2)=\sqrt{\pi}$. χ^2 分布的密度函数为

$$f_{\chi^2}(x,n) = \begin{cases} \dfrac{1}{2^{n/2}\Gamma(n/2)} x^{n/2-1}\mathrm{e}^{-x/2}, & x > 0, \\ 0, & \text{其他}. \end{cases} \tag{2.2.2}$$

χ^2 分布的密度函数曲线位于 y 轴右侧.

(1) 由中心极限定理可知, χ^2 对应的标准化随机变量趋向正态分布. 故当 n 值越大时, 曲线 $f_{\chi^2}(x,n)$ 越趋于对称.

(2) 当 $n=1$ 时,

$$f_{\chi^2}(x,1)=\frac{1}{\sqrt{2\pi}}x^{-1/2}\mathrm{e}^{-x/2},\quad x>0.$$

对于 $0<x<\infty$, 曲线 $f_{\chi^2}(x,1)$ 由 $+\infty$ 单调下降趋于 0.

(3) 当 $n=2$ 时,

$$f_{\chi^2}(x,2)=\frac{1}{2}\mathrm{e}^{-x/2},\quad x>0.$$

对于 $0<x<\infty$, 曲线 $f_{\chi^2}(x,2)$ 由 1/2 单调下降趋于 0.

(4) 当 $n=3$ 时,

$$f_{\chi^2}(x,3)=\frac{1}{\sqrt{2\pi}}x^{1/2}\mathrm{e}^{-x/2},\quad x>0.$$

曲线 $f_{\chi^2}(x,3)$ 在 $0<x<1$ 上单调上升, 在 $1\leqslant x<\infty$ 上单调下降. 在 $x=1$ 处密度函数取得最大值.

(5) 当 $n\geqslant 3$ 时, 曲线 $f_{\chi^2}(x,n)$ 为单峰曲线. 在 $x=n-2$ 处, 密度函数取得最大值.

χ^2 分布的期望、方差与特征函数分别为

$$E(\chi^2)=n,\quad D(\chi^2)=2n,\quad \phi_{\chi^2}(t)=\frac{1}{(1-2\mathrm{j}t)^{n/2}}.\tag{2.2.3}$$

χ^2 分布具有可加性. 设 $\xi\sim\chi^2(n)$, $\eta\sim\chi^2(m)$ 且 ξ 与 η 相互独立. 则 $\xi+\eta\sim\chi^2(n+m)$. 事实上, 设 $X_1,X_2,\cdots,X_{n+m}$ 为来自总体 $N(0,1)$ 的样本. 记

$$\xi=\sum_{i=1}^{n}X_i^2,\quad \eta=\sum_{i=n+1}^{n+m}X_i^2.$$

此时, ξ 与 η 相互独立. 由 χ^2 分布定义知

$$\xi+\eta=\sum_{i=1}^{n+m}X_i^2\sim\chi^2(n+m).$$

例 2.2.1　设 $X_1,X_2,\cdots,X_n$ 为来自总体 X 的样本. X 服从参数为 $\lambda>0$ 的指数分布, 其概率密度为

$$f(x)=\begin{cases}\lambda\mathrm{e}^{-\lambda x}, & x\geqslant 0,\\ 0, & x<0.\end{cases}$$

证明

$$Y = 2\lambda(X_1 + X_2 + \cdots + X_n) \sim \chi^2(2n).$$

证明　方法 1　易知 $2\lambda X_1$ 的概率密度为

$$g(x) = \begin{cases} \frac{1}{2}\mathrm{e}^{-\frac{x}{2}}, & x \geqslant 0, \\ 0, & x < 0. \end{cases}$$

由式 (2.2.2) 知, $g(x) = f_{\chi^2}(x, 2)$, 即

$$2\lambda X_1 \sim \chi^2(2).$$

又由 χ^2 分布具有可加性, 可得 $Y \sim \chi^2(2n)$.

方法 2　X 的特征函数为

$$\phi_X(t) = \left(1 - \mathrm{j}\frac{t}{\lambda}\right)^{-1}.$$

因为 $X_1, X_2, \cdots, X_n$ 具有相同分布, 故 $Z_i = 2\lambda X_i$ 的特征函数为

$$\phi_{Z_i}(t) = \phi_X(2\lambda t) = (1 - 2\mathrm{j}t)^{-1}, \quad i = 1, 2, \cdots, n.$$

又 $X_1, X_2, \cdots, X_n$ 是相互独立的, 故

$$\phi_Y(t) = \prod_{i=1}^{n} \phi_{Z_i}(t) = (1 - 2\mathrm{j}t)^{-n} = (1 - 2\mathrm{j}t)^{-\frac{2n}{2}}.$$

由式 (2.2.3) 知, 自由度为 n 的 χ^2 分布的特征函数为

$$\phi_{\chi^2}(t) = (1 - 2\mathrm{j}t)^{-\frac{n}{2}},$$

故知 $Y \sim \chi^2(2n)$.

2. t 分布

定义 2.2.2　设随机变量 X 与 Y 相互独立, 且 $X \sim N(0,1)$, $Y \sim \chi^2(n)$. 称统计量

$$T = \frac{X}{\sqrt{Y/n}} \tag{2.2.4}$$

服从自由度为 n 的 t 分布, 记为 $T \sim t(n)$.

t 分布的密度函数为

$$f_T(x, n) = \frac{\Gamma\left(\frac{n+1}{2}\right)}{\sqrt{n\pi}\Gamma\left(\frac{n}{2}\right)}\left(1 + \frac{x^2}{n}\right)^{-\frac{n+1}{2}}, \quad x \in \mathbf{R}. \tag{2.2.5}$$

t 分布的密度函数曲线关于 y 轴对称, 与 $N(0,1)$ 的密度函数曲线相像. 可以证明

$$\lim_{n\to\infty} f_T(x,n) = \frac{1}{\sqrt{2\pi}}\mathrm{e}^{-x^2/2}.$$

t 分布的期望、方差分别为

$$E(T) = 0,\ n > 1;\quad D(T) = \frac{n}{n-2},\ n > 2. \tag{2.2.6}$$

t 分布较正态分布具有厚尾性. 在实际应用中, 当自由度 $n \geqslant 30$ 时, 可用标准正态分布替代自由度为 n 的 t 分布.

3. F 分布

定义 2.2.3　设随机变量 X 与 Y 相互独立, 且 $X \sim \chi^2(m)$, $Y \sim \chi^2(n)$. 称统计量

$$F = \frac{X/m}{Y/n} \tag{2.2.7}$$

服从自由度为 m,n 的 F 分布, 记为 $F \sim F(m,n)$.

F 分布的密度函数为

$$f_F(x) = \begin{cases} \dfrac{\Gamma\left(\dfrac{m+n}{2}\right)}{\Gamma\left(\dfrac{m}{2}\right)\Gamma\left(\dfrac{n}{2}\right)}\left(\dfrac{m}{n}\right)^{\frac{m}{2}} \dfrac{x^{\frac{m}{2}-1}}{\left(1+\dfrac{m}{n}x\right)^{\frac{m+n}{2}}}, & x > 0, \\ 0, & \text{其他}. \end{cases} \tag{2.2.8}$$

F 分布的密度函数曲线位于 y 轴右侧, 密度函数曲线是偏态的.

F 分布的期望、方差分别为

$$E(F) = \frac{n}{n-2},\ n > 2;\quad D(F) = \frac{2n^2(m+n-2)}{m(n-2)^2(n-4)},\ n > 4. \tag{2.2.9}$$

由 F 分布的期望式 (2.2.9) 可知, F 分布的期望不依赖于 F 分布的第一自由度 m.

例 2.2.2　设 $T \sim t(n)$, 证明 $T^2 \sim F(1,n)$, $\dfrac{1}{T^2} \sim F(n,1)$.

证明　由 t 分布的定义

$$T = \frac{X}{\sqrt{Y/n}} \sim t(n),$$

其中 X 与 Y 相互独立, 且 $X \sim N(0,1), Y \sim \chi^2(n)$. 故由 F 分布的定义知

$$T^2 = \frac{X^2/1}{Y/n} \sim F(1,n),\quad \frac{1}{T^2} \sim F(n,1).$$

定义 2.2.4 设 X 为连续型随机变量且 X 的密度函数为 $f(x)$, $x \in \mathbf{R}$. 对于给定的正数 $\alpha \in (0,1)$, 称满足条件

$$P(X > \lambda) = \int_{\lambda}^{\infty} f(x)\mathrm{d}x = \alpha \tag{2.2.10}$$

的点 λ 为 X 概率分布的上 α 分位点.

若 λ 为 X 对应分布的上 α 分位点, 则随机变量 X 落于区间 (λ, ∞) 的概率为 α.

例 2.2.3 设 $F_\alpha(m,n)$ 表示 $F(m,n)$ 分布的上 α 分位点, 证明

$$F_\alpha(m,n) = 1/F_{1-\alpha}(n,m).$$

证明 设 $F \sim F(m,n)$, 则 $1/F \sim F(n,m)$. 故有

$$P(F > F_\alpha(m,n)) = \alpha, \quad P\left(\frac{1}{F} < \frac{1}{F_\alpha(m,n)}\right) = \alpha,$$

进而有

$$P\left(\frac{1}{F} > \frac{1}{F_\alpha(m,n)}\right) = 1 - \alpha.$$

所以 $1/F_\alpha(m,n)$ 为 $F(n,m)$ 分布的上 $1-\alpha$ 分位点. 故

$$\frac{1}{F_\alpha(m,n)} = F_{1-\alpha}(n,m),$$

结论得证.

例 2.2.4 对于给定的 $\alpha > 0$, 记 z_α 为标准正态分布 $N(0,1)$ 的上 α 分位点, 下表给出几个常用的 z_α 值 (利用 Matlab 统计工具箱计算可得).

α	0.005	0.025	0.01	0.05	0.1
z_α	2.576	1.96	2.326	1.645	1.282

2.2.2 抽样分布定理

在总体 X 服从 $N(\mu, \sigma^2)$ 正态分布的假设条件下, 我们介绍若干常用的抽样分布定理、推论. 这些定理与推论是统计推断的基础.

定理 2.2.1 设 $X_1, X_2, \cdots, X_n$ 为来自总体 $N(\mu, \sigma^2)$ 的样本. $\overline{X}$ 与 S^2 分别为其样本均值、样本方差. 则 $\overline{X}$ 与 S^2 相互独立, 且有

$$\overline{X} \sim N\left(\mu, \frac{\sigma^2}{n}\right), \quad \frac{(n-1)S^2}{\sigma^2} \sim \chi^2(n-1). \tag{2.2.11}$$

证明　(1) 假设 $\mu=0$. 对样本作正交线性变换

$$\begin{cases} Y_1=\dfrac{1}{\sqrt{1\cdot 2}}(X_1-X_2),\\ Y_2=\dfrac{1}{\sqrt{2\cdot 3}}(X_1+X_2-2X_3),\\ \quad\cdots\cdots\\ Y_{n-1}=\dfrac{1}{\sqrt{(n-1)\cdot n}}(X_1+X_2+\cdots+X_{n-1}-(n-1)X_n),\\ Y_n=\dfrac{1}{\sqrt{n}}(X_1+X_2+\cdots+X_n). \end{cases} \tag{2.2.12}$$

$(X_1,X_2,\cdots,X_n)$ 的联合密度函数为

$$f(x_1,x_2,\cdots,x_n)=\Big(\frac{1}{\sqrt{2\pi}\sigma}\Big)^n\prod_{i=1}^{n}\exp\Big(-\frac{x_i^2}{2\sigma^2}\Big).$$

因为正交线性变换 (2.2.12) 的雅可比行列式的绝对值为 1 且保持长度不变, 故 $(Y_1,Y_2,\cdots,Y_n)$ 的联合密度函数为

$$\begin{aligned} h(y_1,y_2,\cdots,y_n)&=\Big(\frac{1}{\sqrt{2\pi}\sigma}\Big)^n\exp\Big(-\frac{1}{2\sigma^2}\sum_{i=1}^{n}x_i^2\Big)\\ &=\Big(\frac{1}{\sqrt{2\pi}\sigma}\Big)^n\exp\Big(-\frac{1}{2\sigma^2}\sum_{i=1}^{n}y_i^2\Big). \end{aligned}$$

因此, $Y_1,Y_2,\cdots,Y_n$ 是相互独立且具有相同正态分布 $N(0,\sigma^2)$ 的随机变量. 故 $Y_n\sim N(0,\sigma^2)$. 由 $Y_n\sim N(0,\sigma^2)$ 及式 (2.2.12), 可得

$$\begin{aligned} Y_n&=\sqrt{n}\cdot\overline{X},\\ (n-1)S^2&=\sum_{i=1}^{n}(X_i-\overline{X})^2=\sum_{i=1}^{n}X_i^2-n\overline{X}^2\\ &=\sum_{i=1}^{n}Y_i^2-Y_n^2=\sum_{i=1}^{n-1}Y_i^2. \end{aligned}$$

故 $\overline{X}$ 与 $(n-1)S^2$ 相互独立, 且有

$$\overline{X}=\frac{1}{\sqrt{n}}Y_n\sim N\Big(0,\frac{\sigma^2}{n}\Big),\quad \frac{(n-1)S^2}{\sigma^2}=\frac{1}{\sigma^2}\sum_{i=1}^{n-1}Y_i^2\sim\chi^2(n-1).$$

(2) 假设 $\mu\neq 0$. 作变换

$$Z=X-\mu,\quad Z_i=X_i-\mu,\ i=1,2,\cdots,n.$$

则 $Z\sim N(0,\sigma^2)$, 且有

$$\overline{Z}=\overline{X}-\mu,\quad \sum_{i=1}^{n}(Z_i-\overline{Z})^2=\sum_{i=1}^{n}(X_i-\overline{X})^2=(n-1)S^2.$$

由证明 (1) 知定理的结论成立.

注 下面给出 $\overline{X}$ 与 S^2 概率分布的解释.

(1) 因为

$$\overline{X}=\frac{1}{n}X_1+\cdots+\frac{1}{n}X_n,$$

故知 $\overline{X}$ 为独立同正态分布随机变量的线性组合, 且 $\overline{X}$ 仍服从正态分布. 又

$$E(\overline{X})=\mu,\quad D(\overline{X})=\frac{\sigma^2}{n},$$

故 $\overline{X}\sim N\left(0,\dfrac{\sigma^2}{n}\right)$.

(2) 易知

$$\sum_{i=1}^{n}\frac{(X_i-\mu)^2}{\sigma^2}=\sum_{i=1}^{n}\left(\frac{X_i-\mu}{\sigma}\right)^2\sim\chi^2(n).$$

由大数定律知, $\overline{X}\xrightarrow{P}\mu$, $n\to\infty$, 故可以 $\overline{X}$ 估计 μ 值. 将上式中的 μ 用 $\overline{X}$ 替代, 得

$$\frac{(n-1)S^2}{\sigma^2}=\sum_{i=1}^{n}\frac{(X_i-\overline{X})^2}{\sigma^2}=\sum_{i=1}^{n}\left(\frac{X_i-\overline{X}}{\sigma}\right)^2.$$

定理 2.2.1 说明

$$\frac{(n-1)S^2}{\sigma^2}\sim\chi^2(n-1).$$

这里, n 个随机变量 $\dfrac{X_i-\overline{X}}{\sigma}$ 之间存在一个线性约束关系, 即

$$\sum_{i=1}^{n}\frac{X_i-\overline{X}}{\sigma}=\frac{1}{\sigma}\left(\sum_{i=1}^{n}X_i-n\overline{X}\right)=0.$$

所以 χ^2 分布的自由度由 n 调整为 $n-1$.

推论 2.2.1 设 $X_1,X_2,\cdots,X_n$ 为来自总体 $N(\mu,\sigma^2)$ 的样本. 则

$$\frac{\overline{X}-\mu}{S/\sqrt{n}}\sim t(n-1). \tag{2.2.13}$$

证明 由定理 2.2.1, $\overline{X}$ 与 S^2 独立, 且

$$\frac{\overline{X}-\mu}{\sigma/\sqrt{n}}\sim N(0,1),\quad \frac{(n-1)S^2}{\sigma^2}\sim\chi^2(n-1).$$

由 t 分布的定义可知

$$\frac{\overline{X}-\mu}{\sigma/\sqrt{n}}\Big/\sqrt{\frac{(n-1)S^2}{\sigma^2(n-1)}}=\frac{\overline{X}-\mu}{S/\sqrt{n}}\sim t(n-1).$$

例 2.2.5 从总体 $X\sim N(3.4,6^2)$ 中抽取样本容量为 n 的样本. 若要求其样本均值 $\overline{X}$ 落在区间 $(1.4,5.4)$ 内的概率不小于 0.95, 问 n 至少应取多大.

解 欲求最小的 n, 使

$$P(1.4\leqslant\overline{X}\leqslant 5.4)\geqslant 0.95.$$

因为 $X\sim N(3.4,6^2)$, 故

$$\overline{X}\sim N\Big(3.4,\frac{6^2}{n}\Big),\quad Y=\frac{\overline{X}-3.4}{6/\sqrt{n}}\sim N(0,1).$$

由此可得

$$\begin{aligned}P(1.4\leqslant\overline{X}\leqslant 5.4)&=P\Big(\frac{1.4-3.4}{6/\sqrt{n}}\leqslant\frac{\overline{X}-3.4}{6/\sqrt{n}}\leqslant\frac{5.4-3.4}{6/\sqrt{n}}\Big)\\&=P\Big(-\frac{\sqrt{n}}{3}\leqslant Y\leqslant\frac{\sqrt{n}}{3}\Big)\\&=\Phi\Big(\frac{\sqrt{n}}{3}\Big)-\Phi\Big(-\frac{\sqrt{n}}{3}\Big)\\&=\Phi\Big(\frac{\sqrt{n}}{3}\Big)-\Big[1-\Phi\Big(\frac{\sqrt{n}}{3}\Big)\Big]\\&=2\Phi\Big(\frac{\sqrt{n}}{3}\Big)-1\geqslant 0.95,\end{aligned}$$

其中, $\Phi(\cdot)$ 为 $N(0,1)$ 的分布函数. 故须

$$\Phi\Big(\frac{\sqrt{n}}{3}\Big)\geqslant\frac{1.95}{2}=0.975=\Phi(1.96),$$

即

$$\frac{\sqrt{n}}{3}\geqslant 1.96\Rightarrow n\geqslant(3\times 1.96)^2\approx 34.57.$$

所以至少取 $n=35$.

例 2.2.6 设 $X_1,X_2,\cdots,X_n$ 为来自总体 $X\sim N(\mu,\sigma^2)$ 的样本, $\overline{X}$ 与 S^2 分别为样本均值和样本方差. 设 X_{n+1} 为对总体 X 的又一独立观测, 证明

$$T=\frac{X_{n+1}-\overline{X}}{S}\sqrt{\frac{n}{n+1}}\sim t(n-1).$$

证明 因为 X_{n+1} 与 $\overline{X}$ 相互独立, 且有

$$X_{n+1} \sim N(\mu, \sigma^2), \quad \overline{X} \sim N\Big(\mu, \frac{\sigma^2}{n}\Big),$$

故知

$$X_{n+1} - \overline{X} \sim N\Big(0, \frac{n+1}{n}\sigma^2\Big),$$

进而有

$$\xi = \frac{X_{n+1} - \overline{X}}{\sigma}\sqrt{\frac{n}{n+1}} \sim N(0,1).$$

又由定理 2.2.1 知, $\overline{X}$ 与 S^2 独立. 又 X_{n+1} 与 S^2 独立, 因此 $X_{n+1} - \overline{X}$ 与 S^2 独立.

$$\eta = (n-1)\frac{S^2}{\sigma^2} \sim \chi^2(n-1),$$

故有

$$T = \frac{\xi}{\sqrt{\eta/(n-1)}} = \frac{X_{n+1} - \overline{X}}{S}\sqrt{\frac{n}{n+1}} \sim t(n-1).$$

推论 2.2.2 设 $X_1, X_2, \cdots, X_m$ 为来自总体 $X \sim N(\mu_1, \sigma_1^2)$ 的样本, $Y_1, Y_2, \cdots, Y_n$ 为来自总体 $Y \sim N(\mu_2, \sigma_2^2)$ 的样本, 且 X 与 Y 相互独立. 记

$$\overline{X} = \frac{1}{m}\sum_{i=1}^{m} X_i, \quad S_1^2 = \frac{1}{m-1}\sum_{i=1}^{m}(X_i - \overline{X})^2,$$

$$\overline{Y} = \frac{1}{n}\sum_{i=1}^{n} Y_i, \quad S_2^2 = \frac{1}{n-1}\sum_{i=1}^{n}(Y_i - \overline{Y})^2,$$

$$S_w^2 = \frac{(m-1)S_1^2 + (n-1)S_2^2}{m+n-2}, \quad S_w = \sqrt{S_w^2},$$

则有

$$\frac{\sigma_2^2 S_1^2}{\sigma_1^2 S_2^2} \sim F(m-1, n-1). \tag{2.2.14}$$

当 $\sigma_1^2 = \sigma_2^2 = \sigma^2$ 时,

$$\frac{(\overline{X} - \overline{Y}) - (\mu_1 - \mu_2)}{S_w\sqrt{1/m + 1/n}} \sim t(m+n-2). \tag{2.2.15}$$

证明 由定理 2.2.1,

$$\frac{(m-1)S_1^2}{\sigma_1^2} \sim \chi^2(m-1), \quad \frac{(n-1)S_2^2}{\sigma_2^2} \sim \chi^2(n-1),$$

且两个统计量相互独立. 由 F 分布的定义可得

$$\frac{(m-1)S_1^2}{(m-1)\sigma_1^2}\Big/\frac{(n-1)S_2^2}{(n-1)\sigma_2^2}=\frac{\sigma_2^2S_1^2}{\sigma_1^2S_2^2}\sim F(m-1,n-1).$$

又因 χ^2 分布具有可加性, 故有

$$\eta=\frac{(m-1)S_1^2}{\sigma_1^2}+\frac{(n-1)S_2^2}{\sigma_2^2}\sim\chi^2(m+n-2).$$

当 $\sigma_1^2=\sigma_2^2=\sigma^2$ 时, 因为 X 与 Y 相互独立, 故

$$\overline{X}-\overline{Y}\sim N\left(\mu_1-\mu_2,\sigma^2\left(\frac{1}{m}+\frac{1}{n}\right)\right).$$

所以

$$\xi=\frac{(\overline{X}-\overline{Y})-(\mu_1-\mu_2)}{\sigma\sqrt{1/m+1/n}}\sim N(0,1).$$

又因 ξ 与 η 相互独立, 故

$$\frac{\xi}{\sqrt{\eta/(m+n-2)}}=\frac{(\overline{X}-\overline{Y})-(\mu_1-\mu_2)}{S_w\sqrt{1/m+1/n}}\sim t(m+n-2).$$

注 因为

$$S_w^2=\frac{m-1}{m+n-2}S_1^2+\frac{n-1}{m+n-2}S_2^2=p_1S_1^2+p_2S_2^2,$$

故知 S_w^2 为 S_1^2,S_2^2 的加权平均, 其权重分别为 p_1,p_2.

实际应用中, 常不易得到统计量的精确分布. 若一个统计量的渐近分布存在, 则当样本容量充分大时, 可以统计量的渐近分布作为其抽样分布的近似替代.

引理 2.2.1 设 $X_1,X_2,\cdots,X_n$ 为来自二项分布 $X\sim b(m,p)$ 的样本. 则样本均值 $\overline{X}$ 的渐近分布为 $N(mp,mp(1-p)/n)$.

证明 易知 $E(X)=mp,D(X)=mp(1-p)$. 由中心极限定理可得

$$\begin{aligned}\xi_n&=\frac{\sum\limits_{i=1}^n X_i-E\left(\sum\limits_{i=1}^n X_i\right)}{\sqrt{D\left(\sum\limits_{i=1}^n X_i\right)}}=\frac{n\overline{X}-nmp}{\sqrt{nmp(1-p)}}\\&=\frac{\overline{X}-mp}{\sqrt{mp(1-p)/n}}\xrightarrow{d}N(0,1),\quad n\to\infty.\end{aligned}$$

定理 2.2.2 (Slutsky 定理) 设 $Z_n\xrightarrow{d}Z$ 且 U_n 与 V_n 分别依概率收敛到常数 a 与 b. 则

$$U_n+V_nZ_n\xrightarrow{d}a+bZ,\quad n\to\infty.$$

定理 2.2.3 设 $Z_n \xrightarrow{P} Z$. 则 $Z_n \xrightarrow{d} Z, n\to\infty$.

定理 2.2.4 设 $Z_n \xrightarrow{P} c$ 且函数 $h(x)$ 在常数 c 处连续. 则

$$h(Z_n) \xrightarrow{P} h(c), \quad n\to\infty.$$

证明 由连续性可知, 对任意 $\varepsilon>0$, 存在 $\delta>0$, 使得当 $|y-c|<\delta$ 时, 有

$$|h(y)-h(c)|<\varepsilon.$$

因此

$$\begin{aligned}P(|h(Y_n)-h(c)|<\varepsilon)&\geqslant P(|Y_n-c|<\delta)\\&=1-P(|Y_n-c|\geqslant\delta)\to 1, \quad n\to\infty.\end{aligned}$$

故知 $h(Y_n)\xrightarrow{P} h(c)$.

定理 2.2.5 设 $X_1,X_2,\cdots,X_n$ 与 $Y_1,Y_2,\cdots,Y_n$ 分别为来自总体 X 与总体 Y 的样本, X 与 Y 相互独立. 记 $E(X)=\mu_1, D(X)=\sigma_1^2$, $E(Y)=\mu_2, D(Y)=\sigma_2^2$. 则

$$\xi_n=\frac{(\overline{X}-\overline{Y})-(\mu_1-\mu_2)}{\sqrt{(S_1^2+S_2^2)/n}}\xrightarrow{d} N(0,1), \quad n\to\infty.$$

证明 由大数定律可知, S_i^2 依概率收敛到 $\sigma_i^2, i=1,2$. 因为

$$\xi_n=\frac{(\overline{X}-\overline{Y})-(\mu_1-\mu_2)}{\sqrt{(\sigma_1^2+\sigma_2^2)/n}}\cdot\frac{\sqrt{(\sigma_1^2+\sigma_2^2)}}{\sqrt{(S_1^2+S_2^2)}},$$

故由中心极限定理及 Slutsky 定理可知, ξ_n 依分布收敛到 $N(0,1)$.

2.2.3 顺序统计量的分布

设 $X_1,X_2,\cdots,X_n$ 为来自总体 X 的样本, $X_{(1)},X_{(2)},\cdots,X_{(n)}$ 为其顺序统计量 (order statistics). $X_{(1)},X_{(2)},\cdots,X_{(n)}$ 不是相互独立的且不具有相同的分布.

例 2.2.7 设总体 X 的分布函数为 $F(x)$, 求随机变量 $X_{(1)},X_{(n)}$ 的分布函数. 又若 X 具有密度函数 $f(x)$, 求 $X_{(1)},X_{(n)}$ 的密度函数.

解 对 $\forall x\in\mathbf{R}$, $X_{(n)}$ 的分布函数

$$\begin{aligned}F_{X_{(n)}}(x)&=P(X_{(n)}\leqslant x)\\&=P(X_1\leqslant x,X_2\leqslant x,\cdots,X_n\leqslant x)=[F(x)]^n,\\P(X_{(1)}>x)&=P(X_1>x,X_2>x,\cdots,X_n>x)\\&=[1-F(x)]^n,\end{aligned}$$

故

$$F_{X_{(1)}}(x)=1-[1-F(x)]^n.$$

当 X 具有密度函数 $f(x)$ 时, $X_{(1)}, X_{(n)}$ 的密度函数分别为

$$
\begin{aligned}
f_{X_{(1)}}(x) &= nf(x)[1-F(x)]^{n-1}, \\
f_{X_{(n)}}(x) &= nf(x)[F(x)]^{n-1}.
\end{aligned}
$$

例 2.2.8　设 X_1, X_2 为来自总体 X 服从参数为 $\lambda\ (\lambda > 0)$ 的指数分布的样本. 求 $X_{(1)}, X_{(2)}$ 的密度函数 $f_{X_{(1)}}(x), f_{X_{(2)}}(x)$.

解　指数分布的分布函数和密度函数分别为

$$
F(x) = \begin{cases} 1-\mathrm{e}^{-\lambda x}, & x > 0, \\ 0, & x \leqslant 0, \end{cases} \qquad f(x) = \begin{cases} \lambda \mathrm{e}^{-\lambda x}, & x > 0, \\ 0, & x \leqslant 0. \end{cases}
$$

故 $X_{(1)}, X_{(2)}$ 的密度函数分别为

$$
f_{X_{(1)}}(x) = \begin{cases} 2\lambda \mathrm{e}^{-2\lambda x}, & x > 0, \\ 0, & x \leqslant 0, \end{cases}
$$

$$
f_{X_{(2)}}(x) = \begin{cases} 2\lambda \mathrm{e}^{-\lambda x}(1-\mathrm{e}^{-\lambda x}), & x > 0, \\ 0, & x \leqslant 0. \end{cases}
$$

引理 2.2.2　设 X 的分布函数为 $F(x)$, $X_1, X_2, \cdots, X_n$ 为来自总体 X 的样本, $X_{(1)}, X_{(2)}, \cdots, X_{(n)}$ 为其顺序统计量. 设 $X, X_{(r)}$ 的概率密度分别为 $f(x)$, $f_r(x)$. 则

$$
f_r(x) = \frac{n!}{(r-1)!(n-r)!}[F(x)]^{r-1}[1-F(x)]^{n-r}f(x), \quad x \in \mathbf{R}. \tag{2.2.16}
$$

证明　记 $F_r(\cdot)$ 为 $X_{(r)}$ 的分布函数. 任意 $x \in \mathbf{R}$ 和 $x + \Delta x$ 将实数轴分为三个区间

$$
(-\infty, x], \quad (x, x+\Delta x], \quad (x+\Delta x, \infty).
$$

记事件 A 为 $X_1, X_2, \cdots, X_n$ 中恰有 $r-1$ 个落入区间 $(-\infty, x]$, 有 1 个落入区间 $(x, x+\Delta x]$ 且有 $n-r$ 个落入区间 $(x+\Delta x, \infty)$. 对于充分小的 Δx, 由多项分布可得

$$
\begin{aligned}
P(x < X_{(r)} \leqslant x+\Delta x) &= F_r(x+\Delta x) - F_r(x) \\
&= \frac{n!}{(r-1)!1!(n-r)!}[F(x)]^{r-1}[1-F(x+\Delta x)]^{n-r} \\
&\quad \cdot [F(x+\Delta x) - F(x)] + o(\Delta x).
\end{aligned}
$$

上式两边除以 Δx, 再关于 $\Delta x \to 0$ 求极限, 即知式 (2.2.16) 成立.

由式 (2.2.16) 知, 当 $r = 1$ 时, 即为最小项统计量 $X_{(1)}$ 的密度函数; 当 $r = n$ 时, 即为最大项统计量 $X_{(n)}$ 的密度函数. 这与例 2.2.7 的结论是一致的.

例 2.2.9 $X_1,X_2,\cdots,X_n$ 为来自总体 $X\sim U(0,1)$ 的样本. 求 $X_{(r)}$ 的密度函数、期望与方差.

解 均匀分布 $U(0,1)$ 的分布函数和密度函数分别为

$$F(x)=\begin{cases}0, & x<0,\\ x, & 0\leqslant x<1,\\ 1, & x\geqslant 1,\end{cases}\qquad f(x)=\begin{cases}1, & x\in(0,1),\\ 0, & \text{其他}.\end{cases}$$

由式 (2.2.16) 可得

$$f_r(x)=\frac{n!}{(r-1)!(n-r)!}x^{r-1}(1-x)^{n-r},\ x\in(0,1);\quad f_r(x)=0,\ \text{其他}. \tag{2.2.17}$$

因此, $X_{(r)}$ 服从 Beta 分布, 即 $X_{(r)}\sim \mathrm{Be}(r,n-r+1)$. 故有

$$\begin{aligned}E(X_{(r)})&=\frac{r}{r+(n-r+1)}\\&=\frac{r}{n+1},\\ D(X_{(r)})&=\frac{r(n-r+1)}{[r+(n-r+1)+1][r+(n-r+1)]^2}\\&=\frac{r(n-r+1)}{(n+2)(n+1)^2}.\end{aligned}$$

引理 2.2.3 设 $X_1,X_2,\cdots,X_n$ 为来自总体 X 的样本, $X_{(1)},X_{(2)},\cdots,X_{(n)}$ 为其顺序统计量. 设 X 的分布函数与概率密度分别为 $F(x),f(x)$. 对 $1\leqslant r<s\leqslant n$, 设 $(X_{(r)},X_{(s)})$ 的概率密度为 $f_{rs}(x,y)$. 则

$$\begin{aligned}f_{rs}(x,y)=&\frac{n!}{(r-1)!(s-r-1)!(n-s)!}[F(x)]^{r-1}[F(y)-F(x)]^{s-r-1}\\&\cdot[1-F(y)]^{n-s}f(x)f(y),\quad -\infty<x<y<\infty.\end{aligned} \tag{2.2.18}$$

证明 任意 $x<y$, 点 $x,x+\Delta x,y,y+\Delta y$ 将实数轴分为五个区间

$$(-\infty,x],\quad (x,x+\Delta x],\quad (x+\Delta x,y],\quad (y,y+\Delta y],\quad (y+\Delta y,\infty).$$

设事件 B 为 $X_1,X_2,\cdots,X_n$ 中恰有 $r-1$ 个落入 $(-\infty,x]$, 有 1 个落入 $(x,x+\Delta x]$, 有 $s-r-1$ 个落入 $(x+\Delta x,y]$, 有 1 个落入 $(y,y+\Delta y]$ 且有 $n-s$ 个落入 $(y+\Delta y,\infty)$. 对于充分小的 $\Delta x,\Delta y$, 由多项分布可得

$$\begin{aligned}P_{rs}=&P(x<X_{(r)}\leqslant x+\Delta x,y<X_{(s)}\leqslant y+\Delta y)\\=&\frac{n!}{(r-1)!(s-r-1)!(n-s)!}[F(x)]^{r-1}[F(y)-F(x+\Delta x)]^{s-r-1}\\&\cdot[1-F(y+\Delta y)]^{n-s}[F(x+\Delta x)-F(x)][F(y+\Delta y)-F(y)]+o(\Delta x\Delta y).\end{aligned}$$

上式两边除以 $\Delta x\Delta y$, 再关于 $\Delta x\to 0,\Delta y\to 0$ 求极限, 即知式 (2.2.18) 成立.

本章重要概念与公式

总体、样本、统计量、样本均值、样本方差、样本标准差、顺序统计量、最小项统计量、最大项统计量、经验分布函数、χ^2 分布、t 分布、F 分布、上 α 分位点、正态总体下的抽样分布定理、渐近分布.

*2.3　统计漫谈：正态分布与统计应用

苏岩 (2003) 分析了正态分布的形成机理和 Brown 运动条件概率分布的正态分布特性, 强调了正态分布在统计理论及应用中的中心地位, 阐明了统计学中不同统计方法的应用特点.

初等概率论研究的主要对象是一个或有限个随机变量, 实际中有些随机现象要涉及无穷多个随机变量, 一般称随机变量族为随机过程. 我们通过研究正态分布的形成机理, 认识从初等概率论到随机过程, 从中心极限定理到 Donsker 不变原理的理论发展过程, 揭示在概率分布中正态分布占有中心位置, 为统计应用提供理论依据.

2.3.1　正态分布与中心极限定理

正态分布在概率论中起到非常重要的作用, 在各种概率分布中, 它居于首要的地位. 物理学中测量同一物体的误差, 生物学中同一种生物机体的某一量度 (如身高、体重) 都近似地呈现正态分布. 正态分布密度曲线是钟形曲线. 设对某个量 a 进行了 n 次独立的测量, 理论测量值为 X_i, 误差为 $\varepsilon_i = X_i - a\ (i = 1, 2, \cdots, n)$, 这里 ε_i 和 X_i 是随机变量. 设实际测量值为 x_i, ε_i 的密度为 $f(x_i - a)$, 依极大似然法建立微分方程, 推知误差 ε_i 服从期望值为 0 的正态分布, 即误差 ε 的概率密度为

$$f(y) = \frac{1}{\sqrt{2\pi}\sigma}\exp\left(-\frac{y^2}{2\sigma^2}\right), \quad -\infty < y < \infty. \tag{2.3.1}$$

定理 2.3.1 (独立同分布的中心极限定理)　设随机变量 $X_1, X_2, \cdots, X_n, \cdots$ 相互独立, 服从同一分布, 且具有期望和方差 $E(X_k) = \mu, D(X_k) = \sigma^2, k = 1, 2, \cdots$, 则随机变量

$$Y_n = \frac{\sum_{k=1}^{n} X_k - n\mu}{\sqrt{n}\cdot\sigma}$$

的分布函数 $F_n(x)$ 对于 $x \in (-\infty, \infty)$, 一致地有

$$\lim_{n\to\infty} F_n(x) = \lim_{n\to\infty} P(Y_n \leqslant x) = \int_{-\infty}^{x} \frac{1}{\sqrt{2\pi}}\mathrm{e}^{-\frac{t^2}{2}}\,\mathrm{d}t, \tag{2.3.2}$$

这里, Y_n 是 $\sum_{k=1}^{n} X_k$ 的标准化随机变量, 此时称 Y_n 依分布收敛到标准正态分布 $N(0,1)$.

式 (2.3.1) 说明, 正态分布概率密度可由微分方程推导出来, 这与人们对正态分布的经验认识, 即 “中间大, 两头小” (通过数据的直方图得到) 的概率特点是吻合的. 式 (2.3.2) 说明, 对独立同分布的随机变量序列 $\{X_k\}_{k=1}^{\infty}$, 不论 X_k 是何种离散型或连续型随机变量, 只要 X_k 的期望和方差存在, 都有 Y_n 依分布收敛到标准正态分布, 即当 n 充分大时, Y_n 近似服从标准正态分布, 这说明在概率分布中正态分布的重要性.

2.3.2 Brown 运动与 Donsker 不变原理

1. Brown 运动

英国植物学家 Robert Brown 在 1827 年观察到悬浮在液面上的花粉微粒做着高度不规则的运动, 这种运动称为 Brown 运动.

考虑 Brown 运动一维情况的数学模型. 由于在不相交时间间隔内的随机游动是独立的, 因此 Brown 运动有独立增量, 又因在任何一段时间内随机游动位置变化的分布只依赖于区间的长度, 故 Brown 运动应有平稳增量. Brown 运动的样本轨道是处处连续、处处不可微的函数, 其物理意义是粒子在每一瞬间都会受到介质中的分子的碰撞, 碰撞后的方向是任意的, 而速度无穷. 因此, 只能用概率分布描述粒子的运动规律.

爱因斯坦 1905 年给出了 Brown 运动的数学解释. 设 $X(t)$ 表示 t 时刻花粉粒子的坐标, $X(t_0)=x_0$, 设 $p(x,t|x_0)$ 表示在给定 $X(t_0)=x_0$ 的条件下 $X(t+t_0)$ 的条件概率密度. 因此

$$p(x,t|x_0)\geqslant 0,\quad \int_{-\infty}^{\infty}p(x,t|x_0)\mathrm{d}x=1, \tag{2.3.3}$$

进一步要求

$$\lim_{t\to 0}p(x,t|x_0)=0,\quad x\neq x_0. \tag{2.3.4}$$

爱因斯坦用物理原理证明了 $p(x,t|x_0)$ 必然满足扩散方程

$$\frac{\partial p}{\partial t}=D\frac{\partial^2 p}{\partial x^2}, \tag{2.3.5}$$

其中 D 为扩散系数.

利用特征函数, 可知满足 (2.3.3),(2.3.4) 条件下方程 (2.3.5) 的唯一解为

$$p(x,t|x_0)=\frac{1}{\sqrt{2\pi\cdot 2Dt}}\exp\left[-\frac{(x-x_0)^2}{2\cdot 2Dt}\right], \tag{2.3.6}$$

即转移概率密度 $p(x,t|x_0)$ 是期望为 x_0, 方差为 $2Dt$ 的正态分布概率密度.

设 $t>s$, 那么位移 $X(t)-X(s)$ 是许多相互独立的微小位移之和, 由中心极限定理同样可以得到 $X(t)-X(s)$ 服从正态分布.

上述分析说明, 可以通过扩散方程的解或中心极限定理导出 Brown 运动的正态分布性质, Brown 运动是齐次马尔可夫过程. 以下给出随机过程及 Brown 运动的完整定义.

定义 2.3.1　设 (Ω, F, P) 是概率空间, T 是给定的参数集, 若对每个 $t\in T$ 有一个随机变量 $X(t,\omega)$ 与之对应, 则称随机变量族 $\{X(t,\omega), t\in T\}$ 是 (Ω, F, P) 上的随机过程, 简记为 $\{X(t), t\in T\}$, 参数集 T 通常表示时间.

固定一次随机试验, 即取定 $\omega_0\in\Omega$, 称 $X(t,\omega_0)$ 是随机过程 $\{X(t), t\in T\}$ 的一个样本函数或轨道.

定义 2.3.2　随机过程 $\{X(t), t\geqslant 0\}$ 称为 Brown 运动, 如果它满足条件

(1) $X(0)=0$;

(2) 随机过程 X 有平稳独立增量;

(3) 对任意 $t>0$, $X(t)\sim N(0,\sigma^2 t)$.

如果 $\sigma=1$, 称其为标准 Brown 运动.

2. Donsker 不变原理

设 $\{X_n, n\geqslant 1\}$ 是独立同分布随机变量序列, 且 $E(X_1)=0$, $D(X_1)=\sigma^2>0$. 令 $S_n=\sum\limits_{i=1}^{n}X_i$, 记 $[a]$ 为实数 a 的整数部分, 对任意的 $t\in[0,1]$, 定义

$$W_n(t)=\frac{S_{[nt]}}{\sigma\sqrt{n}},\quad 0\leqslant t\leqslant 1.$$

定理 2.3.2 (Donsker 不变原理)　对上述记号在有限维分布意义下, 若记 w 为标准 Brown 运动, 则

$$W_n\xrightarrow{d} w,\quad n\to\infty,$$

这里, d 表示依分布收敛.

Donsker 不变原理是中心极限定理在随机过程中的推广, 即随机过程序列 W_n 依分布收敛到标准 Brown 运动 w. 对任意的正整数 k, 当 n 充分大时, $(W_n(t_1), W_n(t_2),\cdots,W_n(t_k))$ 的联合分布近似地和标准 Brown 运动 w 在 $t_1,t_2,\cdots,t_k$ 的值的联合分布相同, $t_i\in[0,1], i=1,2,\cdots,k$. 定理 2.3.2 阐明了 Brown 运动在随机过程中的重要作用, 从而揭示了 Brown 运动及正态分布在现代概率论中的重要地位.

3. 白噪声过程

定义 2.3.3　设 $\{X(t), t\in(-\infty,\infty)\}$ 为平稳过程, 若它的均值为 0, 且谱密度在所有频率范围内为非零的常数, 即 $S_X(\omega)=\sigma^2$ $(-\infty<\omega<\infty)$, 则称 $X(t)$ 为白噪声过程.

已知白噪声过程的谱密度为 $S_X(\omega)=\sigma^2\ (-\infty<\omega<\infty)$, 则可求得它的相关函数 $R_X(\tau)=\sigma^2\delta(\tau)$, 其中 $\delta(\tau)$ 为 δ 函数. Brown 运动的广义导数表现为白噪声过程.

白噪声过程也可定义为均值为 0, 相关函数为 $R_X(\tau)=\sigma^2\delta(\tau)$ 的平稳过程. 这表示在任何两个不同时刻 s 和 t, $X(s)$ 和 $X(t)$ 不相关, 即白噪声随时间变化的起伏极快, 而过程的功率谱极宽, 对不同输入频率的信号都能产生干扰. 信号分析中应用最多的是正态白噪声过程及时间序列模型中的正态白噪声序列.

2.3.3 小样本统计与大样本统计

1. 小样本统计

小样本统计就是利用统计量的精确分布做统计推断. 实际应用时, 样本容量一般较小. 设随机变量 $X_1, X_2, \cdots, X_n$ 是来自 $N(\mu,\sigma^2)$ 的样本, $\overline{X}$ 是样本均值, S^2 是样本方差, $S=\sqrt{S^2}$ 是样本标准差. 则有

$$\frac{\overline{X}-\mu}{\sigma/\sqrt{n}}\sim N(0,1). \tag{2.3.7}$$

σ 已知时, 式 (2.3.7) 可用作未知参数 μ 的统计推断. σ 未知时, 以 S 替代 σ, 则

$$\frac{\overline{X}-\mu}{S/\sqrt{n}}\sim t(n-1). \tag{2.3.8}$$

σ 未知时, 当样本容量较小时, 式 (2.3.8) 确定的精确概率分布, 可用作未知参数 μ 的统计推断.

式 (2.3.8) 中的 t 分布最初由 Gosset 以笔名 Student (1908 年) 提出, 引入小样本统计的一整个时期, 开创了统计学的新纪元. 统计推断的三大分布: χ^2 分布、t 分布、F 分布均由标准正态分布生成, 这奠定了统计推断的基础.

同时注意到还存在诸如对数正态分布、指数分布及泊松分布等其他多种概率分布形式. 对数正态分布是一个由正态分布导出的概率分布, 即若

$$\ln(X)\sim N(\mu,\sigma^2), \tag{2.3.9}$$

则称 X 服从对数正态分布.

Ibrahim 等提出了具有 DNA 微观序列数据的贝叶斯基因表达模型, 基于 DNA 微观序列数据的特点, 对服从对数正态分布的随机变量, 以正态分布, 逆 Γ 分布作为式 (2.3.9) 中参数 μ,σ^2 的先验分布. 通过多层先验, 联系起 DNA 微观序列的数据结构, 估计超参数, 达到分辨正常和癌变基因的目的. 多层先验体现了贝叶斯方法特有的 “借力”(to borrow strength) 方式.

2. 大样本统计

统计理论和方法有很大一部分是预先假定一个正态分布. 一般原始数据常不能很好地用正态分布来描述, 需进行数据加工, 即统计分析是对观察值的和或平均值进行的. 在一定条件下, 中心极限定理保证这些理论观察值的和或平均值是趋向正态分布的, 但是应估计收敛到正态分布的速度.

定理 2.3.3　设随机变量 $X_1, X_2, \cdots, X_n, \cdots$ 相互独立, 服从同一分布, 具有期望和方差:

$$E(X_k) = \mu,\ D(X_k) = \sigma^2, \quad E(|X_k|^3) < \infty, \quad k = 1, 2, \cdots,$$

则对一切 x, 有

$$|F_n(x) - \Phi(x)| \leqslant \frac{AE(|X_1 - \mu|^3)}{\sigma^3 \sqrt{n}(1 + |x|^3)}, \tag{2.3.10}$$

其中, $F_n(x)$ 如定理 2.3.1 中定义, $\Phi(x)$ 为标准正态分布的分布函数, A 为绝对常数.

又在定理 2.3.1 的条件下, 当 n 充分大时, 近似地有

$$\frac{\overline{X} - \mu}{S/\sqrt{n}} \sim N(0, 1). \tag{2.3.11}$$

σ 未知时, 无论样本服从什么分布, 当 n 充分大时, 式 (2.3.11) 可用作未知参数 μ 的统计推断.

多元统计分析概率分布的基本假定是多元正态分布. 在陌生或未知的研究领域, 正态分布这一基本概率分布假定常不能得到满足, 需代之以新的统计分析理论, 例如非参数判别分析, 通过对未知概率分布的密度估计进行判别分析, 这要求样本容量较大.

因此, 使用中心极限定理时, 要求 n 充分大, 可结合理论结果进行 n 值的随机模拟. 对于统计推断, 涉及统计量的极限分布, 属于大样本理论.

2.3.4　结论

从上述分析中看到, 既有对正态分布经验认识的一面, 又有其概率密度的理论推导,“中间大, 两头小” 是一般事物所处的状态. 中心极限定理和 Donsker 不变原理说明, 在一定条件下, 独立随机变量和及随机过程的极限分布归于正态分布, 这为大样本统计推断提供了理论保证. 因此, 一般情形下概率分布的正态性假定是合理的.

严格意义上讲, 进行统计推断, 应先进行随机模型服从何种概率分布的假设检验, 再采用适宜的统计方法, 如贝叶斯统计及包含时间序列分析在内的随机过程统计等.

统计学是一门收集数据, 分析数据, 并根据数据进行推断的科学和艺术. 对实际问题进行统计推断时, 只有深刻体会统计方法的内涵, 才能达到认识、解决问题的目的. 这里援引 F.H.C.Marriott 的一段话, 它提醒人们对问题保持适度的看法: "数值方法的价值仅仅在于帮助人们去解释数据, 它绝不是香肠灌装机能够把一堆数据自动地变换到科学事实的锦囊之中."

习　题　2

1. 设 $X \sim N(0,1)$, $Y \sim N(1,3^2)$, 且 X 与 Y 相互独立. 求 $P(X+Y \leqslant 1)$.

2. 设 $X \sim U(0,1)$, X_1, X_2 为来自总体 X 的样本. 求 $X_{(1)}, X_{(2)}$ 的分布函数与概率密度.

3. 设 X 的密度函数为

$$f(x) = \theta x^{\theta-1},\ 0 < x < 1; \quad f(x) = 0,\ \text{其他},$$

其中 $\theta > 0$ 为参数. 设 X_1, X_2 为来自总体 X 的样本. 求 $X_{(1)}, X_{(2)}$ 的分布函数.

4. 设 X 服从参数为 λ 的指数分布, 密度函数为

$$f(x) = \lambda \mathrm{e}^{-\lambda x}, \quad x \geqslant 0; \quad f(x) = 0,\ x < 0.$$

X_1, X_2 为来自总体 X 的样本. 求 $X_{(1)}, X_{(2)}$ 的分布函数与概率密度.

5. 设总体 $X \sim N(\mu, \sigma^2), X_1, X_2, \cdots, X_n$ 为其样本. 求 $\sum\limits_{i=1}^{n}(X_i - \mu)^2$ 的概率密度.

6. 设总体 $X \sim N(0,\sigma^2)$, $X_1, X_2, \cdots, X_6$ 为其样本. 问 $\dfrac{(X_1+X_2+X_3)^2}{(X_4+X_5+X_6)^2}$ 服从什么分布.

7. 设总体 $X \sim N(0,1)$, $X_1, X_2, \cdots, X_6$ 为其样本. 试求常数 a, 使统计量

$$Y = a[(X_1+X_2+X_3)^2 + (X_4+X_5+X_6)^2]$$

服从 χ^2 分布, 并求其自由度.

8. 设总体 $X \sim N(0,2^2)$, $X_1, X_2, \cdots, X_9$ 为其样本. 试求常数 a, b, c, 使统计量

$$Y = a(X_1+X_2)^2 + b(X_3+X_4+X_5)^2 + c(X_6+X_7+X_8+X_9)^2$$

服从 χ^2 分布, 并求其自由度.

9. 设 X_1, X_2, X_3, X_4 为来自 $N(1,\sigma^2)$ 的样本. 证明统计量 $\dfrac{X_1 - X_2}{|X_3+X_4-2|} \sim t(1)$.

10. 设 $X_1, X_2, \cdots, X_n$ 为来自参数为 λ 的泊松分布的样本. 求 $E(\overline{X})$ 和 $D(\overline{X})$.

11. 设 $X_1, X_2, \cdots, X_n$ 为来自总体 $X \sim N(0,\sigma^2)$ 的样本. 记

$$Y = \frac{1}{\sigma^2}\sum_{i=1}^{n}(X_i - \mu)^2.$$

求 Y 的概率分布.

12. 设 $X_1, X_2, \cdots, X_5$ 是来自 $N(0,1)$ 的样本. 求 m 使得

$$P\Big(\frac{X_1+X_2}{\sqrt{X_3^2+X_4^2+X_5^2}} \leqslant m\Big) = 0.90.$$

13. 设 $X_1, X_2, \cdots, X_n$ 为来自总体 $X>0$ 的样本. 求

$$E\Big(\frac{X_1+X_2+\cdots+X_m}{X_1+X_2+\cdots+X_n}\Big), \quad 1 \leqslant m \leqslant n.$$

14. 设 $X_1, X_2, \cdots, X_{n_1}$ 为来自总体 $X \sim N(\mu_1, \sigma_1^2)$ 的样本, $\overline{X}$ 与 S_1^2 分别为其样本均值和样本方差. 设 $Y_1, Y_2, \cdots, Y_{n_2}$ 为来自总体 $Y \sim N(\mu_2, \sigma_2^2)$ 的样本, $\overline{Y}$ 与 S_2^2 分别为其样本均值和样本方差, 且 X 与 Y 相互独立. 现将两个样本合并在一起, 求合并样本的样本均值和样本方差.

15. 设二元随机向量 (X,Y) 服从二维正态分布 $N(\mu_1,\mu_2,\sigma_1^2,\sigma_2^2,\rho)$. 证明必存在常数 k, 使 $X+kY$ 与 $X-kY$ 独立.

16. 设随机变量 X 与 Y 相互独立, X 的概率密度为 $f(x)$, Y 为离散型, 只取 α 与 β 两个值, 对应概率分别为 p_1 与 p_2. 证明 $X+Y$ 具有概率密度

$$g(x) = p_1 f(x-\alpha) + p_2 f(x-\beta).$$

提示: 先求出 $X+Y$ 的分布函数.

17. 设 $X_1, X_2, \cdots, X_n$ 相互独立且分别服从 $N(\mu_i, \sigma_i^2)$. 证明

$$Y = \sum_{i=1}^n \alpha_i X_i \sim N\Big(\sum_{i=1}^n \alpha_i\mu_i,\ \sum_{i=1}^n \alpha_i^2\sigma_i^2\Big).$$

提示: 利用特征函数的性质.

18. 设 $X_1, X_2, \cdots, X_n$ 为来自总体 $X \sim N(\mu, \sigma^2)$ 的样本. 证明 $D(S^2) = \dfrac{2\sigma^4}{n-1}$.

提示:

$$D(S^2) = D\Big[\frac{(n-1)S^2}{\sigma^2} \cdot \frac{\sigma^2}{n-1}\Big].$$

19. 设 $X_1, X_2, \cdots, X_n$ 为来自总体 $X \sim N(\mu, \sigma^2)$ 的样本. 记 $\widetilde{\sigma}^2 = \dfrac{n-1}{n+1}S^2$. 证明

$$E(\widetilde{\sigma}^2) \neq \sigma^2, \quad D(\widetilde{\sigma}^2) < D(S^2).$$

20. 设 $X_1, X_2, \cdots, X_n$ 为来自总体 $X \sim N(\mu, \sigma^2)$ 的样本. 证明

$$X_1 - \overline{X} \sim N\Big(0, \frac{n-1}{n}\sigma^2\Big).$$

21. 设 $X_1, X_2, \cdots, X_n$ 为来自总体 $X \sim N(\mu, \sigma^2)$ 的样本, $\overline{X}$ 与 S^2 分别为样本均值和样本方差. 设 β 为常数.

(1) 求 $E[\beta\overline{X} + (1-\beta)S^2]$.

(2) 求 $D[\beta\overline{X} + (1-\beta)S^2]$.

22. 设 $X_1, X_2, \cdots, X_n$ 为来自总体 $X \sim N(0, \sigma^2)$ 的样本, $X_1, X_2, \cdots, X_n$ 到 $Y_1, Y_2, \cdots, Y_n$ 的变换为正交变换. 证明 $Y_1, Y_2, \cdots, Y_n$ 是相互独立的随机变量, 且均服从 $N(0, \sigma^2)$.

23. 设 $X_1, X_2, \cdots, X_{10}$ 为来自总体 $X \sim N(0, [0.3]^2)$ 的样本, 求

$$P\Big(\sum_{i=1}^{10} X_i^2 > 1.44\Big).$$

24. 设 $X_1, X_2, \cdots, X_n$ 为来自总体 $X \sim N(\mu, \sigma^2)$ 的样本, 记

$$Z_n = \frac{1}{n}\sum_{i=1}^{n} |X_i - \mu|.$$

求 $E(Z_n)$ 与 $D(Z_n)$.

25. 设 $E|X|^t$ 存在, 证明 $E|X|^s$ 存在, 对任意 $0 < s \leqslant t$.

提示: 利用不等式 $|x|^s \leqslant 1 + |x|^t$, $0 < s \leqslant t$.

26. 设 $X_1, X_2, \cdots, X_n$ 为来自总体 $X \sim N(\mu, \sigma^2)$ 的样本.

(1) 求 $E(\overline{X} + S^2)$.

(2) 求 $D(\overline{X} + S^2)$.

27. 设 $X_1, X_2, \cdots, X_n$ 为来自总体 X 的样本, $F_n(x)$ 为经验分布函数. 证明

$$\frac{\sqrt{n}[F_n(x) - F(x)]}{\sqrt{F(x)(1 - F(x))}} \xrightarrow{d} N(0,1), \quad n \to \infty.$$

参 考 文 献

苏岩. 2003. 正态分布与统计应用. 保定师范专科学校学报, 16(4): 5-8.

Student. 1908. The probable error of a mean. Biometrika, 6: 1–25.

Wackerly D D, Mendenhall W , Scheaffer R L. 2008. Mathematical Statistics with Applications. 7th ed. Belmont: Thomson Brooks/Cole.

第3章　参数估计

本书所述统计推断主要包含两部分内容：一部分是参数估计，另一部分是假设检验. 参数估计又包含参数的点估计与区间估计. 参数的点估计 (point estimator) 是以一个点去估计未知的参数，它主要包含矩估计、极大似然估计和贝叶斯估计. 参数的区间估计 (interval estimator) 是以一个区间去估计未知的参数. 本章将介绍参数的各种估计方法.

3.1　参数的点估计

考察某工厂生产的大批同一型号的电子元件，以随机变量 X 表示电子元件的寿命. 假设总体 X 服从参数为 $\lambda>0$ 的指数分布，即 X 的密度函数为

$$f(x)=\begin{cases}\lambda \mathrm{e}^{-\lambda x}, & x>0,\\ 0, & x\leqslant 0.\end{cases} \tag{3.1.1}$$

易知 $E(X)=1/\lambda, D(X)=1/\lambda^2$. 因此，电子元件的期望寿命为 $1/\lambda$.

若参数 λ 未知，可基于来自总体 X 的样本 $X_1,X_2,\cdots,X_n$，估计未知参数 λ，从而估计出电子元件的平均寿命.

设总体 X 的分布函数为 $F(x,\theta_1,\theta_2,\cdots,\theta_l)$，$F$ 的形式已知，而 $\theta_1,\cdots,\theta_l$ 为未知参数. 设 $X_1,X_2,\cdots,X_n$ 为来自总体 X 的样本，构造统计量

$$\widehat{\theta}_k=\widehat{\theta}_k(X_1,X_2,\cdots,X_n),\quad k=1,2,\cdots,l,$$

以 $\widehat{\theta}_k$ 估计未知参数 θ_k. 称 $\widehat{\theta}_k$ 为参数 θ_k 的估计量 (点估计)，简称为估计.

3.1.1　矩估计与极大似然估计

矩估计与极大似然估计是统计推断中常用的估计方法. 矩估计法只要求总体的一阶，或若干阶理论矩存在，对总体分布的具体形式不做要求. 极大似然估计则假定总体的分布函数 $F(x,\theta_1,\theta_2,\cdots,\theta_l)$ 形式已知，$\theta_1,\theta_2,\cdots,\theta_l$ 为未知参数.

1. **矩估计**

由大数定律可知，若总体 k 阶原点矩 $E(X^k)$ 存在，则样本 k 阶原点矩

$$A_k=\frac{1}{n}\sum_{i=1}^{n}X_i^k\xrightarrow{P}E(X^k)=a_k,\quad n\to\infty. \tag{3.1.2}$$

因此, 可以 A_k 作为 $E(X^k)$ 的估计.

定义 3.1.1 设总体 X 的分布函数为 $F(x,\theta_1,\theta_2,\cdots,\theta_l)$, 其中 $\theta_1,\theta_2,\cdots,\theta_l$ 为未知参数. 假设总体 X 的 l 阶原点绝对矩 $E(|X|^l)$ 存在. 记

$$E(X^k)=a_k=a_k(\theta_1,\theta_2,\cdots,\theta_l),\quad k=1,2,\cdots,l.$$

令

$$A_k=\frac{1}{n}\sum_{i=1}^{n}X_i^k=a_k(\theta_1,\theta_2,\cdots,\theta_l),\quad k=1,2,\cdots,l.$$

此方程组含有 l 个方程, l 个未知参数 $\theta_1,\theta_2,\cdots,\theta_l$. 假设该方程组的解为

$$\theta_k=\theta_k(X_1,X_2,\cdots,X_l),\quad k=1,2,\cdots,l.$$

将所得解标上标注符号 ^ , 得到参数估计

$$\widehat{\theta}_k=\widehat{\theta}_k(X_1,X_2,\cdots,X_l),\quad k=1,2,\cdots,l.$$

称 $\widehat{\theta}_k$ 为未知参数 θ_k 的矩法估计量, 简称矩估计 (moment estimator).

设 $h(\theta_1,\theta_2,\cdots,\theta_l)$ 为 $\theta_1,\theta_2,\cdots,\theta_l$ 的连续函数, $\widehat{\theta}_k$ 为 θ_k, $k=1,2,\cdots,l$ 的矩估计. 则称 $h(\widehat{\theta}_1,\widehat{\theta}_2,\cdots,\widehat{\theta}_l)$ 为 $h(\theta_1,\theta_2,\cdots,\theta_l)$ 的矩估计.

注 (1) 矩估计的理论依据为大数定律, 即若总体 k 阶原点矩 $E(X^k)$ 存在, 则当样本容量 n 充分大时, 样本 k 阶原点矩 A_k 与理论 k 阶原点矩 a_k 近似相等. a_k 是参数 $\theta_1,\theta_2,\cdots,\theta_l$ 的函数, 即 $a_k=a_k(\theta_1,\theta_2,\cdots,\theta_l)$.

(2) 令样本 k 阶原点矩 A_k 等于样本 (理论) k 阶原点矩 a_k, 即

$$A_k=a_k,\quad k=1,2,\cdots,l.$$

解此方程组, 得到 l 个解 $\theta_1,\theta_2,\cdots,\theta_l$. 由于 A_k 是样本的函数的, 故所得解 $\theta_1,\theta_2,\cdots,\theta_l$ 也为样本的函数. 实际上对有限的 n, A_k 与 a_k 是近似相等的, 故方程组的解实为参数 $\theta_1,\theta_2,\cdots,\theta_l$ 的估计.

例 3.1.1 设 $X_1,X_2,\cdots,X_n$ 为来自总体 X 的样本, $E(X)=\mu$ 与 $D(X)=\sigma^2$ 均存在, 且 $\sigma>0$. 试求未知参数 μ,σ^2 的矩估计.

解 由

$$\begin{cases}A_1=a_1=\mu,\\ A_2=a_2=\sigma^2+\mu^2\end{cases}\tag{3.1.3}$$

可得

$$\begin{cases}\mu=A_1=\overline{X},\\ \sigma^2=A_2-A_1^2=\dfrac{1}{n}\displaystyle\sum_{i=1}^{n}(X_i-\overline{X})^2=S_*^2.\end{cases}\tag{3.1.4}$$

因此, μ, σ^2 的矩估计为

$$\widehat{\mu} = \overline{X}, \quad \widehat{\sigma}^2 = \frac{1}{n}\sum_{i=1}^{n}(X_i - \overline{X})^2. \tag{3.1.5}$$

注 由例 3.1.1 可知, 方程组

$$\begin{cases} A_1 = a_1, \\ A_2 = a_2 \end{cases} \quad 与 \quad \begin{cases} A_1 = a_1, \\ S_*^2 = \sigma^2 \end{cases} \tag{3.1.6}$$

等价. 有时, 由后一方程组更易得到参数的矩估计.

例 3.1.2 设总体 X 服从参数为 λ 的指数分布, $X_1, X_2, \cdots, X_n$ 为来自总体 X 的样本. 试求未知参数 λ 的矩估计及 $h(\lambda) = 1/\lambda$ 的矩估计.

解 令 $A_1 = a_1$, 可得 $\overline{X} = 1/\lambda$, 所以 $\lambda = 1/\overline{X}$. 因此 λ 的矩估计为 $\widehat{\lambda} = 1/\overline{X}$. 总体 X 期望的矩估计为 $\overline{X}$.

例 3.1.3 设总体 X 服从参数为 m, p 的二项分布 $b(m, p)$, $X_1, X_2, \cdots, X_n$ 为来自总体 X 的样本. 设参数 m 已知, 试求未知参数 p 的矩估计.

解 令 $A_1 = a_1$, 可得 $\overline{X} = mp$, 所以 $p = \overline{X}/m$. 因此 p 的矩估计为 $\widehat{p} = \overline{X}/m$.

例 3.1.4 设二元总体 (X, Y) 的相关系数为 $\rho_{X,Y}$, $(X_1, Y_1), (X_2, Y_2), \cdots, (X_n, Y_n)$ 为来自总体 (X, Y) 的样本. 试求 $\rho_{X,Y}$ 的矩估计.

解 因为

$$\rho_{X,Y} = \frac{\mathrm{Cov}(X, Y)}{\sqrt{D(X)D(Y)}} = \frac{E(XY) - E(X)E(Y)}{\sqrt{[E(X^2) - (E(X))^2][E(Y^2) - (E(Y))^2]}},$$

以样本矩替代理论矩, 可得 $\rho_{X,Y}$ 的矩估计为

$$\widehat{\rho}_{X,Y} = \frac{\sum_{i=1}^{n} X_i Y_i/n - \overline{X} \cdot \overline{Y}}{\sqrt{\left[\sum_{i=1}^{n} X_i^2/n - \overline{X}^2\right]\left[\sum_{i=1}^{n} Y_i^2/n - \overline{Y}^2\right]}}.$$

注 相关系数 $\rho_{X,Y}$ 刻画了随机变量 X 与 Y 的线性相关性. $\rho_{X,Y}$ 是 X 与 Y 的相应标准化随机变量的协方差, 易知 $|\rho_{X,Y}| \leqslant 1$. 当 $\rho_{X,Y} = 0$ 时, 称 X 与 Y 是不相关的. 可以证明 $|\rho_{X,Y}| = 1$ 当且仅当 X 与 Y 有严格线性关系.

2. 极大似然估计

例 3.1.5 设在一个盒子中有若干白球与黑球. 已知两种球的比率为 1:4, 但是不知道白球多还是黑球多. 现从盒子中任取一球, 发现为黑球, 试估计盒子中黑球的比率 p.

解 设 X 为从盒子中任取一球为黑球的个数, 则 $X\sim b(1,p)$, $p=1/5$ 或 $p=4/5$. 即 X 的概率分布为

$$P(X=1)=p,\quad P(X=0)=1-p.$$

显然, $p=4/5$ 更有利于事件 "$X=1$" 的发生. 因此, p 的估计为 $\widehat{p}=4/5$, 即白球与黑球的比率为 1:4. 事实上, 有

$$\widehat{p}=\max_p P(X=1)=\max_p p=\max\left\{\frac{1}{5},\frac{4}{5}\right\}=\frac{4}{5}.$$

此例体现极大似然估计 (maximum likelihood estimator, MLE) 的基本思想.

定义 3.1.2 设 $X_1,X_2,\cdots,X_n$ 为来自总体 X 的样本, X 的密度函数 (或概率分布) 为 $f(x,\boldsymbol{\theta}),\boldsymbol{\theta}=(\theta_1,\theta_2,\cdots,\theta_l)^{\mathrm{T}}\in\Theta$, 其中 Θ 为参数空间. 对于固定的 $\boldsymbol{\theta}$, $(X_1,X_2,\cdots,X_n)^{\mathrm{T}}$ 的联合密度函数 (或联合概率分布) 为

$$L(x_1,x_2,\cdots,x_n;\boldsymbol{\theta})=\prod_{i=1}^{n}f(x_i,\boldsymbol{\theta}).\tag{3.1.7}$$

以样本 $X_1,X_2,\cdots,X_n$ 替代 $x_1,x_2,\cdots,x_n$, 得到

$$L(X_1,X_2,\cdots,X_n;\boldsymbol{\theta})=\prod_{i=1}^{n}f(X_i,\boldsymbol{\theta}).\tag{3.1.8}$$

固定样本, 视 $L(X_1,X_2,\cdots,X_n;\boldsymbol{\theta})$ 为 $\boldsymbol{\theta}$ 的函数. 此时, 则称 $L(X_1,X_2,\cdots,X_n;\boldsymbol{\theta})$ 为基于样本的关于变量 $\boldsymbol{\theta}$ 的似然函数.

定义 3.1.3 设 $X_1,X_2,\cdots,X_n$ 为来自总体 X 的样本, 且 X 的密度函数 (或概率分布) 为 $f(x,\boldsymbol{\theta}),\boldsymbol{\theta}=(\theta_1,\theta_2,\cdots,\theta_l)^{\mathrm{T}}\in\Theta$. 似然函数 $L=L(X_1,X_2,\cdots,X_n;\boldsymbol{\theta})$ 由 (3.1.8) 式定义. 若存在 $\widehat{\boldsymbol{\theta}}=(\widehat{\theta}_1,\widehat{\theta}_2,\cdots,\widehat{\theta}_l)^{\mathrm{T}}\in\Theta$, 满足

$$L(X_1,X_2,\cdots,X_n;\widehat{\boldsymbol{\theta}})=\max_{\boldsymbol{\theta}\in\Theta}L(X_1,X_2,\cdots,X_n;\boldsymbol{\theta}),\tag{3.1.9}$$

则称 $\widehat{\theta}_i=\widehat{\theta}_i(X_1,X_2,\cdots,X_n)$ 为参数 θ_i 的极大似然估计, $i=1,2,\cdots,l$.

为便于求参数的极大似然估计, 可对 L 取自然对数. 易知

$$\ln L=\ln L(X_1,X_2,\cdots,X_n;\boldsymbol{\theta})=\sum_{i=1}^{n}\ln f(X_i,\boldsymbol{\theta}).\tag{3.1.10}$$

因为 $\ln x$ 为严格单调增加函数, 所以 L 与 $\ln L$ 有相同的最大值点. 称

$$\frac{\partial\ln L}{\partial\theta_i}=0,\quad i=1,2,\cdots,l\tag{3.1.11}$$

为对数似然方程组. 由 (3.1.11) 解得 θ_i, 再验证 $\theta_i,i=1,2,\cdots,l$ 确为最大值点. 在实际应用中, 所求的解一般为最大值点. 在解题过程中, 常略去验证步骤.

定理 3.1.1 设 θ 的函数 $\eta = g(\theta), \theta \in \Theta$ 具有单值反函数 $\theta = g^{-1}(\eta), \eta \in \Xi$. 若 $\widehat{\theta}$ 为 θ 的极大似然估计, 则 $\widehat{\eta} = g(\widehat{\theta})$ 为 $g(\theta)$ 的极大似然估计.

证明 η 的极大似然估计 $\widehat{\eta}$ 应使关于 η 的似然函数达到最大. 因为

$$L(X_1, X_2, \cdots, X_n; \widehat{\theta}) = \max_{\theta \in \Theta} L(X_1, X_2, \cdots, X_n; \theta), \quad \widehat{\theta} = g^{-1}(\widehat{\eta}),$$

所以

$$L(X_1, X_2, \cdots, X_n; g^{-1}(\widehat{\eta})) = \max_{\eta \in \Xi} L(X_1, X_2, \cdots, X_n; g^{-1}(\eta)).$$

故知 $\widehat{\eta} = g(\widehat{\theta})$ 为 $g(\theta)$ 的极大似然估计.

例 3.1.6 设 $X_1, X_2, \cdots, X_n$ 为来自正态总体 $N(\mu, \sigma^2)$ 的样本, 试求 μ, σ^2 的极大似然估计.

解 参数 μ, σ^2 的似然函数为

$$\begin{aligned} L(X_1, X_2, \cdots, X_n; \mu, \sigma^2) &= \prod_{i=1}^{n} \frac{1}{\sqrt{2\pi}\sigma} \exp\left[-\frac{(X_i - \mu)^2}{2\sigma^2}\right] \\ &= \frac{1}{[2\pi\sigma^2]^{\frac{n}{2}}} \exp\left[-\frac{1}{2\sigma^2} \sum_{i=1}^{n} (X_i - \mu)^2\right]. \end{aligned}$$

故有

$$\ln L = -\frac{n}{2} \ln(2\pi) - \frac{n}{2} \ln(\sigma^2) - \frac{1}{2\sigma^2} \sum_{i=1}^{n} (X_i - \mu)^2.$$

对数似然方程组为

$$\begin{cases} \dfrac{\partial \ln L}{\partial \mu} = \dfrac{1}{\sigma^2} \displaystyle\sum_{i=1}^{n} (X_i - \mu) = 0, \\ \dfrac{\partial \ln L}{\partial \sigma^2} = -\dfrac{n}{2\sigma^2} + \dfrac{1}{2\sigma^4} \displaystyle\sum_{i=1}^{n} (X_i - \mu)^2 = 0. \end{cases} \tag{3.1.12}$$

因此, μ, σ^2 的极大似然估计为

$$\widehat{\mu} = \overline{X}, \quad \widehat{\sigma}^2 = \frac{1}{n} \sum_{i=1}^{n} (X_i - \overline{X})^2.$$

注 (1) 当样本容量为 $n = 1$ 时, $X_1 \sim N(\mu, \sigma^2)$ 的似然函数为

$$L(X_1; \mu, \sigma^2) = \frac{1}{\sqrt{2\pi}\sigma} \exp\left[-\frac{(X_1 - \mu)^2}{2\sigma^2}\right] = \frac{1}{\sqrt{2\pi}\sigma} \exp\left[-\frac{(\mu - X_1)^2}{2\sigma^2}\right].$$

固定 X_1, 当 $\mu = X_1$ 时, 似然函数 $L(X_1; \mu, \sigma^2)$ 达到最大值 $(\sqrt{2\pi}\sigma)^{-1}$. 故 μ 的极大似然估计为 $\widehat{\mu} = X_1$.

(2) 因为 $\sigma = g(\sigma^2) = \sqrt{\sigma^2}$ 且 g 关于 σ^2 为单调增加函数, 故 σ 的极大似然估计为

$$\widehat{\sigma} = \sqrt{\widehat{\sigma}^2} = \sqrt{\frac{1}{n}\sum_{i=1}^{n}(X_i - \overline{X})^2}.$$

例 3.1.7 设 $X_1, X_2, \cdots, X_n$ 为来自参数为 λ 的指数分布的样本, 试求 λ 的极大似然估计.

解 参数 λ 的似然函数为

$$L(X_1, X_2, \cdots, X_n; \lambda) = \prod_{i=1}^{n}(\lambda \cdot \exp(-\lambda X_i)) = \lambda^n \exp\Big(-\lambda \sum_{i=1}^{n} X_i\Big).$$

故有

$$\ln L = n \ln \lambda - \lambda \sum_{i=1}^{n} X_i.$$

对数似然方程为

$$\frac{\partial \ln L}{\partial \lambda} = \frac{n}{\lambda} - \sum_{i=1}^{n} X_i = 0.$$

因此, λ 的极大似然估计为

$$\widehat{\lambda} = \frac{1}{\overline{X}}.$$

例 3.1.8 设总体 X 服从参数为 p 的二项分布 $b(m,p)$, 且参数 m 为已知. 设 $X_1, X_2, \cdots, X_n$ 为来自总体 X 的样本. 试求未知参数 p 的极大似然估计.

解 参数 p 的似然函数为

$$L(X_1, X_2, \cdots, X_n; p) = \prod_{i=1}^{n}\left[\binom{m}{X_i} p^{X_i}(1-p)^{m-X_i}\right].$$

故有

$$\ln L = \sum_{i=1}^{n} \ln \binom{m}{X_i} + \sum_{i=1}^{n} X_i \ln p + \sum_{i=1}^{n}(m - X_i)\ln(1-p).$$

对数似然方程为

$$\frac{\partial \ln L}{\partial p} = \frac{1}{p}\sum_{i=1}^{n} X_i - \frac{1}{1-p}\Big(mn - \sum_{i=1}^{n} X_i\Big) = 0.$$

因此, p 的极大似然估计为

$$\widehat{p} = \frac{\overline{X}}{m}.$$

此例说明, 二项分布参数 p 的极大似然估计与矩估计是相同的.

例 3.1.9　设 $X_1, X_2, \cdots, X_n$ 为来自总体 X 的样本, X 服从区间 $[0,\theta]$ 上的均匀分布, 即 $X \sim U(0,\theta)$, $\theta > 0$.

(1) 求未知参数 θ 的极大似然估计.

(2) 求未知参数 θ 的矩估计.

(3) 讨论极大似然估计 $\widehat{\theta}$ 的渐近性质.

解　(1) 参数 λ 的似然函数为

$$L(X_1, X_2, \cdots, X_n; \theta) = \begin{cases} \dfrac{1}{\theta^n}, & 0 \leqslant X_i \leqslant \theta,\ i = 1, 2, \cdots, n, \\ 0, & \text{其他}. \end{cases}$$

似然函数 $L(\theta)$ 在 $\theta = X_{(n)}$ 处是间断的, 因此不能用似然方程求解. 易知, 当 $\theta < X_{(n)}$ 时, $L(\theta) = 0$; 当 $\theta \geqslant X_{(n)}$ 时, $L(\theta)$ 为 θ 的单调减少函数. 故对给定的样本 $X_i, i \leqslant n$, 对应似然函数为

$$L(X_1, X_2, \cdots, X_n; \theta) = \begin{cases} \dfrac{1}{\theta^n}, & \theta \geqslant X_{(n)}, \\ 0, & 0 < \theta < X_{(n)}. \end{cases}$$

故当 $\theta = X_{(n)}$ 时, 似然函数 $L(\theta)$ 达到最大值. 故参数 θ 的极大似然估计为 $\widehat{\theta} = X_{(n)}$.

(2) 易知参数 θ 的矩估计为 $\widetilde{\theta} = 2\overline{X}$. 因此, 均匀分布参数 θ 的矩估计不同于 θ 的极大似然估计.

(3) 已知 $\widehat{\theta} = X_{(n)}$. 对任意充分小的正数 ε, 有

$$\begin{aligned} P(\theta - X_{(n)} \geqslant \varepsilon) &= P(X_{(n)} \leqslant \theta - \varepsilon) \\ &= \left(\frac{\theta - \varepsilon}{\theta}\right)^n \to 0, \quad n \to \infty. \end{aligned}$$

故知 $\widehat{\theta} = X_{(n)} \xrightarrow{P} \theta$, $n \to \infty$. 因为

$$\begin{aligned} E[X_{(n)}^2] &= \int_0^\theta x^2 n \frac{1}{\theta}\left(\frac{x}{\theta}\right)^{n-1} \mathrm{d}x \\ &= \int_0^\theta x^2 n \frac{1}{\theta}\left(\frac{x}{\theta}\right)^{n-1} \mathrm{d}x \\ &= \frac{n}{\theta^n} \int_0^\theta x^{n+1} \mathrm{d}x \\ &= \frac{n}{n+2}\theta^2, \\ E[X_{(n)}] &= \int_0^\theta x n \frac{1}{\theta}\left(\frac{x}{\theta}\right)^{n-1} \mathrm{d}x \\ &= \frac{n}{\theta^n} \int_0^\theta x^n \mathrm{d}x \end{aligned}$$

$$=\frac{n}{n+1}\theta,$$

故知

$$\begin{aligned}D[X_{(n)}]&=E[X_{(n)}^2]-(E[X_{(n)}])^2\\&=\frac{n}{n+2}\theta^2-\left(\frac{n}{n+1}\theta\right)^2\\&=\frac{n\theta^2}{(n+2)(n+1)^2}\\&=O\left(\frac{1}{n^2}\right),\quad n\to\infty.\end{aligned}$$

故对任意 $x>0$, 考察概率

$$\nu_n=P(n[\theta-X_{(n)}]\leqslant x)=P\left(X_{(n)}\geqslant\theta-\frac{x}{n}\right).$$

由此可得

$$\begin{aligned}1-\nu_n&=P\left(X_{(n)}<\theta-\frac{x}{n}\right)\\&=\left(\frac{\theta-x/n}{\theta}\right)^n\\&=\left(1-\frac{x}{n\theta}\right)^n\\&=\left[\left(1-\frac{x}{n\theta}\right)^{-\frac{n\theta}{x}}\right]^{-\frac{x}{\theta}}\to \mathrm{e}^{-x/\theta},\quad n\to\infty.\end{aligned}$$

因此

$$\nu_n\to 1-\mathrm{e}^{-x/\theta}=F(x),\quad n\to\infty,$$

故 $Y\sim F(x)$ 对应的概率密度为 $f_Y(t)=\dfrac{1}{\theta}\mathrm{e}^{-t/\theta}$, $t>0$, 即

$$Y_n=n[\theta-X_{(n)}]\xrightarrow{d}Y,\quad n\to\infty,\tag{3.1.13}$$

其中 Y 服从参数为 $\dfrac{1}{\theta}$ 的指数分布. 这里, 称误差 $\theta-X_{(n)}$ 以速度 $\dfrac{1}{n}$ 趋向 0.

例 3.1.10 设总体 X 的概率密度为

$$f(x,\theta)=\begin{cases}\dfrac{1}{1-\theta}, & \theta\leqslant x\leqslant 1,\\ 0, & \text{其他},\end{cases}$$

其中 $\theta<1$ 为未知参数. 设 $X_1,X_2,\cdots,X_n$ 为来自总体 X 的样本.

(1) 求 θ 的矩估计 $\widetilde{\theta}$.

(2) 求 θ 的极大似然估计 $\widehat{\theta}$.

(3) 比较 $D(\widetilde{\theta})$ 与 $D(\widehat{\theta})$ 的大小.

(4) 证明 $\widetilde{\theta}$ 为 θ 的无偏估计, $\widehat{\theta}$ 为 θ 的渐近无偏估计.

解 (1) 因为 $X \sim U(\theta, 1)$, 故有 $E(X) = \dfrac{\theta+1}{2}$. 令

$$\overline{X} = E(X) = \frac{\theta+1}{2},$$

可得 θ 的矩估计为 $\widetilde{\theta} = 2\overline{X} - 1$.

(2) 参数 θ 的似然函数为

$$\begin{aligned} L(X_1, X_2, \cdots, X_n; \theta) &= \prod_{i=1}^{n} f(X_i, \theta) \\ &= \frac{1}{(1-\theta)^n}, \quad \theta \leqslant X_i \leqslant 1, i = 1, 2, \cdots, n, \\ &= \frac{1}{(1-\theta)^n}, \quad \theta \leqslant \min\{X_1, X_2, \cdots, X_n\}. \end{aligned}$$

对于固定的样本 $X_1, X_2, \cdots, X_n$, 似然函数 $L(\theta)$ 为 θ 的单调增加函数, 且当

$$\theta = \min\{X_1, X_2, \cdots, X_n\}$$

时, $L(\theta)$ 取最大值. 因此, θ 的极大似然估计为

$$\widehat{\theta} = \min\{X_1, X_2, \cdots, X_n\}.$$

(3) 因为 $X \sim U(\theta, 1)$, 故有 $D(X) = \dfrac{(1-\theta)^2}{12}$. 因此

$$\begin{aligned} D(\widetilde{\theta}) &= D(2\overline{X} - 1) = 4D(\overline{X}) \\ &= 4\frac{D(X)}{n} = \frac{4}{n} \cdot \frac{(1-\theta)^2}{12} \\ &= \frac{(1-\theta)^2}{3n}. \end{aligned}$$

易知总体 X 的分布函数为

$$F(x, \theta) = \begin{cases} 0, & x < \theta, \\ \dfrac{x-\theta}{1-\theta}, & \theta \leqslant x < 1, \\ 1, & x \geqslant 1. \end{cases}$$

所以, $\widehat{\theta}$ 的概率密度为

$$\begin{aligned} g(x, \theta) &= nf(x, \theta)[1 - F(x, \theta)]^{n-1} \\ &= n\frac{1}{1-\theta}\left(\frac{1-x}{1-\theta}\right)^{n-1} \\ &= \frac{n}{(1-\theta)^n}(1-x)^{n-1}, \quad \theta \leqslant x \leqslant 1. \end{aligned}$$

故有

$$\begin{aligned}E(\widehat{\theta}) &= \int_\theta^1 \frac{n}{(1-\theta)^n} x(1-x)^{n-1}\mathrm{d}x \\ &= \frac{n}{(1-\theta)^n}\int_\theta^1 x(1-x)^{n-1}\mathrm{d}x \quad (令 1-x=t) \\ &= \frac{n}{(1-\theta)^n}\int_0^{1-\theta} (1-t)t^{n-1}\mathrm{d}t \\ &= 1-\frac{n}{n+1}(1-\theta),\end{aligned}$$

$$\begin{aligned}E([\widehat{\theta}]^2) &= \int_\theta^1 \frac{n}{(1-\theta)^n} x^2(1-x)^{n-1}\mathrm{d}x \\ &= \frac{n}{(1-\theta)^n}\int_\theta^1 x^2(1-x)^{n-1}\mathrm{d}x \quad (令 1-x=t) \\ &= \frac{n}{(1-\theta)^n}\int_0^{1-\theta} (1-t)^2t^{n-1}\mathrm{d}t \\ &= \frac{n}{(1-\theta)^n}\int_0^{1-\theta} (t^{n-1}-2t^n+t^{n+1})\mathrm{d}t \\ &= 1-\frac{2n}{n+1}(1-\theta)+\frac{n}{n+2}(1-\theta)^2.\end{aligned}$$

进而可得

$$\begin{aligned}D(\widehat{\theta}) &= E([\widehat{\theta}]^2)-[E(\widehat{\theta})]^2 \\ &= \frac{n}{n+2}(1-\theta)^2-\left(\frac{n}{n+1}\right)^2(1-\theta)^2 \\ &= \frac{n}{(n+2)(n+1)^2}(1-\theta)^2.\end{aligned}$$

当 $n \geqslant 1$ 时, 有

$$\frac{n}{(n+2)(n+1)^2} < \frac{1}{3n},$$

故知 $D(\widehat{\theta}) < D(\widetilde{\theta})$.

(4) θ 矩估计的期望为

$$E(\widetilde{\theta}) = E(2\overline{X}-1) = 2E(\overline{X})-1 = 2\frac{1+\theta}{2}-1=\theta,$$

故 $\widetilde{\theta}$ 为 θ 的无偏估计.

θ 极大似然的期望为

$$E(\widehat{\theta}) = 1-\frac{n}{n+1}(1-\theta) \to \theta, \quad n\to\infty,$$

故 $\widehat{\theta}$ 为 θ 的渐近无偏估计.

注　对于同一概率分布, 参数的矩估计与极大似然估计可以是相同的, 也可以具有不同的估计形式. 矩估计法简洁易用, 对总体的概率分布类型不做要求. 矩估计法的理论依据是大数定律, 故矩估计法是一种非参数估计方法. 极大似然估计法要求总体概率分布的形式已知, 而所含参数未知. 因此, 极大似然估计法占有总体分布的更多先验信息. 一般情况下, 当总体分布形式已知时, 参数的极大似然估计较之矩估计具有更高的估计精度.

现考虑 $\boldsymbol{\theta}$ 的函数 $\eta = g(\boldsymbol{\theta})$ 的极大似然估计. 设 $\boldsymbol{\theta} = (\theta_1, \theta_2, \cdots, \theta_l)^{\mathrm{T}} \in \Theta$, 集合 $\Gamma = \{\eta = g(\boldsymbol{\theta}) : \boldsymbol{\theta} \in \Theta\}$. 对任意 $r \in \Gamma$, 定义

$$\Gamma_r = \{\boldsymbol{\theta} : g(\boldsymbol{\theta}) = r\}, \quad L_*(r) = \max_{\boldsymbol{\theta} \in \Gamma_r} L(X_1, X_2, \cdots, X_n; \boldsymbol{\theta}),$$

$$L_*(\widehat{r}) = \max_{r \in \Gamma} L_*(r).$$

定义 $\widehat{r}$ 为 $g(\boldsymbol{\theta})$ 的极大似然估计.

定理 3.1.2　设 $\boldsymbol{\theta}$ 的函数 $\eta = g(\boldsymbol{\theta}), \boldsymbol{\theta} = (\theta_1, \theta_2, \cdots, \theta_l)^{\mathrm{T}} \in \Theta$. 若 $\widehat{\boldsymbol{\theta}}$ 为 $\boldsymbol{\theta}$ 的极大似然估计, 则 $\widehat{\eta} = g(\widehat{\boldsymbol{\theta}})$ 为 $g(\boldsymbol{\theta})$ 的极大似然估计.

证明　由于 $L_*(r)$ 为 $L(X_1, X_2, \cdots, X_n; \boldsymbol{\theta})$ 在 Θ 的子集 Γ_r 上的最大值, 故有

$$L_*(r) \leqslant L(X_1, X_2, \cdots, X_n; \widehat{\boldsymbol{\theta}}).$$

因为 $\widehat{\boldsymbol{\theta}} \in \Gamma_{\widehat{r}} = \{\boldsymbol{\theta} : g(\boldsymbol{\theta}) = \widehat{r}\}$, 且有

$$L(X_1, X_2, \cdots, X_n; \widehat{\boldsymbol{\theta}}) = \max_{\boldsymbol{\theta} \in \Theta} L(X_1, X_2, \cdots, X_n; \boldsymbol{\theta}),$$

所以, $L_*(\widehat{r}) = L(X_1, X_2, \cdots, X_n; \widehat{\boldsymbol{\theta}})$. 故知 $\widehat{r} = g(\widehat{\boldsymbol{\theta}})$ 为 $g(\boldsymbol{\theta})$ 的极大似然估计.

注　(1) 定理 3.1.2 说明极大似然估计具有不变性. 即当未知参数 $\boldsymbol{\theta}$ 为向量参数且 $\eta = g(\boldsymbol{\theta})$ 为非 1-1 映射时, 若 $\widehat{\boldsymbol{\theta}}$ 为 $\boldsymbol{\theta}$ 的极大似然估计, 则 $\widehat{\eta} = g(\widehat{\boldsymbol{\theta}})$ 仍为 $g(\boldsymbol{\theta})$ 的极大似然估计.

(2) 设总体 $X \sim N(\mu, \sigma^2)$, 且 $(\widehat{\mu}, \widehat{\sigma}^2)$ 为 (μ, σ^2) 的极大似然估计. 设

$$g(\mu, \sigma^2) = \sqrt{E(X^2)} = \sqrt{\sigma^2 + \mu^2}.$$

则 $g(\mu, \sigma^2)$ 的极大似然估计为 $\widehat{\eta} = \sqrt{\widehat{\sigma}^2 + \widehat{\mu}^2}$.

3.1.2　贝叶斯估计

贝叶斯统计是统计学中的一大学派. 贝叶斯统计认为, 在抽样前对总体分布的未知参数 θ 已有一些了解. 称试验 (抽样) 前关于参数 θ 的信息为先验信息. 在贝叶斯统计中, 假定参数 θ 为随机变量, 称 θ 的概率分布为先验分布. 当 θ 为连续型随机变量时, 称 θ 的概率密度为先验密度.

设 $X_1,X_2,\cdots,X_n$ 为来自总体 X 的样本, 固定参数 θ 时, X 的条件密度函数为 $f(x|\theta),\theta\in\Theta$. 设 θ 的先验密度为 $\pi(\theta),\theta\in\Theta$. 则 $(\theta,X_1,X_2,\cdots,X_n)^{\mathrm{T}}$ 的联合密度为

$$\pi(\theta)\prod_{i=1}^{n}f(x_i|\theta).$$

故 $(X_1,X_2,\cdots,X_n)^{\mathrm{T}}$ 的边缘密度为

$$p(x_1,x_2,\cdots,x_n)=\int_{\Theta}\pi(\theta)\prod_{i=1}^{n}f(x_i|\theta)\mathrm{d}\theta.$$

给定样本 $X_1,X_2,\cdots,X_n$ 的条件下, θ 的条件概率密度为

$$\pi(\theta|X_1,X_2,\cdots,X_n)=\frac{\pi(\theta)\prod\limits_{i=1}^{n}f(X_i|\theta)}{\int_{\Theta}\pi(\theta)\prod\limits_{i=1}^{n}f(X_i|\theta)\mathrm{d}\theta},\quad \theta\in\Theta. \tag{3.1.14}$$

称由 (3.1.14) 确定的 $\pi(\theta|X_1,X_2,\cdots,X_n)$, 为给定 $X_1,X_2,\cdots,X_n$ 下 θ 的后验密度.

通过抽样, 对未知参数 θ 的认识, 由 θ 的先验密度转化为 θ 的后验密度. 基于后验密度, 构造 θ 的估计.

例 3.1.11 设 $X\sim b(m,p)$, $p\sim U(0,1)$. 求 p 的后验概率分布.

解 由 $X\sim b(m,p)$ 知, X 的条件概率分布为

$$f(x|p)=\binom{m}{x}p^x(1-p)^{m-x},\quad x=0,1,\cdots,m.$$

因此, p 的后验概率分布为

$$\pi(p|x)=\frac{\binom{m}{x}p^x(1-p)^{m-x}}{\int_0^1\binom{m}{x}p^x(1-p)^{m-x}\mathrm{d}p}=\frac{p^x(1-p)^{m-x}}{B(x+1,m-x+1)}.$$

故 p 的后验概率分布为 Beta 分布, 即 $p\sim \mathrm{Be}(x+1,m-x+1), 0<p<1$.

在例 3.1.11 中, 若对未知参数 p 一无所知, 可假设 p 的先验分布为 $(0,1)$ 区间上的均匀分布. 此时, 称 $U(0,1)$ 分布为参数 p 无信息先验分布.

定义 3.1.4 若随机变量 X 的概率密度为

$$f(x,\alpha,\beta)=\begin{cases}\beta^{\alpha}x^{\alpha-1}\mathrm{e}^{-\beta x}/\Gamma(\alpha), & x\geqslant 0,\\ 0, & x<0,\end{cases}$$

则称 X 服从参数为 $\alpha>0$ (形状参数) 和 $\beta>0$ (尺度参数) 的 Γ 分布, 记为 $X\sim\Gamma(\alpha,\beta)$.

设 $X \sim \Gamma(\alpha,\beta)$, 则有下述性质.

(1) 当 $\alpha=1$ 时,

$$f(x,1,\beta)=\begin{cases}\beta\mathrm{e}^{-\beta x}, & x\geqslant 0,\\ 0, & x<0.\end{cases}$$

此时, X 服从参数为 β 的指数分布.

(2) 当 $\alpha=\dfrac{n}{2},\beta=\dfrac{1}{2}$ 时,

$$f\left(x,\frac{n}{2},\frac{1}{2}\right)=\begin{cases}\dfrac{1}{2^{n/2}\Gamma(n/2)}x^{n/2-1}\mathrm{e}^{-x/2}, & x\geqslant 0,\\ 0, & x<0.\end{cases}$$

此时, $X\sim\chi^2(n)$.

(3) $E(X)=\dfrac{\alpha}{\beta},D(X)=\dfrac{\alpha}{\beta^2}$.

例 3.1.12 设 X 服从参数为 λ 的指数分布, λ 服从参数为 α,β 的 Γ 分布, 即 $\lambda\sim\Gamma(\alpha,\beta)$. 求 λ 的后验概率分布.

解 X 的条件概率分布为

$$f(x|\lambda)=\lambda\mathrm{e}^{-\lambda x},\quad x>0.$$

因此, λ 的后验概率分布为

$$\begin{aligned}\pi(\lambda|x)&=\frac{[\beta^\alpha\lambda^{\alpha-1}\mathrm{e}^{-\beta\lambda}/\Gamma(\alpha)]\lambda\mathrm{e}^{-\lambda x}}{\displaystyle\int_0^{\infty}[\beta^\alpha\lambda^{\alpha-1}\mathrm{e}^{-\beta\lambda}/\Gamma(\alpha)]\lambda\mathrm{e}^{-\lambda x}\mathrm{d}\lambda}\\&=\frac{\lambda^\alpha\mathrm{e}^{-(\beta+x)\lambda}}{\displaystyle\int_0^{\infty}\lambda^\alpha\mathrm{e}^{-(\beta+x)\lambda}\mathrm{d}\lambda}\\&=\frac{(\beta+x)^{\alpha+1}}{\Gamma(\alpha+1)}\lambda^\alpha\mathrm{e}^{-(\beta+x)\lambda}.\end{aligned}$$

故 λ 的后验概率分布为 Γ 分布, 即 $\lambda\sim\Gamma(\alpha+1,\beta+x),\lambda>0$.

指数分布是 Γ 分布的特殊情形. 在例 3.1.12 中, λ 的先验分布与后验分布属于同一概率分布类型. 此时, 称先验分布 $\pi(\theta)$ 为条件概率分布 $f(x|\theta)$ 的共轭先验分布.

例 3.1.13 设 X 服从参数为 λ 的指数分布, λ 服从参数为 α,β 的 Γ 分布, 即 $\lambda\sim\Gamma(\alpha,\beta)$. 求 X 的边缘概率密度.

解 (X,λ) 的联合概率密度为

$$\begin{aligned}g(x,\lambda)&=\int_0^{\infty}\pi(\lambda|\alpha,\beta)f(x|\lambda)\mathrm{d}\lambda\\&=\frac{\beta^{\alpha}\lambda^{\alpha-1}\mathrm{e}^{-\beta\lambda}}{\Gamma(\alpha)}\lambda\mathrm{e}^{-\lambda x}\\&=\frac{\beta^{\alpha}\lambda^{\alpha}\mathrm{e}^{-(\beta+x)\lambda}}{\Gamma(\alpha)}.\end{aligned}$$

故 X 的边缘概率密度为

$$\begin{aligned}f_X(x)&=\int_0^{\infty}g(x,\lambda)\mathrm{d}\lambda\\&=\frac{\beta^{\alpha}}{\Gamma(\alpha)}\int_0^{\infty}\lambda^{\alpha}\mathrm{e}^{-(\beta+x)\lambda}\mathrm{d}\lambda\quad(\text{令}(\beta+x)\lambda=t)\\&=\frac{\beta^{\alpha}}{\Gamma(\alpha)(\beta+x)^{\alpha+1}}\int_0^{\infty}t^{(\alpha+1)-1}\mathrm{e}^{-t}\mathrm{d}t\\&=\frac{\beta^{\alpha}\Gamma(\alpha+1)}{\Gamma(\alpha)(\beta+x)^{\alpha+1}}\\&=\frac{\alpha\beta^{\alpha}}{(\beta+x)^{\alpha+1}},\quad x>0.\end{aligned}$$

此时, 称 X 服从参数为 α,β 的 Pareto II 型分布, 记为 $X\sim\mathrm{Pa}(\alpha,\beta,\text{II})$.

定义 3.1.5 设参数 $\theta\in\Theta$, 称定义在 $\Theta\times\Theta$ 上的二元非负实值函数 $L(\theta,a)$ 为损失函数. 特别地, 称 $L(\theta,a)=(\theta-a)^2$ 为平方损失函数.

定义 3.1.6 设 $\widehat{\theta}=\widehat{\theta}(X_1,X_2,\cdots,X_n)$ 为 θ 的估计量, $L(\theta,a)$ 为损失函数. 记 $\boldsymbol{X}=(X_1,X_2,\cdots,X_n)^{\mathrm{T}}$. 称条件期望 $R(\theta,\widehat{\theta})=E_{\boldsymbol{X}|\theta}(L(\theta,\widehat{\theta}))$ 为 $\widehat{\theta}$ 的风险函数, 称平均风险

$$R_{\pi}(\widehat{\theta})=\begin{cases}\displaystyle\int_{\Theta}R(\theta,\widehat{\theta})\pi(\theta)\mathrm{d}\theta, & \theta\text{为连续型随机变量},\\ \displaystyle\sum_i R(\theta_i,\widehat{\theta})\pi(\theta_i), & \theta\text{为离散型随机变量}\end{cases}$$

为 $\widehat{\theta}$ 的贝叶斯风险.

定义 3.1.7 若在估计类 D 中, $\widehat{\theta}_B$ 满足

$$R_{\pi}(\widehat{\theta}_B)=\min_{\widehat{\theta}\in D}R_{\pi}(\widehat{\theta}),\tag{3.1.15}$$

则称 $\widehat{\theta}_B$ 为贝叶斯风险准则下参数 θ 的贝叶斯估计.

由定义可知, 在给定 θ 先验分布的条件下, 使贝叶斯风险达到最小的 $\widehat{\theta}_B$, 即为参数 θ 的贝叶斯估计. $\widehat{\theta}_B$ 既与参数的先验分布有关, 又与决策损失函数的选取有关.

定义 3.1.8 设 $X_1, X_2, \cdots, X_n$ 为来自总体 X 的样本, 记 $\boldsymbol{X} = (X_1, X_2, \cdots, X_n)^{\mathrm{T}}$, 且记 $R(\widehat{\theta}|\boldsymbol{X}) = E_{\theta|\boldsymbol{X}}(L(\theta, \widehat{\theta}))$. 称条件期望

$$R(\widehat{\theta}|\boldsymbol{X}) = \begin{cases} \displaystyle\int_{\Theta} L(\theta, \widehat{\theta})\pi(\theta|\boldsymbol{X})\mathrm{d}\theta, & \theta\text{为连续型随机变量}, \\ \displaystyle\sum_{i} L(\theta_i, \widehat{\theta})\pi(\theta_i|\boldsymbol{X}), & \theta\text{为离散型随机变量} \end{cases}$$

为 $\widehat{\theta}$ 的后验风险.

定义 3.1.9 若在估计类 D 中, $\widehat{\theta}_P$ 满足

$$R(\widehat{\theta}_P|\boldsymbol{X}) = \min_{\widehat{\theta}\in D} R(\widehat{\theta}|\boldsymbol{X}), \tag{3.1.16}$$

则称 $\widehat{\theta}_P$ 为参数 θ 的后验贝叶斯估计.

定理 3.1.3 若在估计类 D 中, $\widehat{\theta}_P$ 为参数 θ 的后验贝叶斯估计, 则 $\widehat{\theta}_P$ 为参数 θ 的贝叶斯估计.

证明 对任意 $\widehat{\theta} \in D$,

$$\begin{aligned} R_\pi(\widehat{\theta}_P) &= E_{\boldsymbol{X}}[R(\widehat{\theta}_P|\boldsymbol{X})] \\ &\leqslant E_{\boldsymbol{X}}[R(\widehat{\theta}|\boldsymbol{X})] = R_\pi(\widehat{\theta}). \end{aligned}$$

因此, $\widehat{\theta}_P$ 为参数 θ 的贝叶斯估计.

推论 3.1.1 设 $L(\theta, a) = (\theta - a)^2$. 则 $\widehat{\theta}_B = E_{\theta|\boldsymbol{X}}(\theta|\boldsymbol{X})$.

证明 $R(\widehat{\theta}|\boldsymbol{X}) = E_{\theta|\boldsymbol{X}}[(\widehat{\theta} - \theta)^2]$. 故

$$\frac{\partial R(\widehat{\theta}|\boldsymbol{X})}{\partial \widehat{\theta}} = 2E_{\theta|\boldsymbol{X}}(\widehat{\theta} - \theta).$$

令偏导数为 0, 可得 $E_{\theta|\boldsymbol{X}}(\widehat{\theta}) = E_{\theta|\boldsymbol{X}}(\theta)$. 故 $\widehat{\theta}_B = E_{\theta|\boldsymbol{X}}(\theta|\boldsymbol{X})$.

以下仅考虑平方损失函数下参数的贝叶斯估计. 此时, 参数的贝叶斯估计, 即为给定样本 $\boldsymbol{X}$ 条件下, 参数后验分布的均值.

例 3.1.14 设 $X \sim b(m, p)$, $p \sim U(0, 1)$. 求 p 的贝叶斯估计.

解 由例 3.1.11, p 的后验分布为 $p \sim \mathrm{Be}(x + 1, m - x + 1), 0 < p < 1$. 故

$$\begin{aligned} \widehat{p}_B &= E_{p|X}(p) \\ &= \frac{X + 1}{(X + 1) + (m - X + 1)} \\ &= \frac{X + 1}{m + 2}. \end{aligned}$$

例 3.1.15 设 X 服从参数为 λ 的指数分布, λ 服从参数为 α, β 的 Γ 分布, 即 $\lambda \sim \Gamma(\alpha, \beta)$. 求 λ 的贝叶斯估计.

解 由例 3.1.12, λ 的后验分布为 Γ 分布, 即 $\lambda \sim \Gamma(\alpha+1, \beta+x), \lambda>0$. 故

$$\begin{aligned}\widehat{\lambda}_B &= E_{\lambda|X}(\lambda)\\ &= \frac{\alpha+1}{\beta+X}.\end{aligned}$$

3.2 点估计的评选标准

设总体 X 的数学期望 $E(X)$ 存在. $E(X)$ 的矩估计为样本均值 $\overline{X}$. 也可以使用 $(X_1+X_2)/2$ 甚至使用 X_1 作为 $E(X)$ 的估计. 对于同一个未知参数, 可以构造出不同形式的估计量. 因此, 需要给出点估计的优良性标准, 用以筛选出具有存在价值的估计量. 下面介绍三种常用的标准.

设 $X_1, X_2, \cdots, X_n$ 为来自总体 X 的样本, $\theta \in \Theta$.

1. *无偏性*

定义 3.2.1 设 $\widehat{\theta} = \widehat{\theta}(X_1, X_2, \cdots, X_n)$ 的数学期望 $E(\widehat{\theta})$ 存在. 若对一切 n 与任意 $\theta \in \Theta$, 有

$$E(\widehat{\theta}) = \theta,$$

则称 $\widehat{\theta}$ 为 θ 的无偏估计量, 简称无偏估计.

显然, $\overline{X}, (X_1+X_2)/2$ 及 X_1 均为 $E(X)$ 的无偏估计量. 若估计量的期望等于估计的真值, 则由大数定律可知, 当大量使用该估计量时, 估计量的平均值接近估计的真值. 因此, 估计量的无偏性是一种优良的统计性质.

例 3.2.1 设总体 X 的期望 $E(X)=\mu$, 方差 $D(X)=\sigma^2$ 均有限. 试证样本方差 S^2 为 σ^2 的无偏估计.

证明 $\dfrac{n-1}{n}S^2 = \dfrac{1}{n}\displaystyle\sum_{i=1}^{n}(X_i-\overline{X})^2 = \dfrac{1}{n}\sum_{i=1}^{n}X_i^2 - \overline{X}^2.$

$$\begin{aligned}E\left(\frac{n-1}{n}S^2\right) &= E\left[\frac{1}{n}\sum_{i=1}^{n}X_i^2 - \overline{X}^2\right] = E(X^2) - E(\overline{X}^2)\\ &= (\sigma^2+\mu^2) - (D(\overline{X}) + [E(\overline{X})]^2)\\ &= \frac{n-1}{n}\sigma^2.\end{aligned}$$

故有 $E(S^2)=\sigma^2$, 即 S^2 为 σ^2 的无偏估计.

定义 3.2.2 设 $\widehat{\theta} = \widehat{\theta}(X_1, X_2, \cdots, X_n)$ 的数学期望 $E(\widehat{\theta})$ 存在. 若对任意 $\theta \in \Theta$, 有

$$\lim_{n\to\infty} E(\widehat{\theta}) = \theta,$$

则称 $\widehat{\theta}$ 为 θ 的渐近无偏估计量.

例 3.2.2　试证样本 2 阶中心矩 M_2 为总体方差 σ^2 的渐近无偏估计.

证明　$E(M_2)=E\left(\frac{n-1}{n}S^2\right)=\frac{n-1}{n}\sigma^2\to\sigma^2,\quad n\to\infty.$

故知结论成立.

定义 3.2.3　设 $g(\theta)$ 为参数 θ 的实值函数, $\widehat{g}=\widehat{g}(X_1,X_2,\cdots,X_n)$ 且 $E(\widehat{g})$ 存在. 若对一切 n 与任意 $\theta\in\Theta$, 有

$$E(\widehat{g})=g(\theta),$$

则称 $\widehat{g}$ 为 $g(\theta)$ 的无偏估计量, 简称无偏估计.

例 3.2.3　设总体 X 的期望 $E(X)=\mu$, 方差 $D(X)=\sigma^2$ 均有限. 试求函数 $g(\mu)=\mu^2$ 的无偏估计.

解　记

$$\widehat{g}(X_1,X_2,\cdots,X_n)=\frac{1}{n}\sum_{i=1}^{n}X_i^2-S^2.$$

因为

$$\begin{aligned}E[\widehat{g}(X_1,X_2,\cdots,X_n)]&=E\left(\frac{1}{n}\sum_{i=1}^{n}X_i^2-S^2\right)\\&=[E(X^2)-E(S^2)]\\&=(\sigma^2+\mu^2)-\sigma^2=\mu^2,\end{aligned}$$

故知 $\widehat{g}$ 为所求.

例 3.2.4　设总体 X 的期望 $E(X)=\mu$, 方差 $D(X)=\sigma^2$ 均有限. 试证 $(\overline{X})^2$ 是 $g(\mu)=\mu^2$ 的渐近无偏估计.

解　因为

$$E[(\overline{X})^2]=D(\overline{X})+[E(\overline{X})]^2=\frac{\sigma^2}{n}+\mu^2\to\mu^2,\quad n\to\infty.$$

故知结论成立.

2. 有效性

当一个参数具有多个无偏估计时, 需要按某种准则, 挑选出最佳估计量. 估计量的方差刻画了估计量与其期望的平均偏离程度. 故对同一参数的若干无偏估计而言, 估计量以方差小者为优.

定义 3.2.4　设 $\widehat{g}_1(X_1,X_2,\cdots,X_n)$ 与 $\widehat{g}_2(X_1,X_2,\cdots,X_n)$ 均为 $g(\theta)$ 的无偏估计, $\theta\in\Theta$. 若

$$D(\widehat{g}_1)\leqslant D(\widehat{g}_2),\quad 对任意\ \theta\in\Theta,$$

且至少对某 $\theta\in\Theta$ 上式中的不等号成立. 则称估计量 $\widehat{g}_1$ 较 $\widehat{g}_2$ 有效.

例如, $\overline{X}$ 与 X_1 均为 $E(X)$ 的无偏估计, 又

$$D(\overline{X}) = (1/n)D(X) < D(X) = D(X_1),$$

故知 $E(X)$ 的无偏估计 $\overline{X}$ 较 X_1 有效.

定义 3.2.5 设 $\widehat{g}(X_1, X_2, \cdots, X_n)$ 为 $g(\theta)$ 的无偏估计, $\theta \in \Theta$. 若对 $g(\theta)$ 的任一无偏估计 $\widehat{g}_1(X_1, X_2, \cdots, X_n)$, 均有

$$D(\widehat{g}) \leqslant D(\widehat{g}_1), \quad \text{对任意 } \theta \in \Theta,$$

则称估计量 $\widehat{g}$ 为 $g(\theta)$ 的一致最小方差无偏估计 (uniformly minimum variance unbiased estimator, UMVUE).

下面介绍判定某一估计量是否为 UMVUE 的定理.

定理 3.2.1 记 $\mathcal{U} = \{U : E_\theta(U) = 0, D_\theta(U) < \infty, \text{对任意}\theta \in \Theta\}$. 设 $\widehat{\theta}$ 的方差有限且为 θ 的无偏估计. 则 $\widehat{\theta}$ 为 θ 的 UMVUE 的充要条件是对任意 $U \in \mathcal{U}$, 有

$$E_\theta(\widehat{\theta} \cdot U) = 0, \quad \text{对任意 } \theta \in \Theta. \tag{3.2.1}$$

证明 必要性. 设 $\widehat{\theta}$ 为 θ 的 UMVUE. 因为 $E_\theta(U) = 0$, 故 $\widehat{\theta} + tU$ 为 θ 的无偏估计, 常数 $t \in \mathbf{R}$. 由 $D_\theta(\widehat{\theta} + tU) \geqslant D_\theta(\widehat{\theta})$ 可得

$$D_\theta(\widehat{\theta}) + D_\theta(tU) + 2\mathrm{Cov}(\widehat{\theta}, tU) \geqslant D_\theta(\widehat{\theta}),$$

从而有

$$E_\theta[(tU)^2] - [E_\theta(tU)]^2 + 2[E_\theta(tU\widehat{\theta}) - E_\theta(\widehat{\theta})E_\theta(tU)] \geqslant 0.$$

故

$$h(t) = E_\theta(U^2)t^2 + 2E_\theta(\widehat{\theta} \cdot U)t \geqslant 0, \quad t \in \mathbf{R},$$

易知 $h(t)$ 为关于 t 的开口朝上的抛物线. 由 $h(t) \geqslant 0$ 知, 对应判别式

$$\Delta = b^2 - 4ac = [2E_\theta(\widehat{\theta} \cdot U)]^2 \leqslant 0.$$

故有 $E_\theta(\widehat{\theta} \cdot U) = 0$.

充分性. 设式 (3.2.1) 成立. 设 $E_\theta(\widehat{\theta}_0) = \theta$ 且 $D_\theta(\widehat{\theta}_0) < \infty$. 则 $\widehat{\theta} - \widehat{\theta}_0 \in \mathcal{U}$. 故

$$E_\theta(\widehat{\theta}[\widehat{\theta} - \widehat{\theta}_0]) = 0, \quad \theta \in \Theta.$$

由施瓦茨不等式,

$$E_\theta([\widehat{\theta}]^2) = E_\theta(\widehat{\theta} \cdot \widehat{\theta}_0) \leqslant \sqrt{E_\theta([\widehat{\theta}]^2)} \cdot \sqrt{E_\theta([\widehat{\theta}_0]^2)}.$$

所以 $E_\theta([\widehat{\theta}]^2) \leqslant E_\theta([\widehat{\theta}_0]^2)$. 又 $\widehat{\theta}$ 与 $\widehat{\theta}_0$ 均为 θ 的无偏估计, 故

$$D_\theta(\widehat{\theta}) \leqslant D_\theta(\widehat{\theta}_0).$$

结论得证.

例 3.2.5 设 $X_1, X_2, \cdots, X_n$ 为来自总体 $X \sim N(\mu, \sigma^2)$ 的样本. 试求参数 μ, σ^2 的 UMVUE.

解 由例 3.2.1 知, $\overline{X}$ 与 S^2 分别为 μ 与 σ^2 的无偏估计. 考察其是否为 UMVUE.

设 $U \in \mathcal{U}$, 则有

$$\begin{aligned} E(U) &= c \cdot \int_{\mathbf{R}^n} U(x_1, \cdots, x_n) \cdot \exp\Big[-\frac{1}{2\sigma^2}\sum_{i=1}^n (x_i-\mu)^2\Big] \mathrm{d}x_1 \cdots \mathrm{d}x_n \\ &= 0, \quad 其中\ c = \Big(\frac{1}{\sqrt{2\pi}\sigma}\Big)^n. \end{aligned} \tag{3.2.2}$$

将上式关于参数 μ 求导可得

$$c \cdot \int_{\mathbf{R}^n} U \cdot \Big[\frac{1}{\sigma^2}\sum_{i=1}^n (x_i-\mu)\Big] \exp\Big[-\frac{1}{2\sigma^2}\sum_{i=1}^n (x_i-\mu)^2\Big] \mathrm{d}x_1 \cdots \mathrm{d}x_n = 0.$$

整理可得

$$\int_{\mathbf{R}^n} (U \cdot \overline{X}) c \cdot \exp\Big[-\frac{1}{2\sigma^2}\sum_{i=1}^n (x_i-\mu)^2\Big] \mathrm{d}x_1 \cdots \mathrm{d}x_n = 0,$$

即 $E(U \cdot \overline{X}) = 0$. 由定理 3.2.1 可知, $\overline{X}$ 为 μ 的 UMVUE. 式 (3.2.2) 两边关于 μ 求两阶偏导得到

$$E\Big(U\Big[\sum_{i=1}^n X_i\Big]^2\Big) = 0.$$

式 (3.2.2) 两边关于 σ^2 求一阶偏导得到

$$E\Big(U\Big[\sum_{i=1}^n (X_i-\mu)^2\Big]\Big) = 0.$$

易知

$$\begin{aligned} \sum_{i=1}^n (X_i-\overline{X})^2 &= \sum_{i=1}^n (X_i-\mu)^2 - n(\overline{X}-\mu)^2 \\ &= \sum_{i=1}^n (X_i-\mu)^2 - n(\overline{X}^2 - 2\mu\overline{X} + \mu^2) \\ &= \sum_{i=1}^n (X_i-\mu)^2 - n\Big(\frac{1}{n^2}\Big[\sum_{i=1}^n X_i\Big]^2 - 2\mu\overline{X} + \mu^2\Big), \end{aligned} \tag{3.2.3}$$

式 (3.2.3) 两边乘以 U, 再取期望可得

$$E(U \cdot S^2) = 0.$$

由定理 3.2.1 可知, S^2 为 σ^2 的 UMVUE.

3. 相合性

定义 3.2.6 设 $\widehat{\theta}$ 为参数 θ 的估计量. 若当样本容量 $n \to \infty$ 时, $\widehat{\theta}$ 依概率收敛到 θ, 则称 $\widehat{\theta}$ 为参数 θ 的弱相合估计, 简称为相合估计.

估计量相合性是指, 随着样本容量的增加, 参数 θ 的估计量应按某种极限形式趋向参数 θ 的真值. 估计量的相合性是估计量需具备的基本性质.

称 d 元随机向量序列 $\{\boldsymbol{Y}_n\}$ 依概率收敛到 d 元常数向量 $\boldsymbol{c}$, 若 $\{\boldsymbol{Y}_n\}$ 的每一个元素依概率收敛到 $\boldsymbol{c}$ 的对应元素.

定理 3.2.2 设 $\{\boldsymbol{Y}_n\}$ 为一 d 元随机向量序列, 且 $\boldsymbol{Y}_n$ 依概率收敛到常数向量 $\boldsymbol{c}$. 若 d 元函数 $h(\boldsymbol{y})$ 在点 $\boldsymbol{c}$ 处连续, 则 $h(\boldsymbol{Y}_n)$ 依概率收敛到常数 $h(\boldsymbol{c})$.

此定理不予证明.

例 3.2.6 设总体 X 服从参数为 λ 的指数分布, $X_1, X_2, \cdots, X_n$ 为来自总体 X 的样本. 试证未知参数 λ 的矩估计为 λ 的相合估计.

证明 由例 3.1.2 可知 λ 的矩估计为 $\widehat{\lambda} = 1/\overline{X}$. 因为 $\overline{X} \xrightarrow{P} 1/\lambda$, 且 $h(y) = 1/y$ 为 $y > 0$ 时的连续函数. 故知

$$\widehat{\lambda} = 1/\overline{X} \xrightarrow{P} 1/(1/\lambda) = \lambda, \quad n \to \infty.$$

例 3.2.7 设 $X_1, X_2, \cdots, X_n$ 为来自总体 X 的样本, 且 $E(X) = \mu, D(X) = \sigma^2$ 均存在. 设 μ, σ^2 为未知参数. 试证样本方差 S^2 为 σ^2 的相合估计.

证明

$$\begin{aligned} S^2 &= \frac{n}{n-1}\left[\frac{1}{n}\sum_{i=1}^{n}(X_i - \overline{X})^2\right] \\ &= \frac{n}{n-1}\left[\frac{1}{n}\sum_{i=1}^{n}(X_i - \mu)^2 - (\overline{X} - \mu)^2\right]. \end{aligned}$$

显然 $n/(n-1) \to 1$. 由大数定律可知

$$\frac{1}{n}\sum_{i=1}^{n}(X_i - \mu)^2 \xrightarrow{P} \sigma^2, \quad \overline{X} - \mu \xrightarrow{P} 0, \quad n \to \infty.$$

又 $h(x, y, z) = x(y - z)$ 为 $(x, y, z)^{\mathrm{T}}$ 的连续函数, 故由定理 3.2.2 知

$$S^2 \xrightarrow{P} \sigma^2, \quad n \to \infty.$$

定义 3.2.7 设随机变量 $X > 0$, 若 $\ln X \sim N(\mu, \sigma^2)$, 则称 X 服从对数正态分布, 记为 $X \sim \mathrm{LN}(\mu, \sigma^2)$.

设 $X \sim \mathrm{LN}(\mu, \sigma^2)$, 则有下述性质:

(1) X 的概率密度为

$$f(x, \mu, \sigma^2) = \begin{cases} \dfrac{1}{\sqrt{2\pi}\sigma x} \exp\left[-\dfrac{(\ln x - \mu)^2}{2\sigma^2}\right], & x > 0, \\ 0, & x \leqslant 0; \end{cases}$$

(2) $E(X) = \exp\left(\mu + \dfrac{\sigma^2}{2}\right), E(X^2) = \exp(2\mu + 2\sigma^2)$;

(3) $D(X) = [\exp(\sigma^2) - 1]\exp(2\mu + \sigma^2)$.

例 3.2.8　设 $X_1, X_2, \cdots, X_n$ 为来自总体 $X \sim \mathrm{LN}(\mu, \sigma^2)$ 的样本, 且设 μ, σ^2 为未知参数.

(1) 求 μ, σ^2 的矩估计 $\widehat{\mu}, \widehat{\sigma}^2$.

(2) 试证 $\widehat{\mu}, \widehat{\sigma}^2$ 分别为 μ, σ^2 的相合估计.

(1) **解**　令

$$E(X) = \exp\left(\mu + \frac{\sigma^2}{2}\right) = \overline{X},$$

$$E(X^2) = \exp(2\mu + 2\sigma^2) = \frac{1}{n}\sum_{i=1}^{n} X_i^2 = A_2,$$

对上两式取对数可得

$$\mu + \frac{\sigma^2}{2} = \ln \overline{X}, \quad 2\mu + 2\sigma^2 = \ln A_2.$$

由此可得 μ, σ^2 的矩估计

$$\widehat{\mu} = \ln \overline{X} - \frac{\widehat{\sigma}^2}{2}, \quad \widehat{\sigma}^2 = \ln\left(\frac{A_2}{\overline{X}^2}\right).$$

(2) **证明**　由大数定律知

$$\overline{X} \xrightarrow{P} E(X) = \exp\left(\mu + \frac{\sigma^2}{2}\right),$$

$$A_2 \xrightarrow{P} E(X^2) = \exp(2\mu + 2\sigma^2).$$

又 $\ln x, \ln\left(\dfrac{x}{y}\right)$ 为连续函数, 故有

$$\widehat{\sigma}^2 \xrightarrow{P} (2\mu + 2\sigma^2) - 2\left(\mu + \frac{\sigma^2}{2}\right) = \sigma^2,$$

$$\widehat{\mu} \xrightarrow{P} \left(\mu + \frac{\sigma^2}{2}\right) - \frac{\sigma^2}{2} = \mu, \quad n \to \infty.$$

故 $\widehat{\mu}, \widehat{\sigma}^2$ 分别为 μ, σ^2 的相合估计.

3.3 Cramer-Rao 不等式

下面介绍判定无偏估计量 $\widehat{g}(X_1, X_2, \cdots, X_n)$ 为未知参数 $g(\theta)$ 的 UMVUE 的另一统计方法. $g(\theta)$ 的无偏估计可能有多个, 若 $g(\theta)$ 的所有无偏估计的方差存在一个下界, 且某个无偏估计的方差达到该下界, 则这个无偏估计就是 $g(\theta)$ 的 UMVUE.

1. Cramer-Rao 不等式与 Fisher 信息量

定理 3.3.1 设总体 X 为连续型随机变量, 密度函数为 $f(x,\theta), \theta \in \Theta$, θ 为未知参数, 参数空间 Θ 为 $\mathbf{R}$ 中的某个开区间. 设 $X_1, X_2, \cdots, X_n$ 为来自 X 的样本, $\widehat{g} = \widehat{g}(X_1, X_2, \cdots, X_n)$ 为未知参数 $g(\theta)$ 的无偏估计, $\theta \in \Theta$. 若

(1) 支撑 $\{x : f(x,\theta)\}$ 与参数 θ 无关;

(2) $\dfrac{\partial}{\partial\theta} f(x,\theta)$ 存在, 且 $I(\theta) = E_\theta\left[\dfrac{\partial}{\partial\theta}\ln f(X,\theta)\right]^2 > 0$;

(3) $\dfrac{\partial g(\theta)}{\partial\theta}$ 存在, 且对 $h \equiv 1$ 或 $h(x_1, \cdots, x_n) = \widehat{g}(x_1, \cdots, x_n)$, 有

$$\begin{aligned}&\frac{\partial}{\partial\theta}\int_{\mathbf{R}^n} h(x_1, x_2, \cdots, x_n)\prod_{i=1}^n f(x_i,\theta)\mathrm{d}x_1\mathrm{d}x_2\cdots\mathrm{d}x_n\\ =&\int_{\mathbf{R}^n} h(x_1, x_2, \cdots, x_n)\frac{\partial}{\partial\theta}\prod_{i=1}^n f(x_i,\theta)\mathrm{d}x_1\mathrm{d}x_2\cdots\mathrm{d}x_n, \quad \theta\in\Theta,\end{aligned} \tag{3.3.1}$$

则成立 Cramer-Rao 不等式 (简称 C-R 不等式):

$$D(\widehat{g}) \geqslant \frac{[g'(\theta)]^2}{nI(\theta)}, \tag{3.3.2}$$

特别地, 当 $g(\theta) = \theta$ 时, 有

$$D(\widehat{\theta}) \geqslant \frac{1}{nI(\theta)}. \tag{3.3.3}$$

证明 当 $I(\theta) = \infty$ 或 $D(\widehat{g}) = \infty$ 时, 式 (3.3.2) 显然成立. 因此可假设 $I(\theta) < \infty$ 且 $D(\widehat{g}) < \infty$. 由概率密度性质及 $\widehat{g}$ 的无偏性可知

$$1 = \int_{\mathbf{R}} f(x_i,\theta)\mathrm{d}x_i, \quad i = 1, 2, \cdots, n,$$

$$g(\theta) = E(\widehat{g}) = \int_{\mathbf{R}^n} \widehat{g}(x_1, x_2, \cdots, x_n)\prod_{i=1}^n f(x_i,\theta)\mathrm{d}x_1\mathrm{d}x_2\cdots\mathrm{d}x_n.$$

上述两式分别对 θ 求偏导, 由式 (3.3.1) 可得

$$0 = \int_{\mathbf{R}}\frac{\partial}{\partial\theta}[\ln f(x_i,\theta)]f(x_i,\theta)\mathrm{d}x_i = E\left[\frac{\partial}{\partial\theta}\ln f(x_i,\theta)\right], \quad i = 1, 2, \cdots, n. \tag{3.3.4}$$

$$g'(\theta)=\int_{\mathbf{R}^n}\widehat{g}\cdot\Big\{\sum_{i=1}^{n}\frac{\partial}{\partial\theta}[\ln f(x_i,\theta)]\Big\}\cdot\prod_{i=1}^{n}f(x_i,\theta)\mathrm{d}x_1\mathrm{d}x_2\cdots\mathrm{d}x_n$$
$$=E(\widehat{g}\cdot V),\tag{3.3.5}$$

其中

$$V=V(X_1,X_2,\cdots,X_n)=\sum_{i=1}^{n}\frac{\partial}{\partial\theta}[\ln f(X_i,\theta)].$$

因为 $X_1,X_2,\cdots,X_n,X$ 为独立同分布随机变量, 故由式 (3.3.4) 可得

$$E(V)=0,\quad D(V)=nI(\theta).$$

进而有

$$E(\widehat{g}\cdot V)=E(\widehat{g}\cdot V)-E(\widehat{g})E(V)=\mathrm{Cov}(\widehat{g},V).$$

因此

$$[g'(\theta)]^2=[\mathrm{Cov}(\widehat{g},V)]^2\leqslant D(\widehat{g})D(V).$$

故知式 (3.3.2) 成立.

当 X 为离散型随机变量时, 在定理 3.3.1 中以和式替代积分, 式 (3.3.2) 依然成立.

推论 3.3.1　设总体 X 的密度函数 $f(x,\theta)$ 由定理 3.3.1 定义. 若

$$\frac{\partial}{\partial\theta}\int_{\mathbf{R}}\frac{\partial f(x,\theta)}{\partial\theta}\mathrm{d}x=\int_{\mathbf{R}}\frac{\partial^2 f(x,\theta)}{\partial\theta^2}\mathrm{d}x,$$

则

$$I(\theta)=-E\Big[\frac{\partial^2}{\partial\theta^2}\ln f(X,\theta)\Big].\tag{3.3.6}$$

证明　因为

$$\int_{\mathbf{R}}f(x,\theta)\mathrm{d}x=1,$$

所以

$$\frac{\partial}{\partial\theta}\int_{\mathbf{R}}f(x,\theta)\mathrm{d}x=\int_{\mathbf{R}}\frac{\partial f(x,\theta)}{\partial\theta}\mathrm{d}x=0.$$

故有

$$\int_{\mathbf{R}}\frac{\partial\ln f(x,\theta)}{\partial\theta}f(x,\theta)\mathrm{d}x=0.$$

上式两边关于 θ 求偏导, 可得

$$\int_{\mathbf{R}}\frac{\partial^2\ln f(x,\theta)}{\partial\theta^2}f(x,\theta)\mathrm{d}x+\int_{\mathbf{R}}\Big[\frac{\partial\ln f(x,\theta)}{\partial\theta}\Big]^2 f(x,\theta)\mathrm{d}x=0.$$

所以

$$I(\theta)=E\Big[\frac{\partial}{\partial\theta}\ln f(X,\theta)\Big]^2=-E\Big[\frac{\partial^2}{\partial\theta^2}\ln f(X,\theta)\Big].$$

定义 3.3.1 称$\dfrac{\partial}{\partial\theta}\ln f(x,\theta)$ 为得分函数 (score function). 设 $I(\theta)$ 由式 (3.3.3) 定义, 称 $I(\theta)$ 为总体 X 的 Fisher 信息量.

注 (1) 得分函数决定对数似然方程组 (式 (3.1.11)) 中参数极大似然估计的求解.

(2) 由式 (3.3.3) 知, Fisher 信息量 $I(\theta)$ 是随机变量 $\dfrac{\partial}{\partial\theta}\ln f(X,\theta)$ 的方差, 即

$$I(\theta)=D\left[\frac{\partial}{\partial\theta}\ln f(X,\theta)\right].$$

(3) 由式 (3.3.2) 知, $I(\theta)$ 取值越大, $D(\widehat{g})$ 的下界越低, $g(\theta)$ 的无偏估计 $\widehat{g}$ 可能达到更小的方差, 估计量 $g(\theta)$ 能更精准, 这说明 $I(\theta)$ 包含总体较多的信息.

定义 3.3.2 在定理 3.3.1 的条件下, 记 $d(\theta)=[g'(\theta)]^2/[nI(\theta)]$. 设 $\widehat{g}$ 为 $g(\theta)$ 的任一无偏估计. 称

$$q_n=\frac{d(\theta)}{D(\widehat{g})} \tag{3.3.7}$$

为无偏估计 $\widehat{g}$ 的效率.

显然 $q_n\in[0,1]$. 若 $q_n=1$, 则称 $\widehat{g}$ 为 $g(\theta)$ 的有效估计量. 若 $\lim\limits_{n\to\infty}q_n=1$, 则称 $\widehat{g}$ 为 $g(\theta)$ 的渐近有效估计量. 由定理 3.3.1 中的条件要求可知, 参数的有效估计必是 UMVUE, 反之不一定.

例 3.3.1 设总体 X 服从参数为 p 的二项分布 $b(1,p)$, $0<p<1$. $X_1,X_2,\cdots,X_n$ 为来自总体 X 的样本. 试证 $\overline{X}$ 为未知参数 p 的有效估计.

证明 易知 $E(\overline{X})=p$ 且支撑 $\{x:f(x,p)>0\}=\{0,1\}$ 与总体参数 p 无关. 因为

$$\begin{aligned}f(x,p)&=p^x(1-p)^{1-x},\\ \frac{\partial}{\partial p}\ln f(x,p)&=\frac{\partial}{\partial p}\Big[x\ln p+(1-x)\ln(1-p)\Big]\\ &=\frac{x}{p}-\frac{1-x}{1-p}=\frac{x-p}{p(1-p)},\end{aligned}$$

故有

$$\begin{aligned}I(p)&=E\left[\frac{X-p}{p(1-p)}\right]^2=\frac{E(X-p)^2}{p^2(1-p)^2}\\ &=\frac{p(1-p)}{p^2(1-p)^2}=\frac{1}{p(1-p)}.\end{aligned}$$

因此

$$D(\overline{X})=\frac{1}{n}p(1-p)=\frac{1}{nI(p)},$$

即 $\overline{X}$ 的方差达到 C-R 不等式的下界. 故 $\overline{X}$ 为 p 的有效估计, 同时 $\overline{X}$ 也为 p 的 UMVUE.

例 3.3.2　设总体 $X \sim N(\mu, \sigma^2)$, 参数 μ, σ^2 未知, S^2 为样本方差. 试证 S^2 为 σ^2 的渐近有效估计.

证明　易知 $E(S^2) = \sigma^2$ 且支撑 $\{x : f(x, \mu, \sigma^2) > 0\} = \mathbf{R}$ 与总体参数 μ, σ^2 无关. 因为 $(n-1)S^2\sigma^{-2} \sim \chi^2(n-1)$, 故

$$D\left[\frac{(n-1)S^2}{\sigma^2}\right] = 2(n-1), \quad D(S^2) = \frac{2\sigma^4}{n-1}.$$

又由于

$$\ln f(x, \mu, \sigma^2) = -\ln\sqrt{2\pi} - \frac{1}{2}\ln\sigma^2 - \frac{(x-\mu)^2}{2\sigma^2},$$

$$\frac{\partial}{\partial\sigma^2}\ln f(x, \mu, \sigma^2) = -\frac{1}{2\sigma^2} + \frac{(x-\mu)^2}{2\sigma^4},$$

$$\frac{\partial}{\partial\sigma^2}\left[\frac{\partial}{\partial\sigma^2}\ln f(x, \mu, \sigma^2)\right] = \frac{1}{2\sigma^4} - \frac{(x-\mu)^2}{\sigma^6},$$

故有

$$I(\sigma^2) = -E\frac{\partial}{\partial\sigma^2}\left[\frac{\partial}{\partial\sigma^2}\ln f(x, \mu, \sigma^2)\right] = \frac{1}{2\sigma^4},$$

$$D(S^2) = \frac{1}{(n-1)I(\sigma^2)} > \frac{1}{nI(\sigma^2)}.$$

因此, S^2 不是 σ^2 的有效估计. 因为 $q_n = (n-1)/n \to 1,\ n \to \infty$, 所以 S^2 为 σ^2 的渐近有效估计.

2. 极大似然估计的大样本性质

首先给出一些条件假设.

(A1) 总体分布 P_θ 是可识别的, 即: 若 $P_{\theta_1} = P_{\theta_2}$, 则 $\theta_1 = \theta_2$.

(A2) 参数空间 Θ 为开区间, 即

$$\Theta = \{\theta : -\infty \leqslant a < \theta < b \leqslant \infty\}.$$

(A3) 支撑 $B = \{x : f(x, \theta)\}$ 与参数 θ 无关, 其中 $f(x, \theta)$ 表示分布 P_θ 的密度函数.

(A4) 对任意 $x \in B, f(x, \theta)$ 关于 θ 可微.

定理 3.3.2　设 $X_1, X_2, \cdots, X_n$ 为来自总体 X 的样本, 且总体概率密度 $f(x, \theta)$ 满足条件 (A1)—(A4). 则当 $n \to \infty$ 时, 似然方程以概率趋向 1 有解, 且此解关于 θ 是相合的.

推论 3.3.2　设 $X_1, \cdots, X_n$ 为来自总体 X 的样本, 且设总体概率密度 $f(x, \theta)$ 满足条件 (A1)—(A4). 若似然方程有唯一解 $\widehat{\theta}_n = \widehat{\theta}(X_1, X_2, \cdots, X_n)$, 则

(1) $\widehat{\theta}_n$ 是 θ 的相合估计;

(2) 当 $n \to \infty$ 时, 以概率趋向 1, 解 $\widehat{\theta}_n$ 是 θ 的极大似然估计.

定理 3.3.3 设 $X_1, X_2, \cdots, X_n$ 为来自总体 X 的样本. 设总体概率密度 $f(x,\theta)$ 满足条件 (A1)—(A4), 且满足下述条件:

(A5) 对任意 $x \in B$ (由 (A3) 定义), $\dfrac{\partial^3 f(x,\theta)}{\partial\theta^3}$ 存在、连续且

$$\frac{\partial^k}{\partial\theta^k}\int_{\mathbf{R}} f(x,\theta)\mathrm{d}x = \int_{\mathbf{R}} \frac{\partial^k}{\partial\theta^k} f(x,\theta)\mathrm{d}x, \quad k=1,2.$$

(A6) 若 θ_0 为 θ 的真值, 则存在正常数 c 和函数 $M(x)$, 使得

$$\left|\frac{\partial^3}{\partial\theta^3}\ln f(x,\theta)\right| \leqslant M(x), \quad 对任意\ x\in B,\ \theta\in(\theta_0-c,\theta_0+c), \tag{3.3.8}$$

且有

$$E_{\theta_0}[M(X)] < \infty. \tag{3.3.9}$$

记 $\widehat{\theta}_n$ 为 $n\to\infty$ 时似然方程的相合解. 则

$$\sqrt{n}(\widehat{\theta}_n - \theta_0) \xrightarrow{d} N(0, I^{-1}(\theta_0)), \quad n\to\infty, \tag{3.3.10}$$

其中, $0 < I(\theta_0) < \infty$.

注 式 (3.3.10) 说明, $\sqrt{n}(\widehat{\theta}_n - \theta_0)$ 的渐近分布为 $N\left(0, \dfrac{1}{I(\theta_0)}\right)$. 故当 n 充分大时, 近似地有

$$\widehat{\theta}_n \sim N\left(\theta_0, \frac{1}{nI(\theta_0)}\right).$$

3.4 区 间 估 计

点估计 (point estimator) 是用一个数值去估计未知参数. 区间估计是以区间的形式给出未知参数的一个范围, 同时给出区间估计包含未知参数的可信程度.

定义 3.4.1 设总体 X 的分布函数为 $F(x,\theta)$, 未知参数 $\theta\in\Theta$, Θ 为参数空间. 设 $X_1, X_2, \cdots, X_n$ 为来自总体 X 的样本. 对于给定值 $\alpha, 0<\alpha<1$, 若存在统计量 $\underline{\theta} = \underline{\theta}(X_1, X_2, \cdots, X_n)$ 和 $\overline{\theta} = \overline{\theta}(X_1, X_2, \cdots, X_n)$, 使得

$$P(\underline{\theta} \leqslant \theta \leqslant \overline{\theta}) \geqslant 1-\alpha, \tag{3.4.1}$$

则称随机区间 $[\underline{\theta}, \overline{\theta}]$ 为 θ 的置信水平为 $1-\alpha$ 的双侧置信区间, 分别称 $\overline{\theta}, \underline{\theta}$ 为置信上限、置信下限.

置信区间 (confidence interval) 也称为区间估计 (interval estimator). 式 (3.4.1) 表明, 置信水平为 $1-\alpha$ 的置信区间 $[\underline{\theta}, \overline{\theta}]$ 包含参数 θ 真值的概率大于等于 $1-\alpha$. 因此, 当大量使用 $[\underline{\theta}, \overline{\theta}]$ 时, 这些置信区间 $[\underline{\theta}, \overline{\theta}]$ 包含参数 θ 真值的频率接近 $100(1-\alpha)\%$ 或大于 $100(1-\alpha)\%$. 通常取 $\alpha = 0.1, 0.05, 0.01$.

在实际应用中, 有时我们仅考虑未知参数 θ 的一端的界限. 例如, 对某种物质中杂质的含量, 我们关心其上限. 对于元件的寿命, 我们关心其下限.

定义 3.4.2　设总体 X 的分布函数为 $F(x,\theta)$, 未知参数 $\theta\in\Theta$, Θ 为参数空间. 设 $X_1,X_2,\cdots,X_n$ 为来自总体 X 的样本. 对于给定值 $\alpha, 0<\alpha<1$, 若存在统计量 $\underline{\theta}=\underline{\theta}(X_1,X_2,\cdots,X_n)$ 和 $\overline{\theta}=\overline{\theta}(X_1,X_2,\cdots,X_n)$, 使得

$$P(\underline{\theta}\leqslant\theta)\geqslant 1-\alpha,\quad P(\theta\leqslant\overline{\theta})\geqslant 1-\alpha,$$

则称随机区间 $[\underline{\theta},+\infty)$, $(-\infty,\overline{\theta}]$ 为 θ 的置信水平为 $1-\alpha$ 的单侧置信区间, 分别称 $\overline{\theta}$, $\underline{\theta}$ 为单侧置信上限、单侧置信下限.

一般情形下, 我们可基于未知参数的某个具有统计优良性的点估计, 去构造未知参数的置信区间.

3.4.1　正态总体参数的置信区间

1. 单个正态总体未知参数的置信区间

设 $X_1,X_2,\cdots,X_n$ 为来自 $N(\mu,\sigma^2)$ 的样本, $\overline{X}, S^2$ 分别为样本均值和样本方差. 给定置信水平为 $1-\alpha$.

1) 均值 μ 的置信区间

(1) 假设 σ^2 已知. 因为 $\overline{X}\sim N(\mu,\sigma^2/n)$, 所以

$$U=\frac{\overline{X}-\mu}{\sigma/\sqrt{n}}\sim N(0,1).$$

记 $z_{\alpha/2}$ 为标准正态分布 $N(0,1)$ 的上 $\alpha/2$ 分位点. 则有

$$P\left(\left|\frac{\overline{X}-\mu}{\sigma/\sqrt{n}}\right|\leqslant z_{\alpha/2}\right)=1-\alpha,$$

即

$$\begin{aligned}P\left(|\mu-\overline{X}|\leqslant\frac{\sigma}{\sqrt{n}}z_{\alpha/2}\right)&=P\left(\overline{X}-\frac{\sigma}{\sqrt{n}}z_{\alpha/2}\leqslant\mu\leqslant\overline{X}+\frac{\sigma}{\sqrt{n}}z_{\alpha/2}\right)\\&=1-\alpha.\end{aligned}$$

因此, 均值 μ 的置信水平为 $1-\alpha$ 的置信区间为

$$\left[\overline{X}-\frac{\sigma}{\sqrt{n}}z_{\alpha/2},\overline{X}+\frac{\sigma}{\sqrt{n}}z_{\alpha/2}\right].\tag{3.4.2}$$

(2) 假设 σ^2 未知. 因为

$$T=\frac{\overline{X}-\mu}{S/\sqrt{n}}\sim t(n-1),\quad S=\sqrt{S^2},$$

故有

$$P\left(\left|\frac{\overline{X}-\mu}{S/\sqrt{n}}\right| \leqslant t_{\alpha/2}(n-1)\right)=1-\alpha,$$

其中 $t_{\alpha/2}(n-1)$ 为自由度为 $n-1$ 的 t 分布的上 $\alpha/2$ 分位点. 因此, 均值 μ 的置信水平为 $1-\alpha$ 的置信区间为

$$\left[\overline{X}-\frac{S}{\sqrt{n}}t_{\alpha/2}(n-1), \overline{X}+\frac{S}{\sqrt{n}}t_{\alpha/2}(n-1)\right]. \tag{3.4.3}$$

2) 方差 σ^2 的置信区间

因为 $(n-1)S^2/\sigma^2 \sim \chi^2(n-1)$, 故有

$$P\left(\chi^2_{1-\alpha/2}(n-1) \leqslant \frac{(n-1)S^2}{\sigma^2} \leqslant \chi^2_{\alpha/2}(n-1)\right)=1-\alpha,$$

其中 $\chi^2_{\alpha/2}(n-1)$ 为自由度为 $n-1$ 的 χ^2 分布的上 $\alpha/2$ 分位点, $\chi^2_{1-\alpha/2}(n-1)$ 为自由度为 $n-1$ 的 χ^2 分布的上 $1-\alpha/2$ 分位点.

因此, 方差 σ^2 的置信水平为 $1-\alpha$ 的置信区间为

$$\left[\frac{(n-1)S^2}{\chi^2_{\alpha/2}(n-1)}, \frac{(n-1)S^2}{\chi^2_{1-\alpha/2}(n-1)}\right]. \tag{3.4.4}$$

标准差 σ 的置信水平为 $1-\alpha$ 的置信区间为

$$\left[\sqrt{\frac{(n-1)S^2}{\chi^2_{\alpha/2}(n-1)}}, \sqrt{\frac{(n-1)S^2}{\chi^2_{1-\alpha/2}(n-1)}}\right].$$

例 3.4.1 某工厂用自动包装机包装糖果, 设每袋糖果的重量 $X \sim N(\mu,\sigma^2)$ 且 $\sigma=0.01$. 现从中抽取 16 袋糖果进行称重 (单位: 千克), 测得样本均值 $\overline{X}=0.506$. 求未知参数 μ 的置信水平为 $1-\alpha$ $(\alpha=0.05)$ 的置信区间.

解 因为方差 σ^2 已知, 故使用式 (3.4.2) 进行计算. $n=16$ 且 $z_{\alpha/2}=z_{0.025}=1.96$, 故 μ 的置信水平为 0.95 的置信区间为

$$[0.501, 0.511].$$

例 3.4.2 某窗口处理每笔业务所需时间 (单位: min) 服从正态分布 $N(\mu,\sigma^2)$. 现随机抽取 16 笔业务, 其样本均值为 $\overline{X}=12$, 样本方差为 $S^2=(2.5)^2$. 求方差 σ^2 的 0.95 置信区间和标准差 σ 的 0.95 置信区间.

解 使用式 (3.4.4) 进行计算. $n=16$ 且 $\chi^2_{0.025}(15)=27.488$, $\chi^2_{0.975}(15)=6.262$, 故 σ^2 的置信水平为 0.95 的置信区间为

$$\left[\frac{15\times(2.5)^2}{27.488}, \frac{15\times(2.5)^2}{6.262}\right]=[3.41, 14.97].$$

标准差 σ 的置信水平为 0.95 的置信区间为

$$[\sqrt{3.41}, \sqrt{14.97}]=[1.85, 3.87].$$

2. 两个正态总体未知参数的置信区间

设 $X_1, X_2, \cdots, X_m$ 为来自总体 $X \sim N(\mu_1, \sigma_1^2)$ 的样本, $Y_1, Y_2, \cdots, Y_n$ 为来自总体 $Y \sim N(\mu_2, \sigma_2^2)$ 的样本, X 与 Y 相互独立. $\overline{X}, S_1^2$ 分别为总体 X 的样本均值和样本方差, $\overline{Y}, S_2^2$ 分别为总体 Y 的样本均值和样本方差,

$$S_w^2 = \frac{(m-1)S_1^2 + (n-1)S_2^2}{m+n-2}, \quad S_w = \sqrt{S_w^2}. \tag{3.4.5}$$

给定置信水平为 $1-\alpha$.

1) 均值差 $\mu_1 - \mu_2$ 的置信区间

(1) 假设 σ_1^2, σ_2^2 已知. 因为

$$\xi_{m,n} = \frac{\overline{X} - \overline{Y} - (\mu_1 - \mu_2)}{\sqrt{\sigma_1^2/m + \sigma_2^2/n}} \sim N(0,1),$$

所以均值 $\mu_1 - \mu_2$ 的置信水平为 $1-\alpha$ 的置信区间为

$$\left[\overline{X} - \overline{Y} - \sqrt{\frac{\sigma_1^2}{m} + \frac{\sigma_2^2}{n}} \cdot z_{\alpha/2}, \overline{X} - \overline{Y} + \sqrt{\frac{\sigma_1^2}{m} + \frac{\sigma_2^2}{n}} \cdot z_{\alpha/2}\right]. \tag{3.4.6}$$

(2) 假设 σ_1^2, σ_2^2 未知, 但 $\sigma_1^2 = \sigma_2^2$. 由式 (2.2.15) 知

$$\zeta_{m,n} = \frac{(\overline{X} - \overline{Y}) - (\mu_1 - \mu_2)}{S_w\sqrt{1/m + 1/n}} \sim t(m+n-2). \tag{3.4.7}$$

所以均值 $\mu_1 - \mu_2$ 的置信水平为 $1-\alpha$ 的置信区间为

$$\left[\overline{X} - \overline{Y} - S_w\sqrt{\frac{1}{m} + \frac{1}{n}} \cdot t_{\alpha/2}(m+n-2), \overline{X} - \overline{Y} + S_w\sqrt{\frac{1}{m} + \frac{1}{n}} \cdot t_{\alpha/2}(m+n-2)\right]. \tag{3.4.8}$$

(3) 假设 $m = n$. 记

$$Z = X - Y, \quad Z_i = X_i - Y_i, \ i = 1, 2, \cdots, n.$$

则 $Z \sim N(\mu, \sigma^2)$, 其中 $\mu = \mu_1 - \mu_2$, $\sigma^2 = \sigma_1^2 + \sigma_2^2$. 记

$$\overline{Z} = \frac{1}{n}\sum_{i=1}^{n} Z_i, \quad S^2 = \frac{1}{n-1}\sum_{i=1}^{n}(Z_i - \overline{Z})^2.$$

这又回到单个正态总体均值 μ 的置信区间. 具体可分为方差 σ_1^2, σ_2^2 为已知 (即 σ^2 已知) 与方差 σ_1^2, σ_2^2 均未知 (即 σ^2 未知) 两种情形.

2) 方差比 σ_1^2/σ_2^2 的置信区间

(1) 假设 μ_1, μ_2 已知. 记

$$\Phi = \frac{\sum_{i=1}^{m}(X_i - \mu_1)^2/m}{\sum_{i=1}^{n}(Y_i - \mu_2)^2/n}. \tag{3.4.9}$$

因为

$$\frac{\sigma_2^2}{\sigma_1^2}\Phi \sim F(m,n),$$

所以方差比 σ_1^2/σ_2^2 的置信水平为 $1-\alpha$ 置信区间为

$$\left[\frac{\Phi}{F_{\alpha/2}(m,n)}, \frac{\Phi}{F_{1-\alpha/2}(m,n)}\right], \tag{3.4.10}$$

其中 $F_{\alpha/2}(m,n)$ 为分布 $F(m,n)$ 的上 $\alpha/2$ 分位点, $F_{1-\alpha/2}(m,n)$ 为分布 $F(m,n)$ 的上 $1-\alpha/2$ 分位点.

(2) 假设 μ_1, μ_2 未知. 由式 (2.2.14) 知

$$\frac{\sigma_2^2 S_1^2}{\sigma_1^2 S_2^2} \sim F(m-1, n-1), \tag{3.4.11}$$

故有

$$P\left(F_{1-\alpha/2}(m-1,n-1) \leqslant \frac{\sigma_2^2 S_1^2}{\sigma_1^2 S_2^2} \leqslant F_{\alpha/2}(m-1,n-1)\right) = 1-\alpha.$$

所以方差比 σ_1^2/σ_2^2 的置信水平为 $1-\alpha$ 置信区间为

$$\left[\frac{S_1^2/S_2^2}{F_{\alpha/2}(m-1,n-1)}, \frac{S_1^2/S_2^2}{F_{1-\alpha/2}(m-1,n-1)}\right]. \tag{3.4.12}$$

σ_1/σ_2 的置信水平为 $1-\alpha$ 置信区间为

$$\left[\sqrt{\frac{S_1^2/S_2^2}{F_{\alpha/2}(m-1,n-1)}}, \sqrt{\frac{S_1^2/S_2^2}{F_{1-\alpha/2}(m-1,n-1)}}\right].$$

例 3.4.3 设 $X_1, \cdots, X_m$ 为来自总体 $X \sim N(\mu_1, \sigma_1^2)$ 的样本, $Y_1, Y_2, \cdots, Y_n$ 为来自总体 $Y \sim N(\mu_2, \sigma_2^2)$ 的样本, X 与 Y 相互独立, 且 S_1^2 和 S_2^2 分别为总体 X 和 Y 的样本方差. 设 $m = 25, n = 16, S_1 = 8, S_2 = 7$. 求方差比 σ_1^2/σ_2^2 的置信水平为 0.90 的置信区间和标准差比 σ_1/σ_2 的置信水平为 0.90 的置信区间.

解 $\alpha = 0.1, \alpha/2 = 0.05$. 计算可得

$$F_{0.05}(24,15) = 2.29, \quad F_{0.05}(15,24) = 2.11,$$

$$F_{0.95}(24,15) = \frac{1}{F_{0.05}(15,24)} = \frac{1}{2.11}.$$

由式 (3.4.12) 知, σ_1^2/σ_2^2 的置信水平为 0.90 的置信区间为

$$\left[\frac{64/49}{2.29},\frac{64/49}{1/2.11}\right]=[0.57,2.76],$$

标准差比 σ_1/σ_2 的置信水平为 0.90 的置信区间为

$$[\sqrt{0.57},\sqrt{2.76}]=[0.75,1.66].$$

3. 正态总体未知参数的单侧置信区间

设 $X_1,X_2,\cdots,X_n$ 为来自 $N(\mu,\sigma^2)$ 的样本, $\overline{X},S^2$ 分别为样本均值和样本方差.

例 3.4.4　假设 σ 已知. 试求均值 μ 的置信水平为 $1-\alpha$ 的单侧置信上限、单侧置信下限.

解　因为 $\overline{X}\sim N(\mu,\sigma^2/n)$, 所以

$$\frac{\overline{X}-\mu}{\sigma/\sqrt{n}}\sim N(0,1).$$

故有

$$P\Big(\frac{\overline{X}-\mu}{\sigma/\sqrt{n}}\leqslant z_\alpha\Big)=1-\alpha,\quad P\Big(\frac{\overline{X}-\mu}{\sigma/\sqrt{n}}\geqslant -z_\alpha\Big)=1-\alpha,$$

即

$$P\Big(\mu\geqslant\overline{X}-\frac{\sigma}{\sqrt{n}}z_\alpha\Big)=1-\alpha,\quad P\Big(\mu\leqslant\overline{X}+\frac{\sigma}{\sqrt{n}}z_\alpha\Big)=1-\alpha.$$

所以均值 μ 的置信水平为 $1-\alpha$ 的单侧置信上限、单侧置信下限分别为

$$\overline{\mu}=\overline{X}+\frac{\sigma}{\sqrt{n}}z_\alpha,\quad \underline{\mu}=\overline{X}-\frac{\sigma}{\sqrt{n}}z_\alpha. \tag{3.4.13}$$

例 3.4.5　当参数 μ 已知和未知时, 分别求方差 σ^2 的置信水平为 $1-\alpha$ 的单侧置信上限、单侧置信下限.

解　(1) 假设 μ 已知. 因为

$$\frac{1}{\sigma^2}\sum_{i=1}^n(X_i-\mu)^2\sim\chi^2(n),$$

所以

$$P\Big(\frac{1}{\sigma^2}\sum_{i=1}^n(X_i-\mu)^2\geqslant\chi^2_{1-\alpha}(n)\Big)=1-\alpha,$$

$$P\Big(\frac{1}{\sigma^2}\sum_{i=1}^n(X_i-\mu)^2\leqslant\chi^2_{\alpha}(n)\Big)=1-\alpha,$$

即

$$P\Big(\sigma^2 \leqslant \frac{1}{\chi^2_{1-\alpha}(n)}\sum_{i=1}^n (X_i-\mu)^2\Big)=1-\alpha,$$

$$P\Big(\sigma^2 \geqslant \frac{1}{\chi^2_{\alpha}(n)}\sum_{i=1}^n (X_i-\mu)^2\Big)=1-\alpha.$$

所以方差 σ^2 的置信水平为 $1-\alpha$ 的单侧置信上限为

$$\widehat{\sigma}^2=\frac{1}{\chi^2_{1-\alpha}(n)}\sum_{i=1}^n (X_i-\mu)^2, \tag{3.4.14}$$

方差 σ^2 的置信水平为 $1-\alpha$ 的单侧置信下限为

$$\widehat{\sigma}^2=\frac{1}{\chi^2_{\alpha}(n)}\sum_{i=1}^n (X_i-\mu)^2.$$

(2) 假设 μ 未知. 因为

$$\frac{1}{\sigma^2}\sum_{i=1}^n (X_i-\overline{X})^2 \sim \chi^2(n-1),$$

所以

$$P\Big(\frac{1}{\sigma^2}\sum_{i=1}^n (X_i-\overline{X})^2 \geqslant \chi^2_{1-\alpha}(n-1)\Big)=1-\alpha,$$

$$P\Big(\frac{1}{\sigma^2}\sum_{i=1}^n (X_i-\overline{X})^2 \leqslant \chi^2_{\alpha}(n-1)\Big)=1-\alpha,$$

即

$$P\Big(\sigma^2 \leqslant \frac{1}{\chi^2_{1-\alpha}(n-1)}\sum_{i=1}^n (X_i-\overline{X})^2\Big)=1-\alpha,$$

$$P\Big(\sigma^2 \geqslant \frac{1}{\chi^2_{\alpha}(n-1)}\sum_{i=1}^n (X_i-\overline{X})^2\Big)=1-\alpha,$$

所以方差 σ^2 的置信水平为 $1-\alpha$ 的单侧置信上限为

$$\widehat{\sigma}^2=\frac{1}{\chi^2_{1-\alpha}(n-1)}\sum_{i=1}^n (X_i-\overline{X})^2,$$

方差 σ^2 的置信水平为 $1-\alpha$ 的单侧置信下限为

$$\widehat{\sigma}^2=\frac{1}{\chi^2_{\alpha}(n-1)}\sum_{i=1}^n (X_i-\overline{X})^2.$$

注 上述区间估计均为正态总体下的置信区间. 以下将讨论构造非正态总体下参数的置信区间、基于渐近分布的近似置信区间.

3.4.2　一般总体下总体参数的置信区间

对于一般总体, 未知参数估计量的精确分布可用以构造未知参数的置信区间. 若不能推导出参数估计量的精确分布, 可借助估计量的渐近分布, 构造未知参数的近似置信区间.

例 3.4.6　设总体 X 服从参数为 λ 的指数分布, $X_1, X_2, \cdots, X_n$ 为来自总体 X 的样本. 试求参数 λ 的置信水平为 $1-\alpha$ 的置信区间.

解　由例 2.2.1 知, $2n\lambda\overline{X} \sim \chi^2(2n)$. 因为

$$P(\chi^2_{1-\alpha/2}(2n) \leqslant 2n\lambda\overline{X} \leqslant \chi^2_{\alpha/2}(2n)) = 1-\alpha,$$

故参数 λ 的置信水平为 $1-\alpha$ 的置信区间为

$$\left[\frac{\chi^2_{1-\alpha/2}(2n)}{2n\overline{X}}, \frac{\chi^2_{\alpha/2}(2n)}{2n\overline{X}}\right]. \tag{3.4.15}$$

例 3.4.7　设 $X_1, X_2, \cdots, X_n$ 为来自总体 $X \sim b(1,p)$ 的样本. 试求参数 p 的置信水平为 $1-\alpha$ 的置信区间.

解　因为 $E(X)=p, D(X)=p(1-p)$, 由大数定律,

$$\overline{X} \xrightarrow{P} p, \quad n \to \infty.$$

由中心极限定理可知

$$\frac{\sum\limits_{i=1}^{n} X_i - np}{\sqrt{np(1-p)}} = \sqrt{n}\frac{\overline{X}-p}{\sqrt{p(1-p)}} \xrightarrow{d} N(0,1), \quad n \to \infty.$$

故有

$$\sqrt{n}\frac{\overline{X}-p}{\sqrt{\overline{X}(1-\overline{X})}} = \sqrt{n}\frac{\overline{X}-p}{\sqrt{p(1-p)}} \cdot \sqrt{\frac{p(1-p)}{\overline{X}(1-\overline{X})}} \xrightarrow{d} N(0,1), \quad n \to \infty.$$

因此, 当样本容量 n 充分大时,

$$P\left(\left|\sqrt{n}\frac{\overline{X}-p}{\sqrt{\overline{X}(1-\overline{X})}}\right| \leqslant z_{\alpha/2}\right) \approx 1-\alpha.$$

故有

$$P\left(\overline{X} - z_{\alpha/2}\sqrt{\overline{X}(1-\overline{X})/n} \leqslant p \leqslant \overline{X} + z_{\alpha/2}\sqrt{\overline{X}(1-\overline{X})/n}\right) \approx 1-\alpha.$$

所以参数 p 的近似 $1-\alpha$ 置信区间为

$$\left[\overline{X} - z_{\alpha/2}\sqrt{\overline{X}(1-\overline{X})/n}, \overline{X} + z_{\alpha/2}\sqrt{\overline{X}(1-\overline{X})/n}\right]. \tag{3.4.16}$$

例 3.4.8 设总体 X 服从参数为 λ 的泊松分布, $X_1, X_2, \cdots, X_n$ 为来自总体 X 的样本. 试求参数 λ 的置信水平为 $1-\alpha$ 的置信区间.

解 易知 $E(X)=D(X)=\lambda$. 由大数定律,

$$\overline{X} \xrightarrow{P} \lambda, \quad n \to \infty.$$

由中心极限定理可知

$$\frac{\sum_{i=1}^{n} X_i - n\lambda}{\sqrt{n\lambda}} = \sqrt{n}\frac{\overline{X}-\lambda}{\sqrt{\lambda}} \xrightarrow{d} N(0,1), \quad n \to \infty.$$

故有

$$\sqrt{n}\frac{\overline{X}-\lambda}{\sqrt{\overline{X}}} = \sqrt{n}\frac{\overline{X}-\lambda}{\sqrt{\lambda}}\sqrt{\frac{\lambda}{\overline{X}}} \xrightarrow{d} N(0,1).$$

因此, 当样本容量 n 充分大时,

$$P\left(\left|\sqrt{n}\frac{\overline{X}-\lambda}{\sqrt{\overline{X}}}\right| \leqslant z_{\alpha/2}\right) \approx 1-\alpha.$$

故有

$$P\left(\overline{X} - z_{\alpha/2}\sqrt{\overline{X}/n} \leqslant \lambda \leqslant \overline{X} + z_{\alpha/2}\sqrt{\overline{X}/n}\right) \approx 1-\alpha.$$

所以参数 λ 的近似 $1-\alpha$ 置信区间为

$$\left[\overline{X} - z_{\alpha/2}\sqrt{\overline{X}/n}, \overline{X} + z_{\alpha/2}\sqrt{\overline{X}/n}\right]. \tag{3.4.17}$$

例 3.4.9 设 $X_1, X_2, \cdots, X_m$ 为来自总体 $X \sim N(\mu_1, \sigma_1^2)$ 的样本, $Y_1, Y_2, \cdots, Y_n$ 为来自总体 $Y \sim N(\mu_2, \sigma_2^2)$ 的样本, X 与 Y 相互独立, 且 $\sigma_1^2 \neq \sigma_2^2$. 设 $\overline{X}, S_1^2$ 分别为总体 X 的样本均值和样本方差, $\overline{Y}, S_2^2$ 分别为总体 Y 的样本均值和样本方差. 试求参数 $\mu_1-\mu_2$ 的置信水平为 $1-\alpha$ 的置信区间.

解 易知

$$\xi_{m,n} = \frac{\overline{X}-\overline{Y}-(\mu_1-\mu_2)}{\sqrt{\sigma_1^2/m+\sigma_2^2/n}} \sim N(0,1). \tag{3.4.18}$$

记

$$\tau_{m,n} = \left(\frac{S_1^2}{m}+\frac{S_2^2}{n}\right)\Big/\left(\frac{\sigma_1^2}{m}+\frac{\sigma_2^2}{n}\right). \tag{3.4.19}$$

则有

$$\eta_{m,n} = \frac{\overline{X}-\overline{Y}-(\mu_1-\mu_2)}{\sqrt{S_1^2/m+S_2^2/n}} = \xi_{m,n}\frac{1}{\sqrt{\tau_{m,n}}}. \tag{3.4.20}$$

下面我们证明当 $m \to \infty, n \to \infty$ 时, $\tau_{m,n}$ 依概率收敛到 1, 即对任意 $0<\varepsilon<1$ 与 $\Delta>0$, 存在 M_0 与 N_0, 使得当 $m>M_0$ 且 $n>N_0$ 时, 有

$$P\left(\left|\frac{S_1^2/m+S_2^2/n}{\sigma_1^2/m+\sigma_2^2/n}-1\right|<\Delta\right)>1-\varepsilon. \tag{3.4.21}$$

事实上, 因为 S_1^2 与 S_2^2 独立, S_i^2/σ_i^2 依概率收敛到 1, 且 S_i^2/σ_i^2 的概率分布与 σ_i^2 无关, $i=1,2$. 故对任意 $0<\varepsilon<1$ 与 $\Delta>0$, 存在 M_0 与 N_0, 使得当 $m>M_0$ 且 $n>N_0$ 时, 有

$$P\left(\left|\frac{S_1^2/m}{\sigma_1^2/m}-1\right|<\Delta,\ \left|\frac{S_2^2/n}{\sigma_2^2/n}-1\right|<\Delta\right)>1-\varepsilon.$$

而由

$$1-\Delta<\frac{S_1^2/m}{\sigma_1^2/m}<1+\Delta,\quad 1-\Delta<\frac{S_2^2/n}{\sigma_2^2/n}<1+\Delta,$$

可得

$$1-\Delta<\frac{S_1^2/m+S_2^2/n}{\sigma_1^2/m+\sigma_2^2/n}<1+\Delta.$$

故知式 (3.4.21) 成立.

因为 $\xi_{m,n}\sim N(0,1)$ 且 $\tau_{m,n}\xrightarrow{P}1$, 故有

$$\eta_{m,n}\xrightarrow{d}N(0,1),\quad m\to\infty,\ n\to\infty. \tag{3.4.22}$$

由此可得均值差 $\mu_1-\mu_2$ 的近似 $1-\alpha$ 置信区间为

$$\left[\overline{X}-\overline{Y}-\sqrt{\frac{S_1^2}{m}+\frac{S_2^2}{n}}\cdot z_{\alpha/2},\overline{X}-\overline{Y}+\sqrt{\frac{S_1^2}{m}+\frac{S_2^2}{n}}\cdot z_{\alpha/2}\right]. \tag{3.4.23}$$

本章重要概念与公式

矩估计, 极大似然估计, 无偏性, 有效性, 相合性, C-R 不等式, Fisher 信息量, 有效估计, 置信水平, 双侧置信区间, 单侧置信区间, 单侧置信上限, 单侧置信下限, 单个正态总体均值、方差的置信区间, 两个正态总体均值差、方差比的置信区间, 近似置信区间.

*3.5　系统可靠性指标的贝叶斯估计

在可靠性问题中, 称一个系统正常工作的时间为系统的使用寿命. 一个系统的寿命可用非负随机变量 ξ 表示. 设 $F_\xi(t)$ 为 ξ 的分布函数, $f_\xi(t)$ 为 ξ 的密度函数. 记

$$R_\xi(t)=P(\xi>t)=1-F_\xi(t),\quad \lambda_\xi(t)=\frac{f_\xi(t)}{R_\xi(t)}.$$

称 $R_\xi(t)$ 为时刻 t 的可靠度函数或生存函数, $\lambda_\xi(t)$ 为时刻 t 的失效率函数. 系统在时刻 t 的可靠度, 即为系统在时间区间 $(0,t)$ 内不发生失效的概率. 称 $E(\xi)$ 为系统的平均寿命. 对于不可修复系统, $E(\xi)$ 表示失效前平均工作时间 (mean time to failure, MTTF).

苏岩和谷根代 (2003) 利用无替换定时截尾样本对冷贮备系统可靠性指标进行了贝叶斯估计. 给出了确定先验信息 μ 的 3 种方法: 满足唯一性条件的极大似然估计数值解法、规定置信度的置信区间法和规定检验水平的假设检验法, 进而得到可靠性定量指标的经验贝叶斯估计.

随着科学技术的发展, 人类开发了许多新的大型复杂设备和系统, 系统可靠性正越来越受到人们的重视. 冷贮备系统在系统可靠性分析中占有重要地位, 冷贮备系统是指系统贮备的部件在贮备期不失效也不劣化, 当贮备的部件开始工作时其寿命与新的部件一样.

1. 统计模型

(1) 假定冷贮备系统由 m 个部件组成. 在初始时刻, 一个部件开始工作, 其余 $m-1$ 个部件作冷贮备. 当工作部件失效时, 贮备部件逐个地去替换, 直到所有部件失效时, 系统就失效.

(2) 每个部件的寿命服从参数为 λ 的指数分布:

$$f(x|\lambda)=\lambda\exp(-\lambda x),\quad \lambda>0,\ x>0,$$

λ 为失效率.

(3) 部件失效率 λ 的先验分布:

$$\pi(\lambda|\mu)=\mu\exp(-\mu\lambda),\quad \mu>0,\ \lambda>0.$$

2. 贝叶斯估计

在试验中, 对随机抽取的 n 个部件, 当有部件失效后, 不再补充, 直到按规定停止试验, 这种试验称为无替换试验.

设从参数为 λ 的指数分布的同一总体中随机抽取 n 个部件, 将这些部件进行寿命试验, 定在 t 时刻停止, 设在 $(0,t)$ 内有 r 个部件失效, 则 r 是个随机变量. 设依次记录得其失效时刻为 $X_{(1)},X_{(2)},\cdots,X_{(r)}$, 此时有 $n-r$ 个部件到时刻 t 尚未失效, 这样的寿命试验称为无替换定时截尾寿命试验, 称 $(X_{(1)},X_{(2)},\cdots,X_{(r)})$ 为无替换定时截尾样本. 设 X 服从参数为 λ 的指数分布, λ 服从参数为 μ 的指数分布, 则 X 的边缘概率分布为

$$f_G(x)=\int_0^\infty f(x|\lambda)\pi(\lambda|\mu)\mathrm{d}\lambda$$

$$
\begin{aligned}
&= \int_0^{\infty} \lambda \exp(-\lambda x) \mu \exp(-\mu\lambda) \mathrm{d}\lambda \\
&= \mu \int_0^{\infty} \lambda \exp(-(x+\mu)\lambda) \mathrm{d}\lambda \\
&= \frac{\mu}{(x+\mu)^2}, \quad x>0,\ \mu>0.
\end{aligned} \tag{3.5.1}
$$

设 $x_1 \leqslant x_2 \leqslant \cdots \leqslant x_r \leqslant t$ 为实数, 则 $(X_{(1)}, X_{(2)}, \cdots, X_{(r)})^{\mathrm{T}}$ 的联合密度为

$$
L = \frac{n!}{(n-r)!}\Big[\prod_{i=1}^{r} g(x_i)\Big][1-F(t)]^{n-r}, \tag{3.5.2}
$$

其中 $g(x) = f(x|\lambda)$, $F(t) = P(X \leqslant t) = 1 - \exp(-\lambda t)$, $t \geqslant 0$. 故有

$$
\ln L = \ln\Big[\frac{n!}{(n-r)!}\Big] + r\ln\lambda - \lambda\Big[\sum_{i=1}^{r} x_i + t(n-r)\Big],
$$

$$
\frac{\mathrm{d}\ln L}{\mathrm{d}\lambda} = \frac{r}{\lambda} - \Big[\sum_{i=1}^{r} x_i + t(n-r)\Big] \overset{令}{=} 0,
$$

则 λ 的极大似然估计为

$$
\widehat{\lambda} = \frac{r}{\sum\limits_{i=1}^{r} x_i + t(n-r)}. \tag{3.5.3}
$$

记 $\boldsymbol{x} = (x_1, x_2, \cdots, x_r)^{\mathrm{T}}$, 则 λ 的后验分布为

$$
\begin{aligned}
h(\lambda|\boldsymbol{x}) &= \frac{\pi(\lambda|\mu) f(\boldsymbol{x}|\lambda)}{\int_0^{\infty} \pi(\lambda|\mu) f(\boldsymbol{x}|\lambda) \mathrm{d}\lambda} \\
&= \frac{\lambda^r \exp\Big[-\lambda\Big(\mu + \sum\limits_{i=1}^{r} x_i + t(n-r)\Big)\Big]}{\int_0^{\infty} \lambda^r \exp\Big[-\lambda\Big(\mu + \sum\limits_{i=1}^{r} x_i + t(n-r)\Big)\Big] \mathrm{d}\lambda},
\end{aligned}
$$

分母为

$$
a_r = \frac{\Gamma(r+1)}{\Big[\mu + \sum\limits_{i=1}^{r} x_i + t(n-r)\Big]^{r+1}}.
$$

所以

$$
h(\lambda|\boldsymbol{x}) = \frac{1}{a_r} \cdot \lambda^r \exp\Big[-\lambda\Big(\mu + \sum_{i=1}^{r} x_i + t(n-r)\Big)\Big], \tag{3.5.4}
$$

即

$$\lambda|\boldsymbol{x} \sim \Gamma\left(r+1, \mu+\sum_{i=1}^{r} x_i + t(n-r)\right).$$

记 $\Delta = \sum_{i=1}^{r} x_i + t(n-r)$, 取二次损失函数 $L(\lambda, \widehat{\lambda}) = (\lambda - \widehat{\lambda})^2$. 则 λ 的贝叶斯估计为

$$\begin{aligned}\widehat{\lambda}_B &= E(\lambda|\boldsymbol{x}) = \int_0^{\infty} \frac{(\mu+\Delta)^{r+1}}{\Gamma(r+1)} \lambda^{r+1} \exp[-\lambda(\mu+\Delta)]\mathrm{d}\lambda \\ &= \frac{(\mu+\Delta)^{r+1}}{\Gamma(r+1)} \frac{\Gamma(r+2)}{(\mu+\Delta)^{r+2}} \\ &= \frac{r+1}{\mu+\Delta}.\end{aligned} \tag{3.5.5}$$

现求冷贮备系统可靠度 $R_s(t)$ 的贝叶斯估计. 由文献 (程侃, 1999) 知

$$R_s(t) = \sum_{k=0}^{m-1} \frac{(\lambda t)^k}{k!} \exp(-\lambda t),$$

首先求 $R_k = \lambda^k \exp(-\lambda t)$ 的贝叶斯估计.

$$\begin{aligned}\widehat{R}_k &= \int_0^{\infty} \lambda^k \exp(-\lambda t) \frac{(\mu+\Delta)^{r+1}}{\Gamma(r+1)} \lambda^r \exp[-\lambda(\mu+\Delta)]\mathrm{d}\lambda \\ &= \frac{(\mu+\Delta)^{r+1}}{\Gamma(r+1)} \int_0^{\infty} \lambda^{k+r} \exp[-\lambda(\mu+t+\Delta)]\mathrm{d}\lambda \\ &= \frac{\Gamma(k+r+1)}{\Gamma(r+1)} \frac{(\mu+\Delta)^{r+1}}{(\mu+t+\Delta)^{k+r+1}}.\end{aligned}$$

将上述结果代入 $R_s(t)$, 得 $R_s(t)$ 的贝叶斯估计:

$$\begin{aligned}\widehat{R}_s(t) &= \sum_{k=0}^{m-1} \frac{\Gamma(k+r+1)}{\Gamma(r+1)\Gamma(k+1)} \frac{(\mu+\Delta)^{r+1}}{(\mu+t+\Delta)^{k+r+1}} t^k \\ &= \frac{1}{r} \sum_{k=0}^{m-1} \frac{1}{B(k+1,r)} \frac{w^k}{(1+w)^{k+r+1}},\end{aligned} \tag{3.5.6}$$

其中, $w = t/(\mu+\Delta)$.

再求平均寿命 $MTTF$ 的贝叶斯估计. 因为 $MTTF = m/\lambda$, 所以

$$\begin{aligned}\widehat{t}_{MTTF} &= \frac{(\mu+\Delta)^{r+1}}{\Gamma(r+1)} \int_0^{\infty} \frac{m}{\lambda} \cdot \lambda^r \exp[-\lambda(\mu+\Delta)]\mathrm{d}\lambda \\ &= \frac{m}{r}(\mu+\Delta),\end{aligned} \tag{3.5.7}$$

其中, $\widehat{t}_{MTTF}$ 表示 $MTTF$ 的贝叶斯估计.

在式 (3.5.2) 中取 $g(x)=f_G(x), F(t)=F_G(t)$, 其中

$$1-F_G(t)=\int_t^{\infty}\frac{\mu}{(x+\mu)^2}\mathrm{d}x=\frac{\mu}{\mu+t}. \tag{3.5.8}$$

设 $x_{(1)}\leqslant x_{(2)}\leqslant\cdots\leqslant x_{(r)}\leqslant t$ 为实数, 则 $(X_{(1)},X_{(2)},\cdots,X_{(r)})^{\mathrm{T}}$ 的联合密度为

$$L=\frac{n!}{(n-r)!}\mu^r\left[\prod_{i=1}^{r}\frac{1}{(x_i+\mu)^2}\right]\left[\frac{\mu}{\mu+t}\right]^{n-r}. \tag{3.5.9}$$

对上式取对数可得

$$\ln L=\ln\frac{n!}{(n-r)!}+r\ln\mu-2\sum_{i=1}^{r}\ln(x_i+\mu)+(n-r)[\ln\mu-\ln(\mu+t)].$$

$\ln L$ 关于 μ 求导可得

$$\frac{\mathrm{d}\ln L}{\mathrm{d}\mu}=\frac{r}{\mu}-2\sum_{i=1}^{r}\frac{1}{x_i+\mu}+(n-r)\frac{t}{\mu(\mu+t)}\overset{令}{=}0.$$

记

$$h_1(\mu)=\frac{r}{\mu}+(n-r)\frac{t}{\mu(\mu+t)},\quad h_2(\mu)=2\sum_{i=1}^{r}\frac{1}{x_i+\mu}.$$

欲求 μ 的极大似然估计, 只需

$$h_1(\mu)=h_2(\mu). \tag{3.5.10}$$

现证明非线性方程 (3.5.10) 的解具有唯一性, 并给出解 μ 的迭代公式. 因为

$$\begin{aligned}&h_1(\mu)>0,\ h_1(\mu)\to 0\ (\mu\to\infty),\quad h_1(\mu)\to\infty\ (\mu\to 0),\\&h_1'(\mu)=-[r\mu^{-2}+(n-r)t(2\mu+t)(\mu^2+\mu t)^{-2}]<0,\\&h_1''(\mu)=2r\mu^{-3}+2(n-r)t(\mu^2+\mu t)^{-3}(3\mu^2+3\mu t+t^2)>0,\end{aligned} \tag{3.5.11}$$

所以 $h_1(\mu)$ 在 $(0,\infty)$ 内是严格单调减少且为凹的. 因为

$$\begin{aligned}&h_2(\mu)>0,\ h_2(\mu)\to 0\ (\mu\to\infty),\quad h_2(\mu)\to 2\sum_{i=1}^{r}\frac{1}{x_i}>0\ (\mu\to 0),\\&h_2'(\mu)=-2\sum_{i=1}^{r}\frac{1}{(x_i+\mu)^2}<0,\\&h_1''(\mu)=4\sum_{i=1}^{r}\frac{1}{(x_i+\mu)^3}>0,\end{aligned} \tag{3.5.12}$$

所以 $h_2(\mu)$ 在 $(0,\infty)$ 内是严格单调减少且为凹的, 且 $h_2(0)=2\sum\limits_{i=1}^{r}\frac{1}{x_i}$. 又

$$\lim_{\mu\to\infty}\frac{h_1(\mu)}{h_2(\mu)}=\lim_{\mu\to\infty}\frac{\frac{r}{\mu}+(n-r)\frac{t}{\mu(\mu+t)}}{2\sum\limits_{i=1}^{r}\frac{1}{x_i+\mu}}=\frac{1}{2}<1, \tag{3.5.13}$$

所以 μ 充分大时, $h_2(\mu)>h_1(\mu)$, 由此及式 (3.5.11)、式 (3.5.12) 知, 方程 (3.5.10) 具有唯一解. 记 $\mu^{(k)}$ 是第 k 次迭代的估计值, 由方程 (3.5.10) 得迭代公式:

$$\mu^{(k+1)}=\frac{r}{2\sum\limits_{i=1}^{r}\frac{1}{x_i+\mu^{(k)}}-(n-r)\frac{t}{\mu^{(k)}(\mu^{(k)}+t)}}. \tag{3.5.14}$$

将 μ 的最终迭代值代入式 (3.5.5) 至式 (3.5.7) 得参数 λ, 冷贮备系统可靠度 $R_s(t)$ 及平均寿命 $MTTF$ 的经验贝叶斯估计.

3. 给定置信度与检验水平的经验贝叶斯估计

假定有同类部件的 k 组无替换定时截尾样本历史寿命试验数据, 设第 i 组的定时截尾样本为 $(X_{1_i},X_{2_i},\cdots,X_{r_i})$, r_i 为 $(0,t)$ 内失效个数. 记

$$T_i^*=\sum_{j=1}^{r_i}X_{j_i}+(n_i-r_i)t,\quad i=1,2,\cdots,k.$$

则可证明近似地有

$$2\lambda T_i^*\sim\chi^2_{2r_i+1}. \tag{3.5.15}$$

置信区间方法: 给定置信度 $1-\alpha$ 下, 可求出部件 k 个平均寿命 θ_i 在给定置信度 $1-\alpha$ 下的置信下限 θ_{iL}. 考察

$$P(\theta_{iL}\leqslant\theta_i<\infty)=1-\alpha,\quad P(2\lambda T_i^*\leqslant\chi^2_{2r_i+1}(\alpha))=1-\alpha, \tag{3.5.16}$$

故有

$$P\Big(\frac{2T_i^*}{\chi^2_{2r_i+1}(\alpha)}\leqslant\frac{1}{\lambda}\Big)=1-\alpha,$$

所以

$$\theta_{iL}=\frac{2T_i^*}{\chi^2_{2r_i+1}(\alpha)},\quad \theta_i=\frac{1}{\lambda}.$$

由此, 可求得部件在给定置信度 $1-\alpha$ 下时平均寿命 θ 的真值大于 θ_L 的概率估值, 即先验信息

$$\widehat{P}(\theta_L\leqslant\theta)=\frac{\sum\limits_{i=1}^{k}w_i}{k}\triangleq\gamma,$$

其中, $w_i=1,\ \theta_{iL}\geqslant\theta_L$; $w_i=0,\ \theta_{iL}<\theta_L$. θ_L 为应达到的平均寿命.

由 $P(\theta_L\leqslant\theta)=\gamma$, 即 $P(\lambda\leqslant\theta_L^{-1})=\gamma$, 及 λ 服从参数为 μ 的指数分布可得

$$\int_0^{\theta_L^{-1}}\mu\exp(-\lambda\mu)\mathrm{d}\lambda=\gamma,$$

故有

$$\widehat{\mu}=-\theta_L\ln(1-\gamma). \tag{3.5.17}$$

假设检验方法: 给定检验水平 α, 考虑假设检验

$$H_0:\lambda\leqslant\lambda_L,\quad H_1:\lambda>\lambda_L, \tag{3.5.18}$$

其中 $\lambda=1/\theta,\lambda_L=1/\theta_L$. 记

$$q_i^*=2\lambda T_i^*,\quad q_i=2\lambda_L T_i^*,\quad i=1,2,\cdots,k.$$

当原假设 H_0 成立时, $q_i^*\leqslant q_i$. 因此

$$P(q_i\leqslant\chi^2_{2r_i+1}(1-\alpha))\leqslant P(q_i^*\leqslant\chi^2_{2r_i+1}(1-\alpha))=\alpha.$$

故第 i 组数据的拒绝域为

$$\left\{T_i^*\leqslant\frac{\chi^2_{2r_i+1}(1-\alpha)}{2\lambda_L}\right\},\quad i=1,2,\cdots,k.$$

取 $w_i=1$, 接受 H_0 时; $w_i=0$, 拒绝 H_0 时. 令

$$\widehat{P}(\lambda\leqslant\lambda_L)=\frac{\sum\limits_{i=1}^k w_i}{k}\triangleq\gamma.$$

同样有 $\widehat{\mu}=-\theta_L\ln(1-\gamma)$.

在可靠性理论中, 使用贝叶斯方法的特点之一是, 在小样本下估计可靠性定量指标. 在理论上, 极大似然估计精确度较矩估计为强, 因此当系统实验次数较少, 或接受实验的部件数较少时, 推荐使用基于定时截尾样本的极大似然估计数值法确定 μ 值. 当规定了设计部件平均寿命的下限 (或失效率上限), 且有部件的多组试验数据时, 可考虑用置信区间法或假设检验法估计 μ 值.

*3.6 统计漫谈：贝叶斯统计的发展

苏岩 (2003) 概述了贝叶斯统计的基本思想, 通过实例分析了确定先验信息方法的思维合理性, 探讨了贝叶斯统计未来的理论发展及其应用空间.

统计学中有两个主要学派：频率学派和贝叶斯学派. 两者间有着长期的争论，对统计学的发展起到了积极的促进作用. 这里主要讨论贝叶斯统计的基本思想、理论进展及应用，以期对贝叶斯统计形成初步的认识.

1. 贝叶斯学派概述

贝叶斯统计起源于英国学者贝叶斯的一篇论文"论有关机遇问题的求解"(1763 年发表). 在这篇论文中，他提出了著名的贝叶斯公式. 又设参数 θ 已知时，样本 X 的分布密度为 $f(x|\theta),\theta$ 的先验密度为 $\pi(\theta)$，则已知样本 X 后，参数 θ 的后验密度为

$$h(\theta|x)=\frac{\pi(\theta)f(x|\theta)}{\displaystyle\int\pi(\theta)f(x|\theta)\mathrm{d}\theta}. \tag{3.6.1}$$

贝叶斯公式、参数 θ 的后验密度公式 (3.6.1) 及贝叶斯假设构成了贝叶斯统计的起点.

频率学派进行统计推断时，依据两种信息：一种是总体信息，即统计总体服从何种概率分布，例如总体服从正态分布. 另一种是样本信息，即从总体抽取的样本给我们提供的信息. 贝叶斯学派则除以上两种信息外，还须利用先验信息，即在抽样 (试验) 之前有关总体样本的未知参数的信息.

贝叶斯学派受到的批评集中于两点：① 将参数 θ 看成随机变量是否合适；② 先验分布是否存在，如何确定.

贝叶斯统计在参数的点估计、区间估计及假设检验方面形成了与频率统计相平行的理论方法，并赋予统计推断以新的解释，它在可靠性方面有成功的应用. 贝叶斯分析与统计决策论也是难以分开的，贝叶斯统计具有简洁实用的特点. 贝叶斯方法的关键是先验分布的确定. 由于现实世界中的事物的发生常不具备大量可重复性，事件发生的概率较难具有频率解释，而又面临解决问题，这导致主观概率、先验分布的提出，试图通过科学的思维活动来弥补经验的不足，再利用样本 X 调整先验分布 $\pi(\theta)$ 为后验分布 $h(\theta|x)$，完成对参数 θ 认识的再认识.

例 3.6.1 一个人打靶，打了 n 次，命中了 r 次，估计此人打靶命中的概率 θ.

一般的估计方法是：$\widehat{\theta}=r/n$. 当 $n=r=1$ 时，$\widehat{\theta}=1$；当 $n=r=100$ 时，仍有 $\widehat{\theta}=1$. 而实际上在这两种情况下，反映出的此人的射击水平是不一样的. 依贝叶斯方法，n 次独立射击，命中 r 次的概率为

$$f(r|\theta)=\binom{n}{r}\theta^r(1-\theta)^{n-r}.$$

当对 θ 一无所知时，可设 θ 服从 $(0,1)$ 区间上的均匀分布，由式 (3.6.1) 得

$$h(\theta|r)=\frac{\theta^r(1-\theta)^{n-r}}{\int_0^1\theta^r(1-\theta)^{n-r}\mathrm{d}\theta},\quad 0<\theta<1.$$

取 θ 关于其后验分布的期望 $E(\theta|r)$ 去估计 θ, 得 θ 的贝叶斯估计: $\widehat{\theta}=(r+1)/(n+2)$.

此时, 当 $n=r=1$ 时, $\widehat{\theta}=2/3$; 当 $n=r=100$ 时, 有 $\widehat{\theta}=101/102$. 显然这个估计比 r/n 要合理.

2. **先验分布的确定**

参数 θ 的无信息先验分布是指除参数 θ 的取值范围 Θ 和 θ 在总体分布中的地位外, 不再包含 θ 的任何信息的先验分布. 下述 1)–5) 均为无信息先验分布的确定.

1) 贝叶斯假设

当对 θ 一无所知时, 可认为 θ 的取值均匀地分布在其变化范围 Θ 内, 取

$$\pi(\theta)=c,\ \theta\in\Theta;\quad \pi(\theta)=0,\ \theta\notin\Theta, \tag{3.6.2}$$

其中 c 为常数. 称式 (3.6.2) 为贝叶斯假设, 例 3.6.1 就是在贝叶斯假设下求出 $\widehat{\theta}=(r+1)/(n+2)$. 然而还存在着这样的矛盾, 定义一个变换 $\eta=\theta^2,\eta$ 在 (0,1) 具有单调性, 由贝叶斯假设, θ,η 都应是 (0,1) 上的均匀分布, 而实际上当 θ 服从 (0,1) 上的均匀分布时, 可推出 η 服从非均匀分布.

2) 用 Fisher 信息阵确定无信息先验分布

Jeffrey 提出的不变原理较好地解决了贝叶斯假设的上述矛盾. 设 θ 的先验分布为 $\pi(\theta),\eta=g(\theta)$ 具有单调性, $\theta=q(\eta)$ 为相应的反函数, η 的先验分布为 $\pi_g(\eta)$, 则应有

$$\pi_g(\eta)=\pi(q(\eta))|q^{'}(\eta)|. \tag{3.6.3}$$

选择 $\pi(\theta)$ 满足式 (3.6.3), 则由 θ 或 $\eta=g(\theta)$ 导出的先验分布具有一致性. Jeffrey 以 θ 的 Fisher 信息阵 $I(\theta)$ 的行列式的平方根作为 η 的先验分布的核, 即

$$\pi(\theta)\propto|I(\theta)|^{\frac{1}{2}}, \tag{3.6.4}$$

则可证明式 (3.6.4) 满足式 (3.6.3) 确定的不变性.

用 Jeffrey 准则式 (3.6.4) 确定例 3.6.1 中 θ 的先验分布, 可得

$$\pi(\theta)\propto\theta^{-\frac{1}{2}}(1-\theta)^{-\frac{1}{2}}, \tag{3.6.5}$$

即, $\pi(\theta)$ 服从 Beta 分布 $\mathrm{Be}\left(\frac{1}{2},\frac{1}{2}\right)$, 由此得 θ 的贝叶斯估计: $\widehat{\theta}=(r+0.5)/(n+1)$.

3) 最大熵原则

信源是信息的来源. 对离散信源, 设信源符号 $X = x_i$ 出现的概率为 $p_i(i = 1,2,\cdots,n)$. 定义信源的期望信息量为信源的信息熵

$$H(X) = -\sum p_i \ln p_i,$$

即熵是表征信源的不定程度的总体特性的. 信息获得的可能性较小, 则一旦获得信息, 所得到的信息量也应是较大的. 可证明对离散型随机变量, 等概率状态相应的熵最大.

对连续信源 X, 可定义信源的信息熵为

$$H(X) = -\int p(x) \ln[p(x)] \mathrm{d}x, \tag{3.6.6}$$

可证明在 $[a,b]$ 上的均匀分布是熵最大的分布. 从而例 3.6.1 中 θ 的最大熵先验分布为 $(0,1)$ 区间上的均匀分布. 又设 θ 是 $(-\infty,\infty)$ 上的随机变量, 假定它的一阶矩为 τ, 二阶中心矩为 σ_τ^2, 则可推得 θ 的最大熵分布为 $N(\tau,\sigma_\tau^2)$.

4) 共轭分布

Raiffa 和 Schlaifer (1961) 提出选择自然共轭分布作为先验分布. 定义: 设样本 X 的分布密度为 $f(x|\theta)$, 若 $\pi(\theta)$ 决定的后验密度 $h(\theta|x)$ 与 $\pi(\theta)$ 是同一类型的, 则称先验分布 $\pi(\theta)$ 为 $f(x|\theta)$ 的共轭分布.

再看例 3.6.1, 若选取 $\pi(\theta)$ 为 Beta 分布 $\mathrm{Be}(a,b)$, 则可推出: $h(\theta|r)$ 仍服从 Beta 分布 $\mathrm{Be}(a+r,n+b-r)$, 故 Beta 分布是二项分布的共轭分布. 此时, θ 的贝叶斯估计: $\widehat{\theta} = \dfrac{a+r}{a+b+n}$. 当 $a=1,b=1$ 时, θ 的先验分布 $\mathrm{Be}(1,1)$ 即为贝叶斯假设. 共轭分布要求先验分布 $\pi(\theta)$ 与经样本 X 调整后的后验分布 $h(\theta|x)$ 具有某种一致性, 即要求具有对参数 θ 的基本认识条件下, 通过样本调整, 达到对参数 θ 认识的升华.

5) 经验贝叶斯估计

经验贝叶斯方法体现了频率统计与贝叶斯统计的某种融合, 其特点是利用历史样本的信息.

例 3.6.2 设 $X_1,X_2,\cdots,X_n$ 是来自总体 X 服从 $N(\mu,\sigma^2)$ 的样本, σ^2 已知, μ 的先验分布选为 $N(\tau,\sigma_\tau^2)$. 则可推知: 给定 $X=x$, 参数 μ 的后验分布 $h(\mu|x)$ 服从 $N(\alpha,\sigma_\alpha^2)$, 其中

$$\alpha = \frac{x/\sigma^2+\tau/\sigma_\tau^2}{1/\sigma^2+1/\sigma_\tau^2}, \quad \sigma_\alpha^2 = \frac{1}{1/\sigma^2+1/\sigma_\tau^2},$$

即 μ 的先验分布 $N(\tau,\sigma_\tau^2)$ 为给定 σ^2 下总体分布 $N(\mu,\sigma^2)$ 的共轭分布 (也是 μ 的二阶矩存在下的最大熵分布). 在上式中参数 τ,σ_τ^2 是未知的. 经验贝叶斯方法是通过样本 $X_1,X_2,\cdots,X_n$ 去估计未知参数 τ,σ_τ^2.

在前述假设下, 可推知总体 X 的边缘分布为 $N(\tau,\sigma^2+\sigma_\tau^2)$, 进而可得 τ,σ_τ^2 的极大似然估计

$$\widehat{\tau}=\frac{1}{n}\sum_{i=1}^{n}X_i,\quad \widehat{\sigma}_\tau^2=\frac{1}{n}\sum_{i=1}^{n}(X_i-\overline{X})^2-\sigma^2,$$

由此确定出参数 μ 的先验分布 $N(\widehat{\tau},\widehat{\sigma}_\tau^2)$.

3. 贝叶斯统计的应用与发展

贝叶斯方法在可靠性分析中有着重要的应用. 数据少是可靠性分析的特点, 由于可靠性分析的对象大多是精密、贵重的仪器设备, 试验费用大, 样本量小到甚至只有一两次的试验结果. 在这种情况下去分析设备的可靠性指标, 须尽可能地搜集、综合各种验前经验, 整理、推导出参数的先验分布. 由前述分析看到, 先验分布的确定不是凭空捏造的, 而是通过正常的逻辑思维获得的. 先验分布的使用, 成为验后样本量不足的合理的补充.

在决策分析中, 考虑一种新产品的销路, 分畅销、一般及滞销三种情形. 不同的人因为各自经验等方面的原因, 对此会做出不同的估计, 形成新产品销路三种情形的主观概率. 可见在人们现有知识、经验条件下, 主观概率是人们带有主观成分的对事物尽可能的客观性判断, 它不等同唯心论.

量子力学里最根本的概念就是用波函数 Ψ 描述的概率幅, 最基本的规律就是概率幅叠加的规则. 所谓微观粒子的波粒二象性, 就是由大量测量事件显示出来的一种按 $|\Psi|^2$ 的概率分布. 在对微观世界领域的探索中, 物理参数呈现出一定的随机性, 受科学实验的制约及实验对象的影响, 以及微观粒子的大量存在性, 这为贝叶斯统计在物理参数估计等方面提供了应用空间.

贝叶斯统计和频率统计都服从科尔莫哥洛夫 (1933 年) 提出的概率公理体系, 运用概率论知识进行其理论推导. 先验分布的确定体现了贝叶斯统计的特色, 使贝叶斯统计成为处理实际问题的简明有效的方法. 面向实际、突出实效也是贝叶斯统计生命力之所在.

关于两学派间的争鸣, 如《数理统计与应用概率》的编者按语 (1990): “虽然两个学派在哲理和思想上有其对立的一面, 但总的看应是一个互相补充和促进的关系, 都是统计学这个百花园中的鲜花.” 贝叶斯统计也在考虑借鉴其他统计学分支的研究手法, 贝叶斯统计理论的深入发展似有赖现代概率论的应用.

习 题 3

1. 设总体 $X\sim N(\mu,\ \sigma^2)$, $X_1,X_2,\cdots,X_n$ 为来自 X 的样本. 求参数 $\mu,\ \sigma^2$ 的矩估计.

2. 设总体 X 服从参数为 N,p 的二项分布 $b(N,p)$, $0<p<1,N$ 为正整数. 设 $X_1,X_2,\cdots,X_n$ 为来自 X 的样本. 求参数 $N,\ p$ 的矩估计.

3. 设总体 X 服从参数为 λ 的泊松分布, $X_1, X_2, \cdots, X_n$ 为来自 X 的样本. 求参数 λ 的矩估计与极大似然估计.

4. 设总体 $X \sim U(0, \theta)$, $X_1, X_2, \cdots, X_n$ 为来自 X 的样本.

(1) 求 θ 的极大似然估计 $\widehat{\theta}$.

(2) 求 $E(\widehat{\theta})$.

5. 设总体 X 的概率密度为

$$f(x) = \begin{cases} (\theta+1)x^{\theta}, & 0 < x < 1, \\ 0, & \text{其他}, \end{cases}$$

其中 $\theta > -1$. 设 $X_1, X_2, \cdots, X_n$ 为来自 X 的样本. 求 θ 的极大似然估计.

6. 设总体 $X \sim N(\mu, 1)$, $X_1, X_2, \cdots, X_n$ 为来自 X 的样本.

(1) 求参数 μ 的极大似然估计 $\widehat{\mu}$.

(2) 证明 $\widehat{\mu}$ 为 μ 的无偏估计且 $\widehat{\mu}$ 为 μ 的相合估计.

7. 设 $X_1, X_2, \cdots, X_n$ 为来自 X 的样本. X 的密度函数为

$$f(x) = \frac{1}{2\theta}\exp\left(-\frac{|x|}{\theta}\right), \quad \theta > 0,\ x \in \mathbf{R}.$$

(1) 求未知参数 θ 的极大似然估计 $\widehat{\theta}$.

(2) 问 $\widehat{\theta}$ 是否为 θ 的无偏估计.

8. 设总体 $X \sim N(\mu,\ \sigma^2)$, $X_1, X_2, \cdots, X_n$ 为来自 X 的样本.

(1) 求常数 m, 使 $\widehat{\sigma} = \dfrac{1}{m}\sum\limits_{i=1}^{n}|X_i - \overline{X}|$ 为 σ 的无偏估计.

(2) 求常数 m, 使 $\widehat{\sigma}^2 = \dfrac{1}{m}\sum\limits_{i=1}^{n-1}(X_i - \overline{X})^2$ 为 σ^2 的无偏估计.

9. 某银行柜台上处理每笔业务所需时间服从正态分布, 现随机抽取 16 笔业务, 测得所需时间为 $X_1, X_2, \cdots, X_n$ (单位: min), 其样本均值为 $\overline{X}$, 样本方差为 S^2. 试求处理每笔业务平均所需时间的置信水平为 0.95 的置信区间.

10. 设总体 $X \sim N(\mu_1, \sigma^2)$, 总体 $Y \sim N(\mu_2, \sigma^2)$, μ_1, μ_2, σ^2 为未知参数, X 与 Y 相互独立. 设 $X_1, X_2, \cdots, X_n$ 为来自 X 的样本, $Y_1, Y_2, \cdots, Y_m$ 为来自 Y 的样本. 求 $\mu_1 - \mu_2$ 的置信水平为 $1-\alpha$ 的置信区间 (要求写出主要推导步骤).

11. 从一批火箭推力装置中抽取 10 个进行试验, 测得燃烧时间 (单位: s) 如下: 50.7, 54.9, 54.3, 44.8, 42.2, 69.8, 53.4, 66.1, 48.1, 34.5. 设燃烧时间服从正态分布 $N(\mu,\ \sigma^2)$, 求燃烧时间标准差 σ 的 0.90 的置信区间. 注: $\chi^2_{0.95}(9) = 3.325$, $\chi^2_{0.05}(9) = 16.919$.

12. 研究两种固体燃料火箭推进器的燃烧率 X, Y. 设 $X \sim N(\mu_1, \sigma_1^2)$, 总体 $Y \sim N(\mu_2, \sigma_2^2)$, $\mu_1, \mu_2, \sigma_1^2, \sigma_2^2$ 均为未知参数, X 与 Y 相互独立. 设 $X_1, X_2, \cdots, X_n$ 为来自 X 的样本, $Y_1, Y_2, \cdots, Y_n$ 为来自 Y 的样本. 取 $n = 10$, 得燃烧率的样本方差分别为 $S_1^2 = 0.15, S_2^2 = 0.20$. 求两燃烧率的总体比 σ_1^2/σ_2^2 的置信水平为 0.95 的置信区间. 注: $F_{0.025}(9,9) = 4.03$, $F_{0.975}(9,9) = 0.248$.

13. 设随机变量 X 的概率密度为

$$f(x)=\mathrm{e}^{-x},\ x>0;\quad f(x)=0,\ x\leqslant 0.$$

记 $Y=\mu_0+\beta X$, μ_0 为已知常数, $\beta>0$ 为未知参数.

(1) 求随机变量 Y 的概率密度.

(2) 设 $Y_1,Y_2,\cdots,Y_n$ 是来自总体 Y 的一个样本. 求 β 的极大似然估计.

14. 设总体 $X\sim b(1,p)$, 其中 $p\in(0,1)$. 设 $X_1,X_2,\cdots,X_n$ 为来自 X 的样本.

(1) 求 p 的极大似然估计 $\widehat{p}$.

(2) 证明 $\widehat{p}$ 为 p 的有效估计.

15. 设随机变量 X 服从正态分布 $N(\mu,\sigma^2)$, $D(X)=\sigma^2$. 设 $X_1,X_2,\cdots,X_n$ 是来自这个总体的一个样本. 求常数 k, 使

$$\widetilde{\sigma}^2=k\sum_{i=1}^{n-1}(X_{i+1}-X_i)^2$$

为 σ^2 的无偏估计.

16. 设 $X_1,X_2,\cdots,X_n$ 是来自总体 $X\sim N(\mu_0,\sigma^2)$ 的样本. 参数 μ_0 已知, σ^2 未知.

(1) 证明 $Y=\sum\limits_{i=1}^{n}\dfrac{(X_i-\mu_0)^2}{\sigma^2}\sim\chi^2(n)$.

(2) 利用结论 (1), 求 σ^2 的置信水平为 $1-\alpha$ 的区间估计.

17. 设随机变量 X 服从正态分布 $N(\mu,1)$. 设 $X_1,X_2,\cdots,X_n$ 为来自 X 的样本.

(1) 求未知参数 μ 的极大似然估计 $\widehat{\mu}$.

(2) 证明 $\widehat{\mu}$ 为 μ 的最小方差无偏估计.

18. 设总体 X 的密度函数为

$$f(x,\theta)=\begin{cases}\theta(1+\theta)x^{\theta-1}(1-x), & 0<x<1,\\ 0, & \text{其他},\end{cases}$$

其中参数 θ 为正数. 设 $X_1,X_2,\cdots,X_n$ 为来自总体 X 的一个样本. 求 θ 的矩估计.

19. 设总体 X 的密度函数为

$$f(x,\theta)=\begin{cases}\dfrac{6x}{\theta^3}(\theta-x), & 0<x<\theta,\\ 0, & \text{其他},\end{cases}$$

其中参数 θ 为正数. 设 $X_1,X_2,\cdots,X_n$ 为来自总体 X 的一个样本.

(1) 求 θ 的矩估计 $\widehat{\theta}$.

(2) 求 $E(\widehat{\theta})$ 及 $D(\widehat{\theta})$.

20. 设 $X_1,X_2,\cdots,X_n$ 为来自总体 $X\sim N(\mu,\sigma^2)$ 的样本, σ^2 已知. 问样本容量 n 多大时, 才能使总体均值 μ 的置信水平为 $1-\alpha$ 的置信区间的长度不大于 L.

21. 一个袋子中装有若干黑球和白球. 现有放回地抽取样本容量为 n 的样本, 其中有 m 个白球. 求袋子中黑球数和白球数之比 r 的极大似然估计.

22. 设总体 $X \sim N(\mu_1, 1)$, $Y \sim N(\mu_2, 1)$, μ_1, μ_2 均为未知参数, X 与 Y 相互独立. 设 $X_1, X_2, \cdots, X_n$ 为来自 X 的样本, $Y_1, Y_2, \cdots, Y_n$ 为来自 Y 的样本. 问需抽取样本容量 n 为多大时, 才能使得 $\mu_1 - \mu_2$ 的置信水平为 $1-\alpha$ 的置信区间的长度不大于 L.

23. 设总体 $X \sim N(\mu_1, \sigma_1^2)$, 总体 $Y \sim N(\mu_2, \sigma_2^2)$, $\mu_i, \sigma_i^2, i = 1, 2$ 为未知参数, X 与 Y 相互独立. 设来自总体 X 与总体 Y 的两个独立样本的样本容量皆为 100, 且

$$\overline{X} = 49, \quad S_1^2 = 85, \quad \overline{Y} = 58, \quad S_2^2 = 79,$$

求 $\mu_1 - \mu_2$ 的置信水平为近似 0.95 的置信区间.

24. 设总体 X 服从参数为 λ 的泊松分布, $X_1, X_2, \cdots, X_n$ 为来自 X 的样本. 对任意 $0 < \alpha < 1$, 证明 $\alpha\overline{X} + (1-\alpha)S^2$ 为 λ 的无偏估计.

25. 有两位化验员 A, B, 它们独立地对某种聚合物的含氯量用相同的方法做了 10 次测量, 其测定值的样本方差分别为 0.5419 和 0.6065. 设 σ_A^2 和 σ_B^2 分别为所测量数据总体 (设服从正态分布) 的方差, 求方差比 $\dfrac{\sigma_A^2}{\sigma_B^2}$ 的置信水平为 95% 的置信区间.

26. 设某批产品的 200 个样品中, 含有一级品 140 个, 求这批产品一级产品率 p 的置信水平为 95% 的置信区间.

27. 设 $\widehat{\theta}_1, \widehat{\theta}_2$ 均为 θ 的 UMVUE, 且 $\alpha, \beta \neq 0$ 为已知常数. 证明

(1) $\dfrac{\widehat{\theta}_1 + \widehat{\theta}_2}{2}$ 为 θ 的 UMVUE.

(2) $\alpha + \beta\widehat{\theta}_1$ 为 $\alpha + \beta\theta$ 的 UMVUE.

28. 设从期望为 μ, 方差为 σ^2 的总体中, 分别抽取样本容量为 n_1, n_2 的两个独立样本, $\overline{X}, \overline{Y}$ 分别为两个独立样本的样本均值. 设 α, β 为任意常数且 $\alpha + \beta = 1$.

(1) 证明 $Z = \alpha\overline{X} + \beta\overline{Y}$ 为 μ 的无偏估计.

(2) 求常数 α, β, 使 $D(Z)$ 达到最小.

29. 设 $X_1, X_2, \cdots, X_n$ 为来自总体 $X \sim N(\mu, \sigma^2)$ 的样本. 为使

$$\frac{1}{4}\left[\sum_{i=1}^{n}(X_i - \overline{X})\right]^{1/2}$$

成为 σ 的置信水平为 0.95 的单侧置信下限, 问样本容量 n 至少应取多少.

30. 设随机变量 $Y \sim b(n, p)$.

(1) 求参数 p 的置信水平为 0.90 的置信区间.

(2) 若要求该置信区间的长度不超过 0.02, 问样本容量 n 至少应取多少.

31. 设总体 $X \sim U(\theta_1, \theta_2)$, $X_1, X_2, \cdots, X_n$ 为来自 X 的样本.

(1) 求 θ_1, θ_2 的极大似然估计 $\widehat{\theta}_1, \widehat{\theta}_2$.

(2) 求 $E(\widehat{\theta}_1)$.

32. 设 $X_1, X_2, \cdots, X_n$ 为来自总体 $X \sim U(\theta-1, \theta+1)$ 的样本. 求参数 θ 的矩估计和极大似然估计.

33. 设某元件的寿命 X 的概率密度为

$$f(x,\theta)=\begin{cases} 2\mathrm{e}^{-2(x-\theta)}, & x>\theta, \\ 0, & x\leqslant\theta, \end{cases}$$

其中 $\theta>0$ 为未知参数. 设 $X_1,X_2,\cdots,X_n$ 为来自总体 X 的样本, 求参数 θ 的极大似然估计.

34. 设 $X_1,X_2,\cdots,X_n$ 为来自总体 X 的样本, X 的概率密度为

$$f(x,\theta)=\begin{cases} \dfrac{2x}{\theta^2}, & 0<x\leqslant\theta, \\ 0, & \text{其他}. \end{cases}$$

(1) 求 θ 的极大似然估计 $\widehat{\theta}$.

(2) 求常数 k, 使 $E(k\widehat{\theta})=\theta$.

(3) 求此分布中位数的极大似然估计.

35. 设 $X_1,X_2,\cdots,X_n$ 为来自总体 $X\sim N(0,\sigma^2)$ 的样本.

(1) 求 Fisher 信息量 $I(\sigma^2)$.

(2) 证明 σ^2 的极大似然估计 $\widehat{\sigma}^2$ 为 σ^2 的有效估计.

(3) 证明 $\widehat{\sigma}^2$ 为 σ^2 的相合估计, 并求 $\sqrt{n}(\widehat{\sigma}^2-\sigma^2)$ 的渐近分布.

36. 设总体 X 的概率密度为 $f(x)=\lambda\mathrm{e}^{-\lambda x}$, $x\geqslant 0$; $f(x)=0$, $x<0$. 设 $X_1,X_2,\cdots,X_n$ 为来自 X 的样本.

(1) 证明 $\overline{X}$ 为待估函数 $\dfrac{1}{\lambda}$ 的相合估计.

(2) 证明 $\overline{X}$ 为 $\dfrac{1}{\lambda}$ 的有效估计.

37. 设 $X_1,X_2,\cdots,X_n$ 为来自 $N(\mu,\sigma^2)$ 的样本, 且设 μ 的先验分布为 $N(\tau,\sigma_\tau^2)$. 设 σ^2,τ 与 σ_τ^2 均为已知的常数. 求 μ 的贝叶斯估计.

参 考 文 献

编者按语. 1990. 数理统计与应用概率, 5(4): 封二.

程侃. 1999. 寿命分布类与可靠性数学理论. 北京：科学出版社.

苏岩. 2003. 贝叶斯统计的发展及其争鸣. 保定师范专科学校学报, 16(2):1-3.

苏岩, 谷根代. 2003. 冷贮备系统可靠性指标的 Bayes 估计. 华北电力大学学报, 30(2): 96-99.

韦来生. 2008. 数理统计. 北京: 科学出版社.

Kolmogorov, A N, 1933. Sulla determinazione empirica di una legge di distribuzione. Giorn. lnst. ltal. Attuari, 4: 83–91.

Lehmann E L. 1999. Elements of Large-Sample Theory. Berlin: Springer Science+ Business Media, Inc.

Raiffa H, Schlaifer R. 1961. Applied Statistical Decision Theory. Cambridge, MA: Harvard University Press.

第4章 假设检验

假设检验是统计推断的重要组成部分. 在统计应用中, 常需要对总体参数的取值或总体的概率分布形式提出假设, 称这些假设为原假设. 然后基于样本构造检验统计量, 对所提出的假设进行统计检验, 进而做出接受或拒绝原假设的判断.

4.1 基本概念

首先讨论总体分布中未知参数的假设检验问题. 我们将结合实例, 介绍假设检验的基本概念与方法.

例 4.1.1 某车床加工某种零件. 加工的零件直径 (单位: mm) 是一个随机变量, 它服从正态分布 $N(\mu,\sigma^2)$. 当车床加工正常时, $\mu=\mu_0=10$, $\sigma^2=\sigma_0^2=0.3^2$. 某日开工后为检验车床加工是否正常, 从其加工的零件中随机地抽取 25 个零件, 分别测零件直径, 计算得到样本均值 $\overline{X}=10.09$. 问该日车床加工的零件直径是否发生了显著性变化?

设该日车床加工的零件直径为随机变量 X, 且 $X\sim N(\mu,\sigma^2)$. 假设零件的加工精度保持不变, 即 $\sigma^2=\sigma_0^2=0.3^2$. 现考察该日车床加工是否正常. 为此提出原假设 H_0 与备择假设 H_1:

$$H_0:\mu=\mu_0,\quad H_1:\mu\neq\mu_0.$$

为做原假设的统计检验, 需基于检验统计量制定检验规则. 再利用样本观测值, 依此检验规则做出接受或拒绝原假设 H_0 的决策. 这类问题称为假设检验问题.

本例中, 若接受 H_0 (即拒绝 H_1), 则认为 $\mu=\mu_0=10$, 即认为该日车床加工正常. 若拒绝 H_0 (即接受 H_1), 则认为 $\mu\neq\mu_0=10$, 即认为该日车床加工不正常.

为检验假设原假设 H_0, 可利用期望 μ 的一个良好的点估计, 例如 $\widehat{\mu}=\overline{X}$. 易知 $E(\overline{X})=\mu$, 即 $\overline{X}$ 为 μ 的无偏估计. 若偏差 $|\overline{X}-\mu_0|$ 偏大, 则倾向于拒绝 H_0. 称 $\overline{X}$ 为检验统计量.

如何判断偏差 $|\overline{X}-\mu_0|$ 的值偏大与否, 进而做出接受或拒绝原假设 H_0 的判断, 其依据是小概率事件原理. 小概率事件原理是指小概率事件在一次试验中几乎是不发生的. 现阐述假设检验的基本思想如下.

(1) 首先假设 H_0 成立.

(2) 在原假设 H_0 成立的条件下, 基于检验统计量构造一小概率事件 $\mathcal{B}$, 使其在

原假设 H_0 为真时发生的概率很小. 亦即一次试验中小概率事件 $\mathcal{B}$ 实际上应是不会发生的.

(3) 做一次试验, 若小概率事件 $\mathcal{B}$ 发生了, 这与小概率事件原理相悖. 由此我们怀疑假设前提 H_0 的正确性, 进而做出拒绝原假设 H_0 的判断.

基于样本 (部分) 去推断总体参数信息, 会犯错误. 小概率事件原理是指小概率事件 $\mathcal{B}$ 在一次试验中几乎是不发生, 而非必然不发生. 因此, 当 H_0 为真时, 可能做出拒绝 H_0 的判断. 同样, 当 H_0 为伪 (不真) 时, 可能做出接受 H_0 的判断.

当 H_0 正确时, 做出拒绝 H_0 的决策, 称这种弃真错误为第一类错误. 当 H_0 不正确时, 做出接受 H_0 的决策, 称这种取伪错误为第二类错误. 构造检验规则一般采用保 "一" 望 "二" 方法, 即在保证犯第一类错误的概率不超过某指定的小的正数 α 的条件下, 让犯第二类错误的概率 β 尽可能小.

在本例中, 假设 H_0 成立, 则有 $\mu=\mu_0$. 由此可得

$$U=\frac{\overline{X}-\mu_0}{\sigma_0/\sqrt{n}}\sim N(0,1).$$

此时, 检验统计量 U 服从标准正态分布, 所以 U 的分布与未知参数无关. 对于给定的 $\alpha, 0<\alpha<1$, 考察

$$P\left(\left|\frac{\overline{X}-\mu_0}{\sigma_0/\sqrt{n}}\right|\geqslant k\right)=\alpha. \tag{4.1.1}$$

由此可得, 当临界值 $k=z_{\alpha/2}$ 时, 式 (4.1.1) 成立. 设 Ω 为样本空间, 记事件

$$\mathcal{B}=\left\{\omega:\left|\frac{\overline{X}-\mu_0}{\sigma_0/\sqrt{n}}\right|\geqslant z_{\alpha/2},\ \omega\in\Omega\right\}.$$

则有 $P(\mathcal{B}|H_0)=\alpha$. 对于较小的 α, 事件 $\mathcal{B}$ 为小概率事件. 偏差 $|\overline{X}-\mu_0|$ 的值偏大, 亦即 $|(\overline{X}-\mu_0)/(\sigma_0/\sqrt{n})|$ 的值偏大, 而后者偏大的临界值为 $z_{\alpha/2}$. 若 H_0 正确而拒绝 H_0, 则犯第一类错误的概率为 $P(\mathcal{B}|H_0)=\alpha$. 记 $\overline{\mathcal{B}}=\Omega-\mathcal{B}$, 则有

$$\mathcal{B}\cup\overline{\mathcal{B}}=\Omega,\quad \mathcal{B}\cap\overline{\mathcal{B}}=\varnothing.$$

因此, $\mathcal{B},\overline{\mathcal{B}}$ 为样本空间 Ω 的一个划分. 设 $X_1,X_2,\cdots,X_n$ 为来自总体 X 的样本. 记

$$W=\left\{(x_1,x_2,\cdots,x_n):\left|\frac{\overline{x}-\mu_0}{\sigma_0/\sqrt{n}}\right|\geqslant z_{\alpha/2}\right\},$$

$$\overline{W}=\left\{(x_1,x_2,\cdots,x_n):\left|\frac{\overline{x}-\mu_0}{\sigma_0/\sqrt{n}}\right|< z_{\alpha/2}\right\}.$$

因此, $W,\overline{W}$ 为 $\mathbf{R}^n$ 的一个划分. 称 W 为 H_0 的拒绝域, $\overline{W}$ 为 H_0 的接受域. 易知事件 $\mathcal{B}$ 发生的概率与样本落入拒绝域 W 的概率是相等的.

在本例中, 取 $\alpha=0.05$, 则有 $z_{\alpha/2}=z_{0.025}=1.96$. 因为

$$\left|\frac{\overline{x}-\mu_0}{\sigma_0/\sqrt{n}}\right|=\left|\frac{10.09-10}{0.3/\sqrt{25}}\right|=1.5<1.96.$$

样本观测值落在接受域内, 故接受原假设 $H_0:\mu=10$. 所以认为该日车床加工正常, 即认为车床加工的零件直径没有发生显著性变化.

下面介绍参数假设检验的一般性定义.

定义 4.1.1 设总体 X 的分布函数为 $F(x,\theta),\theta\in\Theta$, Θ 为参数空间. 设 Θ_0 为 Θ 的非空子集, $\Theta_1=\Theta-\Theta_0$, 即 Θ_0,Θ_1 为参数空间 Θ 的一个划分. 考虑检验问题

$$H_0:\theta\in\Theta_0,\quad H_1:\theta\in\Theta_1. \tag{4.1.2}$$

称 H_0 为原假设 (或零假设), 称 H_1 为备择假设 (或对立假设).

若 Θ 只含有两个点, 即 $\Theta=\{\theta_0,\theta_1\}$, $\Theta_0=\{\theta_0\}$, $\Theta_1=\{\theta_1\}$, 则有

$$H_0:\theta=\theta_0,\quad H_1:\theta=\theta_1. \tag{4.1.3}$$

此时, 称 H_0 为简单原假设, 称 H_1 为简单备择假设.

若 $\Theta_0=\{\theta_0\}$ 为单点集, $\Theta_1=\{\theta\neq\theta_0\}$ 为非单点集, 则有

$$H_0:\theta=\theta_0,\quad H_1:\theta\neq\theta_0. \tag{4.1.4}$$

此时, 称 H_0 为简单原假设, 称 H_1 为复合备择假设.

若 Θ_0 与 Θ_1 均为非单点集, 则称 H_0 为复合原假设, 称 H_1 为复合备择假设.

定义 4.1.2 设 $X_1,X_2,\cdots,X_n$ 为来自总体 X 的样本, W 为原假设 H_0 的拒绝域, 满足 $P(W|H_0)\leqslant\alpha$, $0<\alpha<1$. 则称 α 为显著性水平, 称与 W 相应的检验为具有水平 α 的显著性检验.

定义 4.1.3 考虑如下三种类型的假设:

(1) $H_0:\theta=\theta_0$, $H_1:\theta\neq\theta_0$;

(2) $H_0:\theta\geqslant\theta_0$, $H_1:\theta<\theta_0$, 或者为 $H_0:\theta=\theta_0$, $H_1:\theta<\theta_0$;

(3) $H_0:\theta\leqslant\theta_0$, $H_1:\theta>\theta_0$, 或者为 $H_0:\theta=\theta_0$, $H_1:\theta>\theta_0$.

称类型 (1) 为双边假设, 称类型 (2) 与类型 (3) 为单边假设.

例 4.1.1 为双边假设检验. 显著性水平 α 是允许犯第一类错误的最大概率. 当检验统计量落入拒绝域内时, 较小的 α 值表明拒绝 H_0 的决策具有较强的说服力. 视检验问题的不同要求, 显著性水平 α 可取值为 0.1, 0.05, 0.01. 一般取 $\alpha=0.05$.

4.2 正态总体参数的假设检验

4.2.1 单个正态总体未知参数的假设检验

设 $X_1, X_2, \cdots, X_n$ 为来自 $N(\mu, \sigma^2)$ 的样本, $\overline{X}, S^2$ 分别为样本均值和样本方差. 记 $\overline{x}, s^2$ 分别为 $\overline{X}, S^2$ 的样本实现值. 给定显著性水平 α.

1. 均值 μ 的假设检验

考虑未知参数 μ 的双边假设检验:

$$H_0 : \mu = \mu_0, \quad H_1 : \mu \neq \mu_0. \tag{4.2.1}$$

(1) 假设 σ^2 已知. 因为 $\overline{X} \sim N(\mu, \sigma^2/n)$, 所以

$$U = \frac{\overline{X} - \mu}{\sigma/\sqrt{n}} \sim N(0, 1).$$

当原假设 H_0 成立时, 有

$$P(|U| < z_{\alpha/2}) = P\left(\left|\frac{\overline{X} - \mu_0}{\sigma/\sqrt{n}}\right| < z_{\alpha/2}\right) = 1 - \alpha,$$

其中 z_α 为标准正态分布 $N(0, 1)$ 的上 α 分位点. 因此由拒绝域

$$\left\{(x_1, x_2, \cdots, x_n) : \left|\frac{\overline{x} - \mu_0}{\sigma/\sqrt{n}}\right| \geqslant z_{\alpha/2}\right\} \tag{4.2.2}$$

确定的检验为式 (4.2.1) 的显著性水平为 α 的检验. 称这种检验法为 u 检验法.

对于给定的 α 值, 将 $N(0, 1)$ 密度曲线与 x 轴所围成的钟形区域两侧各分配 $\alpha/2$ 面积, 则两侧面积的和为 α. 因此, 两侧区域对应原假设的拒绝域.

u 检验法下假设检验 (4.2.1) 的 p 值 (p-value) 如下所述.

设 $X_1, X_2, \cdots, X_n$ 为来自 $N(\mu, \sigma^2)$ 的样本, 方差 σ^2 已知. 设 $x_1, x_2, \cdots, x_n$ 为样本 $X_1, X_2, \cdots, X_n$ 的一次具体观测值, $\overline{x}$ 为具体观测值的平均值. 记

$$U = \frac{\overline{X} - \mu_0}{\sigma/\sqrt{n}}, \quad u = \frac{\overline{x} - \mu_0}{\sigma/\sqrt{n}},$$

则 u 为统计量 U 的实现值. 当式 (4.2.1) 的中的原假设 H_0 成立时, 计算概率

$$p = P(|U| \geqslant |u|).$$

称 $p = P(|U| \geqslant |u|)$ 为双边假设检验 (4.2.1) 的 (双尾) p 值, 也称 p 值为假设检验的观测显著性水平 (observed significance level).

对于给定的显著性水平为 α, 若

$$p = P(|U| \geqslant |u|) \leqslant \alpha,$$

则拒绝原假设 H_0.

当利用统计软件做统计分析时, 其结果输出会显示假设检验的 p 值.

(2) 假设 σ^2 未知. 由推论 2.2.1 可知

$$T = \frac{\overline{X} - \mu}{S/\sqrt{n}} \sim t(n-1), \quad S = \sqrt{S^2}.$$

当原假设 H_0 成立时, 有

$$P(|T| < t_{\alpha/2}) = P\left(\left|\frac{\overline{X} - \mu_0}{S/\sqrt{n}}\right| < t_{\alpha/2}(n-1)\right) = 1 - \alpha,$$

其中 $t_\alpha(n-1)$ 为自由度为 $n-1$ 的 t 分布的上 α 分位点. 因此由拒绝域

$$\left\{(x_1, x_2, \cdots, x_n) : \left|\frac{\overline{x} - \mu_0}{s/\sqrt{n}}\right| \geqslant t_{\alpha/2}(n-1)\right\} \tag{4.2.3}$$

确定的检验为式 (4.2.1) 的显著性水平为 α 的检验. 称这种检验法为 t 检验法.

考虑未知参数 μ 的单边假设检验:

$$H_0 : \mu \leqslant \mu_0, \quad H_1 : \mu > \mu_0. \tag{4.2.4}$$

(1) 假设 σ^2 已知. 记

$$U = \frac{\overline{X} - \mu}{\sigma/\sqrt{n}}, \quad U_0 = \frac{\overline{X} - \mu_0}{\sigma/\sqrt{n}}.$$

则有 $U \sim N(0,1)$. 当原假设 H_0 成立时, $U_0 \leqslant U$. 故

$$\{U_0 \geqslant z_\alpha\} \subset \{U \geqslant z_\alpha\},$$

$$P(U_0 \geqslant z_\alpha) \leqslant P(U \geqslant z_\alpha) = \alpha.$$

所以原假设 H_0 的拒绝域为

$$\left\{(x_1, x_2, \cdots, x_n) : \frac{\overline{x} - \mu_0}{\sigma/\sqrt{n}} \geqslant z_\alpha\right\}. \tag{4.2.5}$$

(2) 假设 σ^2 未知. 类似可得原假设 H_0 的拒绝域为

$$\left\{(x_1, x_2, \cdots, x_n) : \frac{\overline{x} - \mu_0}{s/\sqrt{n}} \geqslant t_\alpha(n-1)\right\}. \tag{4.2.6}$$

2. 方差 σ^2 的假设检验

考虑未知参数 σ^2 的双边假设检验:

$$H_0 : \sigma^2 = \sigma_0^2, \quad H_1 : \sigma^2 \neq \sigma_0^2. \tag{4.2.7}$$

由定理 2.2.1 可知, $(n-1)S^2/\sigma^2 \sim \chi^2(n-1)$. 当原假设 H_0 成立时, 有

$$P\left(\chi^2_{1-\alpha/2}(n-1) < \frac{(n-1)S^2}{\sigma_0^2} < \chi^2_{\alpha/2}(n-1)\right) = 1-\alpha,$$

其中 $\chi^2_\alpha(n-1)$ 为自由度为 $n-1$ 的 χ^2 分布的上 α 分位点. 因此由拒绝域

$$\left\{\boldsymbol{x}^{\mathrm{T}} : \frac{(n-1)s^2}{\sigma_0^2} \leqslant \chi^2_{1-\alpha/2}(n-1)\right\} \cup \left\{\boldsymbol{x}^{\mathrm{T}} : \frac{(n-1)s^2}{\sigma_0^2} \geqslant \chi^2_{\alpha/2}(n-1)\right\} \tag{4.2.8}$$

确定的检验为式 (4.2.7) 的显著性水平为 α 的检验, 其中 $\boldsymbol{x}^{\mathrm{T}} = (x_1, x_2, \cdots, x_n)$.

考虑未知参数 σ^2 的单边假设检验:

$$H_0 : \sigma^2 \leqslant \sigma_0^2, \quad H_1 : \sigma^2 > \sigma_0^2. \tag{4.2.9}$$

记

$$V = \frac{(n-1)S^2}{\sigma^2}, \quad V_0 = \frac{(n-1)S^2}{\sigma_0^2}.$$

则有 $V \sim \chi^2(n-1)$. 当原假设 H_0 成立时, $V_0 \leqslant V$. 此时有

$$P(V_0 \geqslant \chi^2_\alpha(n-1)) \leqslant P(V \geqslant \chi^2_\alpha(n-1)) = \alpha.$$

所以原假设 H_0 的拒绝域为

$$\left\{(x_1, x_2, \cdots, x_n) : \frac{(n-1)s^2}{\sigma_0^2} \geqslant \chi^2_\alpha(n-1)\right\}. \tag{4.2.10}$$

例 4.2.1　某车床加工某种零件. 加工的零件直径 (单位: mm) 是一个随机变量, 它服从正态分布 $N(\mu, \sigma^2)$. 当车床加工正常时, $\sigma^2 \leqslant \sigma_0^2 = 0.3^2$. 某日开工后为检验车床加工精度是否符合要求, 从其加工的零件中随机地抽取 25 个零件, 分别测零件直径, 计算得到样本方差 $S^2 = 0.32^2$. 给定显著性水平 $\alpha = 0.05$, 试检验假设

$$H_0 : \sigma^2 \leqslant \sigma_0^2, \quad H_1 : \sigma^2 > \sigma_0^2.$$

解　$n = 25$. 因为

$$\frac{(n-1)s^2}{\sigma_0^2} = 27.307 < \chi^2_{0.05}(24) = 36.415,$$

故接受原假设 H_0, 即认为 $\sigma^2 \leqslant \sigma_0^2$, 该日车床加工精度符合要求.

4.2.2 两个正态总体未知参数的假设检验

设 $X_1, X_2, \cdots, X_m$ 为来自总体 $X \sim N(\mu_1, \sigma_1^2)$ 的样本, $Y_1, Y_2, \cdots, Y_n$ 为来自总体 $Y \sim N(\mu_2, \sigma_2^2)$ 的样本, X 与 Y 相互独立. $\overline{X}, S_1^2$ 分别为总体 X 的样本均值和样本方差, $\overline{Y}, S_2^2$ 分别为总体 Y 的样本均值和样本方差,

$$S_w^2 = \frac{(m-1)S_1^2 + (n-1)S_2^2}{m+n-2}, \quad S_w = \sqrt{S_w^2}. \tag{4.2.11}$$

给定检验的显著性水平为 α.

1. **均值差 $\mu_1 - \mu_2$ 的假设检验**

考虑未知参数 $\mu_1 - \mu_2$ 的双边假设检验:

$$H_0: \mu_1 - \mu_2 = 0, \quad H_1: \mu_1 - \mu_2 \neq 0. \tag{4.2.12}$$

(1) 假设 σ_1^2, σ_2^2 已知. 因为

$$\frac{\overline{X} - \overline{Y} - (\mu_1 - \mu_2)}{\sqrt{\sigma_1^2/m + \sigma_2^2/n}} \sim N(0,1),$$

故当原假设 H_0 成立时, 有

$$\frac{\overline{X} - \overline{Y}}{\sqrt{\sigma_1^2/m + \sigma_2^2/n}} \sim N(0,1).$$

所以原假设 H_0 的拒绝域为

$$\left\{(x_1, x_2, \cdots, x_m, y_1, y_2, \cdots, y_n) : \left|\frac{\overline{x} - \overline{y}}{\sqrt{\sigma_1^2/m + \sigma_2^2/n}}\right| \geqslant z_{\alpha/2}\right\}. \tag{4.2.13}$$

(2) 假设 σ_1^2, σ_2^2 未知, 但 $\sigma_1^2 = \sigma_2^2$. 由式 (2.2.15) 知

$$\frac{(\overline{X} - \overline{Y}) - (\mu_1 - \mu_2)}{S_w\sqrt{1/m + 1/n}} \sim t(m+n-2). \tag{4.2.14}$$

故当原假设 H_0 成立时, 有

$$\frac{(\overline{X} - \overline{Y})}{S_w\sqrt{1/m + 1/n}} \sim t(m+n-2).$$

所以原假设 H_0 的拒绝域为

$$\left\{(x_1, x_2, \cdots, x_m, y_1, y_2, \cdots, y_n) : \left|\frac{(\overline{x} - \overline{y})}{s_w\sqrt{1/m + 1/n}}\right| \geqslant t_{\alpha/2}(m+n-2)\right\}. \tag{4.2.15}$$

(3) 假设 $m=n$. 记

$$Z=X-Y,\quad Z_i=X_i-Y_i,\ i=1,2,\cdots,n.$$

则 $Z\sim N(\mu,\sigma^2)$, 其中 $\mu=\mu_1-\mu_2,\ \sigma^2=\sigma_1^2+\sigma_2^2$. 此时, 式 (4.2.12) 成为

$$H_0:\mu=0,\quad H_1:\mu\neq 0.$$

这又回到单个正态总体均值 μ 的假设检验. 具体可分为 σ_1^2,σ_2^2 为已知 (即 σ^2 已知) 与 σ_1^2,σ_2^2 均未知 (即 σ^2 未知) 两种情形. 称这种检验法为配对检验法.

例 4.2.2　某卷烟厂生产甲、乙两种香烟, 分别对它们的尼古丁含量 (单位: 毫克) 做了 6 次测定, 得样本观察值为

甲: 25, 28, 23, 26, 29, 22; 乙: 28, 23, 30, 25, 21, 27.

设这两种香烟的尼古丁含量都服从正态分布, 方差相等但未知. 问这两种香烟的尼古丁含量有无显著差异 (显著水平 $\alpha=0.05$).

解　设甲、乙两种香烟的尼古丁含量分别为 X 和 Y, 随机变量 X 和 Y 相互独立, 且

$$X\sim N(\mu_1,\sigma^2),\quad Y\sim N(\mu_2,\sigma^2).$$

欲做假设检验

$$H_0:\mu_1-\mu_2=0,\quad H_1:\mu_1-\mu_2\neq 0.$$

方法 1　非配对法. $n_1=n_2=n=6$. 计算可得

$$\overline{x}=25.5,\quad s_1^2=7.5;\quad \overline{y}=25.67,\quad s_2^2=11.07.$$

所以

$$s_\omega^2=\frac{s_1^2+s_2^2}{2}=\frac{7.5+11.07}{2}=9.285,\quad s_\omega=\sqrt{S_\omega^2}=\sqrt{9.285}=3.047,$$

$$\left|\frac{(\overline{x}-\overline{y})}{s_w\sqrt{1/m+1/n}}\right|=\left|\frac{25.5-25.67}{3.047\sqrt{1/3}}\right|=0.097.$$

因为

$$t_{\alpha/2}(m+n-2)=t_{0.025}(10)=2.228>0.097,$$

故接受原假设 H_0, 即认为两种香烟的尼古丁含量无显著差异.

方法 2　配对法. 记

$$Z=X-Y,\quad Z_i=X_i-Y_i,\quad i=1,2,\cdots,6.$$

$Z \sim N(\mu, 2\sigma^2)$, 其中 $\mu = \mu_1 - \mu_2$. 此时, 两个正态总体均值差的假设检验, 转化为单个正态总体均值是否为 0 的假设检验:

$$H_0: \mu = 0,\ H_1: \mu \neq 0.$$

计算可得 Z 值为: $-3, 5, -7, 1, 8, -5$. 由此可得

$$\overline{z} = -0.167, \quad s_z^2 = 34.567.$$

故有

$$\left|\frac{\overline{z} - \mu_0}{s_z/\sqrt{n}}\right| = \left|\frac{-0.167}{\sqrt{34.567}/\sqrt{6}}\right| = 0.07.$$

因为

$$t_{\alpha/2}(n-1) = t_{0.025}(5) = 2.571 > 0.07,$$

故接受原假设 H_0, 即认为两种香烟的尼古丁含量无显著差异.

考虑未知参数 $\mu_1 - \mu_2$ 的单边假设检验:

$$H_0: \mu_1 - \mu_2 \geqslant 0, \quad H_1: \mu_1 - \mu_2 < 0. \tag{4.2.16}$$

(1) 假设 σ_1^2, σ_2^2 已知. 类似可得原假设 H_0 的拒绝域为

$$\left\{(x_1, x_2, \cdots, x_m, y_1, y_2, \cdots, y_n): \frac{\overline{x} - \overline{y}}{\sqrt{\sigma_1^2/m + \sigma_2^2/n}} \leqslant -z_\alpha\right\}. \tag{4.2.17}$$

(2) 假设 σ_1^2, σ_2^2 未知, 但 $\sigma_1^2 = \sigma_2^2$. 原假设 H_0 的拒绝域为

$$\left\{(x_1, x_2, \cdots, x_m, y_1, y_2, \cdots, y_n): \frac{\overline{x} - \overline{y}}{s_w\sqrt{1/m + 1/n}} \leqslant -t_\alpha(m+n-2)\right\}. \tag{4.2.18}$$

2. *方差比 σ_1^2/σ_2^2 的假设检验*

考虑未知参数 σ_1^2/σ_2^2 的双边假设检验:

$$H_0: \sigma_1^2 = \sigma_2^2, \quad H_1: \sigma_1^2 \neq \sigma_2^2. \tag{4.2.19}$$

(1) 假设 μ_1, μ_2 已知. 记

$$\Phi = \frac{\sum\limits_{i=1}^{m}(X_i - \mu_1)^2/m}{\sum\limits_{i=1}^{n}(Y_i - \mu_2)^2/n} = \frac{\widehat{\sigma}_1^2}{\widehat{\sigma}_2^2}, \tag{4.2.20}$$

其中 $\widehat{\sigma}_i^2$ 为 σ_i^2 的极大似然估计, $i=1,2$. 故有

$$\frac{\sigma_2^2}{\sigma_1^2}\Phi \sim F(m,n).$$

当原假设 H_0 成立时, 有 $\Phi \sim F(m,n)$. 因此当 Φ 值偏大或偏小时, 倾向于拒绝 H_0. 所以原假设 H_0 的拒绝域为

$$\{(\boldsymbol{x},\ \boldsymbol{y})^{\mathrm{T}}:\Phi \leqslant F_{1-\alpha/2}(m,n)\} \cup \{(\boldsymbol{x}\ \boldsymbol{y})^{\mathrm{T}}:\Phi \geqslant F_{\alpha/2}(m,n)\}, \tag{4.2.21}$$

其中 $(\boldsymbol{x},\ \boldsymbol{y})^{\mathrm{T}}=(x_1,x_2,\cdots,x_m,y_1,y_2,\cdots,y_n)$.

(2) 假设 μ_1,μ_2 未知. 由式 (2.2.14) 知

$$\frac{\sigma_2^2 S_1^2}{\sigma_1^2 S_2^2} \sim F(m-1,n-1). \tag{4.2.22}$$

当原假设 H_0 成立时, 有 $S_1^2/S_2^2 \sim F(m-1,n-1)$. 因此当 S_1^2/S_2^2 值偏大或偏小时, 倾向于拒绝 H_0. 所以原假设 H_0 的拒绝域为

$$\{(\boldsymbol{x},\ \boldsymbol{y})^{\mathrm{T}}: s_1^2/s_2^2 \leqslant F_{1-\alpha/2}(m-1,n-1)\ \text{或}\ s_1^2/s_2^2 \geqslant F_{\alpha/2}(m-1,n-1)\}. \tag{4.2.23}$$

例 4.2.3 某卷烟厂生产甲、乙两种香烟, 分别对它们的尼古丁含量 (单位: 毫克) 做了 6 次测定, 得样本观察值为

甲: 25, 28, 23, 26, 29, 22; 乙: 28, 23, 30, 25, 21, 27.

设这两种香烟的尼古丁含量都服从正态分布. 问这两种香烟的尼古丁含量的方差有无显著差异 (显著水平 $\alpha=0.05$).

解 设甲、乙两种香烟的尼古丁含量分别为 X 和 Y, 随机变量 X 和 Y 相互独立, 且

$$X \sim N(\mu_1,\sigma_1^2), \quad Y \sim N(\mu_2,\sigma_2^2).$$

欲做假设检验

$$H_0:\sigma_1^2=\sigma_2^2, \quad H_1:\sigma_1^2 \neq \sigma_2^2.$$

计算可得

$$\frac{s_1^2}{s_2^2}=\frac{7.5}{11.07}=0.678,$$

查表可得

$$F_{0.025}(5,5)=7.15, \quad F_{0.975}(5,5)=\frac{1}{F_{0.025}(5,5)}=\frac{1}{7.15}=0.14.$$

因为

$$F_{0.975}(5,5)=0.14<0.678<7.15=F_{0.025}(5,5),$$

故接受原假设 H_0, 即认为两种香烟的尼古丁含量的方差无显著差异. 当两总体的方差相等时, 称两总体具有方差齐性.

考虑未知参数 σ_1^2/σ_2^2 的单边假设检验:

$$H_0:\sigma_1^2\leqslant\sigma_2^2,\quad H_1:\sigma_1^2>\sigma_2^2. \tag{4.2.24}$$

记

$$W=\frac{\sigma_2^2S_1^2}{\sigma_1^2S_2^2},\quad W_0=\frac{S_1^2}{S_2^2}.$$

则有 $W\sim F(m-1,n-1)$. 当原假设 H_0 成立时, $W_0\leqslant W$. 此时有

$$P(W_0\geqslant F_\alpha(m-1,n-1))\leqslant P(W\geqslant F_\alpha(m-1,n-1))=\alpha.$$

所以原假设 H_0 的拒绝域为

$$\{(\boldsymbol{x},\ \boldsymbol{y})^{\mathrm{T}}:s_1^2/s_2^2\geqslant F_\alpha(m-1,n-1)\}. \tag{4.2.25}$$

对于单边假设检验:

$$H_0:\sigma_1^2\geqslant\sigma_2^2,\quad H_1:\sigma_1^2<\sigma_2^2. \tag{4.2.26}$$

类似可得原假设 H_0 的拒绝域为

$$\{(\boldsymbol{x},\ \boldsymbol{y})^{\mathrm{T}}:s_1^2/s_2^2\leqslant F_{1-\alpha}(m-1,n-1)\}. \tag{4.2.27}$$

4.3 一般总体下参数的假设检验

1. 指数分布参数的假设检验

例 4.3.1 设总体 X 服从参数为 λ 的指数分布, $X_1,X_2,\cdots,X_n$ 为来自总体 X 的样本. 构造参数 λ 的显著性水平为 α 的检验.

解 考虑参数 λ 的双边假设检验:

$$H_0:\lambda=\lambda_0,\quad H_1:\lambda\neq\lambda_0. \tag{4.3.1}$$

因为 $2n\lambda\overline{X}\sim\chi^2(2n)$, 所以原假设 H_0 的拒绝域为

$$\{(x_1,x_2,\cdots,x_n):2n\lambda_0\overline{x}\leqslant\chi_{1-\alpha/2}^2(2n)\ 或\ 2n\lambda_0\overline{x}\geqslant\chi_{\alpha/2}^2(2n)\}. \tag{4.3.2}$$

考虑参数 λ 的单边假设检验:

$$H_0:\lambda\leqslant\lambda_0,\quad H_1:\lambda>\lambda_0. \tag{4.3.3}$$

类似可得原假设 H_0 的拒绝域为

$$\{(x_1, x_2, \cdots, x_n) : 2n\lambda_0\overline{x} \leqslant \chi^2_{1-\alpha}(2n)\}. \tag{4.3.4}$$

对于参数 λ 的单边假设检验:

$$H_0 : \lambda \geqslant \lambda_0, \quad H_1 : \lambda < \lambda_0. \tag{4.3.5}$$

易知原假设 H_0 的拒绝域为

$$\{(x_1, x_2, \cdots, x_n) : 2n\lambda_0\overline{x} \geqslant \chi^2_{\alpha}(2n)\}. \tag{4.3.6}$$

例 4.3.2 设某工厂生产的电子元件寿命服从参数为 λ 的指数分布 (λ 未知). 现从中抽取 14 个元件进行测试, 样本均值为 2800 小时. 在显著性水平 $\alpha = 0.05$ 下, 问该厂生产元件的平均寿命是否达到 3000 小时的质量标准.

解 已知 $n = 14$, 欲检验假设

$$H_0 : \lambda^{-1} \geqslant 3000, \quad H_1 : \lambda^{-1} < 3000,$$

即检验假设

$$H_0 : \lambda \leqslant 3000^{-1}, \quad H_1 : \lambda > 3000^{-1}.$$

因为

$$\begin{aligned} 2n\lambda_0\overline{x} &= 2 \times 14 \times 3000^{-1} \times 2800 \\ &= 26.133 \\ &> 16.928 = \chi^2_{0.95}(28), \end{aligned}$$

故由式 (4.3.4), 不拒绝 H_0, 即认为该厂生产元件的平均寿命达到质量标准.

2. 大样本检验

当检验统计量的精确分布不易得到时, 可利用检验统计量的渐近分布构造假设检验的拒绝域.

例 4.3.3 设 $X_1, X_2, \cdots, X_n$ 为来自总体 $X \sim b(1, p)$ 的样本. 构造参数 p 的显著性水平为 α 的双边检验.

解 考虑参数 p 的双边假设检验:

$$H_0 : p = p_0; \quad H_1 : p \neq p_0. \tag{4.3.7}$$

由例 3.4.7 可知

$$\sqrt{n}\frac{\overline{X} - p}{\sqrt{p(1-p)}} \xrightarrow{d} N(0, 1).$$

故当原假设 H_0 成立时, 有

$$\sqrt{n}\frac{\overline{X}-p_0}{\sqrt{p_0(1-p_0)}}\xrightarrow{d}N(0,1).$$

因此由拒绝域

$$\left\{(x_1,x_2,\cdots,x_n):\left|\sqrt{n}\frac{\overline{x}-p_0}{\sqrt{p_0(1-p_0)}}\right|\geqslant z_{\alpha/2}\right\}\tag{4.3.8}$$

确定的检验为式 (4.3.7) 的近似显著性水平为 α 的双边检验.

例 4.3.4 设 $X_1,X_2,\cdots,X_n$ 为来自总体 $X\sim b(1,p)$ 的样本. 构造参数 p 的显著性水平为 α 的单边检验.

解 考虑参数 p 的单边假设检验:

$$H_0:p\leqslant p_0,\quad H_1:p>p_0.\tag{4.3.9}$$

(1) 设 $0<p_0<1$, 由例 3.4.7 可知

$$\sqrt{n}\frac{\overline{X}-p}{\sqrt{\overline{X}(1-\overline{X})}}\xrightarrow{d}N(0,1).$$

记

$$\xi=\sqrt{n}\frac{\overline{X}-p}{\sqrt{\overline{X}(1-\overline{X})}},\quad \xi_0=\sqrt{n}\frac{\overline{X}-p_0}{\sqrt{\overline{X}(1-\overline{X})}}.$$

则当样本容量 n 充分大时, 近似有 $\xi\sim N(0,1)$. 当原假设 H_0 成立时, $\xi_0\leqslant\xi$. 此时有

$$P(\xi_0\geqslant z_\alpha)\leqslant P(\xi\geqslant z_\alpha)\approx\alpha.$$

因此由拒绝域

$$\left\{(x_1,x_2,\cdots,x_n):\sqrt{n}\frac{\overline{x}-p_0}{\sqrt{\overline{x}(1-\overline{x})}}\geqslant z_\alpha\right\}\tag{4.3.10}$$

确定的检验为式 (4.3.9) 的近似显著性水平为 α 的单边检验.

(2) 设 $0<p_0\leqslant\dfrac{1}{2}$. 若 H_0 成立, 则 $h(p)=p(1-p)$ 为单调增加函数.

故当原假设 H_0 成立时, $p(1-p)<p_0(1-p_0)$, 且有

$$\xi=\sqrt{n}\frac{\overline{X}-p}{\sqrt{p(1-p)}}\geqslant\xi_0^*=\sqrt{n}\frac{\overline{X}-p_0}{\sqrt{p_0(1-p_0)}}.$$

由此可得

$$P(\xi_0^*\geqslant z_\alpha)\leqslant P(\xi\geqslant z_\alpha)\approx\alpha.$$

因此, 当 $p_0 \leqslant \frac{1}{2}$ 时, 由拒绝域

$$\left\{(x_1, x_2, \cdots, x_n) : \sqrt{n}\frac{\overline{x} - p_0}{\sqrt{p_0(1-p_0)}} \geqslant z_\alpha\right\} \tag{4.3.11}$$

确定的检验为式 (4.3.9) 的近似显著性水平为 α 的单边检验.

考虑参数 p 的单边假设检验:

$$H_0 : p \geqslant p_0, \quad H_1 : p < p_0. \tag{4.3.12}$$

设 $p_0 > \frac{1}{2}$. 若 H_0 成立, 则 $h(p) = p(1-p)$ 为单调减少函数.

当原假设 H_0 成立时, $p(1-p) < p_0(1-p_0)$, 且有

$$p - \overline{X} \geqslant p_0 - \overline{X}, \quad \frac{1}{\sqrt{p(1-p)}} > \frac{1}{\sqrt{p_0(1-p_0)}}.$$

故知

$$\frac{p - \overline{X}}{\sqrt{p(1-p)}} \geqslant \frac{p_0 - \overline{X}}{\sqrt{p_0(1-p_0)}},$$

$$\xi = \sqrt{n}\frac{\overline{X} - p}{\sqrt{p(1-p)}} \leqslant \xi_0^* = \sqrt{n}\frac{\overline{X} - p_0}{\sqrt{p_0(1-p_0)}}.$$

由此可得

$$P(\xi_0^* \leqslant -z_\alpha) \leqslant P(\xi \leqslant -z_\alpha) \approx \alpha.$$

因此, 当 $p_0 > \frac{1}{2}$ 时, 由拒绝域

$$\left\{(x_1, x_2, \cdots, x_n) : \sqrt{n}\frac{\overline{x} - p_0}{\sqrt{p_0(1-p_0)}} \leqslant -z_\alpha\right\} \tag{4.3.13}$$

确定的检验为式 (4.3.12) 的近似显著性水平为 α 的单边检验.

例 4.3.5　从某工厂生产的产品中抽取 200 件样品进行质量检查, 发现 6 件次品, 问是否可认为该工厂的次品率不大于 2% (取显著水平 $\alpha = 0.05$).

解　设总体

$$X = \begin{cases} 1, & \text{抽查的产品为次品}, \\ 0, & \text{抽查的产品为正品}. \end{cases}$$

已知 $n = 200, p_0 = 0.02 < \frac{1}{2}$, 欲检验假设

$$H_0 : p \leqslant 0.02 \quad (\text{该工厂的次品率不大于 } 2\%);$$
$$H_1 : p > 0.02 \quad (\text{该工厂的次品率大于 } 2\%).$$

此为单边检验, 其拒绝域由式 (4.3.11) 给出, 近似显著性水平为 0.05. 因为

$$\sqrt{200}\frac{0.03-0.02}{\sqrt{0.02(1-0.02)}}\approx 1.01 < z_{0.05}=1.645,$$

故接受原假设 H_0, 即认为该工厂的次品率不大于 2%.

例 4.3.6 设总体 X 服从参数为 λ 的泊松分布, $X_1, X_2, \cdots, X_n$ 为来自总体 X 的样本. 构造参数 λ 的显著性水平为 α 的双边检验.

解 考虑参数 λ 的双边假设检验:

$$H_0:\lambda=\lambda_0,\quad H_1:\lambda\neq\lambda_0. \tag{4.3.14}$$

由例 3.4.8 可知

$$\sqrt{n}\frac{\overline{X}-\lambda}{\sqrt{\lambda}}\xrightarrow{d} N(0,1).$$

因此, 当原假设 H_0 成立且样本容量 n 充分大时,

$$P\left(\left|\sqrt{n}\frac{\overline{X}-\lambda_0}{\sqrt{\lambda_0}}\right|< z_{\alpha/2}\right)\approx 1-\alpha.$$

因此由拒绝域

$$\left\{(x_1,x_2,\cdots,x_n):\left|\sqrt{n}\frac{\overline{x}-\lambda_0}{\sqrt{\lambda_0}}\right|\geqslant z_{\alpha/2}\right\} \tag{4.3.15}$$

确定的检验为式 (4.3.14) 的近似显著性水平为 α 的双边检验.

例 4.3.7 设 $X_1, X_2, \cdots, X_n$ 为来自总体 $X\sim U(0,\theta)$ 的样本, $\theta>0$. 构造假设检验

$$H_0:\theta=\theta_0,\quad H_1:\theta>\theta_0 \tag{4.3.16}$$

的拒绝域.

解 θ 的极大似然估计为 $X_{(n)}$. 故当 $X_{(n)}$ 取值偏大, 即 $X_{(n)}\geqslant k$ 时, 倾向拒绝原假设. 由式 (3.1.13) 知,

$$Y_n=n[\theta-X_{(n)}]\xrightarrow{d} Y,\quad n\to\infty,$$

其中 Y 服从参数为 $\dfrac{1}{\theta}$ 的指数分布. 故

$$\frac{Y_n}{\theta}=\frac{n}{\theta}[\theta-X_{(n)}]\xrightarrow{d} Z,\quad n\to\infty,$$

其中 Z 服从参数为 1 的指数分布. 当原假设 H_0 成立时, 事件

$$\{X_{(n)}\geqslant k\}=\left\{\frac{n}{\theta_0}[\theta_0-X_{(n)}]\leqslant\frac{n}{\theta_0}[\theta_0-k]\right\}.$$

假设

$$\frac{n}{\theta_0}[\theta_0 - k] \to b, \quad n \to \infty.$$

对给定的显著性水平 α, 因为 Z 的分布函数为 $1-\mathrm{e}^{-z}$, 故有

$$P(X_{(n)} \geqslant k) \to \alpha = 1 - \mathrm{e}^{-b}, \quad n \to \infty.$$

故可取

$$b = -\ln(1-\alpha), \quad k = \theta_0\Big(1 - \frac{b}{n}\Big).$$

因此由拒绝域

$$\Big\{(x_1, x_2, \cdots, x_n) : x_{(n)} \geqslant \theta_0 - \frac{\theta_0 b}{n}\Big\} \tag{4.3.17}$$

确定的检验为式 (4.3.16) 的近似显著性水平为 α 的单边检验.

例 4.3.8 设 $X_1, X_2, \cdots, X_m$ 为来自总体 $X \sim N(\mu_1, \sigma_1^2)$ 的样本, $Y_1, Y_2, \cdots, Y_n$ 为来自总体 $Y \sim N(\mu_2, \sigma_2^2)$ 的样本, X 与 Y 相互独立, 且 $\sigma_1^2 \neq \sigma_2^2$. 设 $\overline{X}, S_1^2$ 分别为总体 X 的样本均值和样本方差, $\overline{Y}, S_2^2$ 分别为总体 Y 的样本均值和样本方差. 构造参数 $\mu_1 - \mu_2$ 的显著性水平为 α 的双边检验.

考虑均值差参数 $\mu_1 - \mu_2$ 的双边假设检验:

$$H_0 : \mu_1 - \mu_2 = 0, \quad H_1 : \mu_1 - \mu_2 \neq 0. \tag{4.3.18}$$

由例 3.4.9 可知, 当 m 与 n 充分大时, 近似有

$$\eta_{m,n} = \frac{\overline{X} - \overline{Y} - (\mu_1 - \mu_2)}{\sqrt{S_1^2/m + S_2^2/n}} \sim N(0,1).$$

因此由拒绝域

$$\left\{(x_1, x_2, \cdots, x_m, y_1, y_2, \cdots, y_n) : \left|\frac{\overline{x} - \overline{y} - (\mu_1 - \mu_2)}{\sqrt{s_1^2/m + s_2^2/n}}\right| \geqslant z_{\alpha/2}\right\} \tag{4.3.19}$$

确定的检验为式 (4.3.18) 的近似显著性水平为 α 的双边检验.

例 4.3.9 某厂使用两种不同的原料甲、乙生产同一类型产品. 现取使用原料甲生产的样品 225 件, 样本均值为 2.36 (kg), 样本标准差为 0.56 (kg). 取使用原料乙生产的样品 231 件, 样本均值为 2.45 (kg), 样本标准差为 0.49 (kg). 设这两个样本独立且分别来自 $N(\mu_1, \sigma_1^2)$ 与 $N(\mu_2, \sigma_2^2)$. 问能否认为使用原料乙生产的产品平均重量较使用原料甲为大 ($\alpha = 0.05$).

解 考虑假设检验:

$$H_0 : \mu_1 - \mu_2 \geqslant 0, \quad H_1 : \mu_1 - \mu_2 < 0. \tag{4.3.20}$$

当原假设 H_0 成立时, 有

$$\frac{\overline{X}-\overline{Y}-(\mu_1-\mu_2)}{\sqrt{S_1^2/m+S_2^2/n}} \leqslant \frac{\overline{X}-\overline{Y}}{\sqrt{S_1^2/m+S_2^2/n}}.$$

故近似显著性水平 $\alpha=0.05$ 的假设检验拒绝域为

$$\left\{(x_1,x_2,\cdots,x_m,y_1,y_2,\cdots,y_n): \frac{\overline{x}-\overline{y}}{\sqrt{s_1^2/m+s_2^2/n}} \leqslant -z_\alpha\right\}.$$

因为

$$\frac{2.36-2.45}{\sqrt{(0.56)^2/225+(0.49)^2/231}} \approx -1.825 < -z_{0.05}=-1.645,$$

故拒绝原假设 H_0, 即认为使用原料乙生产的产品平均重量较使用原料甲为大.

注 对于两个总体的参数比较单边检验, 一般将待检验问题设置为备择假设, 即轻易不否定原假设. 此时若拒绝原假设, 则犯第一类错误的概率不超过显著水平 α.

例 4.3.10 设 $(X,Y)\sim N(\mu_1,\mu_2,\sigma_1^2,\sigma_2^2,\rho)$, 且设 $(X_i,Y_i),\ i=1,2,\cdots,n$ 为来自总体 (X,Y) 的样本. 构造 X 与 Y 相互独立的显著性水平为 α 的假设检验.

解 对于服从二元正态分布的随机变量 (X,Y), 随机变量 X 与 Y 相互独立的充要条件是 X 与 Y 的相关系数 $\rho=0$. 故考虑假设检验

$$H_0:\rho=0,\quad H_1:\rho\neq 0. \tag{4.3.21}$$

由例 3.1.4 知, ρ 的矩估计为

$$\widehat{\rho}_{X,Y}=\frac{\sum\limits_{i=1}^{n}X_iY_i/n-\overline{X}\cdot\overline{Y}}{\sqrt{\left[\sum\limits_{i=1}^{n}X_i^2/n-\overline{X}^2\right]\left[\sum\limits_{i=1}^{n}Y_i^2/n-\overline{Y}^2\right]}}=\frac{\sum\limits_{i=1}^{n}X_iY_i/n-\overline{X}\cdot\overline{Y}}{\mathcal{L}_X\mathcal{L}_Y}.$$

因为 $\widehat{\rho}_{X,Y}$ 的分布不依赖于 $E(X)=\mu_1$ 与 $E(Y)=\mu_2$, 故可假设 $\mu_1=\mu_2=0$.

当原假设 H_0 成立时, X 与 Y 相互独立, 故有

$$D(XY)=E(X^2Y^2)=E(X^2)E(Y^2)=\sigma_1^2\sigma_2^2,$$

$$\sqrt{n}\widehat{\rho}_{X,Y}=\frac{\sum\limits_{i=1}^{n}X_iY_i}{\sqrt{n}\mathcal{L}_X\mathcal{L}_Y}-\frac{\sqrt{n}\cdot\overline{X}\cdot\overline{Y}}{\mathcal{L}_X\mathcal{L}_Y}\xrightarrow{d}N(0,1),\quad n\to\infty.$$

因此由拒绝域

$$\left\{(x_1, y_1), (x_2, y_2), \cdots, (x_n, y_n) : |\sqrt{n}\widehat{\rho}_{x,y}| \geqslant z_{\alpha/2}\right\} \tag{4.3.22}$$

确定的检验为式 (4.3.21) 的近似显著性水平为 α 的双边检验.

4.4　功效函数与 N-P 引理

定义 4.4.1　设总体 X 的分布函数为 $F(x, \theta), \theta \in \Theta$, Θ 为参数空间. 设 Θ_0 为 Θ 的非空子集, $\Theta_1 = \Theta - \Theta_0$, 即 Θ_0, Θ_1 为参数空间 Θ 的一个划分. 考虑检验问题

$$H_0 : \theta \in \Theta_0, \quad H_1 : \theta \in \Theta_1. \tag{4.4.1}$$

设 $X_1, X_2, \cdots, X_n$ 为来自总体 X 的样本, W 为 H_0 的显著性水平为 α 的拒绝域, $\overline{W} = \mathbf{R}^n - W$. 记与 W 对应的检验为 ϕ 且记

$$M_\phi(\theta) = P_\theta((X_1, X_2, \cdots, X_n) \in W), \quad \theta \in \Theta. \tag{4.4.2}$$

则称 $M_\phi(\theta)$ 为检验 ϕ 的功效函数 (或势函数).

功效函数 $M_\phi(\theta)$ 是样本落入拒绝域的概率. 对于给定的显著性水平 α, $0 < \alpha < 1$, 当 $\theta \in \Theta_0$ 时, $M_\phi(\theta)$ 为犯第一类错误的概率且有 $M_\phi(\theta) \leqslant \alpha$. 当 $\theta \in \Theta_1$ 时, $M_\phi(\theta) = 1 - \beta$ 且有 $\beta = 1 - M_\phi(\theta)$ 为犯第二类错误的概率. 因此, 一个好的检验应使其在犯第一类错误的概率不超过 α 的前提下, 让犯第二类错误的概率尽可能小, 亦即功效函数 $M_\phi(\theta)$ 在 Θ_1 上的取值尽可能大.

定义 4.4.2　设 ϕ 是原假设 H_0 的一个水平为 α 的显著性检验. 若对 H_0 的任一水平为 α 的检验 ψ, 都有

$$M_\phi(\theta) \geqslant M_\psi(\theta), \quad \theta \in \Theta_1,$$

则称 ϕ 是 H_0 的一个显著性水平为 α 的一致最优检验 (uniformly most powerful test, UMPT).

定义 4.4.3　一个水平为 α 的显著性检验 ϕ 对应着一个取值于区间 $[0,1]$ 的统计量 $\phi(\boldsymbol{X}), \boldsymbol{X} = (X_1, X_2, \cdots, X_n)^{\mathrm{T}}$. 对于给定的样本 $\boldsymbol{X}$, 以概率 $\phi(\boldsymbol{X})$ 拒绝 H_0, 以概率 $1 - \phi(\boldsymbol{X})$ 接受 H_0. 称 $\phi(\boldsymbol{X})$ 为检验函数. 设 W 为检验 ϕ 的拒绝域, 若 $\phi(\boldsymbol{X})$ 为示性函数 $I_W(\boldsymbol{X})$, 则称 ϕ 为非随机检验, 否则称 ϕ 为随机检验.

当 $\phi(\boldsymbol{X}) = I_W(\boldsymbol{X})$, 即 $\phi(\boldsymbol{X})$ 只取 0 与 1 两个数值时, 有

$$M_\phi(\theta) = P_\theta(\boldsymbol{X} \in W) = E_\theta(\phi(\boldsymbol{X})), \quad \theta \in \Theta.$$

对于 $0 \leqslant \phi(\boldsymbol{X}) \leqslant 1$, 更一般地, 称 $M_\phi(\theta) = E_\theta(\phi(\boldsymbol{X}))$ 为检验函数 $\phi(\boldsymbol{X})$ 的功效函数.

定理 4.4.1 (Neyman-Pearson 引理, 简称 N-P 引理) 设样本 $\boldsymbol{X}$ 的概率函数为 $f(\boldsymbol{x},\theta)$, 参数 θ 只取两个可能的值 θ_0,θ_1. 考虑假设检验:

$$H_0:\theta=\theta_0,\quad H_1:\theta=\theta_1. \tag{4.4.3}$$

(1) 对任意 $\alpha,\ 0<\alpha<1$, 存在检验函数 $\phi(\boldsymbol{X})$ 和非负常数 k 及 $r\in[0,1]$, 满足

$$\phi(\boldsymbol{X})=\begin{cases}1, & f(\boldsymbol{X},\theta_1)/f(\boldsymbol{X},\theta_0)>k,\\ r, & f(\boldsymbol{X},\theta_1)/f(\boldsymbol{X},\theta_0)=k,\\ 0, & f(\boldsymbol{X},\theta_1)/f(\boldsymbol{X},\theta_0)<k.\end{cases} \tag{4.4.4}$$

$$E_{\theta_0}(\phi(\boldsymbol{X}))=\alpha. \tag{4.4.5}$$

(2) 满足式 (4.4.4) 与 (4.4.5) 的检验函数 $\phi(\boldsymbol{X})$ 是检验 (4.4.3) 的显著性水平为 α 的 UMPT. 反之, 若 $\phi^*(\boldsymbol{X})$ 是检验 (4.4.3) 的水平为 α 的 UMPT, 则必有

$$\phi^*(\boldsymbol{X})=\begin{cases}1, & f(\boldsymbol{X},\theta_1)/f(\boldsymbol{X},\theta_0)>k,\\ 0, & f(\boldsymbol{X},\theta_1)/f(\boldsymbol{X},\theta_0)<k,\end{cases}\quad \text{a.s.} \tag{4.4.6}$$

证明 (1) 对任意非负实数 t, 记

$$H(t)=P_{\theta_0}(f(\boldsymbol{X},\theta_1)>t\cdot f(\boldsymbol{X},\theta_0)).$$

$H(t)$ 是非负随机变量 $f(\boldsymbol{X},\theta_1)/f(\boldsymbol{X},\theta_0)>t$ 的概率, 故 $1-H(t)$ 为随机变量 $f(\boldsymbol{X},\theta_1)/f(\boldsymbol{X},\theta_0)$ 的分布函数. 所以 $H(t)$ 为单调不增、右连续函数, 且满足

$$H(0)=1,\quad H(\infty)=0,\quad H(t-0)-H(t)=P_{\theta_0}(f(\boldsymbol{X},\theta_1)=t\cdot f(\boldsymbol{X},\theta_0)).$$

因此, 对给定的 $0<\alpha<1$, 存在 $k\in(0,\infty)$, 使得 $H(k)\leqslant\alpha\leqslant H(k-0)$. 记

$$r=\begin{cases}\dfrac{\alpha-H(k)}{H(k-0)-H(k)}, & H(k-0)\neq H(k),\\ 0, & H(k-0)=H(k).\end{cases} \tag{4.4.7}$$

故有

$$\begin{aligned}E_{\theta_0}(\phi(\boldsymbol{X}))&=P_{\theta_0}(f(\boldsymbol{X},\theta_1)>kf(\boldsymbol{X},\theta_0))+rP_{\theta_0}(f(\boldsymbol{X},\theta_1)=kf(\boldsymbol{X},\theta_0))\\ &=H(k)+(\alpha-H(k))=\alpha.\end{aligned}$$

(2) 设 $\phi^*(\boldsymbol{X})$ 是假设检验 (4.4.3) 的任一检验且 $E_{\theta_0}(\phi^*(\boldsymbol{X}))\leqslant\alpha$. 因为 $\phi(\boldsymbol{X})$ 满足式 (4.4.4), 故有 $[\phi(\boldsymbol{x})-\phi^*(\boldsymbol{x})][f(\boldsymbol{x},\theta_1)-kf(\boldsymbol{x},\theta_0)]\geqslant 0$. 所以

$$\int[\phi(\boldsymbol{x})-\phi^*(\boldsymbol{x})][f(\boldsymbol{x},\theta_1)-kf(\boldsymbol{x},\theta_0)]\mathrm{d}\boldsymbol{x}\geqslant 0,$$

即

$$\int[\phi(\boldsymbol{x})-\phi^*(\boldsymbol{x})]f(\boldsymbol{x},\theta_1)\mathrm{d}\boldsymbol{x}\geqslant k\int[\phi(\boldsymbol{x})-\phi^*(\boldsymbol{x})]f(\boldsymbol{x},\theta_0)\mathrm{d}\boldsymbol{x}.$$

由此可得

$$\begin{aligned}E_{\theta_1}(\phi(\boldsymbol{X})-\phi^*(\boldsymbol{X}))&\geqslant kE_{\theta_0}(\phi(\boldsymbol{X})-\phi^*(\boldsymbol{X}))\\&=k[\alpha-E_{\theta_0}(\phi^*(\boldsymbol{X}))]\geqslant 0.\end{aligned}$$

故 $\phi(\boldsymbol{X})$ 为 UMPT.

反之, 设 $\phi^*(\boldsymbol{X})$ 是 UMPT. 由 (1) 可知 $\phi(\boldsymbol{X})$ 是 UMPT, 故

$$E_{\theta_1}(\phi^*(\boldsymbol{X}))=E_{\theta_1}(\phi(\boldsymbol{X})).$$

因为 $[\phi(\boldsymbol{x})-\phi^*(\boldsymbol{x})][f(\boldsymbol{x},\theta_1)-kf(\boldsymbol{x},\theta_0)]\geqslant 0$, 故

$$\begin{aligned}0&\leqslant\int[\phi(\boldsymbol{x})-\phi^*(\boldsymbol{x})][f(\boldsymbol{x},\theta_1)-kf(\boldsymbol{x},\theta_0)]\mathrm{d}\boldsymbol{x}\\&=E_{\theta_1}(\phi(\boldsymbol{X})-\phi^*(\boldsymbol{X}))-k(E_{\theta_0}(\phi(\boldsymbol{X})-\phi^*(\boldsymbol{X}))\\&=-k[\alpha-E_{\theta_0}(\phi^*(\boldsymbol{X}))]\leqslant 0.\end{aligned}$$

所以

$$[\phi(\boldsymbol{x})-\phi^*(\boldsymbol{x})][f(\boldsymbol{x},\theta_1)-kf(\boldsymbol{x},\theta_0)]=0,\ \text{a.s.}$$

因此在集合 $\{\boldsymbol{x}:f(\boldsymbol{x},\theta_1)-kf(\boldsymbol{x},\theta_0)\neq 0\}$ 上, $\phi(\boldsymbol{x})=\phi^*(\boldsymbol{x})$, a.s. 故式 (4.4.6) 成立.

称统计量 $\lambda(\boldsymbol{X})=f(\boldsymbol{X},\theta_1)/f(\boldsymbol{X},\theta_0)$ 为似然比函数. 若 $\lambda(\boldsymbol{X})$ 具有连续分布函数, 则 UMPT 检验函数 $\phi(\boldsymbol{X})$ 可取为

$$\phi(\boldsymbol{X})=\begin{cases}1, & \lambda(\boldsymbol{X})\geqslant k,\\0, & \lambda(\boldsymbol{X})<k.\end{cases}\tag{4.4.8}$$

常数 k 由式 (4.4.5) 确定.

例 4.4.1 设 $X_1,X_2,\cdots,X_n$ 为来自$N(\mu,\sigma^2)$的样本, σ^2已知. 考虑假设检验:

$$H_0:\mu\leqslant\mu_0,\quad H_1:\mu>\mu_0.$$

试求水平为 α 的 UMPT.

解 任取 $\mu_1>\mu_0$. 考虑假设检验:

$$H_0':\mu=\mu_0,\quad H_1':\mu=\mu_1.$$

由 N-P 引理, H_0' 对 H_1' 的水平为 α 的 UMPT 具有拒绝域

$$W=\left\{\boldsymbol{x}:\exp\left[-\frac{1}{2\sigma^2}\sum_{i=1}^n(x_i-\mu_1)^2\right]\Big/\exp\left[-\frac{1}{2\sigma^2}\sum_{i=1}^n(x_i-\mu_0)^2\right]>k\right\}.$$

取对数, 整理可得检验函数 $\phi(\boldsymbol{X})$ 的拒绝域为 $W=\{\boldsymbol{x}:\overline{X}>k_1\}$, 其中 k_1 为某常数. 因为 $\sqrt{n}(\overline{X}-\mu_0)/\sigma\sim N(0,1)$, 故知

$$P\Big(\frac{\overline{X}-\mu_0}{\sigma/\sqrt{n}}>z_\alpha\Big)=\alpha \quad 即 \quad P\Big(\overline{X}>\mu_0+\frac{\sigma}{\sqrt{n}}z_\alpha\Big)=\alpha.$$

因此, 可取 $k_1=\mu_0+\sigma\cdot z_\alpha/\sqrt{n}$, 故有 k_1 与 μ_1 无关. 所以检验 ϕ 是 H_0' 对 H_1 的 UMPT. 因为当 H_0 成立时, $\mu\leqslant\mu_0$, 故知

$$\frac{\overline{X}-\mu}{\sigma/\sqrt{n}}\geqslant\frac{\overline{X}-\mu_0}{\sigma/\sqrt{n}}.$$

进而有

$$P(\overline{X}>k_1)=P\Big(\frac{\overline{X}-\mu_0}{\sigma/\sqrt{n}}>z_\alpha\Big)\leqslant P\Big(\frac{\overline{X}-\mu}{\sigma/\sqrt{n}}>z_\alpha\Big)=\alpha.$$

所以检验 ϕ 是 H_0 对 H_1 的一个水平 α 的检验.

设 ϕ^* 是任意一个 H_0 对 H_1 的一个水平 α 的检验, 则 ϕ^* 也是 H_0' 对 H_1 的一个水平 α 的检验. 故对任意 $\mu>\mu_0$, 有

$$M_\phi(\mu)\geqslant M_{\phi^*}(\mu).$$

因此, 检验 ϕ 是 H_0 对 H_1 的一个水平 α 的 UMPT.

下面参见 Shao (2003) 的著作, 给出检验 ϕ_α 的 p 值定义.

定义 4.4.4 设 $\phi_\alpha(\boldsymbol{X})$ 为一个水平为 α 取值为 $\{0,1\}$ 的检验统计量. 称

$$p=\inf\{\alpha\in(0,1):\phi_\alpha(\boldsymbol{x})=1\}$$

为检验 ϕ_α 的 p 值.

例 4.4.2 设 $X_1,X_2,\cdots,X_n$ 为来自$N(\mu,\sigma^2)$的样本, σ^2已知. 考虑假设检验:

$$H_0:\mu\leqslant\mu_0,\quad H_1:\mu>\mu_0.$$

设 $\phi_\alpha(\boldsymbol{X})$ 由例 4.4.1 定义, 求检验 ϕ_α 的 p 值.

解 $\phi_\alpha(\boldsymbol{x})=1$ 等价于

$$1-\alpha=\Phi(z_\alpha)\leqslant\Phi\Big(\frac{\overline{x}-\mu_0}{\sigma/\sqrt{n}}\Big),$$

故有

$$\alpha\geqslant 1-\Phi\Big(\frac{\overline{x}-\mu_0}{\sigma/\sqrt{n}}\Big)=\inf\{\alpha\in(0,1):\phi_\alpha(\boldsymbol{x})=1\}.$$

故检验 ϕ_α 的 p 值为

$$p=1-\Phi\Big(\frac{\overline{x}-\mu_0}{\sigma/\sqrt{n}}\Big).$$

此时, $\phi_\alpha(\boldsymbol{x})=I_{(0,\alpha)}(p)$.

4.5　拟合优度检验

在总体分布形式已知情形下, 我们讨论了总体分布中未知参数的假设检验. 在实际应用中, 常需进行判断总体分布为何种分布的假设检验. 例如, 考虑某工厂生产的某种电子元件的使用寿命, 欲检验元件的寿命分布是否为指数分布. 对总体分布的检验是非参数的检验.

设总体 X 的分布函数为 F, F 未知, $X_1, X_2, \cdots, X_n$ 为来自总体 X 的样本. 考虑假设检验

$$H_0: F = F_0, \quad H_1: F \neq F_0,$$

其中 F_0 为某形式已知的分布函数. 例如, 当 $F_0 = N(0,1)$ 的分布函数时, F_0 不包含未知参数. 若 $F_0 = N(\mu, \sigma^2)$ 的分布函数, 且 μ 与 σ^2 未知, 则 F_0 包含未知参数. 对给定的水平 α, 做 H_0 的显著性检验. 称这种类型的检验为拟合优度检验 (goodness of fit test).

1. F_0 不包含未知参数且总体 X 只取有限个不同的值

设 $p_1, p_2, \cdots, p_m$ 为已知正数且 $p_1 + p_2 + \cdots + p_m = 1$. 设离散型随机变量 X 的取值为

$$X = a_i, \quad i = 1, 2, \cdots, m. \tag{4.5.1}$$

设 $X_1, X_2, \cdots, X_n$ 为来自总体 X 的样本, 考虑假设检验

$$H_0: P(X = a_i) = p_i, \quad i = 1, 2, \cdots, m. \tag{4.5.2}$$

设 $X_1, X_2, \cdots, X_n$ 中等于 a_i 的个数为 $\nu_i, i = 1, 2, \cdots, m$. 由大数定律可知, ν_i/n 依概率收敛到 p_i. 称 ν_i 为 a_i 的观测频数, 易知 $\nu_1 + \nu_2 + \cdots + \nu_m = n$. 当样本容量 n 充分大时, $\nu_i/n \approx p_i$, 故有 $np_i \approx \nu_i$. 称 np_i 为 a_i 的理论频数. 当 H_0 (4.5.2) 成立时, 构造检验统计量

$$\chi^2 = \sum_{i=1}^{m} \frac{(\nu_i - np_i)^2}{np_i}. \tag{4.5.3}$$

χ^2 刻画了真实分布 F 与原假设分布 F_0 的偏离程度. 通常, 称基于式 (4.5.3) 构造的分布检验为 χ^2 检验.

定理 4.5.1　设 χ^2 由式 (4.5.3) 定义. 则当 H_0 (4.5.2) 成立时, 有

$$\chi^2 \xrightarrow{d} \chi^2(m-1), \quad n \to \infty, \tag{4.5.4}$$

即检验统计量 χ^2 依分布收敛到自由度为 $m-1$ 的 χ^2 分布.

证明 我们仅就 $m=2$ 给出证明.

$$\begin{aligned}\chi^2 &= \sum_{i=1}^{2}\frac{(\nu_i-np_i)^2}{np_i}\\&=\frac{(\nu_1-np_1)^2}{np_1}+\frac{[(n-\nu_1)-n(1-p_1)]^2}{n(1-p_1)}\\&=\frac{(\nu_1-np_1)^2}{np_1}+\frac{(\nu_1-np_1)^2}{n(1-p_1)}\\&=\frac{(\nu_1-np_1)^2}{np_1(1-p_1)}.\end{aligned}$$

记

$$Y_{ij}=\begin{cases}1, & X_i=a_j,\\0, & X_i\neq a_j,\end{cases}\qquad i=1,2,\cdots,n,\ j=1,2.$$

则

$$\nu_j=Y_{1j}+Y_{2j}+\cdots+Y_{nj}\sim b(n,p_j),\quad j=1,2.$$

由中心极限定理可知

$$\frac{\nu_1-np_1}{\sqrt{np_1(1-p_1)}}\xrightarrow{d}N(0,1),\quad n\to\infty.$$

故有

$$\chi^2=\frac{(\nu_1-np_1)^2}{np_1(1-p_1)}\xrightarrow{d}\chi^2(1),\quad n\to\infty.$$

即当 $m=2$ 时, 结论成立.

对给定的水平 α, 当 n 充分大时,

$$P(\chi^2\geqslant\chi^2_\alpha(m-1))\approx\alpha,$$

其中 χ^2 由式 (4.5.3) 给出. 故检验 (4.5.1) 的一个近似显著性水平为 α 的拒绝域为

$$\{(x_1,x_2,\cdots,x_n):\chi^2\geqslant\chi^2_\alpha(m-1)\}.$$

2. F_0 为一般的概率分布函数且总体 X 为一元随机变量

选择若干常数 $a_1,a_2,\cdots,a_{m-1}$, 将 $\mathbf{R}$ 划分为 m 个区间:

$$\Delta_1=(-\infty,a_1],\quad\Delta_m=(a_{m-1},\infty),\quad\Delta_i=(a_{i-1},a_i],\ i=2,3,\cdots,m-1.\tag{4.5.5}$$

记 $a_0=-\infty, a_m=\infty$ 且记

$$p_i=P(X\in\Delta_i)=F(a_i)-F(a_{i-1}),\quad i=1,2,\cdots,m.$$

记 ν_i 为样本 $X_1, X_2, \cdots, X_n$ 落入 Δ_i 中的个数 (称为频数). 具体分组时, 一般要求落入每个小区间的个数大于等于 5.

若 F_0 中含有未知参数 $\theta_1, \theta_2, \cdots, \theta_l$, 可基于频数求出 $\theta_1, \theta_2, \cdots, \theta_l$ 的极大似然估计. 易知似然函数

$$L = \frac{n!}{\nu_1! \cdots \nu_m!} p_1^{\nu_1} \cdots p_m^{\nu_m}.$$

对 $\ln L$ 关于 θ_j 求导, 得似然方程组

$$\sum_{i=1}^{m} \frac{\nu_i}{p_i} \cdot \frac{\partial p_i}{\partial \theta_j} = 0, \quad j = 1, 2, \cdots, l.$$

解此方程组得 $\widetilde{\theta}_j = \widetilde{\theta}_j(X_1, X_2, \cdots, X_n)$, $j = 1, 2, \cdots, l$. 称 $\widetilde{\theta}_j$ 为 θ_j 的分组极大似然估计.

定理 4.5.2　依式 (4.5.3) 构造检验统计量 χ^2, 假设 $F = F_0$ 成立.

(1) 若 F_0 中不包含未知参数, 则有

$$\chi^2 \xrightarrow{d} \chi^2(m-1), \quad n \to \infty. \tag{4.5.6}$$

(2) 若 F_0 中包含 l 个未知参数 $\theta_1, \theta_2, \cdots, \theta_l$, 则在一定条件下, 有

$$\chi^2 \xrightarrow{d} \chi^2(m-l-1), \quad n \to \infty, \tag{4.5.7}$$

其中, $\widetilde{\theta}_j$ 为 θ_j 的分组极大似然估计, 且

$$p_i = F(a_i, \widetilde{\theta}_1, \cdots, \widetilde{\theta}_l) - F(a_{i-1}, \widetilde{\theta}_1, \cdots, \widetilde{\theta}_l), \quad i = 1, 2, \cdots, m.$$

例 4.5.1　设有一粒骰子, 将它投掷了 120 次, 得到结果 (表 4.5.1). 问该粒骰子是否均匀 (显著水平 $\alpha = 0.1$).

表 4.5.1　投掷骰子试验

出现点数 i	1	2	3	4	5	6
频数 n_i	15	16	20	21	22	26

解　设总体 X 的取值为 $X = i$, $i = 1, 2, \cdots, 6$. 考虑假设检验

$$H_0: \ p_i = P(X = i) = \frac{1}{6}, \quad i = 1, 2, \cdots, 6.$$

应用 χ^2 检验. 因为

$$np_i = 120 \times \frac{1}{6} = 20, \quad j = 1, 2, \cdots, 6,$$

故 χ^2 统计量为

$$\begin{aligned}\chi^2 &= \sum_{i=1}^{6}\frac{(\nu_i - np_i)^2}{np_i}\\ &= \frac{(15-20)^2}{20}+\frac{(16-20)^2}{20}+\frac{(20-20)^2}{20}\\ &\quad+\frac{(21-20)^2}{20}+\frac{(22-20)^2}{20}+\frac{(26-20)^2}{20}\\ &= \frac{1}{20}(25+16+0+1+4+36)=4.1.\end{aligned}$$

$m-1=5$, 且试验次数 $n=120$ 取值较大, 故近似地有 $\chi^2\sim\chi^2(5)$. 因为

$$\chi^2 = 4.1 < \chi^2_{0.1}(5) = 9.236,$$

故接受原假设 H_0, 即认为该粒骰子是均匀的.

例 4.5.2 设 $X_1, X_2, \cdots, X_n$ 为来自总体 X 的样本. 给定水平 α, 考虑检验:

$$H_0 : X \sim N(\mu, \sigma^2).$$

解 设划分 $\Delta_i, i=1,2,\cdots,m$ 由式 (4.5.5) 给出. 设 $\Phi(x)$ 为 $N(0,1)$ 的分布函数, ν_i 为样本 $X_1, X_2, \cdots, X_n$ 落入 Δ_i 的频数.

(1) 参数 μ 与 σ^2 为已知.

a. 计算

$$p_i = P(X\in\Delta_i) = \Phi\left(\frac{a_i-\mu}{\sigma}\right)-\Phi\left(\frac{a_{i-1}-\mu}{\sigma}\right),\quad i=1,2,\cdots,m.$$

b. 计算 χ^2 值. 若 $\chi^2\geqslant\chi^2_\alpha(m-1)$, 则拒绝 H_0, 即认为总体 X 不服从正态分布 $N(\mu,\sigma^2)$. 反之, 则接受 H_0, 即认为总体 X 服从正态分布 $N(\mu,\sigma^2)$.

(2) 参数 μ 与 σ^2 均未知, 此时 $l=2$. 由于 μ 与 σ^2 的分组极大似然估计不易求出, 故以 μ,σ^2 的极大似然估计做替代, 即取

$$\widehat{\mu} = \overline{X},\quad \widehat{\sigma}^2 = \frac{1}{n}\sum_{i=1}^{n}(X_i-\overline{X})^2.$$

a. 计算

$$p_i = P(X\in\Delta_i) \approx \Phi\left(\frac{a_i-\widehat{\mu}}{\widehat{\sigma}}\right)-\Phi\left(\frac{a_{i-1}-\widehat{\mu}}{\widehat{\sigma}}\right),\quad i=1,2,\cdots,m.$$

b. 计算 χ^2 值. 若 $\chi^2\geqslant\chi^2_\alpha(m-3)$, 则拒绝原假设, 即认为总体 X 不服从正态分布 $N(\mu,\sigma^2)$. 反之, 则接受 H_0, 即认为总体 X 服从正态分布 $N(\mu,\sigma^2)$.

基于分布函数 F_0 与其经验分布函数 (empirical distribution function, EDF) F_n 之间的偏离, 可以构造 EDF 型检验. Kolmogorov-Smirnov (KS) 检验、Cramér-von Mises (CV) 检验、Watson (W) 检验及 Anderson-Darling (AD) 检验等均为 EDF 型检验. 其中, AD 检验统计量为

$$\mathrm{AD}=n\int_{-\infty}^{\infty}\frac{(F_n(x)-F_0(x))^2}{F_0(x)(1-F_0(x))}\mathrm{d}F_0(x). \tag{4.5.8}$$

记 $t_i=F_0(X_i), i=1,2,\cdots,n$. $t_{(i)}, i=1,2,\cdots,n$ 为顺序统计量. 则有 AD 检验统计量的计算公式:

$$A_n^2=-n-\frac{1}{n}\sum_{i=1}^{n}[(2i-1)\log t_{(i)}+(2n+1-2i)\log(1-t_{(i)})]. \tag{4.5.9}$$

AD 检验统计量的的另一计算公式为

$$A_n^2=-n-\frac{1}{n}\sum_{i=1}^{n}(2i-1)[\log t_{(i)}+\log(1-t_{(n+1-i)})]. \tag{4.5.10}$$

当 A_n^2 取值偏大时, 倾向于拒绝 H_0, 即认为总体函数不为 F_0. 对有限的样本容量 n 和给定的显著性水平 α, 可以利用随机模拟, 估计检验的临界值.

(1) 当 F_0 完全已知时, 生成 N 组样本容量为 n 的来自 F_0 的样本, 由式 (4.5.9) 计算 A_n^2 的值, 得到 $A_{n1}^2, A_{n2}^2, \cdots, A_{nN}^2$. 将其排序得到 $A_{n1}^{2*}\leqslant A_{n2}^{2*}\leqslant\cdots\leqslant A_{nN}^{2*}$. 由此得到 A_n^2 的上 α 分位点的估计值, 称之为经验 (或模拟) 临界值.

(2) 若 F_0 中含有未知参数, 则以未知参数的极大似然估计替代未知参数. 此时, F_0 成为已知函数. 再依上述 (1) 的计算步骤, 得到 AD 检验的经验临界值.

若总体 X 为离散型随机变量且取值为可列个实数或 X 为连续型随机变量, 则对 $\mathbf{R}=(-\infty,\infty)$ 的划分具有一定的不确定性. 一般来说, AD 检验较 χ^2 检验及其他 EDF 型检验有更高的检验功效.

4.6　独立性检验与齐一性检验

χ^2 检验可应用于随机变量的独立性检验与齐一性检验

1. 独立性检验

设 (X,Y) 为二元随机变量, $F(x,y)$ 为 (X,Y) 的联合分布函数, $F_X(x)$,$F_Y(x)$ 分别为随机变量 X,Y 的边缘分布函数. 则随机变量 X 与 Y 相互独立的充要条件是

$$F(x,y)=F_X(x)\cdot F_Y(x),\quad 任意\ (x,y)\in\mathbf{R}^2.$$

故为检验 X 与 Y 的独立性, 提出下述假设检验:

$$H_0: F(x,y) = F_X(x)\cdot F_Y(x), \quad H_1: F(x,y) \neq F_X(x)\cdot F_Y(x).$$

设将 X 和 Y 的取值范围分别划分为 r 个区间及 t 个区间. 由此将 (X,Y) 的取值范围划分为 $r\times t$ 个区域, 记为 $\Delta_{ij}, i=1,2,\cdots,r,\ j=1,2,\cdots,t$. 设 $(X_1,Y_1),(X_2,Y_2),\cdots,(X_n,Y_n)$ 为来自总体 (X,Y) 的样本, n_{ij} 为样本落入区域 Δ_{ij} 的个数, $i=1,2,\cdots,r,\ j=1,2,\cdots,t$. 记

$$n_{i\cdot} = \sum_{j=1}^{t} n_{ij}, \quad n_{\cdot j} = \sum_{i=1}^{r} n_{ij}, \quad n = \sum_{i=1}^{r}\sum_{j=1}^{t} n_{ij},$$

$$p_{ij} = P((X,Y)\in\Delta_{ij}), \quad p_{i\cdot} = \sum_{j=1}^{t} p_{ij}, \quad p_{\cdot j} = \sum_{i=1}^{r} p_{ij}.$$

得到表 4.6.1 (称为列联表).

表 4.6.1 $r\times t$ 列联表

	$j=1$	$j=2$	$\cdots$	$j=t$	$\sum$
$i=1$	n_{11}	n_{12}	$\cdots$	n_{1t}	$n_{1\cdot}$
$i=2$	n_{21}	n_{22}	$\cdots$	n_{2t}	$n_{2\cdot}$
$\vdots$	$\vdots$	$\vdots$		$\vdots$	$\vdots$
$i=r$	n_{r1}	n_{r2}	$\cdots$	n_{rt}	$n_{r\cdot}$
$\sum$	$n_{\cdot 1}$	$n_{\cdot 2}$	$\cdots$	$n_{\cdot t}$	n

故 X 与 Y 的独立性检验转化为假设检验:

$$H_0: p_{ij} = p_{i\cdot}p_{\cdot j}, \quad i=1,2,\cdots,r,\ j=1,2,\cdots,t,$$

其中

$$\sum_{i=1}^{r} p_{i\cdot} = 1, \quad \sum_{j=1}^{t} p_{\cdot j} = 1.$$

为此, 需给出 $r+t-2$ 个未知参数 $p_{i\cdot}$ 与 $p_{\cdot j}$ 的极大似然估计. 记

$$k = n!\Big/\Big(\prod_{i=1}^{r}\prod_{j=1}^{t} n_{ij}!\Big).$$

若 H_0 成立, 则似然函数为

$$\begin{aligned} L &= k\prod_{i=1}^{r}\prod_{j=1}^{t}(p_{i\cdot}p_{\cdot j})^{n_{ij}} \\ &= k\left[\prod_{i=1}^{r} p_{i\cdot}^{n_{i\cdot}}\right]\left[\prod_{j=1}^{t} p_{\cdot j}^{n_{\cdot j}}\right] \end{aligned}$$

$$= k\left[\prod_{i=1}^{r-1} p_{i\cdot}^{n_{i\cdot}}\right]\left[1-\sum_{i=1}^{r-1} p_{i\cdot}\right]^{n_{r\cdot}}\left[\prod_{j=1}^{t-1} p_{\cdot j}^{n_{\cdot j}}\right]\left[1-\sum_{j=1}^{t-1} p_{\cdot j}\right]^{n_{\cdot t}}.$$

对 L 取对数, 可得

$$\begin{aligned}\ln L = &\ln k + \sum_{i=1}^{r-1} n_{i\cdot}\ln p_{i\cdot} + n_{r\cdot}\ln\left(1-\sum_{i=1}^{r-1} p_{i\cdot}\right)\\&+\sum_{j=1}^{t-1} n_{\cdot j}\ln p_{\cdot j} + n_{\cdot t}\ln\left(1-\sum_{j=1}^{t-1} p_{\cdot j}\right).\end{aligned}$$

$\ln L$ 关于参数 $p_{i\cdot}, p_{\cdot j}$ 求导, 得似然方程组

$$\frac{\partial \ln L}{\partial p_{i\cdot}} = \frac{n_{i\cdot}}{p_{i\cdot}} - \frac{n_{r\cdot}}{p_{r\cdot}} = 0, \quad i=1,2,\cdots,r-1,$$

$$\frac{\partial \ln L}{\partial p_{\cdot j}} = \frac{n_{\cdot j}}{p_{\cdot j}} - \frac{n_{\cdot t}}{p_{\cdot t}} = 0, \quad j=1,2,\cdots,t-1.$$

解此似然方程组, 可得参数 $p_{i\cdot}$ 与 $p_{\cdot j}$ 的极大似然估计为

$$\widehat{p}_{i\cdot} = \frac{n_{i\cdot}}{n}, \quad \widehat{p}_{\cdot j} = \frac{n_{\cdot j}}{n}, \quad i=1,2,\cdots,r,\ j=1,2,\cdots,t.$$

故知 χ^2 统计量为

$$\begin{aligned}\chi^2 &= \sum_{i=1}^{r}\sum_{j=1}^{t}\frac{(n_{ij}-n\widehat{p}_{i\cdot}\widehat{p}_{\cdot j})^2}{n\widehat{p}_{i\cdot}\widehat{p}_{\cdot j}}\\&= \sum_{i=1}^{r}\sum_{j=1}^{t}\frac{(nn_{ij}-n_{i\cdot}n_{\cdot j})^2}{nn_{i\cdot}n_{\cdot j}}.\end{aligned} \tag{4.6.1}$$

因为

$$rt-1-(r+t-2) = (r-1)(t-1),$$

所以, 当 H_0 成立时有

$$\chi^2 \xrightarrow{d} \chi^2((r-1)(t-1)), \quad n\to\infty.$$

故原假设 H_0 的一个近似显著性水平为 α 的拒绝域为

$$\{(x_1,x_2,\cdots,x_n): \chi^2 \geqslant \chi^2_\alpha((r-1)(t-1))\}.$$

若样本落入拒绝域, 则认为 X 与 Y 非相互独立, 即二元总体 (X,Y) 的两个属性指标有关. 称这种检验法为列联表检验法.

当 $r=t=2$ 时, 由式 (4.6.1) 得

$$\chi^2=\frac{n(n_{11}n_{22}-n_{12}n_{21})^2}{n_{1\cdot}n_{2\cdot}n_{\cdot 1}n_{\cdot 2}}. \tag{4.6.2}$$

此时, χ^2 的渐近分布为自由度为 1 的 χ^2 分布.

若 (X,Y) 为离散型随机向量且 X 和 Y 分别取 r 个和 t 个值, 则与之相联系的是 $r\times t$ 列联表. 若 (X,Y) 为连续型随机向量, 则可通过对 X 和 Y 取值范围的区间划分, 得到 $\mathbf{R}^2$ 的区域划分.

例 4.6.1 为研究抽烟是否与肺部疾病有关, 随机调查了 378 人, 得到下述列联表 (表 4.6.2). 试问肺部疾病是否与抽烟有关 ($\alpha=0.01$).

表 4.6.2 2×2 列联表

	有肺部疾病	无肺部疾病	$\sum$
抽烟	28	140	168
不抽烟	15	195	210
$\sum$	43	335	378

解 假设抽烟与肺部疾病无关, 计算 χ^2 统计量的值, 可得

$$\chi^2=\frac{n(n_{11}n_{22}-n_{12}n_{21})^2}{n_{1\cdot}n_{2\cdot}n_{\cdot 1}n_{\cdot 2}}=\frac{378(28\times 195-140\times 15)^2}{168\times 210\times 43\times 335}\approx 8.397.$$

查表知 $\chi^2_{0.01}(1)=6.635$. 因为 $\chi^2\approx 8.397>6.635$, 故拒绝原假设 H_0, 即认为抽烟与肺部疾病有关.

2. 齐一性检验

设有 r 个总体 $X^{[1]},X^{[2]},\cdots,X^{[r]}$, 它们的取值都相同, 其值为 $a_1,a_2,\cdots,a_t$. 设

$$P(X^{[i]}=a_j)=p_i(j),\quad i=1,2,\cdots,r,\ j=1,2,\cdots,t.$$

欲检验这 r 个总体是否具有相同的分布, 提出假设检验:

$$H_0: p_1(j)=p_2(j)=\cdots=p_r(j),\quad j=1,2,\cdots,t. \tag{4.6.3}$$

现从第 i 个总体 $X^{[i]}$ 中抽取样本容量为 $n_{i\cdot}$ 的样本, 设取值为 a_j 的有 n_{ij} 个. 由此得到表 4.6.3 (仍称为列联表).

若 H_0 成立, 则有

$$p_1(j)=p_2(j)=\cdots=p_r(j)=p_j,\quad j=1,2,\cdots,t. \tag{4.6.4}$$

表 4.6.3 $r \times t$ 列联表

	a_1	a_2	$\cdots$	a_t	$\sum$
$X^{[1]}$	n_{11}	n_{12}	$\cdots$	n_{1t}	$n_{1\cdot}$
$X^{[2]}$	n_{21}	n_{22}	$\cdots$	n_{2t}	$n_{2\cdot}$
$\vdots$	$\vdots$	$\vdots$		$\vdots$	$\vdots$
$X^{[r]}$	n_{r1}	n_{r2}	$\cdots$	n_{rt}	$n_{r\cdot}$
$\sum$	$n_{\cdot 1}$	$n_{\cdot 2}$	$\cdots$	$n_{\cdot t}$	n

假设分布未知, 则由式 (4.6.4) 定义的 p_j 未知, $j=1,2,\cdots,t$. 此时, 似然函数为

$$L = k \cdot p_1^{n_{\cdot 1}} p_2^{n_{\cdot 2}} \cdots p_t^{n_{\cdot t}}, \quad p_1 + p_2 + \cdots + p_t = 1.$$

取对数得 $\ln L$, 关于 p_j 求偏导, 可得约束条件下参数 p_j 的极大似然估计为

$$\widehat{p}_j = \frac{n_{\cdot j}}{n}, \quad j = 1,2,\cdots,t.$$

因此

$$\chi_{i*}^2 = \sum_{j=1}^{t} \frac{(n_{ij} - n_{i\cdot}\widehat{p}_j)^2}{n_{i\cdot}\widehat{p}_j} = \sum_{j=1}^{t} \frac{(n_{ij} - n_{i\cdot}n_{\cdot j}/n)^2}{n_{i\cdot}n_{\cdot j}/n}.$$

故知

$$\chi_*^2 = \sum_{i=1}^{r} \chi_{i*}^2 = \sum_{i=1}^{r}\sum_{j=1}^{t} \frac{(nn_{ij} - n_{i\cdot}n_{\cdot j})^2}{nn_{i\cdot}n_{\cdot j}}. \tag{4.6.5}$$

当 H_0 (4.6.3) 成立, 可以证明

$$\chi_*^2 \xrightarrow{d} \chi^2((r-1)(t-1)), \quad n_{i\cdot} \to \infty, \quad i = 1,2,\cdots,r.$$

故原假设 H_0 的一个近似显著性水平为 α 的拒绝域为

$$\{(x_1, x_2, \cdots, x_n) : \chi_*^2 \geqslant \chi_\alpha^2((r-1)(t-1))\}.$$

若样本落入接受域, 则认为 r 个总体有相同的分布 (或 r 个总体的分布具有齐一性). 在总体独立性检验中, $n_{i\cdot}$ 具有随机性. 在总体齐一性检验中, $n_{i\cdot}$ 不具有随机性. 因此, 虽然由式 (4.6.1) 定义的 χ^2 与由式 (4.6.5) 定义的 χ_*^2 具有相同的计算公式, 但它们对应着不同的的统计模型.

例 4.6.2 设有三个工厂 (甲、乙、丙) 生产同一种产品, 产品分为三个等级 (1,2,3). 为考察三个工厂的产品质量是否一致, 随机从甲、乙、丙三个工厂中抽取产品 109 件、100 件和 91 件, 鉴定每件产品的质量等级, 得到列联表 4.6.4. 试问各工厂产品质量是否一致 ($\alpha = 0.01$).

表 4.6.4 3 × 3 列联表

	1	2	3	$\sum$
甲	58	28	23	109
乙	38	44	18	100
丙	32	45	14	91
$\sum$	128	117	55	300

解 假设各工厂产品质量一致, 计算 χ_*^2 统计量的值, 可得

$$\chi_*^2 = \sum_{i=1}^{3}\sum_{j=1}^{3}\frac{(nn_{ij}-n_{i\cdot}n_{\cdot j})^2}{nn_{i\cdot}n_{\cdot j}} \approx 13.59.$$

查表知 $\chi_{0.01}^2(4) = 13.277$. 因为 $\chi_*^2 = 13.59 > 13.277$, 故拒绝原假设, 即认为各工厂产品质量不一致.

本章重要概念与公式

原假设, 备择假设, 检验统计量, 小概率事件原理, 第一类错误, 第二类错误, 双边假设, 单边假设, 双边假设检验, 单边假设检验, 拟合优度检验, 拒绝域, 接受域, 显著性水平, 显著性检验, 一个正态总体的参数的假设检验, 两个正态总体均值差、方差比的假设检验, 近似显著性水平为 α 的检验.

*4.7 统计漫谈: 经典统计学的创立

经典统计学主要包括假设检验、估计、实验设计与抽样调查等方面的内容. K. Pearson (1857—1936) 在 1900 年发表的 χ^2 拟合优度检验的论文, 被认为是现代统计学理论的开端. “拟合优度检验与模型有效性” 国际会议于 2000 年在巴黎召开, 以纪念这篇里程碑式的论文发表 100 周年. Pearson χ^2 型检验具有广泛的应用性, 既可应用于离散型概率分布, 也可应用于连续型概率分布. R.A.Fisher (1890—1962) 与 J. Neyman (1894—1981) 对经典统计学的创立做出了重要贡献. R.A.Fisher 提出了实验设计理论, 引入了极大似然估计与方差分析方法. 这里我们将主要介绍 Neyman 的工作, 参见 Lehmann (2011) 的著作.

1. 区间估计

在伦敦期间, Neyman 思考的一个重要问题是, 如何以区间的形式去估计某未知的参数. Neyman (1934) 公布了区间估计的简要解决方案, 并于 1937 年发表了区间估计的一般理论形式: “Outline of a theory of statistical estimation based on the classical theory of probability.”

构造置信区间 $[\underline{\theta},\overline{\theta}]$, 一般应考虑可靠度与精度两个要素. 一方面要求概率 $P(\underline{\theta} \leqslant \theta \leqslant \overline{\theta})$ 尽可能大, 即可靠度大. 另一方面要求置信区间的长度 $\overline{\theta}-\underline{\theta}$ 尽可能短. Neyman 区间估计的基本思想是在保证置信水平的前提下, 使置信区间的精度尽可能高, 亦即区间的长度尽可能短.

2. 假设检验

假设检验的主要形式: 参数的假设检验、概率分布的拟合优度检验、独立性检验. Fisher 提出了显著性检验等概念, 在假设检验理论的形成中起到开创性作用.

J. Neyman 与 E.S.Pearson (1928) 发表了合作论文:"On the use and interpretation of certain test criteria for purposes of statistical inference". 该论文提到了两类错误、简单假设与复合假设等假设检验理论的基本概念. 他们 (1933) 发表了另一篇论文 "On the problem of the most efficient tests of statistical hypotheses". 由此, 建立起 Neyman-Pearson 假设检验的理论框架.

3. 光滑检验

拟合优度检验实际上就是模型检验, 它属于非参数检验. 在习题中, 我们常假设总体服从正态分布, 对数正态分布、指数分布、均匀分布、二项分布及泊松分布等不同的概率分布, 再进行总体分布未知参数的估计与假设检验. 在统计应用中, 我们面对的常是一堆数据, 并不知道这些数据是来自哪个总体分布. 为做统计推断, 需首先基于样本进行总体分布为何种分布的拟合优度检验. 概率分布的拟合优度检验在统计推断中有其特殊的地位. 一元分布的拟合优度检验方法主要有: 作图法、Pearson χ^2 型检验、EDF 型检验、Neyman 光滑检验及条件积分变换等.

将 Pearson χ^2 型检验应用于连续型概率分布, 需要将分布离散化. 离散化过程具有不确定性及可能导致分布信息的损失, 由此会降低分布拟合优度检验的功效. 为了克服 Pearson χ^2 拟合优度检验区间分组的不确定性, Neyman (1937) 提出了光滑检验, 其基本思想是将原假设中的概率密度嵌入到对立假设中的概率分布族中, 化总体分布的拟合优度检验为参数检验. Neyman 光滑检验的提出, 标志着拟合优度检验的新的分支诞生. 时至今日, Neyman 光滑检验已广泛应用于各类统计模型的统计检验中.

设总体 X 的分布函数 $F(x)$ 为一连续的分布函数, $X_1, X_2, \cdots, X_n$ 为来自总体 X 的样本. 欲检验假设

$$H_0: F(x) = F_0(x), \quad H_1: F(x) \neq F_0(x),$$

其中 $F_0(x)$ 为某种形式已知的分布函数. 当 $F(x)$ 连续时, 易知 $Y = F(X) \sim U(0,1)$. 记 $Y_i = F(X_i), i = 1, 2, \cdots, n$. 当原假设分布 F_0 完全已知时, 对 F_0 的拟合优度检验, 可以转化为样本 $\{Y_i\}_{i=1}^n$ 服从 $U(0,1)$ 的拟合优度检验. 因此, $(0,1)$ 区间上均匀分布的拟合优度检验非常重要, $(0,1)$ 区间上均匀分布的光滑检验对应着一元概率分布的光滑检验.

设 $Y_1, Y_2, \cdots, Y_n$ 为来自总体 Y 的样本, 现考虑基于样本做总体 Y 服从 $U(0,1)$ 的拟合优度检验. 设 $U(0,1)$ 的概率密度为 $p(y)$. Neyman 光滑检验的基本思想如下:

$$H_0: p(y) = 1,\ y \in (0,1); \quad H_1: p(y) \in \mathscr{P}(k, \Theta), \tag{4.7.1}$$

其中 k 为给定的正整数, 参数 $\boldsymbol{\eta} = (\eta_1, \eta_2, \cdots, \eta_k)^{\mathrm{T}} \in \Theta$. $C(\boldsymbol{\eta})$ 为规范化常数, 使得备择概率密度在 $(0,1)$ 上的积分为 1. 这里, $\mathscr{P}(k,\Theta)$ 为备择概率分布族, 即

$$\mathscr{P}(k,\Theta) = \left\{ g_k(y, \boldsymbol{\eta}) = C(\boldsymbol{\eta}) \exp\left[\sum_{i=1}^{k} \eta_i h_i(y)\right],\ y \in (0,1),\ \boldsymbol{\eta} \in \Theta \right\}, \tag{4.7.2}$$

其中 $\{h_i\}$ 为区间 $(0,1)$ 上的正交多项式, 满足

$$\int_0^1 h_s(y) h_t(y) \mathrm{d}y = \delta_{st}, \tag{4.7.3}$$

$$\delta_{st} = 0,\ s \neq t; \quad \delta_{st} = 1,\ s = t, s, t = 0, 1, 2, \cdots.$$

称 $g_k(y, \boldsymbol{\eta})$ 为 k 阶备择概率密度. 可以取 $h_i(y)$ 可以取规范正交化 Legendre 多项式, 其前 5 个为

$$\begin{aligned} &h_0(y) = 1, \quad h_1(y) = \sqrt{3}(2y-1), \\ &h_2(y) = \sqrt{5}(6y^2 - 6y + 1), \\ &h_3(y) = \sqrt{7}(20y^3 - 30y^2 + 12y - 1), \\ &h_4(y) = 3(70y^4 - 140y^3 + 90y^2 - 20y + 1). \end{aligned} \tag{4.7.4}$$

当 $\boldsymbol{\eta}$ 为零向量, 即 $\boldsymbol{\eta} = \mathbf{0}$ 时, k 阶备择概率密度 $g_k(y, \boldsymbol{\eta})$ 称为 $(0,1)$ 区间上的均匀分布 $U(0,1)$. 故对 $U(0,1)$ 的拟合优度检验转化为对参数 $\boldsymbol{\eta}$ 是否为 $\mathbf{0}$ 向量的假设检验, 即

$$H_0: \boldsymbol{\eta} = \mathbf{0}, \quad H_1: \boldsymbol{\eta} \neq \mathbf{0}. \tag{4.7.5}$$

由此可知, 关于参数假设检验的优良性质可以应用到概率分布的拟合优度检验中.

(0,1) 区间上均匀分布的光滑检验, 可推广至 d 维球面均匀分布的光滑检验. 多元正态分布与椭球对称分布均可由球面均匀分布生成, 故对椭球对称分布 (含多元正态分布) 的光滑检验可以转化为球面均匀分布的光滑检验. 由此, 可拓展多元分析的应用范围.

习 题 4

1. 某批矿砂的 5 个样品中的镍含量, 经测定为 (%): 3.25, 3.27, 3.24, 3.26, 3.24. 设测定值总体服从正态分布, 问能否接受假设: 这批矿砂的镍含量的均值为 3.25 ($\alpha = 0.05$). 注: $t_{0.025}(4) = 2.776$.

2. 设总体 $X \sim N(\mu_1, \sigma^2)$, 总体 $Y \sim N(\mu_2, \sigma^2)$, μ_1, μ_2, σ^2 为未知参数, X 与 Y 相互独立. 设 $X_1, X_2, \cdots, X_n$ 为来自 X 的样本, $Y_1, Y_2, \cdots, Y_n$ 为来自 Y 的样本. 求假设检验

$$H_0: \mu_1 = \mu_2, \quad H_1: \mu_1 \neq \mu_2.$$

显著性水平为 α 的否定域 (要求主要推导步骤).

3. 设维尼纶纤度在正常生产条件下服从 $N(1.406, \sigma_0^2)$, $\sigma_0^2 = 0.048^2$. 某日, 抽取了 5 根纤维, 测得其纤度为 1.32, 1.55, 1.36, 1.40, 1.44. 问该日纤度的总体方差是否正常 ($\alpha = 0.05$).

4. 一批产品的重量服从正态分布 $N(\mu, \sigma^2)$, 其中 μ 和 σ^2 为未知参数. 现随机地从中抽取 16 件产品得到其样本均值 $\overline{X} = 503.75$, 样本标准差 $S = 6.2022$ 对给定的检验水平 $\alpha = 0.05$, 做假设检验:

$$H_0: \mu = 500, \quad H_1: \mu \neq 500.$$

注: $t_{0.025}(15) = 2.132$.

5. 对一批锰的熔点做 5 次测定, 测定结果为 1269,1267,1271,1263,1265. 若锰的熔点服从正态分布 $N(\mu, \sigma^2)$, 其中 μ 和 σ^2 为未知参数. 对给定的检验水平 $\alpha = 0.05$, 做假设检验:

$$H_0: \sigma = 2, \quad H_1: \sigma \neq 2.$$

注: $\chi^2_{0.025}(4) = 11.143$, $\chi^2_{0.975}(4) = 0.484$.

6. 设 $X_1, X_2, \cdots, X_n$ 是来自总体 $X \sim N(\mu, \sigma_0^2)$ 的样本, 方差 σ_0^2 已知. 记

$$H_0: \mu \leqslant \mu_0, \quad H_1: \mu > \mu_0.$$

求原假设 H_0 的检验水平为 α 的拒绝域 (要求主要推导步骤).

7. 设甲、乙机床生产同一零件. 通过试验, 获得零件的抗拉强度 (单位: $\mathrm{kg/cm^2}$) 分别为

甲: 88, 87, 92, 90, 91;

乙: 89, 89, 90, 84, 88.

假设甲、乙机床生产零件的抗拉强度均服从正态分布, 且方差相等. 问甲机床生产零件的抗拉强度是否比乙机床的高.

8. 假设检验的依据是小概率事件的原理. 假设检验的三个主要步骤为: 第一步, 提出原假设; 第二步, 建立检验统计量; 第三步, 确定原假设的拒绝域. 简述

(1) 什么是假设检验中的小概率事件;

(2) 什么是第一类错误;

(3) 什么是第二类错误;

(4) 什么是显著性水平;

(5) 什么是原假设的拒绝域;

(6) 什么是假设检验的 p 值.

9. 设 $X_1, X_2, \cdots, X_n$ 是来自总体 $X \sim N(\mu, \sigma^2)$ 的样本, 设 σ_0^2 为已知. 记

$$H_0: \sigma^2 \geqslant \sigma_0^2, \quad H_1: \sigma^2 < \sigma_0^2.$$

求原假设 H_0 的检验水平为 α 的拒绝域.

10. 设 $X_1, X_2, \cdots, X_n$ 是来自总体 $X \sim N(\mu, \sigma^2)$ 的样本, 设 σ_0^2 为已知. 记

$$H_0: \sigma^2 = \sigma_0^2, \quad H_1: \sigma^2 > \sigma_0^2.$$

求原假设 H_0 的检验水平为 α 的拒绝域.

11. 设总体 $X \sim N(\mu_1, \sigma_1^2)$, 总体 $Y \sim N(\mu_2, \sigma_2^2)$, $\mu_1, \mu_2, \sigma_1^2, \sigma_2^2$ 为未知参数, X 与 Y 相互独立. 设 $X_1, X_2, \cdots, X_n$ 为来自 X 的样本, $Y_1, Y_2, \cdots, Y_m$ 为来自 Y 的样本. 求假设检验

$$H_0: \sigma_1^2 = \sigma_2^2, \quad H_1: \sigma_1^2 > \sigma_2^2$$

显著性水平为 α 的拒绝域 (要求主要推导步骤).

12. 设总体 $X \sim N(\mu_1, \sigma_1^2)$, 总体 $Y \sim N(\mu_2, \sigma_2^2)$, $\mu_1, \mu_2, \sigma_1^2, \sigma_2^2$ 为未知参数, X 与 Y 相互独立. 设 $X_1, X_2, \cdots, X_n$ 为来自 X 的样本, $Y_1, Y_2, \cdots, Y_m$ 为来自 Y 的样本. 求假设检验

$$H_0: \sigma_1^2 \geqslant \sigma_2^2, \quad H_1: \sigma_1^2 < \sigma_2^2$$

显著性水平为 α 的拒绝域 (要求主要推导步骤).

13. 设总体 $X \sim N(\mu, \sigma^2)$, 设 μ, σ^2 为未知参数, μ_0 为已知参数. 设 $X_1, X_2, \cdots, X_n$ 为来自 X 的样本. 求假设检验

$$H_0: \mu = \mu_0, \quad H_1: \mu \neq \mu_0.$$

显著性水平为 α 的拒绝域 (要求主要推导步骤).

14. 某纯净水生产厂用自动灌装机灌装纯净水, 该灌装机正常的灌装量 $X \sim N(18, 0.4^2)$. 现测量 9 桶纯净水的灌装量 (单位: L), 得到数据: 18.0, 17.6, 17.3, 18.2, 18.1, 18.5, 17.9, 18.1, 18.3. 给定显著性水平 $\alpha = 0.05$, 问灌装量的精度是否复合要求. 注: $\chi^2_{0.05}(8) = 15.507$.

15. 甲、乙两台机床加工同一种产品. 从这两台机床加工的产品中抽取若干产品, 测得产品直径 (单位: mm) 为

甲: 20.5, 19.8, 19.7, 20.4, 20.1, 20.0, 19.0, 19.9;

乙: 19.7, 20.8, 20.5, 19.8, 19.5, 20.6, 19.3.

比较甲、乙两台机床加工的产品精度有无显著差异 ($\alpha = 0.05$). 注: $F_{0.975}(7, 6) = 0.195$, $F_{0.025}(7, 6) = 5.70$.

16. 设某种元件使用寿命服从正态分布, 规定元件寿命不低于 1000 小时. 今从一批这种元件中随机抽取 25 件, 测得寿命的平均值为 $\overline{X} = 950$ 小时, 样本标准差 $S = 100$ 小时. 问这批元件是否合格 ($\alpha = 0.05$).

17. 从一批木材中抽取 100 根, 测量其小头直径, 得到样本均值为 $\overline{X} = 11.6\text{cm}$. 已知小头直径服从正态分布, 且方差 $\sigma^2 = 6.76\text{cm}^2$. 给定显著性水平 $\alpha = 0.05$, 问是否这批木材小头直径的均值小于 12cm.

18. 为了检查一粒骰子质量分布是否均匀, 做投掷骰子试验. 记 r_i 表示在 n 次投掷中点数 i 出现的频数. 现将它投掷了 150 次, 得结果如表 4.1 所示.

表 4.1

出现点数	1	2	3	4	5	6
r_i	20	20	25	26	27	32

问该粒骰子是否均匀 ($\alpha = 0.05$). 注 $\chi^2_{0.05}(5) = 11.071$.

19. 今做产品质量检查, 每次抽取 10 个产品, 共抽取 100 次, 记录每 10 个产品中的次品数如表 4.2 所示.

表 4.2

次品数	0	1	2	3	4	5	6	7	8	9	10
频数	35	40	18	5	1	1	0	0	0	0	0

问次品数是否服从二项分布.

20. 某地震观测站欲考察地下水位的变化与发生地震之间是否有联系, 收集了 1700 个观测数据, 得到列联表 4.3.

表 4.3 2×2 列联表

	有地震	无地震	$\sum$
水位有变化	98	902	1000
水位无变化	82	618	700
$\sum$	180	1520	1700

给定显著水平 $\alpha = 0.05$. 问能否认为地下水位的变化与发生地震有关. 注: $\chi^2_{0.05}(1) = 3.841$.

21. 某厂生产的产品 10000 件, 规定次品率不超过 0.01 可以出厂. 今质检员从中任取 100 件, 取 $\alpha = 0.05$.

(1) 若发现 2 件次品, 问这批产品能否出厂.

(2) 若发现 3 件次品, 问这批产品能否出厂.

22. 对 10 台设备进行寿命试验, 其失效时刻分别为

$$420, 500, 920, 1380, 1510, 1650, 1760, 2100, 2320, 2350.$$

取 $\alpha = 0.05$. 试用 EDF 型检验法检验该种设备的寿命是否服从参数为 $\lambda = 1500$ 的指数分布.

参考文献

陈希孺, 倪国熙. 2011. 数理统计学教程. 合肥: 中国科学技术大学出版社.

Hogg R V, McKean J W, Craig A T. 2013. Introduction to Mathematical Statistics. 7th ed. Boston: Pearson Education, Inc.

Lehmann E L. 2011. Fisher, Neyman, and the Creation of Classical Statistics. New York: Springer Science+Business Media, LLC.

Neyman J. 1937. "Smooth" test for goodness of fit. Skandinavisk Aktuarietidskrift, 20: 149-199.

Neyman J. 1937. Outline of a theory of statistical estimation based on the classical theory of probability. Philosophical Transactions of the Royal Society of Lond on A. 236: 333-380.

Neyman J, Pearson E S. 1928. On the use and interpretation of certain test criteria for purpose of statistical inference Biometrika 20A, 175-240: 263-294.

Neyman J, Pearson E S. 1933. On the problem of the most efficient tests of statistical hypothesis. Philosophical Transactions of the Royal Society Series A 231: 289-337.

Shao J. 2003. Mathematical Statistics. 2nd ed. New York: Springer Science+Business Media, LLC.

第 5 章　回 归 分 析

回归分析是研究变量间相互关系的统计方法, 回归分析可用以描述变量间的统计相关性. 例如, 人的身高变量 X 与体重变量 Y 之间存在一定的联系, 通常表现为当变量 X 取值较大时, 变量 Y 也倾向于取较大的值, 而 X 与 Y 之间的关系又不能确定为某一函数关系. 因此, 可考虑建立包含变量 X 与 Y 的回归模型, 进而得到 X 与 Y 关系的经验公式. 在科研与生产实践中, 当不能或不易得出变量间的函数关系时, 常使用回归分析方法, 建立变量间的经验公式. 基于回归模型, 由一组 (或一个) 解释变量的取值去预测另一组 (或另一个) 响应变量的取值. 回归分析是应用最为广泛的统计学分支.

5.1　多元线性回归模型

若一个响应变量 (因变量) 的取值受若干解释变量 (自变量) 取值的影响, 可考虑建立多元线性回归模型 (multiple linear regression model). 例如, 小麦的亩产量与施肥量、品种、浇水量、土壤、温度等多种因素相关.

多元线性模型的一般形式为

$$y=\beta_0+\beta_1x_1+\beta_2x_2+\cdots+\beta_px_p+\varepsilon, \tag{5.1.1}$$

其中 y 为响应变量, $x_1,x_2,\cdots,x_p$ 为解释变量, β_0 为常数项, $\beta_1,\beta_2,\cdots,\beta_p$ 为回归系数, ε 为随机误差项. 记 $\boldsymbol{x}=(1,x_1,x_2,\cdots,x_p)^{\mathrm{T}}$. 若 $E(\varepsilon)=0$, 则有

$$m(\boldsymbol{x})=E(y|\boldsymbol{x})=\beta_0+\beta_1x_1+\beta_2x_2+\cdots+\beta_px_p.$$

称 $E(y|x_1,x_2,\cdots,x_p)$ 为 y 关于 $x_1,x_2,\cdots,x_p$ 的回归函数.

设 $x_{i1},x_{i2},\cdots,x_{ip},y_i,i=1,2,\cdots,n$ 为来自模型 (5.1.1) 的样本. 则

$$y_i=\beta_0+\beta_1x_{i1}+\cdots+\beta_px_{ip}+\varepsilon_i,\quad i=1,2,\cdots,n. \tag{5.1.2}$$

记

$$\boldsymbol{Y}=\begin{pmatrix}y_1\\y_2\\\vdots\\y_n\end{pmatrix},\quad X=\begin{pmatrix}1&x_{11}&x_{12}&\ldots&x_{1p}\\1&x_{21}&x_{22}&\ldots&x_{2p}\\\vdots&\vdots&\vdots&&\vdots\\1&x_{n1}&x_{n2}&\ldots&x_{np}\end{pmatrix}=\begin{pmatrix}\boldsymbol{x}_1^{\mathrm{T}}\\\boldsymbol{x}_2^{\mathrm{T}}\\\vdots\\\boldsymbol{x}_n^{\mathrm{T}}\end{pmatrix},$$

$$\boldsymbol{\beta}=\begin{pmatrix}\beta_0\\\beta_1\\\vdots\\\beta_p\end{pmatrix},\quad \boldsymbol{\varepsilon}=\begin{pmatrix}\varepsilon_1\\\varepsilon_2\\\vdots\\\varepsilon_n\end{pmatrix},$$

式 (5.1.2) 的矩阵表达式为

$$\boldsymbol{Y}=X\boldsymbol{\beta}+\boldsymbol{\varepsilon}, \tag{5.1.3}$$

称矩阵 X 为设计矩阵. 假定

$$E(\boldsymbol{\varepsilon})=\mathbf{0},\quad \mathrm{Cov}(\boldsymbol{\varepsilon})=\sigma^2 I_n, \tag{5.1.4}$$

其中 σ^2 为未知参数, I_n 为 n 阶单位阵. 式 (5.1.4) 的等价形式为

$$E(\varepsilon_i)=0,\quad D(\varepsilon_i)=\sigma^2,\quad \mathrm{Cov}(\varepsilon_i,\varepsilon_j)=0,\quad i\neq j,\ i,j=1,2,\cdots,n. \tag{5.1.5}$$

式 (5.1.4) 说明随机误差项 ε_i 的期望为 0、方差相等且不同观测期的误差项不相关.

定义 5.1.1 称式 (5.1.3) 与式 (5.1.4) 为高斯–马尔可夫线性模型. 若

$$\boldsymbol{Y}=X\boldsymbol{\beta}+\boldsymbol{\varepsilon},\quad \boldsymbol{\varepsilon}\sim N_n(\mathbf{0},\sigma^2 I_n), \tag{5.1.6}$$

则称式 (5.1.6) 为正态线性模型.

随机向量 $\boldsymbol{\varepsilon}\sim N_n(\mathbf{0},\sigma^2 I_n)$ 表示 $\boldsymbol{\varepsilon}$ 服从均值向量为 $\mathbf{0}$、协差阵为 $\sigma^2 I_n$ 的多元正态分布. 易知, $\boldsymbol{\varepsilon}\sim N_n(\mathbf{0},\sigma^2 I_n)$ 的充要条件是 $\varepsilon_1,\varepsilon_2,\cdots,\varepsilon_n$ 为独立同正态分布 $N(0,\sigma^2)$ 的随机变量. 对于线性模型, 主要解决下述问题:

(1) 未知参数 $\boldsymbol{\beta}$ 与 σ^2 的估计;

(2) 线性模型的假设检验, 包括回归函数的检验与误差分布的检验等;

(3) 对响应变量 y 的预测与控制.

定义 5.1.2 若式 (5.1.1) 中的 $p=1$, 则有

$$y=\beta_0+\beta_1 x_1+\varepsilon. \tag{5.1.7}$$

称式 (5.1.7) 为一元线性模型.

由此可见, 一元线性模型是多元线性模型的特殊情形. 例如, 可利用体重、身高的 n 组数据, 建立身高和体重之间的一元线性回归模型. 此时, 设计矩阵为 $n\times 2$ 矩阵. 基于最小二乘法, 可以得到参数 β_0 与 β_1 的最小二乘估计.

5.2 最小二乘估计

现考虑高斯–马尔可夫线性模型中未知参数 $\boldsymbol{\beta}$ 与 σ^2 的最小二乘估计 (least squares estimate, LS 估计).

1. 向量微商与随机向量矩

定义 5.2.1 设 $\boldsymbol{x}=(x_1,x_2,\cdots,x_n)^{\mathrm{T}}$ 为 $n\times 1$ 向量, $y=f(\boldsymbol{x})$ 为 n 元实值函数. 向量

$$\frac{\partial y}{\partial \boldsymbol{x}}=\left(\frac{\partial y}{\partial x_1},\frac{\partial y}{\partial x_2},\cdots,\frac{\partial y}{\partial x_n}\right)^{\mathrm{T}}$$

称为 y 对 $\boldsymbol{x}$ 的微商.

定义 5.2.2 若矩阵 $Z=(Z_{ij})$ 的每个元素 Z_{ij} 均为随机变量, 则称 Z 为随机矩阵. 定义 $E(Z)=(E(Z_{ij}))$.

引理 5.2.1 设 $\boldsymbol{a},\boldsymbol{x}$ 均为 $n\times 1$ 向量, $y=\boldsymbol{a}^{\mathrm{T}}\boldsymbol{x}$, 则 $\dfrac{\partial y}{\partial \boldsymbol{x}}=\boldsymbol{a}$.

证明 设 $\boldsymbol{a}=(a_1,a_2,\cdots,a_n)^{\mathrm{T}}$. 因为 $y=a_1x_1+a_2x_2+\cdots+a_nx_n$, 所以

$$\frac{\partial y}{\partial x_i}=a_i,\quad i=1,2,\cdots,n.$$

故知结论成立.

引理 5.2.2 设 A_n 为 n 阶对称阵, $\boldsymbol{x}$ 为 $n\times 1$ 向量, $y=\boldsymbol{x}^{\mathrm{T}}A\boldsymbol{x}$, 则 $\dfrac{\partial y}{\partial \boldsymbol{x}}=2A\boldsymbol{x}$.

证明

$$\begin{aligned}\frac{\partial y}{\partial x_i}&=\frac{\partial}{\partial x_i}\left\{\sum_{s=1}^{n}\sum_{t=1}^{n}a_{st}x_sx_t\right\}\\&=2a_{ii}x_i+\sum_{j\neq i}\{a_{ij}+a_{ji}\}x_j.\end{aligned}$$

又 A_n 为对称阵, 故

$$\frac{\partial y}{\partial \boldsymbol{x}}=\left(\frac{\partial y}{\partial x_i}\right)=[A+A^{\mathrm{T}}]\boldsymbol{x}=2A\boldsymbol{x}.$$

定义 5.2.3 设 $A_n=(a_{ij})$ 为 n 阶方阵. 称 $a_{11}+a_{22}+\cdots+a_{nn}$ 为 A 的迹, 记为

$$\mathrm{tr}(A)=a_{11}+a_{22}+\cdots+a_{nn}.$$

引理 5.2.3 设 A,B 为矩阵且 AB 与 BA 均有意义. 则 $\mathrm{tr}(AB)=\mathrm{tr}(BA)$.

引理 5.2.4 设 Z 为随机矩阵. 则 $E[\mathrm{tr}(Z)]=\mathrm{tr}(E[Z])$.

定义 5.2.4 设 $\boldsymbol{\xi}=(\xi_1,\xi_2,\cdots,\xi_d)^{\mathrm{T}}$ 为 d 维随机向量, 称

$$E(\boldsymbol{\xi})=(E(\xi_1),E(\xi_2),\cdots,E(\xi_d))^{\mathrm{T}}$$

为 $\boldsymbol{\xi}$ 的均值 (或期望). d 维随机向量 $\boldsymbol{\xi}$ 的协方差阵定义为

$$\mathrm{Cov}(\boldsymbol{\xi})=E[(\boldsymbol{\xi}-E(\boldsymbol{\xi}))(\boldsymbol{\xi}-E(\boldsymbol{\xi}))^{\mathrm{T}}].$$

设 $\boldsymbol{\eta}=(\eta_1,\eta_2,\cdots,\eta_k)^{\mathrm{T}}$ 为 k 维随机向量, $\boldsymbol{\xi}$ 与 $\boldsymbol{\eta}$ 的协方差阵定义为

$$\mathrm{Cov}(\boldsymbol{\xi},\boldsymbol{\eta})=E[(\boldsymbol{\xi}-E(\boldsymbol{\xi}))(\boldsymbol{\eta}-E(\boldsymbol{\eta}))^{\mathrm{T}}].$$

引理 5.2.5 设 A 为 $n\times m$ 非随机矩阵, $\boldsymbol{\xi}$ 为 m 维随机向量, $\boldsymbol{\mu}$ 为 n 维非随机向量, 记 $\boldsymbol{\eta}=\boldsymbol{\mu}+A\boldsymbol{\xi}$, 则

$$E(\boldsymbol{\eta})=\boldsymbol{\mu}+AE(\boldsymbol{\xi}).$$

引理 5.2.6 设 A, B 为非随机矩阵, Z 为随机矩阵, 则

$$E(AZ)=AE(Z),\quad E(AZB)=AE(Z)B.$$

引理 5.2.7 设 A 为 $n\times m$ 非随机矩阵, $\boldsymbol{\xi}$ 为 m 维随机向量, $\boldsymbol{\eta}=A\boldsymbol{\xi}$, 则

$$\mathrm{Cov}(\boldsymbol{\eta})=A\mathrm{Cov}(\boldsymbol{\xi})A^{\mathrm{T}}.$$

引理 5.2.8 设 $\boldsymbol{\xi}$ 和 $\boldsymbol{\eta}$ 分别为 m 维和 n 维随机向量, $A_{d\times m}$ 和 $B_{k\times n}$ 为非随机矩阵, 则

$$\mathrm{Cov}(A\boldsymbol{\xi},B\boldsymbol{\eta})=A\mathrm{Cov}(\boldsymbol{\xi},\boldsymbol{\eta})B^{\mathrm{T}}.$$

2. **最小二乘估计及其性质**

以下假设 Rank $(X)=p+1$, 即设计矩阵 X 为列满秩矩阵. 记目标函数

$$\begin{aligned}Q(\boldsymbol{\beta})&=\boldsymbol{\varepsilon}^{\mathrm{T}}\boldsymbol{\varepsilon}\\&=(\boldsymbol{Y}-X\boldsymbol{\beta})^{\mathrm{T}}(\boldsymbol{Y}-X\boldsymbol{\beta})\\&=\sum_{i=1}^{n}\varepsilon_i^2\\&=\sum_{i=1}^{n}[y_i-(\beta_0+\beta_1x_{i1}+\beta_2x_{i2}+\cdots+\beta_px_{ip})]^2.\end{aligned}$$

参数最小二乘估计的基本思想是选取$\boldsymbol{\beta}$值, 使得目标函数$Q(\boldsymbol{\beta})$达到最小. 易知

$$Q(\boldsymbol{\beta})=\boldsymbol{Y}^{\mathrm{T}}\boldsymbol{Y}-2\boldsymbol{Y}^{\mathrm{T}}X\boldsymbol{\beta}+\boldsymbol{\beta}^{\mathrm{T}}X^{\mathrm{T}}X\boldsymbol{\beta}.$$

由引理 5.2.1 和引理 5.2.2 可知

$$\begin{aligned}\frac{\partial Q(\boldsymbol{\beta})}{\partial\boldsymbol{\beta}}&=-2\frac{\partial[\boldsymbol{Y}^{\mathrm{T}}X\boldsymbol{\beta}]}{\partial\boldsymbol{\beta}}+\frac{\partial[\boldsymbol{\beta}^{\mathrm{T}}X^{\mathrm{T}}X\boldsymbol{\beta}]}{\partial\boldsymbol{\beta}}\\&=-2X^{\mathrm{T}}\boldsymbol{Y}+2X^{\mathrm{T}}X\boldsymbol{\beta}.\end{aligned}$$

令微商为 0, 可得

$$X^{\mathrm{T}}X\boldsymbol{\beta}=X^{\mathrm{T}}\boldsymbol{Y}.$$

因为 $\mathrm{Rank}(X^{\mathrm{T}}X)=\mathrm{Rank}(X)=p+1$, 故知 $X^{\mathrm{T}}X$ 可逆, 所以有

$$\widehat{\boldsymbol{\beta}}=(X^{\mathrm{T}}X)^{-1}X^{\mathrm{T}}\boldsymbol{Y}.\tag{5.2.1}$$

由式 (5.2.1) 可知, 最小二乘估计 $\widehat{\boldsymbol{\beta}}$ 为 $y_1, y_2, \cdots, y_n$ 的线性函数.

以下证明由式 (5.2.1) 给出的驻点 $\widehat{\boldsymbol{\beta}}$ 即为 $\boldsymbol{\beta}$ 的最小二乘估计. 事实上, 对任意的 $\boldsymbol{\beta}$,

$$\begin{aligned}Q(\boldsymbol{\beta}) &= (\boldsymbol{Y}-X\boldsymbol{\beta})^{\mathrm{T}}(\boldsymbol{Y}-X\boldsymbol{\beta})\\ &= (\boldsymbol{Y}-X\widehat{\boldsymbol{\beta}}+X[\widehat{\boldsymbol{\beta}}-\boldsymbol{\beta}])^{\mathrm{T}}(\boldsymbol{Y}-X\widehat{\boldsymbol{\beta}}+X[\widehat{\boldsymbol{\beta}}-\boldsymbol{\beta}])\\ &= Q(\widehat{\boldsymbol{\beta}})+(\widehat{\boldsymbol{\beta}}-\boldsymbol{\beta})^{\mathrm{T}}X^{\mathrm{T}}X(\widehat{\boldsymbol{\beta}}-\boldsymbol{\beta})+2(\widehat{\boldsymbol{\beta}}-\boldsymbol{\beta})^{\mathrm{T}}X^{\mathrm{T}}(\boldsymbol{Y}-X\widehat{\boldsymbol{\beta}}).\end{aligned}$$

上式第二项为非负实数, 第三项为 0, 故知

$$Q(\boldsymbol{\beta}) \geqslant Q(\widehat{\boldsymbol{\beta}}). \tag{5.2.2}$$

式 (5.2.2) 中等号成立的充要条件是 $X(\widehat{\boldsymbol{\beta}}-\boldsymbol{\beta})=0$. 此式等价于

$$X^{\mathrm{T}}X\boldsymbol{\beta}=X^{\mathrm{T}}\boldsymbol{Y}.$$

所以, 驻点 $\widehat{\boldsymbol{\beta}}$ 使目标函数 $Q(\boldsymbol{\beta})$ 达到最小值.

引理 5.2.9 设 $E(\boldsymbol{\varepsilon})=\boldsymbol{0}$, 则 $E(\widehat{\boldsymbol{\beta}})=\boldsymbol{\beta}$.

证明 因为 $E(\boldsymbol{\varepsilon})=\boldsymbol{0}$, 故

$$\begin{aligned}E(\widehat{\boldsymbol{\beta}}) &= E[(X^{\mathrm{T}}X)^{-1}X^{\mathrm{T}}\boldsymbol{Y}]\\ &= E[(X^{\mathrm{T}}X)^{-1}X^{\mathrm{T}}(X\boldsymbol{\beta}+\boldsymbol{\varepsilon})]\\ &= E[(X^{\mathrm{T}}X)^{-1}X^{\mathrm{T}}X\boldsymbol{\beta}]+E[(X^{\mathrm{T}}X)^{-1}X^{\mathrm{T}}\boldsymbol{\varepsilon})]\\ &= \boldsymbol{\beta}+(X^{\mathrm{T}}X)^{-1}X^{\mathrm{T}}E(\boldsymbol{\varepsilon})\\ &= \boldsymbol{\beta}.\end{aligned}$$

引理 5.2.10 设 $\boldsymbol{\varepsilon}$ 为高斯–马尔可夫线性模型误差项. 则

$$\mathrm{Cov}(\widehat{\boldsymbol{\beta}})=\sigma^2(X^{\mathrm{T}}X)^{-1}. \tag{5.2.3}$$

证明 记 $A=(X^{\mathrm{T}}X)^{-1}X^{\mathrm{T}}$. 则 $\widehat{\boldsymbol{\beta}}=A\boldsymbol{Y}$,

$$\begin{aligned}\mathrm{Cov}(\widehat{\boldsymbol{\beta}}) &= E([A\boldsymbol{Y}-AE(\boldsymbol{Y})][A\boldsymbol{Y}-AE(\boldsymbol{Y})]^{\mathrm{T}})\\ &= AE([\boldsymbol{Y}-E(\boldsymbol{Y})][\boldsymbol{Y}-E(\boldsymbol{Y})]^{\mathrm{T}})A^{\mathrm{T}}\\ &= AE(\boldsymbol{\varepsilon}\boldsymbol{\varepsilon}^{\mathrm{T}})A^{\mathrm{T}}=A\sigma^2I_nA^{\mathrm{T}}\\ &= \sigma^2(X^{\mathrm{T}}X)^{-1}.\end{aligned}$$

引理 5.2.11 设 $\boldsymbol{\varepsilon}$ 为高斯–马尔可夫线性模型误差项. 记

$$\widehat{\boldsymbol{Y}}=X\widehat{\boldsymbol{\beta}},\quad \widehat{\boldsymbol{\varepsilon}}=\boldsymbol{Y}-\widehat{\boldsymbol{Y}}.$$

称 $\widehat{\boldsymbol{Y}} = X\widehat{\boldsymbol{\beta}}$ 为预测 (估计) 向量, $\widehat{\boldsymbol{\varepsilon}}$ 为残差向量. 则

$$E(\widehat{\boldsymbol{\varepsilon}}) = \mathbf{0}, \quad \mathrm{Cov}(\widehat{\boldsymbol{\varepsilon}}) = \sigma^2[I_n - X(X^{\mathrm{T}}X)^{-1}X^{\mathrm{T}}]. \tag{5.2.4}$$

证明 由定义,

$$\begin{aligned}\widehat{\boldsymbol{\varepsilon}} &= (X\boldsymbol{\beta}+\boldsymbol{\varepsilon}) - X[(X^{\mathrm{T}}X)^{-1}X^{\mathrm{T}}(X\boldsymbol{\beta}+\boldsymbol{\varepsilon})]\\ &= [I_n - X(X^{\mathrm{T}}X)^{-1}X^{\mathrm{T}}]\boldsymbol{\varepsilon}.\end{aligned} \tag{5.2.5}$$

所以

$$\begin{aligned}E(\widehat{\boldsymbol{\varepsilon}}) &= [I_n - X(X^{\mathrm{T}}X)^{-1}X^{\mathrm{T}}]E(\boldsymbol{\varepsilon})\\ &= [I_n - X(X^{\mathrm{T}}X)^{-1}X^{\mathrm{T}}]\cdot\mathbf{0} = \mathbf{0}.\end{aligned}$$

记 $P_X = X(X^{\mathrm{T}}X)^{-1}X^{\mathrm{T}}$. 易知 P_X 为对称幂等阵, 即

$$P_X^{\mathrm{T}} = P_X, \quad P_X^2 = P_X.$$

故知

$$\begin{aligned}\mathrm{Cov}(\widehat{\boldsymbol{\varepsilon}}) &= (I_n - P_X)\mathrm{Cov}(\boldsymbol{\varepsilon})(I_n - P_X)\\ &= \sigma^2(I_n - P_X)^2 = \sigma^2(I_n - P_X)\\ &= \sigma^2[I_n - X(X^{\mathrm{T}}X)^{-1}X^{\mathrm{T}}].\end{aligned}$$

引理 5.2.12 设 $\boldsymbol{\varepsilon}$ 为高斯–马尔可夫线性模型误差项. 记

$$\widehat{\sigma}^2 = \frac{\widehat{\boldsymbol{\varepsilon}}^{\mathrm{T}}\widehat{\boldsymbol{\varepsilon}}}{n-p-1}. \tag{5.2.6}$$

则 $E(\widehat{\sigma}^2) = \sigma^2$.

证明 $\widehat{\boldsymbol{\varepsilon}}^{\mathrm{T}}\widehat{\boldsymbol{\varepsilon}} = \boldsymbol{\varepsilon}^{\mathrm{T}}(I_n - P_X)(I_n - P_X)\boldsymbol{\varepsilon}$

$$\begin{aligned}&= \boldsymbol{\varepsilon}^{\mathrm{T}}(I_n - P_X)\boldsymbol{\varepsilon}\\ &= \mathrm{tr}[(I_n - P_X)\boldsymbol{\varepsilon}\boldsymbol{\varepsilon}^{\mathrm{T}}].\end{aligned}$$

故由矩阵迹的性质知

$$\begin{aligned}E(\widehat{\boldsymbol{\varepsilon}}^{\mathrm{T}}\widehat{\boldsymbol{\varepsilon}}) &= E(\mathrm{tr}[(I_n - P_X)\boldsymbol{\varepsilon}\boldsymbol{\varepsilon}^{\mathrm{T}}])\\ &= \mathrm{tr}(E[(I_n - P_X)\boldsymbol{\varepsilon}\boldsymbol{\varepsilon}^{\mathrm{T}}])\\ &= \sigma^2\mathrm{tr}(I_n - P_X) = \sigma^2\mathrm{tr}(I_n) - \sigma^2\mathrm{tr}(P_X)\\ &= n\sigma^2 - \sigma^2\mathrm{tr}(X(X^{\mathrm{T}}X)^{-1}X^{\mathrm{T}})\\ &= n\sigma^2 - \sigma^2\mathrm{tr}(X^{\mathrm{T}}[X(X^{\mathrm{T}}X)^{-1}])\\ &= n\sigma^2 - \sigma^2\mathrm{tr}(I_{p+1}) = \sigma^2(n-p-1).\end{aligned}$$

由此可得

$$E(\widehat{\sigma}^2) = E\Big(\frac{\widehat{\boldsymbol{\varepsilon}}^{\mathrm{T}}\widehat{\boldsymbol{\varepsilon}}}{n-p-1}\Big) = \sigma^2.$$

定理 5.2.1 (高斯–马尔可夫定理)　设 $\boldsymbol{Y}=X\boldsymbol{\beta}+\boldsymbol{\varepsilon}$, 且

$$E(\boldsymbol{\varepsilon})=\mathbf{0},\quad \mathrm{Cov}(\boldsymbol{\varepsilon})=\sigma^2 I_n.$$

设 $\widehat{\boldsymbol{\beta}}$ 为 $\boldsymbol{\beta}$ 的 LS 估计. 则对任意 $\boldsymbol{c}\in\mathbf{R}^{p+1}$, $\boldsymbol{c}^{\mathrm{T}}\widehat{\boldsymbol{\beta}}$ 为 $\boldsymbol{c}^{\mathrm{T}}\boldsymbol{\beta}$ 的最优 (最小方差) 线性无偏估计.

证明　对任意给定的 $\boldsymbol{c}$, 设 $\boldsymbol{a}^{\mathrm{T}}\boldsymbol{Y}$ 为 $\boldsymbol{c}^{\mathrm{T}}\boldsymbol{\beta}$ 的任一无偏估计, 则 $E(\boldsymbol{a}^{\mathrm{T}}\boldsymbol{Y})=\boldsymbol{c}^{\mathrm{T}}\boldsymbol{\beta}$. 因为

$$E(\boldsymbol{a}^{\mathrm{T}}\boldsymbol{Y})=E(\boldsymbol{a}^{\mathrm{T}}X\boldsymbol{\beta}+\boldsymbol{a}^{\mathrm{T}}\boldsymbol{\varepsilon})=\boldsymbol{a}^{\mathrm{T}}X\boldsymbol{\beta},$$

故对任意 $\boldsymbol{\beta}$, 有 $(\boldsymbol{c}^{\mathrm{T}}-\boldsymbol{a}^{\mathrm{T}}X)\boldsymbol{\beta}=0$. 特别地取 $\boldsymbol{\beta}=(\boldsymbol{c}^{\mathrm{T}}-\boldsymbol{a}^{\mathrm{T}}X)^{\mathrm{T}}$, 则有

$$(\boldsymbol{c}^{\mathrm{T}}-\boldsymbol{a}^{\mathrm{T}}X)(\boldsymbol{c}^{\mathrm{T}}-\boldsymbol{a}^{\mathrm{T}}X)^{\mathrm{T}}=0.$$

因此, $\boldsymbol{c}^{\mathrm{T}}=\boldsymbol{a}^{\mathrm{T}}X$. 记 $\boldsymbol{c}^{\mathrm{T}}\widehat{\boldsymbol{\beta}}=\boldsymbol{c}^{\mathrm{T}}(X^{\mathrm{T}}X)^{-1}X^{\mathrm{T}}\boldsymbol{Y}=\boldsymbol{\kappa}^{\mathrm{T}}\boldsymbol{Y}$. 则有

$$\begin{aligned}D(\boldsymbol{a}^{\mathrm{T}}\boldsymbol{Y})&=D(\boldsymbol{a}^{\mathrm{T}}X\boldsymbol{\beta}+\boldsymbol{a}^{\mathrm{T}}\boldsymbol{\varepsilon})\\&=D(\boldsymbol{a}^{\mathrm{T}}\boldsymbol{\varepsilon})=\sigma^2\boldsymbol{a}^{\mathrm{T}}\boldsymbol{a}\\&=\sigma^2(\boldsymbol{a}-\boldsymbol{\kappa}+\boldsymbol{\kappa})^{\mathrm{T}}(\boldsymbol{a}-\boldsymbol{\kappa}+\boldsymbol{\kappa})\\&=\sigma^2[(\boldsymbol{a}-\boldsymbol{\kappa})^{\mathrm{T}}(\boldsymbol{a}-\boldsymbol{\kappa})]+\sigma^2[\boldsymbol{\kappa}^{\mathrm{T}}\boldsymbol{\kappa}]\\&\geqslant D(\boldsymbol{\kappa}^{\mathrm{T}}\boldsymbol{Y})=D(\boldsymbol{c}^{\mathrm{T}}\widehat{\boldsymbol{\beta}}),\end{aligned}$$

其中, $\boldsymbol{\kappa}=X(X^{\mathrm{T}}X)^{-1}\boldsymbol{c}$. 上述证明过程中用到了以下结果:

$$\begin{aligned}(\boldsymbol{a}-\boldsymbol{\kappa})^{\mathrm{T}}\boldsymbol{\kappa}&=(\boldsymbol{a}-\boldsymbol{\kappa})^{\mathrm{T}}X(X^{\mathrm{T}}X)^{-1}\boldsymbol{c}\\&=(\boldsymbol{a}^{\mathrm{T}}X-\boldsymbol{\kappa}^{\mathrm{T}}X)(X^{\mathrm{T}}X)^{-1}\boldsymbol{c}\\&=(\boldsymbol{c}^{\mathrm{T}}-[\boldsymbol{c}^{\mathrm{T}}(X^{\mathrm{T}}X)^{-1}X^{\mathrm{T}}]X)(X^{\mathrm{T}}X)^{-1}\boldsymbol{c}\\&=(\boldsymbol{c}^{\mathrm{T}}-\boldsymbol{c}^{\mathrm{T}})(X^{\mathrm{T}}X)^{-1}\boldsymbol{c}=0.\end{aligned}$$

故知 $\boldsymbol{c}^{\mathrm{T}}\widehat{\boldsymbol{\beta}}$ 为 $\boldsymbol{c}^{\mathrm{T}}\boldsymbol{\beta}$ 的最优线性无偏估计.

定理 5.2.2　设 ε 为正态线性模型误差项. 则 $\widehat{\boldsymbol{\beta}}$ 与 $\widehat{\varepsilon}$ 相互独立且有

$$\widehat{\boldsymbol{\beta}}\sim N(\boldsymbol{\beta},\sigma^2(X^{\mathrm{T}}X)^{-1}),\quad \frac{(n-p-1)\widehat{\sigma}^2}{\sigma^2}\sim\chi^2(n-p-1).\tag{5.2.7}$$

证明　易知

$$\widehat{\boldsymbol{\beta}}=(X^{\mathrm{T}}X)^{-1}X^{\mathrm{T}}(X\boldsymbol{\beta}+\boldsymbol{\varepsilon})=\boldsymbol{\beta}+(X^{\mathrm{T}}X)^{-1}X^{\mathrm{T}}\boldsymbol{\varepsilon}.$$

又 $\boldsymbol{\varepsilon} \sim N(\mathbf{0}, \sigma^2 I_n)$, 故有

$$\begin{aligned}\begin{pmatrix} \widehat{\boldsymbol{\beta}} \\ \widehat{\boldsymbol{\varepsilon}} \end{pmatrix} &= \begin{pmatrix} \boldsymbol{\beta} + (X^{\mathrm{T}}X)^{-1}X^{\mathrm{T}}\boldsymbol{\varepsilon} \\ (I_n - P_X)\boldsymbol{\varepsilon} \end{pmatrix} \\ &= \begin{pmatrix} \boldsymbol{\beta} \\ \mathbf{0} \end{pmatrix} + \begin{pmatrix} (X^{\mathrm{T}}X)^{-1}X^{\mathrm{T}} \\ I_n - P_X \end{pmatrix}\boldsymbol{\varepsilon} \\ &= \boldsymbol{\nu} + B\boldsymbol{\varepsilon} \sim N(\boldsymbol{\nu}, \sigma^2 BB^{\mathrm{T}}).\end{aligned}$$

$$\mathrm{Cov}\begin{pmatrix} \widehat{\boldsymbol{\beta}} \\ \widehat{\boldsymbol{\varepsilon}} \end{pmatrix} = B\mathrm{Cov}(\boldsymbol{\varepsilon})B^{\mathrm{T}} = \sigma^2 \begin{pmatrix} (X^{\mathrm{T}}X)^{-1} & \mathbf{0} \\ \mathbf{0} & I_n - P_X \end{pmatrix},$$

所以, $\mathrm{Cov}(\widehat{\boldsymbol{\beta}}, \widehat{\boldsymbol{\varepsilon}}) = 0$, 即 $\widehat{\boldsymbol{\beta}}$ 与 $\widehat{\boldsymbol{\varepsilon}}$ 是不相关的. 故知 $\widehat{\boldsymbol{\beta}}$ 与 $\widehat{\boldsymbol{\varepsilon}}$ 均服从多元正态分布, $\widehat{\boldsymbol{\beta}}$ 与 $\widehat{\boldsymbol{\varepsilon}}$ 相互独立且

$$\widehat{\boldsymbol{\beta}} \sim N(\boldsymbol{\beta}, \sigma^2(X^{\mathrm{T}}X)^{-1}).$$

易证对称幂等阵 $I_n - P_X$ 的特征值只能是 0 或 1. 设 $\lambda_1, \lambda_2, \cdots, \lambda_n$ 为 $I_n - P_X$ 的特征值. 则有

$$\begin{aligned}\mathrm{Rank}(I_n - P_X) &= \mathrm{tr}(I_n - P_X) \\ &= \mathrm{tr}(I_n) - \mathrm{tr}(X(X^{\mathrm{T}}X)^{-1}X^{\mathrm{T}}) \\ &= n - \mathrm{tr}(X^{\mathrm{T}} \cdot X(X^{\mathrm{T}}X)^{-1}) \\ &= n - p - 1 \\ &= \lambda_1 + \lambda_2 + \cdots + \lambda_n.\end{aligned}$$

因此, $\lambda_i, i \leqslant n$ 中恰有 $n-p-1$ 个特征值为 1 而其余为 0. 设 $\lambda_1 = \lambda_2 = \cdots = \lambda_{n-p-1} = 1$, $\boldsymbol{\alpha}_1, \boldsymbol{\alpha}_2, \cdots, \boldsymbol{\alpha}_{n-p-1}$ 为相应的标准化正交特征向量. 由谱分解可得

$$I_n - P_X = \boldsymbol{\alpha}_1\boldsymbol{\alpha}_1^{\mathrm{T}} + \boldsymbol{\alpha}_2\boldsymbol{\alpha}_2^{\mathrm{T}} + \cdots + \boldsymbol{\alpha}_{n-p-1}\boldsymbol{\alpha}_{n-p-1}^{\mathrm{T}}.$$

记 $Q_i = \boldsymbol{\alpha}_i^{\mathrm{T}}\boldsymbol{\varepsilon}$, $\boldsymbol{Q} = (Q_1, Q_2, \cdots, Q_{n-p-1})^{\mathrm{T}}$. 则 $\boldsymbol{Q}$ 服从多元正态分布且有

$$E(Q_i) = \boldsymbol{\alpha}_i^{\mathrm{T}}E(\boldsymbol{\varepsilon}) = 0, \quad i = 1, 2, \cdots, n-p-1.$$

$$\mathrm{Cov}(Q_i, Q_j) = \boldsymbol{\alpha}_i^{\mathrm{T}}\sigma^2 I_n\boldsymbol{\alpha}_j = \sigma^2\delta_{ij}, \quad i, j = 1, 2, \cdots, n-p-1,$$

其中 $\delta_{ij} = 1, i = j; \delta_{ij} = 0, i \neq j$. 因此, $Q_1, Q_2, \cdots, Q_{n-p-1}$ 相互独立且有

$$Q_i \sim N(0, \sigma^2), \quad i = 1, 2, \cdots, n-p-1.$$

故知

$$(n-p-1)\widehat{\sigma}^2 = \widehat{\boldsymbol{\varepsilon}}^{\mathrm{T}}\widehat{\boldsymbol{\varepsilon}} = \boldsymbol{\varepsilon}^{\mathrm{T}}(I_n - P_X)\boldsymbol{\varepsilon} = Q_1^2 + Q_2^2 + \cdots + Q_{n-p-1}^2,$$

$$(n-p-1)\widehat{\sigma}^2/\sigma^2 \sim \chi^2(n-p-1).$$

3. **最小二乘估计的几何解释**

设 $\boldsymbol{Z}$ 为 n 维向量. 记 $\|\boldsymbol{Z}\| = \sqrt{\boldsymbol{Z}^{\mathrm{T}}\boldsymbol{Z}}$, 称 $\|\boldsymbol{Z}\|$ 为 $\boldsymbol{Z}$ 的长度. 因为 $\boldsymbol{Y} = \widehat{\boldsymbol{Y}} + \widehat{\varepsilon}$, 故有

$$\begin{aligned}\boldsymbol{Y}^{\mathrm{T}}\boldsymbol{Y} &= (\widehat{\boldsymbol{Y}} + \widehat{\varepsilon})^{\mathrm{T}}(\widehat{\boldsymbol{Y}} + \widehat{\varepsilon}) \\ &= \widehat{\boldsymbol{Y}}^{\mathrm{T}}\widehat{\boldsymbol{Y}} + 2\widehat{\boldsymbol{Y}}^{\mathrm{T}}\widehat{\varepsilon} + \widehat{\varepsilon}^{\mathrm{T}}\widehat{\varepsilon} \\ &= \widehat{\boldsymbol{Y}}^{\mathrm{T}}\widehat{\boldsymbol{Y}} + \widehat{\varepsilon}^{\mathrm{T}}\widehat{\varepsilon},\end{aligned}$$

其中,

$$\begin{aligned}\widehat{\boldsymbol{Y}}^{\mathrm{T}}\widehat{\varepsilon} &= \widehat{\boldsymbol{\beta}}^{\mathrm{T}}X^{\mathrm{T}}(\boldsymbol{Y} - X\widehat{\boldsymbol{\beta}}) \\ &= \widehat{\boldsymbol{\beta}}^{\mathrm{T}}(X^{\mathrm{T}}\boldsymbol{Y} - X^{\mathrm{T}}X\widehat{\boldsymbol{\beta}}) \\ &= \widehat{\boldsymbol{\beta}}^{\mathrm{T}}(X^{\mathrm{T}}\boldsymbol{Y} - X^{\mathrm{T}}X[(X^{\mathrm{T}}X)^{-1}X^{\mathrm{T}}\boldsymbol{Y}]) \\ &= \widehat{\boldsymbol{\beta}}^{\mathrm{T}}(X^{\mathrm{T}}\boldsymbol{Y} - X^{\mathrm{T}}\boldsymbol{Y}) \\ &= \widehat{\boldsymbol{\beta}}^{\mathrm{T}} \cdot \mathbf{0} = \mathbf{0}.\end{aligned}$$

所以, $\|\boldsymbol{Y}\|^2 = \|\widehat{\boldsymbol{Y}}\|^2 + \|\widehat{\varepsilon}\|^2$, 且有

$$X^{\mathrm{T}}\widehat{\varepsilon} = X^{\mathrm{T}}(\boldsymbol{Y} - X\widehat{\boldsymbol{\beta}}) = X^{\mathrm{T}}\boldsymbol{Y} - X^{\mathrm{T}}X\widehat{\boldsymbol{\beta}} = \mathbf{0}.$$

记 $X = (\boldsymbol{X}_{(0)}, \boldsymbol{X}_{(1)}, \cdots, \boldsymbol{X}_{(p)})$. 则有

$$X^{\mathrm{T}}\widehat{\varepsilon} = \begin{pmatrix} \boldsymbol{X}_{(0)}^{\mathrm{T}} \\ \boldsymbol{X}_{(1)}^{\mathrm{T}} \\ \vdots \\ \boldsymbol{X}_{(p)}^{\mathrm{T}} \end{pmatrix} \widehat{\varepsilon} = \begin{pmatrix} \boldsymbol{X}_{(0)}^{\mathrm{T}}\widehat{\varepsilon} \\ \boldsymbol{X}_{(1)}^{\mathrm{T}}\widehat{\varepsilon} \\ \vdots \\ \boldsymbol{X}_{(p)}^{\mathrm{T}}\widehat{\varepsilon} \end{pmatrix} = \mathbf{0}.$$

因此, $\boldsymbol{X}_{(i)}^{\mathrm{T}}\widehat{\varepsilon} = 0,\ i = 0, 1, \cdots, p$. 这说明残差向量 $\widehat{\varepsilon}$ 与 X 的每个列向量都是正交的. 记 $\mathscr{L}(X)$ 为设计矩阵 X 的列向量 $\boldsymbol{X}_{(0)}, \boldsymbol{X}_{(1)}, \cdots, \boldsymbol{X}_{(p)}$ 生成的线性空间. 则残差向量 $\widehat{\varepsilon} \perp \mathscr{L}(X)$, 预测向量 $\widehat{\boldsymbol{Y}} = \widehat{\beta}_0\boldsymbol{X}_{(0)} + \widehat{\beta}_1\boldsymbol{X}_{(1)} + \cdots + \widehat{\beta}_p\boldsymbol{X}_{(p)} \in \mathscr{L}(X)$. 因为

$$\boldsymbol{Y} = \widehat{Y} + \widehat{\varepsilon} = P_X\boldsymbol{Y} + (I_n - P_X)\boldsymbol{Y},$$

故知, P_X 把向量 $\boldsymbol{Y}$ 投影到线性空间 $\mathscr{L}(X)$ 上, $I_n - P_X$ 使 $\boldsymbol{Y}$ 的投影垂直于线性空间 $\mathscr{L}(X)$.

5.3 显著性检验

对于多元线性模型, 可利用最小二乘法获得未知参数的 LS 估计. 在实际应用中, 需进行响应变量与解释变量间线性关系的假设检验.

1. 回归函数的假设检验

为考察观测数据与线性模型 (5.1.6) 的拟合效果, 提出假设检验:

$$H_0:\beta_1=\beta_2=\cdots=\beta_p=0;\quad H_1:\beta_1,\beta_2,\cdots,\beta_p\text{不全为 }0. \tag{5.3.1}$$

若在水平 α 下拒绝 H_0, 则认为线性回归效果是显著的. 否则, 认为任一变量 x_i 对 y 没有显著性影响. 记

$$\overline{y}=\frac{1}{n}\sum_{i=1}^{n}y_i,\quad \widehat{\boldsymbol{\beta}}=(\widehat{\beta}_0,\widehat{\beta}_1,\cdots,\widehat{\beta}_p)^{\mathrm{T}},\quad \widehat{y}_i=\widehat{\beta}_0+\widehat{\beta}_1x_{i1}+\cdots+\widehat{\beta}_px_{ip},$$

$$SST=\sum_{i=1}^{n}(y_i-\overline{y})^2,\quad SSR=\sum_{i=1}^{n}(\widehat{y}_i-\overline{y})^2,\quad SSE=\sum_{i=1}^{n}(y_i-\widehat{y}_i)^2.$$

则有

$$SST=SSR+SSE. \tag{5.3.2}$$

称 SST 为离差平方和, SSR 为回归平方和, SSE 为误差平方和. SSR 反映解释变量 $x_1,\cdots,x_p$ 对响应变量 y 的影响, SSE 反映其他因素对响应变量 y 的影响. 若比值 SSR/SSE 较大, 则拒绝原假设 H_0.

当 H_0 (5.3.1) 成立时, 可以证明

$$\frac{SSR}{\sigma^2}\sim\chi^2(p),\quad F=\frac{SSR/p}{SSE/(n-p-1)}\sim F(p,n-p-1). \tag{5.3.3}$$

对于给定水平 α, 原假设 H_0 (5.3.1) 的拒绝域为

$$\{(\boldsymbol{Y},X):F\geqslant F_\alpha(p,n-p-1)\}. \tag{5.3.4}$$

上述检验形成线性假设显著性检验方差分析表 5.3.1.

表 5.3.1 线性假设检验方差分析

方差来源	平方和	自由度	均方和	F 值
回归	SSR	p	$MSSR=\dfrac{SSR}{p}$	$F=\dfrac{MSSR}{MSSE}$
误差	SSE	$n-p-1$	$MSSE=\dfrac{SSE}{n-p-1}$	
总和	SST	$n-1$		

2. 回归系数的假设检验

在线性回归模型 (5.1.6) 中, 初选的解释变量 $x_1, x_2, \cdots, x_p$ 对响应变量 y 的影响可能是不一样的, 有的解释变量对 y 的影响作用大些, 有的解释变量对 y 的影响作用小到可以忽略不计. 因此, 若接受线性模型, 仍需对每个回归系数 β_i 做假设检验. 故考虑假设检验问题:

$$H_0: \beta_i = 0, \quad H_1: \beta_i \neq 0. \tag{5.3.5}$$

若拒绝 H_0, 则认为 x_i 对响应变量 y 有显著性影响. 反之, 则从正态线性回归模型 (5.1.6) 中剔除 x_i, 即认为 x_i 对响应变量 y 没有显著性影响.

由定理 5.2.2 可知, $\widehat{\boldsymbol{\beta}}$ 与 $\widehat{\boldsymbol{\varepsilon}}$ 相互独立, 且 $\widehat{\boldsymbol{\beta}} \sim N(\boldsymbol{\beta}, \sigma^2(X^{\mathrm{T}}X)^{-1})$. 记

$$(X^{\mathrm{T}}X)^{-1} = C = (c_{ij})_{(p+1)\times(p+1)}.$$

则有

$$D(\widehat{\beta}_i) = \sigma^2 c_{ii}, \quad \mathrm{Cov}(\widehat{\beta}_i, \widehat{\beta}_j) = \sigma^2 c_{ij}, \quad i, j = 0, 1, \cdots, p.$$

故

$$\widehat{\beta}_i \sim N(\beta_i, \sigma^2 c_{ii}), \quad i = 0, 1, \cdots, p.$$

由式 (5.2.7) 知, $(n-p-1)\widehat{\sigma}^2/\sigma^2 \sim \chi^2(n-p-1)$.

又 $\widehat{\beta}_i$ 与 $\widehat{\sigma}^2$ 相互独立, 故当 $H_0: \beta_i = 0$ 成立时, 有

$$\frac{\widehat{\beta}_i^{\,2}/(\sigma^2 c_{ii})}{(n-p-1)\widehat{\sigma}^2/(\sigma^2(n-p-1))} = \frac{\widehat{\beta}_i^{\,2}}{c_{ii}\cdot\widehat{\sigma}^2} \sim F(1, n-p-1). \tag{5.3.6}$$

对于给定水平 α, 原假设 H_0 (5.3.5) 的拒绝域为

$$\left\{(\boldsymbol{Y}, X): \left|\frac{\widehat{\beta}_i^2}{c_{ii}\cdot\widehat{\sigma}^2}\right| \geqslant F_\alpha(1, n-p-1)\right\}. \tag{5.3.7}$$

同理可证, 当 $H_0: \beta_i = 0$ 成立时, 有

$$t = \frac{\widehat{\beta}_i/(\sigma\sqrt{c_{ii}})}{\sqrt{\widehat{\sigma}^2/\sigma^2}} = \frac{\widehat{\beta}_i}{\sqrt{c_{ii}}\cdot\widehat{\sigma}} \sim t(n-p-1), \tag{5.3.8}$$

其中 $\widehat{\sigma} = \sqrt{\widehat{\sigma}^2}$. 故原假设 H_0 (5.3.5) 的等价拒绝域为

$$\left\{(\boldsymbol{Y}, X): \left|\frac{\widehat{\beta}_i}{\sqrt{c_{ii}}\cdot\widehat{\sigma}}\right| \geqslant t_{\alpha/2}(n-p-1)\right\}. \tag{5.3.9}$$

3. 确定系数

在离差平方和中, 若回归平方和所占比例大, 误差平方和所占比例小, 则说明线性模型与数据拟合程度高. 定义确定系数

$$R^2=\frac{SSR}{SST}=1-\frac{SSE}{SST}. \tag{5.3.10}$$

易知 $0\leqslant R^2\leqslant 1$. 确定系数 R^2 越趋向 1, 拟合程度越高; 反之越低. 对于一元线性模型 (5.1.7), 其确定系数等于解释变量 x_1 与响应变量 y 的样本相关系数的平方, 即

$$R^2=[\widehat{\rho}_{x_1,y}]^2.$$

5.4 预测问题

通过检验的正态线性回归模型 (5.1.6) 可用于预测与控制, 这里主要考虑预测问题. 对于给定的 $\boldsymbol{x}_0=(1,x_{01},x_{02},\cdots,x_{0p})^{\mathrm{T}}$, 可基于参数估计 $\widehat{\boldsymbol{\beta}},\widehat{\sigma}^2$, 去估计回归函数 $m(\boldsymbol{x}_0)=\boldsymbol{x}_0^{\mathrm{T}}\boldsymbol{\beta}$ 与响应变量 y 在 $\boldsymbol{x}_0$ 的取值. 我们将讨论对应的点估计与区间估计.

1. 回归函数的估计

设 y_0 为 $\boldsymbol{x}=\boldsymbol{x}_0$ 时 y 的取值. 故有

$$m(\boldsymbol{x}_0)=E(y|\boldsymbol{x}_0)=\boldsymbol{x}_0^{\mathrm{T}}\boldsymbol{\beta}.$$

回归函数 $m(\boldsymbol{x}_0)$ 的一个自然的点估计为 $\boldsymbol{x}_0^{\mathrm{T}}\widehat{\boldsymbol{\beta}}$, 其中 $\widehat{\boldsymbol{\beta}}$ 为 $\boldsymbol{\beta}$ 的 LS 估计.

定理 5.4.1 对于正态线性回归模型 (5.1.6), $\boldsymbol{x}_0^{\mathrm{T}}\widehat{\boldsymbol{\beta}}$ 为 $\boldsymbol{x}_0^{\mathrm{T}}\boldsymbol{\beta}$ 的最优线性无偏估计, 回归函数 $E(y|\boldsymbol{x}_0)=\boldsymbol{x}_0^{\mathrm{T}}\boldsymbol{\beta}$ 的置信水平为 $1-\alpha$ 的置信区间为

$$[\boldsymbol{x}_0^{\mathrm{T}}\widehat{\boldsymbol{\beta}}-t_{\alpha/2}(n-p-1)\cdot\widehat{\sigma}\sqrt{\boldsymbol{x}_0^{\mathrm{T}}(X^{\mathrm{T}}X)^{-1}\boldsymbol{x}_0},\ \boldsymbol{x}_0^{\mathrm{T}}\widehat{\boldsymbol{\beta}}+t_{\alpha/2}(n-p-1)\cdot\widehat{\sigma}\sqrt{\boldsymbol{x}_0^{\mathrm{T}}(X^{\mathrm{T}}X)^{-1}\boldsymbol{x}_0}]. \tag{5.4.1}$$

证明 由高斯–马尔可夫定理 5.2.1 知, $\boldsymbol{x}_0^{\mathrm{T}}\widehat{\boldsymbol{\beta}}$ 为 $\boldsymbol{x}_0^{\mathrm{T}}\boldsymbol{\beta}$ 的最优线性无偏估计. 由定理 5.2.2 可知, $\widehat{\boldsymbol{\beta}}$ 与 $\widehat{\boldsymbol{\varepsilon}}$ 相互独立且

$$\widehat{\boldsymbol{\beta}}\sim N(\boldsymbol{\beta},\sigma^2(X^{\mathrm{T}}X)^{-1}),\quad (n-p-1)\widehat{\sigma}^2/\sigma^2\sim\chi^2(n-p-1).$$

又 $\mathrm{Cov}(\boldsymbol{x}_0^{\mathrm{T}}\widehat{\boldsymbol{\beta}})=\sigma^2\boldsymbol{x}_0^{\mathrm{T}}(X^{\mathrm{T}}X)^{-1}\boldsymbol{x}_0$, 故

$$\boldsymbol{x}_0^{\mathrm{T}}\widehat{\boldsymbol{\beta}}\sim N(\boldsymbol{x}_0^{\mathrm{T}}\boldsymbol{\beta},\sigma^2\boldsymbol{x}_0^{\mathrm{T}}(X^{\mathrm{T}}X)^{-1}\boldsymbol{x}_0).$$

因此有

$$\frac{(\boldsymbol{x}_0^{\mathrm{T}}\widehat{\boldsymbol{\beta}}-\boldsymbol{x}_0^{\mathrm{T}}\boldsymbol{\beta})/\sqrt{\sigma^2\boldsymbol{x}_0^{\mathrm{T}}(X^{\mathrm{T}}X)^{-1}\boldsymbol{x}_0}}{\sqrt{\widehat{\sigma}^2/\sigma^2}}=\frac{\boldsymbol{x}_0^{\mathrm{T}}\widehat{\boldsymbol{\beta}}-\boldsymbol{x}_0^{\mathrm{T}}\boldsymbol{\beta}}{\widehat{\sigma}\sqrt{\boldsymbol{x}_0^{\mathrm{T}}(X^{\mathrm{T}}X)^{-1}\boldsymbol{x}_0}}\sim t(n-p-1).$$

由此可得回归函数 $m(\boldsymbol{x}_0)$ 的置信区间式 (5.4.1).

2. $\boldsymbol{x}_0$ 处对应值 y_0 的估计 (点预测)

设 $\boldsymbol{x}=\boldsymbol{x}_0$ 时, $y=y_0$. 故由式 (5.1.6) 知

$$y_0=\boldsymbol{x}_0^{\mathrm{T}}\boldsymbol{\beta}+\varepsilon_0.$$

新的误差项 ε_0 与 $\boldsymbol{\varepsilon}$ 相互独立.

定理 5.4.2　设有正态线性回归模型 (5.1.6).

(1) 对于给定的 $\boldsymbol{x}_0$, 对应观察值 y_0 的一个估计为

$$\widehat{y}_0=\boldsymbol{x}_0^{\mathrm{T}}\widehat{\boldsymbol{\beta}}=\widehat{\beta}_0+\widehat{\beta}_1x_{01}+\widehat{\beta}_2x_{02}+\cdots+\widehat{\beta}_px_{0p},$$

预测误差 $y_0-\widehat{y}_0$ 的期望与方差分别为

$$E(y_0-\widehat{y}_0)=0,\quad \mathrm{Cov}(y_0-\widehat{y}_0)=\sigma^2(1+\boldsymbol{x}_0^{\mathrm{T}}(X^{\mathrm{T}}X)^{-1}\boldsymbol{x}_0).$$

(2) 观察值 y_0 的置信水平为 $1-\alpha$ 的预测区间为

$$\begin{aligned}&[\boldsymbol{x}_0^{\mathrm{T}}\widehat{\boldsymbol{\beta}}-t_{\alpha/2}(n-p-1)\cdot\widehat{\sigma}\sqrt{1+\boldsymbol{x}_0^{\mathrm{T}}(X^{\mathrm{T}}X)^{-1}\boldsymbol{x}_0}\ \boldsymbol{x}_0^{\mathrm{T}}\widehat{\boldsymbol{\beta}}\\&+t_{\alpha/2}(n-p-1)\cdot\widehat{\sigma}\sqrt{1+\boldsymbol{x}_0^{\mathrm{T}}(X^{\mathrm{T}}X)^{-1}\boldsymbol{x}_0}].\end{aligned}\tag{5.4.2}$$

证明　(1) $E(y_0-\widehat{y}_0)=E(y_0)-E(\widehat{y}_0)=\boldsymbol{x}_0^{\mathrm{T}}\boldsymbol{\beta}-\boldsymbol{x}_0^{\mathrm{T}}\boldsymbol{\beta}=0$.
又 ε_0 与 $\boldsymbol{\varepsilon}$ 相互独立, 故 ε_0 与 $\widehat{\boldsymbol{\beta}}$ 相互独立. 因此, y_0 与 $\widehat{y}_0$ 不相关. 所以

$$\begin{aligned}\mathrm{Cov}(y_0-\widehat{y}_0)&=\mathrm{Cov}(y_0)+\mathrm{Cov}(\widehat{y}_0)\\&=\sigma^2+\sigma^2\boldsymbol{x}_0^{\mathrm{T}}(X^{\mathrm{T}}X)^{-1}\boldsymbol{x}_0\\&=\sigma^2(1+\boldsymbol{x}_0^{\mathrm{T}}(X^{\mathrm{T}}X)^{-1}\boldsymbol{x}_0).\end{aligned}$$

(2) 因为 y_0 与 $\widehat{\boldsymbol{\beta}}$ 均服从正态分布, 所以 $y_0-\widehat{y}_0$ 服从正态分布. 故

$$\frac{y_0-\boldsymbol{x}_0^{\mathrm{T}}\widehat{\boldsymbol{\beta}}}{\sigma\sqrt{1+\boldsymbol{x}_0^{\mathrm{T}}(X^{\mathrm{T}}X)^{-1}\boldsymbol{x}_0}}\sim N(0,1).$$

又 $(n-p-1)\widehat{\sigma}^2/\sigma^2\sim\chi^2(n-p-1)$, 故有

$$\frac{\boldsymbol{y}_0-\boldsymbol{x}_0^{\mathrm{T}}\widehat{\boldsymbol{\beta}}}{\widehat{\sigma}\sqrt{1+\boldsymbol{x}_0^{\mathrm{T}}(X^{\mathrm{T}}X)^{-1}\boldsymbol{x}_0}}\sim t(n-p-1).$$

由此可得 y_0 的预测区间式 (5.4.2).

预测区间的含义与置信区间相类似. 对于 y_0 的置信水平为 $1-\alpha$ 的预测区间, y_0 为随机变量, 预测区间为随机区间, 该预测区间包含随机变量 y_0 的概率为 $1-\alpha$. 由于 y_0 的随机性, y_0 的预测区间长度较 $m(x_0)$ 的置信区间长度要大, 亦即 y_0 的预测区间精度较 $m(x_0)$ 的置信区间精度要小.

例 5.4.1 某合金的强度 $y(\mathrm{kg/mm^2})$ 与合金中的碳含量 $x(\%)$ 有关. 通过收集试验数据, 得到表 5.4.1.

表 5.4.1 合金强度与碳含量数据

x	0.1	0.11	0.12	0.13	0.14	0.15
y	42.0	43.5	45.0	45.5	45.0	47.5
x	0.16	0.17	0.18	0.20	0.21	0.23
y	49.0	53.0	50.0	55.0	55.0	60.0

试建立 y 关于 x 的一元线性回归模型.

解 设 y 关于 x 的一元线性回归模型为

$$y=\beta_0+\beta_1 x+\varepsilon, \quad \varepsilon \sim N(0,\sigma^2). \tag{5.4.3}$$

对表 5.4.1 中的数据, 利用 Excel 计算得到方差分析表 5.4.2 及回归系数的假设检验表 5.4.3.

表 5.4.2 线性假设检验方差分析

方差来源	平方和	自由度	均方和	F 值	p 值
回归	317.8196065	1	317.8196065	182.5546446	$9.50489E-08$
误差	17.40956014	10	1.740956014		
总和	335.2291667	11			

表 5.4.3 回归系数的假设检验

	回归系数	标准差	t 检验统计量	p 值
截距	28.49281867	1.579806011	18.03564391	$5.88169E-09$
X	130.8348294	9.683378977	13.51127842	$9.50489E-08$

线性模型的正态性检验通过正态概率图 (大致成一条直线, 图略)、残差图 (图略) 显示, 标准化残差大致均匀地分布在以 x 轴为中心的带形区域内, 这说明模型误差项具有等方差性. 对于给定的显著性水平 $\alpha=0.05$, 表 5.4.2 中的 p 值 <0.05, 故一元线性回归模型成立. 由表 5.4.3 可知, 系数 β_0 与 β_1 的最小二乘估计为

$$\widehat{\beta}_0=28.49281867, \quad \widehat{\beta}_1=130.8348294.$$

因此, 回归函数的估计为

$$\widehat{y}=\widehat{\beta}_0+\widehat{\beta}_1 x=28.493+130.835x.$$

5.5 Logistic 回归模型

在一些回归分析中, 响应变量为属性 (分类) 变量. 例如成功或者失败, 正品或者次品等. 正态线性回归模型不能描述 0-1 响应变量与若干解释变量间的关系. Logistic 回归模型可用以刻画 0-1 响应变量 y 与解释变量 $x_1, x_2, \cdots, x_k$ 之间的关系, 其中 x_i 为定性或定量变量.

记 $\boldsymbol{x} = (1, x_1, x_2, \cdots, x_k)^{\mathrm{T}}$, $p(\boldsymbol{x}) = E(y|\boldsymbol{x}) = p(y = 1|\boldsymbol{x})$. 则知条件期望 $p(\boldsymbol{x})$ 的取值介于 0 与 1 之间. 为建立 $p(\boldsymbol{x})$ 与 $\boldsymbol{x}$ 间的函数关系, 对 $p(\boldsymbol{x})$ 作以下变换:

$$g[p(\boldsymbol{x})] = \ln\left[\frac{p(\boldsymbol{x})}{1 - p(\boldsymbol{x})}\right].$$

则当 $0 < p(\boldsymbol{x}) < 1$ 时, 有 $g[p(\boldsymbol{x})] \in \mathbf{R}$. 取

$$\ln\left[\frac{p(\boldsymbol{x})}{1 - p(\boldsymbol{x})}\right] = \beta_0 + \beta_1 x_1 + \beta_2 x_2 + \cdots + \beta_k x_k. \tag{5.5.1}$$

等价地有

$$p(\boldsymbol{x}) = \frac{\exp(\beta_0 + \beta_1 x_1 + \beta_2 x_2 + \cdots + \beta_k x_k)}{1 + \exp(\beta_0 + \beta_1 x_1 + \beta_2 x_2 + \cdots + \beta_k x_k)}. \tag{5.5.2}$$

称式 (5.5.1) 或式 (5.5.2) 为 Logistic 回归模型.

注　通过变换 g, 将 $p(\boldsymbol{x})$ 与未知参数 $\beta_0, \beta_1, \cdots, \beta_k$ 之间的非线性关系转化为 $g[p(\boldsymbol{x})]$ 与未知参数 $\beta_0, \beta_1, \cdots, \beta_k$ 之间的线性关系.

记事件 $A = \{y = 1\}$, $\boldsymbol{x}$ 的取值影响 A 的发生. 故有条件概率 $p(\boldsymbol{x}) = p(A|\boldsymbol{x})$. 设对 $\boldsymbol{x} = (1, x_1, x_2, \cdots, x_k)^{\mathrm{T}}$, 观测了 m 组值

$$\boldsymbol{x}_t = (1, x_{t1}, x_{t2}, \cdots, x_{tk})^{\mathrm{T}} = (x_{t0}, x_{t1}, x_{t2}, \cdots, x_{tk})^{\mathrm{T}}, \quad t = 1, 2, \cdots, m. \tag{5.5.3}$$

设对第 t 组值 $\boldsymbol{x}_t$, 共试验了 n_t 次, r_t 为事件 A 发生的次数. 则有 $p(\boldsymbol{x}_t) = p(A|\boldsymbol{x}_t)$. 故 r_t 服从参数为 n_t 与 $p(\boldsymbol{x}_t)$ 的二项分布, 即

$$r_t \sim b(n_t, p(\boldsymbol{x}_t)), \quad t = 1, 2, \cdots, m. \tag{5.5.4}$$

记未知参数 $\boldsymbol{\beta} = (\beta_0, \beta_1, \cdots, \beta_k)^{\mathrm{T}}$. 由式 (5.5.2) 知

$$p(\boldsymbol{x}_t) = \frac{\exp(\boldsymbol{x}_t^{\mathrm{T}} \boldsymbol{\beta})}{1 + \exp(\boldsymbol{x}_t^{\mathrm{T}} \boldsymbol{\beta})}. \tag{5.5.5}$$

1. 参数 $\boldsymbol{\beta}$ 的极大似然估计

参数 $\boldsymbol{\beta}$ 的似然函数为

$$\begin{aligned} L(r_1,r_2,\cdots,r_m;\boldsymbol{\beta}) &= \prod_{t=1}^{m}\Big[\binom{n_t}{r_t}p(\boldsymbol{x}_t)^{r_t}(1-p(\boldsymbol{x}_t))^{n_t-r_t}\Big] \\ &= \Big[\prod_{t=1}^{m}\binom{n_t}{r_t}\Big]\prod_{t=1}^{m}\{[\exp(\boldsymbol{x}_t^{\mathrm{T}}\boldsymbol{\beta})]^{r_t}[1+\exp(\boldsymbol{x}_t^{\mathrm{T}}\boldsymbol{\beta})]^{-n_t}\} \\ &= \Big[\prod_{t=1}^{m}\binom{n_t}{r_t}\Big]\cdot\exp\Big[\sum_{t=1}^{m}r_t\boldsymbol{x}_t^{\mathrm{T}}\boldsymbol{\beta}\Big]\cdot\prod_{t=1}^{m}[1+\exp(\boldsymbol{x}_t^{\mathrm{T}}\boldsymbol{\beta})]^{-n_t}. \end{aligned}$$

因此

$$\ln L = \ln\Big[\prod_{t=1}^{m}\binom{n_t}{r_t}\Big] + \sum_{t=1}^{m}r_t\boldsymbol{x}_t^{\mathrm{T}}\boldsymbol{\beta} - \sum_{t=1}^{m}n_t\ln[1+\exp(\boldsymbol{x}_t^{\mathrm{T}}\boldsymbol{\beta})],$$

且有

$$\boldsymbol{x}_t^{\mathrm{T}}\boldsymbol{\beta} = \sum_{s=0}^{k}x_{ts}\beta_s, \quad \sum_{t=1}^{m}r_t\boldsymbol{x}_t^{\mathrm{T}}\boldsymbol{\beta} = \sum_{t=1}^{m}\sum_{s=0}^{k}r_tx_{ts}\beta_s.$$

故

$$\begin{aligned} \frac{\partial\ln L}{\partial\beta_s} &= \sum_{t=1}^{m}r_tx_{ts} - \sum_{t=1}^{m}\frac{n_tx_{ts}\exp(\boldsymbol{x}_t^{\mathrm{T}}\boldsymbol{\beta})}{1+\exp(\boldsymbol{x}_t^{\mathrm{T}}\boldsymbol{\beta})} \\ &= \sum_{t=1}^{m}r_tx_{ts} - \sum_{t=1}^{m}n_tx_{ts}p(\boldsymbol{x}_t). \end{aligned} \tag{5.5.6}$$

令 $\dfrac{\partial\ln L}{\partial\beta_s}=0$, 可得似然方程

$$\sum_{t=1}^{m}n_tx_{ts}p(\boldsymbol{x}_t) = \sum_{t=1}^{m}r_tx_{ts}, \quad s=0,1,\cdots,k.$$

记

$$\boldsymbol{R} = \begin{pmatrix} r_1 \\ r_2 \\ \vdots \\ r_m \end{pmatrix}, \quad \boldsymbol{Z} = \begin{pmatrix} n_1p(\boldsymbol{x}_1) \\ n_2p(\boldsymbol{x}_2) \\ \vdots \\ n_mp(\boldsymbol{x}_m) \end{pmatrix},$$

$$X = \begin{pmatrix} 1 & x_{11} & x_{12} & \cdots & x_{1k} \\ 1 & x_{21} & x_{22} & \cdots & x_{2k} \\ \vdots & \vdots & \vdots & & \vdots \\ 1 & x_{m1} & x_{m2} & \cdots & x_{mk} \end{pmatrix} = \begin{pmatrix} \boldsymbol{x}_1^{\mathrm{T}} \\ \boldsymbol{x}_2^{\mathrm{T}} \\ \vdots \\ \boldsymbol{x}_m^{\mathrm{T}} \end{pmatrix} = (\boldsymbol{x}_{(0)},\boldsymbol{x}_{(1)},\cdots,\boldsymbol{x}_{(k)}),$$

则似然方程的的矩阵表达式为

$$X^{\mathrm{T}}\boldsymbol{Z}=X^{\mathrm{T}}\boldsymbol{R}. \tag{5.5.7}$$

对于 $s,j=0,1,\cdots,k$, 式 (5.5.6) 两边关于 β_j 求导可得

$$\begin{aligned}\frac{\partial^2\ln L}{\partial\beta_s\partial\beta_j}&=-\sum_{t=1}^{m}\frac{n_t x_{ts}x_{tj}\exp(\boldsymbol{x}_t^{\mathrm{T}}\boldsymbol{\beta})}{[1+\exp(\boldsymbol{x}_t^{\mathrm{T}}\boldsymbol{\beta})]^2}\\&=-\sum_{t=1}^{m}x_{ts}x_{tj}n_t p(\boldsymbol{x}_t)[1-p(\boldsymbol{x}_t)].\end{aligned}$$

故 $\boldsymbol{\beta}$ 的信息阵为

$$I(\boldsymbol{\beta})=E\Big(-\frac{\partial^2\ln L}{\partial\beta_s\partial\beta_j}\Big)=\Big(\sum_{t=1}^{m}x_{ts}x_{tj}n_t p(\boldsymbol{x}_t)[1-p(\boldsymbol{x}_t)]\Big).$$

记对角阵

$$M=\begin{pmatrix}n_1p(\boldsymbol{x}_1)[1-p(\boldsymbol{x}_1)] & & & \\ & n_2p(\boldsymbol{x}_2)[1-p(\boldsymbol{x}_2)] & & \\ & & \ddots & \\ & & & n_mp(\boldsymbol{x}_m)[1-p(\boldsymbol{x}_m)]\end{pmatrix},$$

则 $\boldsymbol{\beta}$ 的信息阵为

$$I(\boldsymbol{\beta})=\begin{pmatrix}\boldsymbol{x}_1^{\mathrm{T}}\\ \boldsymbol{x}_2^{\mathrm{T}}\\ \vdots\\ \boldsymbol{x}_m^{\mathrm{T}}\end{pmatrix}M(\boldsymbol{x}_{(0)},\boldsymbol{x}_{(1)},\cdots,\boldsymbol{x}_{(k)})=X^{\mathrm{T}}MX. \tag{5.5.8}$$

由极大似然估计性质可知, 参数 $\boldsymbol{\beta}$ 的极大似然估计 $\widehat{\boldsymbol{\beta}}$ 的协差阵近似为

$$\mathrm{Cov}(\widehat{\boldsymbol{\beta}})=I^{-1}(\boldsymbol{\beta})=(X^{\mathrm{T}}MX)^{-1}.$$

记

$$\widehat{p}(\boldsymbol{x}_t)=\frac{\exp(\boldsymbol{x}_t^{\mathrm{T}}\widehat{\boldsymbol{\beta}})}{1+\exp(\boldsymbol{x}_t^{\mathrm{T}}\widehat{\boldsymbol{\beta}})},$$

$$\widehat{M}=\mathrm{diag}(n_1\widehat{p}(\boldsymbol{x}_1)[1-\widehat{p}(\boldsymbol{x}_1)],n_2\widehat{p}(\boldsymbol{x}_2)[1-\widehat{p}(\boldsymbol{x}_2)],\cdots,n_m\widehat{p}(\boldsymbol{x}_m)[1-\widehat{p}(\boldsymbol{x}_m)]).$$

这里, $\mathrm{diag}(\cdot)$ 表示对角阵. 由此可得协差阵 $\mathrm{Cov}(\widehat{\boldsymbol{\beta}})$ 的估计为

$$\widehat{\mathrm{Cov}(\widehat{\boldsymbol{\beta}})}=(X^{\mathrm{T}}\widehat{M}X)^{-1}.$$

由式 (5.5.7) 知, 似然方程为 $\boldsymbol{\beta}$ 的非线性函数不能得到 $\boldsymbol{\beta}$ 的显式解, 需要利用迭代法求 $\boldsymbol{\beta}$ 的极大似然估计数值解. 一般基于 Newton-Raphson 迭代法求解 $\widehat{\boldsymbol{\beta}}$, 可利用 SAS 软件进行计算.

2. 假设检验

为考察解释变量 $x_1, x_2, \cdots, x_k$ 中的部分变量对 Logistic 回归模型 (5.5.1) 中概率 $p(\boldsymbol{x})$ 是否有显著性影响, 提出假设检验:

$$H_0: \beta_1 = \beta_2 = \cdots = \beta_r = 0. \tag{5.5.9}$$

记

$$L_{k+1} = \ln L(r_1, r_2, \cdots, r_m; \widehat{\boldsymbol{\beta}}), \quad L_{H_0} = \ln L(r_1, r_2, \cdots, r_m; \widehat{\boldsymbol{\beta}}_{H_0}),$$

其中, $\widehat{\boldsymbol{\beta}}_{H_0}$ 为 $\boldsymbol{\beta}_{H_0} = (\beta_0, \beta_{r+1}, \beta_{r+2}, \cdots, \beta_k)^{\mathrm{T}}$ 的极大似然估计. 则

$$\Upsilon = 2(L_{k+1} - L_{H_0}) \xrightarrow{d} \chi^2(r), \quad m \to \infty. \tag{5.5.10}$$

即当 m 充分大时, 近似地有 Υ 服从自由度为 r 的 χ^2 分布. 故当 Υ 取值偏大时, 拒绝原假设 H_0. 对于给定的水平 $0 < \alpha < 1$, 原假设 (5.5.9) H_0 的拒绝域为

$$\{\Upsilon \geqslant \chi^2_\alpha(r)\}.$$

当 $r = p$ 时, 对应的原假设为

$$H_0: \beta_1 = \beta_2 = \cdots = \beta_p = 0. \tag{5.5.11}$$

此时, 检验解释变量 $x_1, \cdots, x_p$ 是否对 $p(\boldsymbol{x})$ 有显著性影响.

欲检验某个解释变量 x_j 是否对 $p(\boldsymbol{x})$ 有显著性影响, 考虑下述假设检验:

$$H_0: \beta_j = 0, \quad H_1: \beta_j \neq 0. \tag{5.5.12}$$

记 $\widehat{\boldsymbol{\beta}} = (\widehat{\beta}_0, \widehat{\beta}_1, \cdots, \widehat{\beta}_k)^{\mathrm{T}}$, $[\mathrm{se}(\widehat{\beta}_j)]^2$ 为 $\widehat{\mathrm{Cov}}(\widehat{\boldsymbol{\beta}})$ 主对角线上 $\widehat{\beta}_j$ 的对应元素. 由极大似然估计 $\widehat{\boldsymbol{\beta}}$ 的渐近正态性可知, 当 m 充分大时,

$$\frac{\widehat{\beta}_j - \beta_j}{\mathrm{se}(\widehat{\beta}_j)} \overset{a}{\sim} N(0,1),$$

其中 $\mathrm{se}(\widehat{\beta}_j) = \sqrt{[\mathrm{se}(\widehat{\beta}_j)]^2}$, $\overset{a}{\sim}$ 表示渐近服从. 故当原假设 (5.5.12) H_0 成立时, 有

$$\lambda = \frac{\widehat{\beta}_j}{\mathrm{se}(\widehat{\beta}_j)} \overset{a}{\sim} N(0,1).$$

记 $\Psi=\lambda^2$, 则当原假设 H_0 (5.5.12) 成立时, Ψ 渐近服从自由度为 1 的 χ^2 分布, 即

$$\Psi \overset{a}{\sim} \chi^2(1). \tag{5.5.13}$$

对于给定的水平 $0<\alpha<1$, 原假设 (5.5.12) H_0 的拒绝域为

$$\{\Psi \geqslant \chi^2_\alpha(1)\}.$$

*5.6　经验 Logistic 回归模型

设有 Logistic 回归模型 (5.5.1), $\boldsymbol{x}_t$ 由式 (5.5.4) 定义. 现对第 t 组值 $\boldsymbol{x}_t$, 共试验了 n_t 次. 则有 $r_t \sim b(n_t, p(\boldsymbol{x}_t))$. 因此, $p(\boldsymbol{x}_t)$ 的极大似然估计为

$$\widetilde{p}(\boldsymbol{x}_t)=\frac{r_t}{n_t}, \quad t=1,2,\cdots,m. \tag{5.6.1}$$

由大数定律可知, $\widetilde{p}(\boldsymbol{x}_t) \xrightarrow{P} p(\boldsymbol{x}_t), n_t \to \infty$. 由中心极限定理可知

$$\sqrt{n_t}\cdot\frac{\widetilde{p}(\boldsymbol{x}_t)-p(\boldsymbol{x}_t)}{\sqrt{p(\boldsymbol{x}_t)[1-p(\boldsymbol{x}_t)]}} \xrightarrow{d} N(0,1), \quad n_t\to\infty. \tag{5.6.2}$$

引理 5.6.1　设$\{a_n\}$为一趋向∞的数列, c为常数, 且对随机变量序列 $\{\xi_n\}$ 有

$$a_n(\xi_n-c) \xrightarrow{d} \xi, \quad n\to\infty. \tag{5.6.3}$$

又设 $g(t)$ 具有一阶导数, 且 $g'(t)$ 在 $t=c$ 处连续, 则有

$$a_n[g(\xi_n)-g(c)] \xrightarrow{d} g'(c)\xi, \quad n\to\infty. \tag{5.6.4}$$

定理 5.6.1　设 $g(t)=\ln[t/(1-t)]$ 且 $\widetilde{p}(\boldsymbol{x}_t)$ 由 (5.6.1) 定义. 则

$$\sqrt{n_t\widetilde{p}(\boldsymbol{x}_t)[1-\widetilde{p}(\boldsymbol{x}_t)]}\cdot\left(\ln\frac{\widetilde{p}(\boldsymbol{x}_t)}{1-\widetilde{p}(\boldsymbol{x}_t)}-\ln\frac{p(\boldsymbol{x}_t)}{1-p(\boldsymbol{x}_t)}\right) \xrightarrow{d} N(0,1), \quad n_t\to\infty. \tag{5.6.5}$$

证明　由大数定律可知

$$\widetilde{p}(\boldsymbol{x}_t) \xrightarrow{P} p(\boldsymbol{x}_t), \quad n_t\to\infty.$$

由中心极限定理可知

$$\sqrt{n_t}\cdot\frac{\widetilde{p}(\boldsymbol{x}_t)-p(\boldsymbol{x}_t)}{\sqrt{p(\boldsymbol{x}_t)[1-p(\boldsymbol{x}_t)]}} \xrightarrow{d} N(0,1), \quad n_t\to\infty.$$

又 $g^{'}(t)=[t(1-t)]^{-1}$ 在 $t=p(\boldsymbol{x}_t)$ 处连续. 故由式 (5.6.4) 可知

$$\frac{\sqrt{n_t}}{\sqrt{p(\boldsymbol{x}_t)[1-p(\boldsymbol{x}_t)]}}\left(\ln\frac{\widetilde{p}(\boldsymbol{x}_t)}{1-\widetilde{p}(\boldsymbol{x}_t)}-\ln\frac{p(\boldsymbol{x}_t)}{1-p(\boldsymbol{x}_t)}\right)\xrightarrow{d}k\cdot N(0,1),\quad n_t\to\infty,$$

其中

$$k=g^{'}(p(\boldsymbol{x}_t))=\frac{1}{p(\boldsymbol{x}_t)[1-p(\boldsymbol{x}_t)]}.$$

由此可知定理结论成立.

记

$$\varepsilon_t=\ln\frac{\widetilde{p}(\boldsymbol{x}_t)}{1-\widetilde{p}(\boldsymbol{x}_t)}-\ln\frac{p(\boldsymbol{x}_t)}{1-p(\boldsymbol{x}_t)}.\tag{5.6.6}$$

则 $\varepsilon_1,\varepsilon_2,\cdots,\varepsilon_m$ 相互独立, 且有

$$\varepsilon_t\overset{a}{\sim}N(0,\nu_t^2),\quad \nu_t^2=\frac{1}{n_tp(\boldsymbol{x}_t)[1-p(\boldsymbol{x}_t)]},\quad t=1,2,\cdots,m.\tag{5.6.7}$$

当 $r_t=0$ 或 n_t 时, $\ln[r_t/(n_t-r_t)]$ 会取 $-\infty$ 或 ∞, 故需对其进行修正, 有以下结论.

引理 5.6.2 设 $r_t\sim b(n_t,p(\boldsymbol{x}_t))$. 记

$$W_t(a)=\ln\frac{r_t+a}{n_t-r_t+a}.$$

则 EW_t 与 $\ln[p(\boldsymbol{x}_t)/(1-p(\boldsymbol{x}_t))]$ 最接近的 a 是 $a=0.5$.

由引理 5.6.2, 以

$$W_t=\ln\frac{r_t+0.5}{n_t-r_t+0.5}\tag{5.6.8}$$

估计 $\ln[p(\boldsymbol{x}_t)/(1-p(\boldsymbol{x}_t))]$. 类似于引理 5.6.2, 以

$$\sigma_t^2=\frac{(n_t+1)(n_t+2)}{n_t(r_t+1)(n_t-r_t+1)}\tag{5.6.9}$$

估计 ν_t^2. 由式 (5.6.6) 可得

$$W_t=\beta_0+\beta_1x_{t1}+\beta_2x_{t2}+\cdots+\beta_kx_{tk}+\varepsilon_t,\quad t=1,2,\cdots,m,\tag{5.6.10}$$

其中 $\varepsilon_1,\varepsilon_2,\cdots,\varepsilon_m$ 是相互独立随机误差项. 当 n_t 充分大时, 可认为

$$\varepsilon_t\overset{a}{\sim}N(0,\sigma_t^2),\quad t=1,2,\cdots,m.$$

称式 (5.6.10) 为经验 Logistic 回归模型. 记

$$\boldsymbol{W}=\begin{pmatrix}w_1\\w_2\\\vdots\\w_m\end{pmatrix},\quad X=\begin{pmatrix}1&x_{11}&x_{12}&\cdots&x_{1k}\\1&x_{21}&x_{22}&\cdots&x_{2k}\\\vdots&\vdots&\vdots&&\vdots\\1&x_{m1}&x_{m2}&\cdots&x_{mk}\end{pmatrix}=\begin{pmatrix}\boldsymbol{x}_1^{\mathrm{T}}\\\boldsymbol{x}_2^{\mathrm{T}}\\\vdots\\\boldsymbol{x}_m^{\mathrm{T}}\end{pmatrix},$$

$$\boldsymbol{\beta} = \begin{pmatrix} \beta_0 \\ \beta_1 \\ \vdots \\ \beta_k \end{pmatrix}, \quad \boldsymbol{\varepsilon} = \begin{pmatrix} \varepsilon_1 \\ \varepsilon_2 \\ \vdots \\ \varepsilon_m \end{pmatrix},$$

式 (5.6.10) 的矩阵表达式为

$$\boldsymbol{W} = X\boldsymbol{\beta} + \boldsymbol{\varepsilon}, \quad \boldsymbol{\varepsilon} \overset{a}{\sim} N_m(\boldsymbol{0}, \Sigma),\ \Sigma = \mathrm{diag}(\sigma_1^2, \sigma_2^2, \cdots, \sigma_m^2). \tag{5.6.11}$$

令

$$\boldsymbol{W}^* = \Sigma^{-1/2}\boldsymbol{W}, \quad X^* = \Sigma^{-1/2}X, \quad \boldsymbol{\varepsilon}^* = \Sigma^{-1/2}\boldsymbol{\varepsilon}, \tag{5.6.12}$$

则有

$$\boldsymbol{W}^* = X^*\boldsymbol{\beta} + \boldsymbol{\varepsilon}^*, \quad \boldsymbol{\varepsilon}^* \overset{a}{\sim} N_m(\boldsymbol{0}, I_m). \tag{5.6.13}$$

故参数 $\boldsymbol{\beta}$ 的加权最小二乘估计为

$$\widetilde{\boldsymbol{\beta}} = (X^{\mathrm{T}}\Sigma^{-1}X)^{-1}X^{\mathrm{T}}\Sigma^{-1}\boldsymbol{W}. \tag{5.6.14}$$

式 (5.6.13) 即为正态线性模型, 对式 (5.6.13) 做 $\boldsymbol{\beta}$ 的假设检验.

定义 5.6.1　设随机变量 ξ 的概率密度为

$$h(x, \mu, \sigma) = \frac{\exp[-(x-\mu)/\sigma]}{\sigma(1+\exp[-(x-\mu)/\sigma])^2}, \quad \mu \in \mathbf{R},\ \sigma > 0.$$

则称 ξ 服从参数为 μ (位置参数) 和 σ (尺度参数) 的 Logistic 分布, 记为 $\xi \sim L(\mu, \sigma)$.

例 5.6.1　考虑水稻开花与温度之间的关系. 温度变量是连续变化的, 而开花只有两种可能, 即张开或不张开. 苏岩等 (1994) 利用经验 Logistic 回归模型建立水稻开花概率 p 与温度 x 间的经验公式, 并作公式分析.

武小金和尹华奇 (1992) 给出了在不同温度下 W6154S 的开花数据, 将相同温度下每两次或三次调查数据合并为一次, 得到表 5.6.1. 以每个小区间段的右端点代表该温度区间段, 依模型 (5.6.13) 计算相应的 σ_t^2, w_t^* 值, 得到表 5.6.2.

表 5.6.1　不同温度下 W6154S 的开花频率

温度 x/℃	调查数 n_t	开花数 r_t	开花频率 p_{n_t}
$x \leqslant 20.5$	100	0	0.000
$20.5 < x \leqslant 21$	100	0	0.000
$21 < x \leqslant 21.5$	150	2	0.013
$21.5 < x \leqslant 22$	100	6	0.060
$22 < x \leqslant 22.5$	150	13	0.087
$22.5 < x \leqslant 23$	150	64	0.427
$23 < x \leqslant 23.5$	150	105	0.700
$23.5 < x \leqslant 24$	100	82	0.820

表 5.6.2 经验 Logistic 回归模型数据

x/°C	20.5	21	21.5	22	22.5	23	23.5	24
w_t^*	−5.303	−5.303	−4.084	−2.677	−2.321	−0.293	0.841	1.495
σ_t^2	1.020	1.020	0.342	0.155	0.079	0.027	0.031	0.065

利用式 (5.6.14) 得到 β 的加权最小二乘估计为

$$\widetilde{\beta}_0 = -53.543, \quad \widetilde{\beta}_1 = 2.307. \tag{5.6.15}$$

给定 $\alpha = 0.05$. 线性模型 (5.6.13) 的假设检验通过, 回归效果显著. 回归系数 β_0, β_1 均显著不为 0. 由 $\ln[p/(1-p)] = \beta_0 + \beta_1 x$, 得经验公式

$$\widetilde{p} = \widetilde{p}(x) = \frac{\exp(\widetilde{\beta}_0 + \widetilde{\beta}_1 x)}{1 + \exp(\widetilde{\beta}_0 + \widetilde{\beta}_1 x)}. \tag{5.6.16}$$

以下分析 $p = p(x)$ 的曲线性态.

(1) $p = p(x)$ 关于点 $(-\beta_0/\beta_1, 1/2)$ 对称. 事实上, 令

$$g(\theta) = \frac{\mathrm{e}^\theta}{1 + \mathrm{e}^\theta} - \frac{1}{2},$$

则有 $-g(-\theta) = g(\theta)$. 故 $g(\theta)$ 关于 $(0, 0)$ 对称.

(2) $p(x)$ 为 Logistic 分布函数. 事实上, 记 $\theta = \beta_0 + \beta_1 x$, 对 $p(x)$ 求导可得

$$p'(x) = (1 + \mathrm{e}^\theta)^{-2} \beta_1 \mathrm{e}^\theta,$$

$$p''(x) = \beta_1^2 \mathrm{e}^\theta (1 - \mathrm{e}^\theta)/(1 + \mathrm{e}^\theta)^3,$$

$$p'''(x) = \beta_1^3 \mathrm{e}^\theta (\mathrm{e}^{2\theta} - 4\mathrm{e}^\theta + 1)/(1 + \mathrm{e}^\theta)^4.$$

假设回归系数 $\beta_1 > 0$. 由于

$$p(\infty) = 1, \quad p(-\infty) = 0, \quad p(x) > 0, \quad p'(x) > 0,$$

故可认为 $p(x)$ 为某相应生长随机变量 ψ 的分布函数, $f(x) = p'(x)$ 为对应的概率密度函数. 由定义 5.6.1 可知, $\psi \sim L(-\beta_0/\beta_1, 1/\beta_1)$.

令 $p''(x) = 0$, 得

$$x_0 = -\frac{\beta_0}{\beta_1}. \tag{5.6.17}$$

令 $p'''(x) = 0$, 得

$$x_{-1} = \frac{-\beta_0 + \ln(2 - \sqrt{3})}{\beta_1}, \quad x_1 = \frac{-\beta_0 + \ln(2 + \sqrt{3})}{\beta_1}. \tag{5.6.18}$$

则可验证 x_0 为 $p(x)$ 的拐点横坐标, x_{-1}, x_1 为 $f(x)$ 的拐点横坐标. 曲线 $f(x)$ 在区间 $[x_{-1}, x_1]$ 上是凸的, 在区间 $(-\infty, x_{-1})$ 和 (x_1, ∞) 上是凹的.

(3) $f(x)$ 关于 $x = x_0$ 对称, 且 $f(-\infty) = f(\infty) = 0$.

概率密度曲线 $f(x)$ 与标准正态概率密度曲线 $\phi(x)$ 相似, 即为钟形曲线. 曲线 $p(x)$ 与标准正态分布函数曲线 $\Phi(x)$ 相似, 即为对称 S 型曲线. 密度曲线 $f(x)$ 较正态密度曲线 $\phi(x)$ 具有厚尾性. x_{-1}, x_1 是曲线 $f(x)$ 凹凸性变化的转折点. x_0 为曲线 $p(x)$ 凹凸性变化的转折点, 且恒有 $p(y=1|x=x_0) = \dfrac{1}{2}$. 计算可得

$$x_{-1} = 22.6℃, \quad x_1 = 23.8℃, \quad x_0 = 23.2℃.$$

依生物统计思想, 可称 22.6℃, 23.8℃ 分别为水稻开花的始盛期、盛末期. 称 $x_0 = 23.2℃$ 为半开花温度 (或称为高峰期), x_0 是水稻开花概率为 $\dfrac{1}{2}$ 的温度, 是开花概率 p 关于温度 x 的变化从越来越快转为变慢且越来越慢的转折点.

5.7　单因子方差分析

首先考虑下述两个例子.

例 5.7.1　设甲、乙两台机床生产同一型号的铆钉, 生产的铆钉直径分别为 ξ_1 与 ξ_2. 设 $\xi_i \sim N(\mu_i, \sigma^2), i = 1, 2$. 设铆钉直径为指标, 机床为因子, 甲机床与乙机床为因子的两个水平. 称两个正态总体期望是否相等的假设检验为单因子二水平的试验. 当方差 σ^2 未知时, 可利用 t 检验法进行 μ_1 与 μ_2 是否相等的显著性检验.

例 5.7.2　设小麦品种有甲、乙、丙、丁四种. 现要考察小麦品种对小麦亩产量的影响作用, 从中筛选出小麦优良品种. 设小麦亩产量为指标, 小麦品种为因子, 四个品种为小麦品种因子所取的四个水平, 此即单因子四水平的试验.

由例 5.7.1、例 5.7.2 可知, 单因子四水平的试验为单因子二水平的试验的推广形式. 故需要讨论单因子多水平的试验. 我们称研究对象的观测值为指标, 称影响试验指标的因素为因子. 称因子在试验中所处的若干种不同的状态为因子的水平. 称单个 (一个) 因子的试验为单因子试验.

设某单因子试验有 r 个水平 $A_i, i = 1, 2, \cdots, r$. 则 r 个水平对应着 r 个总体 $\xi_1, \xi_2, \cdots, \xi_r$. 现对每个水平 A_i 重复做 n_i 次观测, 得到观测数据

$$\xi_{ij}, \quad i = 1, 2, \cdots, r, \ j = 1, 2, \cdots, n_i.$$

由此得到单因子试验的数据表 5.7.1.

表 5.7.1 单因子试验的数据

	A_1	A_2	$\cdots$	A_r
1	ξ_{11}	ξ_{21}	$\cdots$	ξ_{r1}
2	ξ_{12}	ξ_{22}	$\cdots$	ξ_{r2}
$\vdots$	$\vdots$	$\vdots$		$\vdots$
n_i	ξ_{1n_1}	ξ_{2n_2}	$\cdots$	ξ_{rn_r}

记

$$\overline{\xi}_i = \frac{1}{n_i}\sum_{j=1}^{n_i}\xi_{ij},\quad S_{i*}^2 = \frac{1}{n_i}\sum_{j=1}^{n_i}(\xi_{ij}-\overline{\xi}_i)^2,\quad i=1,2,\cdots,r.$$

则 $\overline{\xi}_i$ 与 $\dfrac{n_i}{n_i-1}S_{i*}^2$ 分别为第 i 个总体 ξ_i 的样本均值与样本方差.

设 $n=n_1+n_2+\cdots+n_r$, 且记

$$\overline{\xi} = \frac{1}{n}\sum_{i=1}^{r}\sum_{j=1}^{n_i}\xi_{ij},\quad S_*^2 = \frac{1}{n}\sum_{i=1}^{r}\sum_{j=1}^{n_i}(\xi_{ij}-\overline{\xi})^2.$$

称 $\overline{\xi}$ 为总均值, 称 $\dfrac{n}{n-1}S_*^2$ 为总方差. 记

$$S_A = \sum_{i=1}^{r}\sum_{j=1}^{n_i}(\overline{\xi}_i-\overline{\xi})^2 = \sum_{i=1}^{r}n_i(\overline{\xi}_i-\overline{\xi})^2,$$

$$S_E = \sum_{i=1}^{r}\sum_{j=1}^{n_i}(\xi_{ij}-\overline{\xi}_i)^2 = \sum_{i=1}^{r}n_iS_{i*}^2.$$

则有

$$S_T = nS_*^2 = S_A + S_E. \tag{5.7.1}$$

称 S_T 为总离差平方和, S_A 为因子的离差平方和 (或组间平方和), S_E 为误差平方和 (或组内平方和).

设总体 $\xi_1,\cdots,\xi_r$ 相互独立, 且 $\xi_i\sim N(\mu_i,\sigma^2), i=1,2,\cdots,r$. 考虑假设检验:

$$H_0: \mu_1=\mu_2=\cdots=\mu_r. \tag{5.7.2}$$

记

$$\mu = \frac{1}{n}\sum_{i=1}^{r}n_i\mu_i,\quad \alpha_i=\mu_i-\mu,\quad i=1,2,\cdots,r.$$

α_i 为水平 A_i 下的总体均值 μ_i 与总平均 μ 的差异. 称 α_i 为水平 A_i 的效应. 对应的统计模型设定为

$$\begin{cases} \xi_{ij} = \mu + \alpha_i + \varepsilon_{ij}, \\ \sum_{i=1}^{r} n_i \alpha_i = 0, \\ \varepsilon_{ij} \overset{\text{i.i.d.}}{\sim} N(0, \sigma^2), \\ i = 1, 2, \cdots, r, \ j = 1, 2, \cdots, n_i. \end{cases} \tag{5.7.3}$$

假设检验 (5.7.2) 的等价形式为

$$H_0 : \alpha_1 = \alpha_2 = \cdots = \alpha_r = 0. \tag{5.7.4}$$

若 H_0 (5.7.4) 成立, 则有

$$F = \frac{S_A/(r-1)}{S_E/(n-r)} \sim F(r-1, n-r). \tag{5.7.5}$$

若比值 F 取值偏大, 说明组间的差异较显著地大于组内的差异. 故我们倾向于拒绝原假设 H_0 (5.7.4), 即认为 r 个总体的期望有显著性差异. 若比值 F 取值偏小, 我们倾向于接受原假设 H_0 (5.7.4), 认为 r 个总体的期望没有显著性差异, 亦即因子的不同水平对观测指标没有显著性影响.

对于给定水平 α, 原假设 H_0 (5.7.4) 的拒绝域为

$$\left\{ \frac{S_A/(r-1)}{S_E/(n-r)} \geqslant F_\alpha(r-1, n-r) \right\}. \tag{5.7.6}$$

上述检验形成单因子试验的方差分析表 5.7.2.

表 5.7.2　单因子方差分析

方差来源	平方和	自由度	均方和	F 值
因子	S_A	$r-1$	$MS_A = \frac{S_A}{r-1}$	$F = \frac{MS_A}{MS_E}$
误差	S_E	$n-r$	$MS_E = \frac{S_E}{n-r}$	
总和	S_T	$n-1$		

例 5.7.3　为了考察温度对某种化工产品得率的影响, 选取下述温度:

$$A_1 = 60℃, \quad A_2 = 65℃, \quad A_3 = 70℃, \quad A_4 = 75℃, \quad A_5 = 80℃.$$

在每一温度下各做 3 次试验, 记录其得率值 (%), 得到表 5.7.3. 试问温度对该化工产品得率是否有显著性影响.

表 5.7.3 化工产品得率数据

	A_1	A_2	A_3	A_4	A_5
1	86	86	90	84	84
2	86	88	88	83	86
3	83	87	92	88	82

解 在本题中，化工产品的得率为观测指标，温度为因子. 故此为单因子五水平试验，$n_i = 3, i = 1, 2, \cdots, 5$. 设不同水平 A_i 对应产品的得率 $\xi_1, \xi_2, \cdots, \xi_r$ 相互独立，且

$$\xi_i \sim N(\mu_i, \sigma^2), \quad i = 1, 2, \cdots, 5.$$

考虑假设检验：

$$H_0 : \mu_1 = \mu_2 = \cdots = \mu_5. \tag{5.7.7}$$

给定 $\alpha = 0.05$，计算可得表 5.7.4.

表 5.7.4 得率的单因子方差分析

方差来源	平方和	自由度	均方和	F 值
因子	68.4	4	17.1	4.5
误差	38.0	10	3.8	
总和	106.4	14		

因为检验统计量 $F = 4.5 > F_{0.05}(4, 10) = 3.48$，故温度对该化工产品得率有显著性影响. 由表 5.7.3 可知，$A_3 = 70$℃ 时，得率取得最大值，其平均得率为 90%.

5.8 双因子方差分析

在实际应用中，影响试验结果的因子可能有多个. 因此，要考虑多因子试验的方差分析. 在方差分析中，称各个因素不同水平的组合对指标所产生的影响为交互作用. 本节介绍双因子方差分析，分无交互作用和有交互作用两种情形.

1. *无交互作用的双因子方差分析*

设因子 A 有 r 个水平 $A_1, A_2, \cdots, A_r$，因子 B 有 s 个水平 $B_1, B_2, \cdots, B_s$. 设对每一组合 (A_i, B_j) 做一次试验，得到试验结果 (表 5.8.1) 为 $\xi_{ij}, i = 1, 2, \cdots, r, j = 1, 2, \cdots, s$.

表 5.8.1 双因子试验的数据

	B_1	B_2	$\cdots$	B_s
A_1	ξ_{11}	ξ_{12}	$\cdots$	ξ_{1s}
A_2	ξ_{21}	ξ_{22}	$\cdots$	ξ_{2s}
$\vdots$	$\vdots$	$\vdots$		$\vdots$
A_r	ξ_{r1}	ξ_{r2}	$\cdots$	ξ_{rs}

假设所做试验是相互独立的, 且

$$\xi_{ij} \sim N(\mu_{ij}, \sigma^2), \quad i=1,2,\cdots,r,\ j=1,2,\cdots,s.$$

记

$$\mu = \frac{1}{rs}\sum_{i=1}^{r}\sum_{j=1}^{s}\mu_{ij},$$

$$\mu_{i\cdot} = \frac{1}{s}\sum_{j=1}^{s}\mu_{ij}, \quad i=1,2,\cdots,r,$$

$$\mu_{\cdot j} = \frac{1}{r}\sum_{i=1}^{r}\mu_{ij}, \quad j=1,2,\cdots,s,$$

$$\alpha_i = \mu_{i\cdot} - \mu, \quad i=1,2,\cdots,r,$$

$$\beta_j = \mu_{\cdot j} - \mu, \quad j=1,2,\cdots,s.$$

故有

$$\begin{aligned}
\mu_{ij} &= \mu + \alpha_i + \beta_j + \mu_{ij} - [\mu + (\mu_{i\cdot} - \mu) + (\mu_{\cdot j} - \mu)] \\
&= \mu + \alpha_i + \beta_j + (\mu_{ij} - \mu_{i\cdot} - \mu_{\cdot j} + \mu) \\
&= \mu + \alpha_i + \beta_j + \gamma_{ij}, \\
\gamma_{ij} &= \mu_{ij} - \mu - \alpha_i - \beta_j, \\
i &= 1,2,\cdots,r, \quad j=1,2,\cdots,s.
\end{aligned}$$

称 μ 为总平均, 称 α_i 为水平 A_i 的效应, 称 β_j 为水平 B_j 的效应, 称 γ_{ij} 为水平 A_i 与水平 B_j 的交互效应. 易知

$$\sum_{i=1}^{r}\alpha_i = \sum_{j=1}^{s}\beta_j = \sum_{i=1}^{r}\gamma_{ij} = \sum_{j=1}^{s}\gamma_{ij} = 0, \quad i=1,2,\cdots,r,\ j=1,2,\cdots,s.$$

假设不存在交互作用, 即

$$\gamma_{ij} = 0, \quad i=1,2,\cdots,r,\ j=1,2,\cdots,s.$$

对应的统计模型设定为

$$\begin{cases}
\xi_{ij} = \mu + \alpha_i + \beta_j + \varepsilon_{ij}, \\
\sum_{i=1}^{r}\alpha_i = \sum_{j=1}^{s}\beta_j = 0, \\
\varepsilon_{ij} \overset{\text{i.i.d.}}{\sim} N(0, \sigma^2), \\
i=1,2,\cdots,r,\ j=1,2,\cdots,s.
\end{cases} \tag{5.8.1}$$

式 (5.8.1) 中, $\mu+\alpha_i+\beta_j$ 表现为组合 (A_i, B_j) 的平均效应, 其中 μ 为所有因子组合的总的平均效应, α_i 为水平 A_i 的效应, β_j 为水平 B_j 的效应.

考虑假设检验

$$H_{0A}: \alpha_1=\alpha_2=\cdots=\alpha_r=0 \tag{5.8.2}$$

与

$$H_{0B}: \beta_1=\beta_2=\cdots=\beta_s=0. \tag{5.8.3}$$

若拒绝 H_{0A}, 则说明因子 A 对观测指标有显著性影响. 若接受 H_{0A}, 则说明因子 A 对观测指标无显著性影响. 同样, 若拒绝 H_{0B}, 则说明因子 B 对观测指标有显著性影响. 若接受 H_{0B}, 则说明因子 B 对观测指标无显著性影响. 记

$$\bar{\xi}_{i\cdot}=\frac{1}{s}\sum_{j=1}^{s}\xi_{ij}, \quad i=1,2,\cdots,r,$$

$$\bar{\xi}_{\cdot j}=\frac{1}{r}\sum_{i=1}^{r}\xi_{ij}, \quad j=1,2,\cdots,s,$$

$$\bar{\xi}=\frac{1}{rs}\sum_{i=1}^{r}\sum_{j=1}^{s}\xi_{ij}=\frac{1}{r}\sum_{i=1}^{r}\bar{\xi}_{i\cdot}=\frac{1}{s}\sum_{j=1}^{s}\bar{\xi}_{\cdot j},$$

且记

$$SS=\sum_{i=1}^{r}\sum_{j=1}^{s}(\xi_{ij}-\bar{\xi})^2, \quad SS_A=s\sum_{i=1}^{r}(\bar{\xi}_{i\cdot}-\bar{\xi})^2,$$

$$SS_B=r\sum_{j=1}^{s}(\bar{\xi}_{\cdot j}-\bar{\xi})^2, \quad SS_e=\sum_{i=1}^{r}\sum_{j=1}^{s}(\xi_{ij}-\bar{\xi}_{i\cdot}-\bar{\xi}_{\cdot j}+\bar{\xi})^2.$$

称 SS 为总离差平方和, 称 SS_A 为因子 A 的离差平方和, 称 SS_B 为因子 B 的离差平方和, 称 SS_e 为误差离差平方和. 在无交互作用的双因子方差分析中, 有

$$SS=SS_A+SS_B+SS_e.$$

定理 5.8.1 对于无交互作用的双因子方差分析模型 (5.8.1), 有下述结论:

(1) SS_A, SS_B, SS_e 相互独立, 且 $\dfrac{SS_e}{\sigma^2}\sim\chi^2(rs-r-s+1)$;

(2) 当 H_{0A} 成立时, $\dfrac{SS_A}{\sigma^2}\sim\chi^2(r-1)$;

(3) 当 H_{0B} 成立时, $\dfrac{SS_B}{\sigma^2}\sim\chi^2(s-1)$.

由定理 5.8.1 可知, 当 H_{0A} 成立时, 有

$$F_A = \frac{SS_A/(r-1)}{SS_e/(rs-r-s+1)} \sim F(r-1, rs-r-s+1).$$

故假设 H_{0A} 的一个水平 α 的检验的拒绝域为

$$\{F_A > F_\alpha(r-1, rs-r-s+1)\}.$$

同理, 当 H_{0B} 成立时, 有

$$F_B = \frac{SS_B/(s-1)}{SS_e/(rs-r-s+1)} \sim F(s-1, rs-r-s+1).$$

故假设 H_{0AB} 的一个水平 α 的检验的拒绝域为

$$\{F_B > F_\alpha(s-1, rs-r-s+1)\}.$$

上述检验形成无交互作用的双因子方差分析表 5.8.2.

表 5.8.2　无交互作用的双因子方差分析

方差来源	平方和	自由度	均方和	F 值
因子 A	SS_A	$r-1$	$MSS_A = \dfrac{SS_A}{r-1}$	$F_A = \dfrac{MSS_A}{MSS_e}$
因子 B	SS_B	$s-1$	$MSS_B = \dfrac{SS_B}{s-1}$	$F_B = \dfrac{MSS_B}{MSS_e}$
误差	SS_e	$rs-r-s+1$	$MSS_e = \dfrac{SS_e}{rs-r-s+1}$	
总和	SS	$rs-1$		

例 5.8.1　某火箭使用四种燃料 A_1, A_2, A_3, A_4 与三种推进器 B_1, B_2, B_3 做射程试验, 得火箭射程 (单位: 海里) 见表 5.8.3. 问各种燃料与各种推进器对火箭射程有无显著性影响 ($\alpha = 0.05$).

表 5.8.3　某火箭射程数据

	B_1	B_2	B_3
A_1	58.2	56.2	65.3
A_2	49.1	54.1	51.6
A_3	60.1	70.9	39.2
A_4	75.8	58.2	48.7

解　此为无交互作用的双因子试验

$$H_{0A}: \alpha_1 = \alpha_2 = \cdots = \alpha_r = 0,$$

$$H_{0B}:\beta_1=\beta_2=\cdots=\beta_s=0.$$

其方差分析见表 5.8.4.

表 5.8.4 火箭射程的双因子方差分析

方差来源	平方和	自由度	均方和	F 值
因子 A	157.59	3	52.53	0.43
因子 B	223.85	2	111.93	0.92
误差	731.98	6	122.00	
总和	1113.42	11		

因为 $F_{0.05}(3,6)=4.76>0.43$. $F_{0.05}(2,6)=5.14>0.92$, 故接受原假设 H_{0A} 与 H_{0B}. 所以, 对于给定的显著性水平 $\alpha=0.05$, 可认为燃料与推进器对火箭射程均无显著性影响.

SS_e 反映随机波动的偏离程度, 其取值应较小. 因为均方和 $MSS_e=122$, 取值较大, 故需考虑两种因子不同水平的组合是否有交互作用.

2. *有交互作用的双因子方差分析*

设因子 A 有 r 个水平 $A_1,A_2,\cdots,A_r$, 因子 B 有 s 个水平 $B_1,B_2,\cdots,B_s$. 记 A_i 与 B_j 的交互作用的效应为 γ_{ij}. 设对每一组合 (A_i,B_j) 做 m 次 $(m\geqslant 2)$ 重复试验, 得到试验结果为

$$\xi_{ijk},\quad i=1,2,\cdots,r,\ j=1,2,\cdots,s,\ k=1,2,\cdots,m.$$

假设所做试验是相互独立的且存在交互作用, 对应的统计模型设定为

$$\begin{cases}\xi_{ijk}=\mu+\alpha_i+\beta_j+\gamma_{ij}+\varepsilon_{ijk},\\ \sum\limits_{i=1}^{r}\alpha_i=\sum\limits_{j=1}^{s}\beta_j=\sum\limits_{i=1}^{r}\gamma_{ij}=\sum\limits_{j=1}^{s}\gamma_{ij}=0,\\ \varepsilon_{ijk}\overset{\text{i.i.d.}}{\sim}N(0,\sigma^2),\\ i=1,2,\cdots,r,\ j=1,2,\cdots,s,\ k=1,2,\cdots,m.\end{cases}\tag{5.8.4}$$

式 (5.8.4) 中, μ 为总平均, α_i 为水平 A_i 的效应, β_j 为水平 B_j 的效应, γ_{ij} 为组合 (A_i,B_j) 的交互效应. 考虑假设检验

$$H_{0A}:\alpha_1=\alpha_2=\cdots=\alpha_r=0,$$

$$H_{0B}:\beta_1=\beta_2=\cdots=\beta_s=0.$$

$$H_{0A\times B}:\gamma_{11}=\gamma_{12}=\cdots=\gamma_{1r}=\cdots=\gamma_{rs}=0.$$

记

$$\overline{\xi}_{ij\cdot} = \frac{1}{m}\sum_{k=1}^{m}\xi_{ijk}, \quad i=1,2,\cdots,r,\ j=1,2,\cdots,s,$$

$$\overline{\xi}_{i\cdot\cdot} = \frac{1}{sm}\sum_{j=1}^{s}\sum_{k=1}^{m}\xi_{ijk}, \quad i=1,2,\cdots,r,$$

$$\overline{\xi}_{\cdot j\cdot} = \frac{1}{rm}\sum_{i=1}^{r}\sum_{k=1}^{m}\xi_{ijk}, \quad j=1,2,\cdots,s,$$

$$\overline{\xi} = \frac{1}{rsm}\sum_{i=1}^{r}\sum_{j=1}^{s}\sum_{k=1}^{m}\xi_{ijk},$$

且记

$$SS = \sum_{i=1}^{r}\sum_{j=1}^{s}\sum_{k=1}^{m}(\xi_{ijk}-\overline{\xi})^2,$$

$$SS_A = sm\sum_{i=1}^{r}(\overline{\xi}_{i\cdot\cdot}-\overline{\xi})^2, \quad SS_B = rm\sum_{j=1}^{s}(\overline{\xi}_{\cdot j\cdot}-\overline{\xi})^2,$$

$$SS_{A\times B} = m\sum_{i=1}^{r}\sum_{j=1}^{s}(\xi_{ij\cdot}-\overline{\xi}_{i\cdot\cdot}-\overline{\xi}_{\cdot j\cdot}+\overline{\xi})^2,$$

$$SS_e = \sum_{i=1}^{r}\sum_{j=1}^{s}\sum_{k=1}^{m}(\xi_{ijk}-\overline{\xi}_{ij\cdot})^2.$$

称 SS 为总离差平方和, 称 SS_A 为因子 A 的离差平方和, 称 SS_B 为因子 B 的离差平方和, 称 $SS_{A\times B}$ 为交互效应离差平方和, 称 SS_e 为误差离差平方和. 在有交互作用的双因子方差分析中, 有

$$SS = SS_A + SS_B + SS_{A\times B} + SS_e.$$

定理 5.8.2 对于有交互作用的双因子方差分析模型 (5.8.4), 有下述结论.

(1) $SS_A, SS_B, SS_{A\times B}, SS_e$ 相互独立, 且 $\dfrac{SS_e}{\sigma^2} \sim \chi^2(rsm-rs)$.

(2) 当 H_{0A} 成立时, $\dfrac{SS_A}{\sigma^2} \sim \chi^2(r-1)$.

(3) 当 H_{0B} 成立时, $\dfrac{SS_B}{\sigma^2} \sim \chi^2(s-1)$.

(4) 当 $H_{0A\times B}$ 成立时, $\dfrac{SS_{A\times B}}{\sigma^2} \sim \chi^2((r-1)(s-1))$.

由定理 5.8.2 可知, 当 H_{0A} 成立时, 有

$$F_A = \frac{SS_A/(r-1)}{SS_e/(rsm-rs)} \sim F(r-1, rsm-rs).$$

故假设 H_{0A} 的一个水平 α 的检验的拒绝域为

$$\{F_A > F_\alpha(r-1, rsm-rs)\}.$$

同理, 当 H_{0B} 成立时, 有

$$F_B = \frac{SS_B/(s-1)}{SS_e/(rs-r-s+1)} \sim F(s-1, rsm-rs).$$

故假设 H_{0AB} 的一个水平 α 的检验的拒绝域为

$$\{F_B > F_\alpha(s-1, rsm-rs)\}.$$

当 $H_{0A\times B}$ 成立时, 有

$$F_{A\times B} = \frac{SS_{A\times B}/((r-1)(s-1))}{SS_e/(rsm-rs)} \sim F((r-1)(s-1), rsm-rs).$$

故假设 H_{0AB} 的一个水平 α 的检验的拒绝域为

$$\{F_{A\times B} > F_\alpha((r-1)(s-1), rsm-rs)\}.$$

上述检验形成无交互作用的双因子方差分析表 5.8.5.

表 5.8.5 有交互作用的双因子方差分析

方差来源	平方和	自由度	均方和	F 值
因子 A	SS_A	$r-1$	$MSS_A = \frac{SS_A}{r-1}$	$F_A = \frac{MSS_A}{MSS_e}$
因子 B	SS_B	$s-1$	$MSS_B = \frac{SS_B}{s-1}$	$F_B = \frac{MSS_B}{MSS_e}$
交互效应 $A\times B$	$SS_{A\times B}$	$(r-1)(s-1)$	$MSS_{A\times B} = \frac{SS_{A\times B}}{(r-1)(s-1)}$	$F_{A\times B} = \frac{MSS_{A\times B}}{MSS_e}$
误差	SS_e	$rsm-rs$	$MSS_e = \frac{SS_e}{rsm-rs}$	
总和	SS	$rsm-1$		

例 5.8.2 某火箭使用四种燃料 A_1, A_2, A_3, A_4 与三种推进器 B_1, B_2, B_3 做射程试验, 对于燃料, 推进器的每一组合, 各发射火箭 2 次, 得火箭射程 (单位: 海里) 见表 5.8.6. 问各种燃料与各种推进器对火箭射程有无显著性影响, 燃料与推进器的交互作用对火箭射程有无显著性影响 ($\alpha = 0.05$).

表 5.8.6　某火箭射程数据

	B_1		B_2		B_3	
A_1	58.2	52.6	56.2	41.2	65.3	60.8
A_2	49.1	42.8	54.1	50.5	51.6	48.4
A_3	60.1	58.3	70.9	73.2	39.2	40.7
A_4	75.8	71.5	58.2	51.0	48.7	41.4

解　此为有交互作用的双因子试验,

$$H_{0A}:\alpha_1=\alpha_2=\cdots=\alpha_r=0,$$

$$H_{0B}:\beta_1=\beta_2=\cdots=\beta_s=0,$$

$$H_{0A\times B}:\gamma_{11}=\gamma_{12}=\cdots=\gamma_{1r}=\cdots=\gamma_{rs}=0.$$

其方差分析表为表 5.8.7.

表 5.8.7　火箭射程的双因子方差分析

方差来源	平方和	自由度	均方和	F 值
因子 A	261.68	3	87.23	4.42
因子 B	370.98	2	185.49	9.39
交互效应 $A\times B$	1768.69	6	294.78	14.93
误差	236.95	12	19.75	
总和	2638.30	23		

因为 $F_{0.05}(3,12)=3.49<4.42$, $F_{0.05}(2,12)=3.89<9.39$, 且有 $F_{0.05}(6,12)=3.00<14.93$, 故分别拒绝原假设 H_{0A},H_{0B} 与 $H_{0A\times B}$. 所以, 对于给定的显著性水平 $\alpha=0.05$, 可认为燃料与推进器对火箭射程均有显著性影响, 燃料与推进器的交互作用对火箭射程有显著性影响.

本章重要概念与公式

一元线性模型、多元线性模型、回归系数、回归函数、随机误差项、高斯–马尔可夫线性模型、正态线性模型、设计矩阵、线性模型中未知参数的最小二乘估计、残差、最小二乘估计的几何解释、回归函数的假设检验、回归系数的假设检验、回归函数的点估计与区间估计、响应变量的点预测与预测区间、单因子方差分析、单因子方差分析表、双因子方差分析、双因子方差分析表.

*5.9　统计漫谈: 统计推断与科学发现

苏岩 (2004) 通过对遗传学规律的统计探索, 揭示了统计推断在科学发现中的助推作用, 探讨了统计模型的接受规则, 阐明了统计推断的实践对统计创新和统计方法检验的双重意义.

统计推断就是由样本推断总体. 客观规律的概率性质, 使统计推断成为科学概括的有力工具. 统计推断是发现因果联系的重要步骤, 在本质上属于或然性推论, 是或然性推论的精确化形式, 它的前提和结论之间是或然性联系. 统计推断以归纳为其基本思想, 体现了归纳与演绎的辩证统一. 任何一种统计推断均需用一定的概率来表明推测的可靠程度. 部分推断总体既是统计推断受到争议的焦点, 亦是统计推断的科学内涵.

统计推断需以一定的概率支持, 对概率有两种解释: ① 某系统的内在特性; ② 对某陈述相信程度的度量. 这导致了客观概率与主观概率, 两者都是客观存在的, 贝叶斯公式给出了两种概率的转化形式. 对概率概念的争议仍在持续, 但这不影响它的有益使用. 以下将阐明不同概率概念下的统计推断在遗传学早期及现代发展中的作用, 试图阐释科学发展对统计创新的要求以及统计在外部需求和内部深化下的创新形式, 阐明统计推断的实践需求.

5.9.1 遗传学规律的统计探索

1. 分离定律与自由组合定律

19 世纪后半叶, 奥地利的修道士孟德尔通过可吃豌豆的杂交实验, 发现遗传规律是一种统计规律. 他选择了 7 个有变异的豌豆特征: 种子的颜色、种子的形状、豆荚的形状、豆荚外衣的颜色、未成熟豆荚的颜色、花的位置及豆梗的长度. 将绿色豌豆与黄色豌豆杂交, 结果下一代全是黄色豌豆. 对其他每种特征进行杂交试验, 也有类似的结果. 豌豆新的一代总像其父母本中的一个.

用混合父母本的黄色豌豆培养出的第二代, 其中黄色豌豆 6022 个, 绿色豌豆 2001 个, 黄色豌豆数量/绿色豌豆数量的值是 3.01:1. 孟德尔的其他 6 种特征的数据同样存在着近似 3:1 的关系. 由此孟德尔提出了 "遗传因子" 的概念, 发现了遗传学的统计规律: 分离定律与自由组合定律. 2001/6022 是 1:3 这个比例的频率估计, 对其简单、直观比例估计的分析, 使孟德尔真正站在了思想家的行列.

2. 遗传距离与杂种优势

近 30 年来, 科学工作者对遗传差异和产量杂种优势的定量关系做了大量研究. 李成荃在籼稻、粳稻的研究中发现遗传距离与杂种优势之间存在显著的线性关系. 龙漫远在分析玉米育种时, 得到遗传距离与杂种优势之间存在显著的抛物线关系. 其后, 生物学者用非线性回归描述两者间的关系.

遗传距离是一种对生物遗传差异的定量描述. 刘来福采用主成分分析遗传性状, 给出了遗传距离的一种定义形式. 杂种优势定义为

$$\frac{F_1 - MP}{MP} \cdot 100\%,$$

式中 F_1 为杂种产量, MP 为中亲值.

遗传距离为 0 时, 杂种优势趋于 0; 遗传距离过大, 杂种优势减弱. 利用回归模型研究遗传距离与杂种优势的相关关系, 目的是寻求最优的遗传距离, 取得最大的杂种优势. 这种探讨在育种学中有重要意义.

3. 贝叶斯基因表达模型

通过生物基因序列的精确测序，可获得大量生物遗传信息和功能基因.

Ibrahim 等就分辨正常基因和癌变基因提出了 DNA 微观数据结构条件下的贝叶斯基因表达模型。抽取样本容量为 14 的个体 (4 个为正常的, 10 个为癌变的), 从每个个体获取 3214 个基因数据, 因此微观数据结构为 4214×14. 以 $j = 1, 2$ 表示正常及癌变; $i = 1, 2, \cdots, n_j$ 表示第 i 个个体; $g = 1, 2, \cdots, G$ 表示第 g 个基因. 由此, y_{jig} 表示第 j 个生物组织类型, 第 i 个个体, 第 g 个基因的基因表达水平的连续值部分的取值. 由于抽取样本容量为 14, 与渐近理论的频率统计不相适应, 提出了如下多层先验贝叶斯基因表达模型:

$$p(y_{jig}|\mu_{jg}, \sigma_{jg}^2) = \frac{1}{\sqrt{2\pi} y_{jig} \sigma_{jg}} \exp\left\{-\frac{1}{2\sigma_{jg}^2}[\ln(y_{jig}) - \mu_{jg}]^2\right\}, \tag{5.9.1}$$

$$\mu_{jg}|\sigma_{jg}^2, \mu_{j0} \sim N\left(\mu_{j0}, \frac{\tau_0 \sigma_{jg}^2}{\overline{n}_j}\right), \quad \sigma_{jg}^2 \sim I\Gamma(a_{j0}, b_{j0}), \tag{5.9.2}$$

$$\mu_{j0} \sim N(m_{j0}, v_{j0}^2), \quad b_{j0} \sim \Gamma(q_{j0}, t_{j0}). \tag{5.9.3}$$

由式 (5.9.1) 至式 (5.9.3) 可以看出, y_{jig} 服从参数为 μ_{jg}, σ_{jg}^2 的对数正态分布. 贝叶斯第 1 层先验为 μ_{jg}, 服从参数为 $\mu_{j0}, \dfrac{\tau_0 \sigma_{jg}^2}{\overline{n}_j}$ 的正态分布, σ_{jg}^2 服从参数为 a_{j0}, b_{j0} 的逆 Γ 分布; 第 2 层先验为 μ_{j0}, 服从参数为 m_{j0}, v_{j0}^2 的正态分布, b_{j0} 服从参数为 q_{j0}, t_{j0}^2 的 Γ 分布. 先验分布的形式由最大熵分布或共轭先验分布确定. 最大熵分布是满足约束条件但熵值最大的概率分布, 在这个意义上, 最大熵分布是具有客观性的. 多层先验使得贝叶斯统计推断更为稳健, 模型 (5.9.1) 至式 (5.9.3) 成为相应基因表达的基本形式.

先期的基因表达研究包括聚类分析、Probit 线性回归模型、非参数回归模型等. 模型 (5.9.1) 至式 (5.9.3) 利用先验信息, 较好地组织起 DNA 微观数据, 进行了测序数据内在规律的有益探索.

4. 统计方法创新

当手头有一批数据时, 面临的任务是如何从这批数据中提取有用的信息. 这实际上就是由部分推断总体, 即统计推断.

数据容量有 3 种形式: 较小、中等、较大. 当数据容量中等时, 可进行一般性统计分析; 当数据容量较大 (甚至无穷大) 时, 可进行非参数统计分析; 当数据容量较小 (甚至只有一两个) 时, 可进行贝叶斯统计分析. 人们对复杂性事物的认识经历了从线性描述到非线性刻画的过程, 当样本容量较大, 而又不宜设定总体分布的具体形式时, 非参数统计得到发展. 下面以非参数回归为例说明统计方法创新.

设 $\boldsymbol{X}, Y$ 分别是 d 维及一维随机变量, $E|Y| < \infty$, 此时, $m(x) = E(Y|\boldsymbol{X} = \boldsymbol{x})$ 存在, 称 $m(x)$ 为 Y 对 $\boldsymbol{X}$ 的回归函数. 设 $(\boldsymbol{X}_i, Y_i), i = 1, 2, \cdots, n$ 是样本,

$$Y = \beta_0 + \beta_1 x_1 + \beta_2 x_2 + \cdots + \beta_d x_d + \varepsilon. \tag{5.9.4}$$

式 (5.9.4) 为 Y 对 X 的线性回归, 由 $\boldsymbol{\beta}$ 的 LS 估计可知, Y 的预测值 $\widehat{Y}$ 为给定 $\boldsymbol{X}_1, \boldsymbol{X}_2, \cdots, \boldsymbol{X}_n$ 及 $\boldsymbol{X} = \boldsymbol{x}$ 下, $Y_1, Y_2, \cdots, Y_n$ 的线性组合.

非参数回归 Y 的预测值 $\widehat{Y}$ 仍表现为给定 $\boldsymbol{X}_1, \boldsymbol{X}_2, \cdots, \boldsymbol{X}_n$ 及 $\boldsymbol{X} = \boldsymbol{x}$ 下, $Y_1, Y_2, \cdots, Y_n$ 的线性组合, 只是 $Y_1, Y_2, \cdots, Y_n$ 前的系数不再为式 (5.9.4) 假定下的简单形式.

定义 5.9.1 设 $W_{ni} = W_{ni}(\boldsymbol{x}) = W_{ni}(\boldsymbol{x}; \boldsymbol{X}_1, \boldsymbol{X}_2, \cdots, \boldsymbol{X}_n)$ $(i = 1, 2, \cdots, n)$ 是选定的 n 个依赖 $\boldsymbol{x}$ 和 $\boldsymbol{X}_1, \boldsymbol{X}_2, \cdots, \boldsymbol{X}_n$ 的函数. 称

$$m_n(\boldsymbol{x}) = \sum_{i=1}^{n} W_{ni} Y_i \tag{5.9.5}$$

为回归函数$m(\boldsymbol{x})$的权函数估计, W_{ni}为权函数. 实际应用中, 权函数满足如下条件:

$$W_{ni}(\boldsymbol{x}; \boldsymbol{X}_1, \boldsymbol{X}_2, \cdots, \boldsymbol{X}_n) \geqslant 0, \quad \sum_{i=1}^{n} W_{ni}(\boldsymbol{x}; \boldsymbol{X}_1, \boldsymbol{X}_2, \cdots, \boldsymbol{X}_n) = 1. \tag{5.9.6}$$

定义权函数的方法主要有核函数法和近邻法, 在一定条件下可证明 $m_n(\boldsymbol{x})$ 是 $m(\boldsymbol{x})$ 的相合估计. 非参数回归的一项基本条件是样本容量充分大.

在给定 $\boldsymbol{x}$ 及 $\boldsymbol{X}_1, \boldsymbol{X}_2, \cdots, \boldsymbol{X}_n$ 情况下, 非参数回归与线性回归的相同之处是均表现为 $Y_1, Y_2, \cdots, Y_n$ 的线性组合. 不同之处在于, 非参数回归不设定回归模型的具体形式, 由样本确定权函数, 因此适用面较广. 非参数回归较线性回归、非线性回归有本质的飞跃, 为现今方兴未艾的半参数回归分析打下基础.

5.9.2 统计推断的实践需求

1. 统计模型的接受规则

拉卡托斯把波普尔的接受规则提炼为 3 种.

可接受性$_1$: 对于相互竞争的理论 T_1 和 T_2, 如果 T_2 比 T_1 具有较高的可证伪度, 即 T_2 较 T_1 具有超额经验内容, 那么相对于 T_1, T_2 是可接受性$_1$ 的.

可接受性$_2$: 对于相互竞争的理论 T_1 和 T_2, 如果 T_2 经受住 T_1 所没有经受住的严峻检验, 即 T_2 较 T_1 具有超额验证, 那么相对于 T_1, T_2 是可接受性$_2$ 的.

可接受性$_3$: 对于相互竞争的理论 T_1 和 T_2, 如果 T_2 比 T_1 具有较高的可靠度, 即 T_2 较 T_1 更接近真理, 那么相对于 T_1, T_2 是可接受性$_3$ 的.

相对于先验标准可接受性$_1$, 可接受性$_2$ 和可接受性$_3$ 具有后验性. 可接受性$_2$ 的依据是超额验证, 可接受性$_3$ 的依据是全部验证. 在一定程度上拉卡托斯把非归纳和归纳融合在了一起.

遗传距离与杂种优势的相关关系经历了线性、抛物线、非线性回归过程. 基因表达模型有 Probit 线性回归、非参数回归、贝叶斯基因表达模型等. 这说明在应用的具体条件下, 模型的选择在深化, 经历着由线性到非线性的发展过程. 在特殊的数据结构下, 借助先验信息建立起贝叶斯模型. 同一问题相同条件下, 也面临着不同模型的竞争. 统计模型与因果模型的不同之处在于因果模型是唯一的, 相同数据对应的统计模型可有不同的模型形式.

对同一组数据, 回归模型的选择可以是线性、非线性、半参数回归等形式. 模型误差项可以是等方差的、异方差的、自相关的等. 回归模型系数可以是常量的、变量的. 模型系数的估计方法有最小二乘法、最小一乘法、极大似然估计等. 从统计决策的角度看, 对合适的数据, 可以得到通过模型检验的令人满意的统计模型.

建立统计模型时常会遇到这样的问题, 面对陌生的领域, 不宜设定总体的分布及模型的具体形式, 考虑使用非参数回归, 而恰因领域的陌生, 有时较难拥有充分多的数据, 则又不宜使用非参数回归. 此时半参数回归有其特殊的作用及可考虑借助先验信息.

2. *统计推断的实践需求*

科学发现的过程不是神秘的, 而是具体和生动的. 统计推断有助于点燃直觉的火花. 据上述分析, 遗传学规律的发现需要统计推断的辅助. 现代遗传学和医学的研究越来越离不开统计方法的使用. 统计方法在大样本统计和贝叶斯统计方面有着纵深的发展. 作为实践性很强的学科群, 统计学一旦与其他科学相联系, 便会对科学发现起到一种助推作用. 对数据进行信息加工, 实现去伪存真, 由此及彼, 由表及里的转化, 伴随着一定概率可靠度的超越前提的统计推断恰为假说的形成、规律的发现提供契机.

设 $X_1, X_2, \cdots, X_n$ 是来自 $N(\mu, \sigma^2)$ 的样本, σ^2 已知, μ 的共轭先验分布是 $N(\tau, \sigma_\tau^2)$, 则 μ 的贝叶斯估计为先验分布期望 τ 和样本均值 $\overline{X}$ 的加权平均, 即

$$\widehat{\mu}_B = \frac{\sigma^2}{n\sigma_\tau^2 + \sigma^2}\tau + \frac{n\sigma_\tau^2}{n\sigma_\tau^2 + \sigma^2}\overline{X}. \tag{5.9.7}$$

当 σ_τ^2 充分小 (趋向 0) 时, μ 几乎以概率 1 取值 τ, 此时 $\widehat{\mu}_B$ 近似为 τ, 即 $\widehat{\mu}_B$ 几乎

完全由先验信息决定. 当 n 充分大 (趋向 ∞) 时, $\widehat{\mu}_B$ 近似为 $\overline{X}$, $\widehat{\mu}_B$ 几乎完全由样本信息决定, 这时, 先验信息湮没在后验样本信息之中.

归纳逻辑是关于或然性推理的逻辑, 其特点是前提为真时其结论很可能为真而不必然真. 统计推断是现代归纳推理的重要形式. 利用样本, 通过贝叶斯定理对先验分布不断调整得到后验分布, 使归纳逻辑的局部化程度趋向最低, 这反映了由实践到认识, 再由认识到实践的螺旋式发展的量化规律. 目前部分学者对贝叶斯归纳逻辑持期望态度.

贝叶斯统计现已有不少成功的应用. 例如: 最大熵估计在一些领域取得了满意的应用结果. 但也存在一些问题, 如在非参数判别分析中, 某种疾病的发病率为十万分之几时, 这样的先验概率在疾病诊断中没有什么使用价值, 而无信息先验在疾病诊断中反倒具有实际意义, 这主要因为相对少量的疾病诊断次数调整, 不足以影响如此小的先验概率. 在没有或只掌握少量信息及其他约束条件下先验分布的确定方面, 尤其是实际问题的贝叶斯统计推断需要实践的不断检验.

习　题　5

1. 设有高斯–马尔可夫线性模型

$$\boldsymbol{Y} = X\boldsymbol{\beta} + \boldsymbol{\varepsilon},$$

$$E(\boldsymbol{\varepsilon}) = \boldsymbol{0}, \quad \mathrm{Cov}(\boldsymbol{\varepsilon}) = \sigma^2 I_n.$$

$\boldsymbol{\beta}$ 的最小二乘估计为 $\widehat{\boldsymbol{\beta}} = (X^{\mathrm{T}}X)^{-1}X^{\mathrm{T}}\boldsymbol{Y}$. 设 $\widehat{\boldsymbol{Y}} = X\widehat{\boldsymbol{\beta}}$, $\widehat{\boldsymbol{\varepsilon}} = \boldsymbol{Y} - \widehat{\boldsymbol{Y}}$. 证明

(1) $\widehat{\boldsymbol{\beta}}$ 为 $\boldsymbol{\beta}$ 的无偏估计;

(2) $E(\widehat{\boldsymbol{\varepsilon}}) = \boldsymbol{0}$;

(3) $E(\widehat{\sigma}^2) = \sigma^2$, 其中 $\widehat{\sigma}^2 = \widehat{\boldsymbol{\varepsilon}}^{\mathrm{T}}\widehat{\boldsymbol{\varepsilon}}/(n-p-1)$;

(4) 残差向量 $\widehat{\boldsymbol{\varepsilon}}$ 垂直于 X 的列向量生成的线性空间;

(5) $X(X^{\mathrm{T}}X)^{-1}X^{\mathrm{T}}$ 为对称幂等阵;

(6) $X(X^{\mathrm{T}}X)^{-1}X^{\mathrm{T}}$ 的特征值只能是 0 或 1;

(7) $\|\boldsymbol{Y}\|^2 = \|\widehat{\boldsymbol{Y}}\|^2 + \|\widehat{\boldsymbol{\varepsilon}}\|^2$;

(8) $\widehat{\boldsymbol{Y}} \in \mathcal{L}(X)$.

2. 随机抽取城市居民中的 12 个家庭，调查收入与支出的情况，得到表 5.1.

表 5.1　收入与支出数据　　　　(单位: 元)

收入 x	820	930	1050	1300	1440	1500
	1600	1800	2000	2700	3000	4000
支出 y	750	850	920	1050	1220	1200
	1300	1450	1560	2000	2000	2400

试建立 y 关于 x 的正态线性回归模型:

(1) 画出 (x,y) 的散点图, 估计 x 与 y 的相关系数;

(2) 求参数 β_0,β_1 及 σ^2 的最小二乘估计;

(3) 求 β_1 的置信水平为 0.95 的置信区间;

(4) 在显著水平 $\alpha=0.05$ 下, 检验假设 $H_0:\beta_1=0$;

(5) 在显著水平 $\alpha=0.05$ 下, 应用 F 统计量检验线性模型是否显著;

(6) 给定 $x=x_0$, 求相应 y_0 的置信水平为 0.95 的置信区间.

3. 设

$$\begin{cases} y_1=\beta_0+\varepsilon_1, \\ y_2=2\beta_0-\beta_1+\varepsilon_2, \\ y_3=\beta_0+2\beta_1+\varepsilon_3, \end{cases}$$

其中, $\varepsilon_1,\varepsilon_2,\varepsilon_3$ 相互独立, 且

$$E(\varepsilon_i)=0,\quad D(\varepsilon_i)=\sigma^2,\quad i=1,2,3.$$

求 β_0,β_1 的最小二乘估计.

4. 设响应变量为气压 (英寸汞柱) 的对数 $Lpres=100\times\log_{10}(Pressure)$, 解释变量为沸点 $Temp$(°F Hg). 数据由表 5.2 给出.

表 5.2　大气压与沸点的 Forbes 数据

n	1	2	3	4	5	6	7	8	9
$Temp$	194.5	194.3	197.9	198.4	199.4	199.9	200.9	201.1	201.4
$Lpres$	131.79	131.79	135.02	135.55	136.46	136.83	137.82	138.00	138.06
n	10	11	12	13	14	15	16	17	
$Temp$	201.3	203.6	204.6	209.5	208.6	210.7	211.9	212.2	
$Lpres$	138.05	140.04	142.44	145.47	144.34	146.30	147.54	147.80	

设 $Lpres$ 与 $Temp$ 满足一元正态线性回归模型

$$Lpres=\beta_0+\beta_1 Temp+\varepsilon,\quad \varepsilon\sim N(0,\sigma^2).$$

(1) 画出 $(Lpres,Temp)$ 的散点图, 估计 $Lpres$ 与 $Temp$ 的相关系数.

(2) 求参数 β_0,β_1 及 σ^2 的最小二乘估计.

(3) 求 β_1 的置信水平为 0.95 的置信区间.

(4) 在显著水平 $\alpha=0.05$ 下, 检验假设 $H_0:\beta_1=0$.

(5) 在显著水平 $\alpha=0.05$ 下, 应用 F 统计量检验线性模型是否显著.

(6) 给定 $Temp=206.5$, 求相应 $Lpres$ 的置信水平为 0.95 的置信区间.

5. 表 5.3 给出某地区职工平均消费水平、职工平均收入和生活费用价格指数. 设响应变量为平均消费支出 y (单位: 百元), 解释变量为平均收入 x_1 (单位: 百元) 与生活价格指数 x_2.

表 5.3　职工收入与消费

n/年	1	2	3	4	5	6
y	20.1	22.3	30.5	28.2	32.0	40.1
x_1	30.0	35.0	41.2	51.3	55.2	60.4
x_2	1.00	1.02	1.20	1.20	1.50	1.05
n/年	7	8	9	10	11	12
y	42.1	48.8	50.5	60.1	70.0	75.0
x_1	65.2	70.0	80.0	92.1	102.0	120.3
x_2	0.90	0.95	1.10	0.95	1.02	1.05

设 y 与 x_1, x_2 满足二元正态线性回归模型

$$y = \beta_0 + \beta_1 x_1 + \beta_2 x_2 + \varepsilon, \quad \varepsilon \sim N(0, \sigma^2).$$

(1) 求参数 $\beta_0, \beta_1, \beta_2$ 及 σ^2 的最小二乘估计.

(2) 求 β_1 与 β_2 的置信水平为 0.95 的置信区间.

(3) 在显著水平 $\alpha = 0.05$ 下, 分别检验假设 $H_0: \beta_1 = 0$ 和 $H_0: \beta_2 = 0$.

(4) 在显著水平 $\alpha = 0.05$ 下, 应用 F 统计量检验线性模型是否显著.

(5) 计算该模型预测的相对误差.

6. 某粮库为检验 4 种不同的贮藏方法 A_1, A_2, A_3, A_4 对粮食含水率有无显著影响, 将同一批粮食按不同的贮藏方法贮藏一段时间后, 取样化验得到表 5.4. 问 4 种贮藏方法对粮食含水率有无显著影响 ($\alpha = 0.05$).

表 5.4　粮食含水率数据　　(单位: %)

A_1	7.3	7.6	8.3	8.3	8.4
A_2	5.8	7.4	7.1		
A_3	8.1	6.4	7.0		
A_4	7.9	9.0			

7. 有四家工厂生产同一型号的干电池. 今从每家工厂的产品中抽取若干样品, 测得它们的寿命 (单位: 小时) 见表 5.5.

表 5.5　干电池寿命

甲	24.7	24.3	21.6	19.3	20.3	
乙	30.8	19.0	18.8	29.7		
丙	17.9	30.4	34.9	34.1	15.9	
丁	30.1	33.0	23.0	26.4	18.1	25.1

假定干电池寿命服从方差相等的正态分布, 问这四家工厂生产的干电池使用寿命有无显著差异 ($\alpha = 0.05$).

8. 炼钢厂出钢时用来盛钢水的钢包, 由于钢水的侵蚀, 其容积不断增大. 设使用次数为 x, 增大容积为 y (单位: kg). 试验数据见表 5.6.

表 5.6　钢包增大容积数据

x	2	3	4	5	6	7	8	9
y	6.42	8.20	9.58	9.50	9.70	10.00	9.93	9.99
x	10	11	12	13	14	15	16	
y	10.49	10.59	10.60	10.80	10.60	10.90	11.76	

设 y 与 x 具有 $y=\alpha e^{\beta/x}$ 型关系. 对此式两边取对数, 则有 $\ln y=\ln\alpha+\beta/x$. 记

$$\widetilde{y}=\ln y,\quad a=\ln\alpha,\quad b=\beta,\quad \widetilde{x}=\frac{1}{x}.$$

试建立 $\widetilde{y}$ 关于 $\widetilde{x}$ 的一元线性回归模型.

9. 在化工生产中, 选取不同的浓度 A_1,A_2,A_3 及不同的温度 B_1,B_2,B_3,B_4 分别进行试验, 产品得率 (%) 数据见表 5.7.

表 5.7　不同浓度、温度下产品得率数据

	B_1(30°C)	B_2(40°C)	B_3(50°C)	B_3(60°C)
A_1(2%)	76	77	79	80
A_2(4%)	78	77	78	79
A_3(6%)	80	80	80	81

问浓度及温度分别对化工产品得率有无显著性影响 ($\alpha=0.05$).

10. 在化工生产中, 选取不同的浓度 A_1,A_2,A_3 及不同的温度 B_1,B_2,B_3,B_4, 对每个组合各做两次试验, 产品得率 (%) 数据见表 5.8.

表 5.8　不同浓度、温度下产品得率数据

	B_1(10°C)	B_2(24°C)	B_3(38°C)	B_3(52°C)
A_1(2%)	10　14	11　11	13　9	10　12
A_2(4%)	9　7	10　8	7　11	6　10
A_3(6%)	5　11	13　14	12　13	14　10

(1) 问浓度及温度分别对化工产品得率有无显著性影响 ($\alpha=0.05$).

(2) 问浓度与温度之间的交互作用对化工产品得率有无显著性影响 ($\alpha=0.05$).

参 考 文 献

邓集贤, 杨维权, 司徒荣, 邓永录. 2009. 概率论及数理统计. 4 版. 北京: 高等教育出版社.

苏岩. 2004. 统计推断在科学发现中的作用和统计模型的确定. 保定师范专科学校学报, 17(4): 8-11.

苏岩, 王五祥, 韩孟金. 1994. (0-1) 变量与定量, 定性变量间的相关分析. 生物数学学报, 9(3): 109-116.

武小金, 尹华奇. 1992. 应用柯尔莫哥洛夫检验研究 (0-1) 变量与连续变量间的相关性. 生物数学学报, 7(1): 28-32.

第 6 章　主成分分析与因子分析

主成分分析是研究如何把多个指标转化为少数几个综合指标的统计方法. 通常综合指标取为原始指标的特殊的线性组合, 称生成的综合指标为主成分. 因子分析是主成分分析的推广, 其目的是用少数不可观测的综合因子去描述多个原始变量之间的协方差关系.

6.1　主成分分析

设随机向量 $\boldsymbol{X}=(X_1,X_2,\cdots,X_d)^{\mathrm{T}}$. 当 d 个分量的大部分变差能由 $m\ (m<d)$ 个主成分概括时, 可认为包含在这 m 个主成分的信息与原始 d 个变量大致一样多. 此时, 可用这 m 个主成分替代原来的 d 个变量. 主成分分析对于处理高维数据起到降维的作用, 可以更好地分析及解释高维数据问题.

6.1.1　总体主成分

设总体 $\boldsymbol{X}=(X_1,X_2,\cdots,X_d)^{\mathrm{T}}$ 的协差阵为 Σ, 考虑以下线性组合

$$\begin{aligned}
Y_1&=\boldsymbol{l}_1^{\mathrm{T}}X=l_{11}X_1+l_{12}X_2+\cdots+l_{1d}X_d,\\
Y_2&=\boldsymbol{l}_2^{\mathrm{T}}X=l_{21}X_1+l_{22}X_2+\cdots+l_{2d}X_d,\\
&\cdots\cdots\\
Y_d&=\boldsymbol{l}_d^{\mathrm{T}}X=l_{d1}X_1+l_{d2}X_2+\cdots+l_{dd}X_d,
\end{aligned}\tag{6.1.1}$$

则有

$$D(Y_i)=\boldsymbol{l}_i^{\mathrm{T}}\Sigma\boldsymbol{l}_i,\quad \mathrm{Cov}(Y_i,Y_j)=\boldsymbol{l}_i^{\mathrm{T}}\Sigma\boldsymbol{l}_j,\quad i,j=1,2,\cdots,d.\tag{6.1.2}$$

主成分即为总体 $\boldsymbol{X}$ 分量的线性组合 $Y_1,Y_2,\cdots,Y_d$, 要求方差 $D(Y_i)=\boldsymbol{l}_i^{\mathrm{T}}\Sigma\boldsymbol{l}_i,i=1,2,\cdots,d$ 达到最大, 且使 $Y_1,Y_2,\cdots,Y_d$ 互不相关. 设 k 为任意常数, 因为

$$D(k\boldsymbol{l}_i^{\mathrm{T}}X)=k^2\boldsymbol{l}_i^{\mathrm{T}}\Sigma\boldsymbol{l}_i,$$

故方差 $D(Y_i)$ 可随常数 k 的选取而趋向 ∞. 为此限制系数向量 $\boldsymbol{l}_i$ 为单位向量, 即

$$\boldsymbol{l}_i^{\mathrm{T}}\boldsymbol{l}_i=1,\quad i=1,2,\cdots,d.$$

现欲求单位向量 $\boldsymbol{l}_1$, 使得 $D(Y_1)$ 达到最大. 称由方向向量 $\boldsymbol{l}_1$ 确定的随机变量 $Y_1=\boldsymbol{l}_1^{\mathrm{T}}X$ 为随机向量 $\boldsymbol{X}$ 的第一主成分. 若单位向量 $\boldsymbol{l}_2$ 满足约束条件

$$\boldsymbol{l}_2^{\mathrm{T}}\boldsymbol{l}_2=1,\quad \mathrm{Cov}(Y_1,Y_2)=\boldsymbol{l}_1^{\mathrm{T}}\Sigma\boldsymbol{l}_2=0,$$

且使 $D(Y_2)$ 达到最大, 则称 $Y_2 = \boldsymbol{l}_2^{\mathrm{T}} X$ 为随机向量 $\boldsymbol{X}$ 的第二主成分. 一般地, 若单位向量 $\boldsymbol{l}_i$ 满足约束条件

$$\boldsymbol{l}_i^{\mathrm{T}} \boldsymbol{l}_i = 1, \quad \mathrm{Cov}(Y_i, Y_j) = \boldsymbol{l}_i^{\mathrm{T}} \Sigma \boldsymbol{l}_j = 0, \quad j = 1, 2, \cdots, i-1,$$

且使 $D(Y_i)$ 达到最大, 则称 $Y_i = \boldsymbol{l}_i^{\mathrm{T}} X$ 为随机向量 $\boldsymbol{X}$ 的第 i 主成分.

引理 6.1.1　设 $\lambda_1 \geqslant \lambda_2 \geqslant \cdots \geqslant \lambda_d$ 为 Σ 的特征值, 则

$$\max_{\boldsymbol{X}^{\mathrm{T}}\boldsymbol{X}=1} \boldsymbol{X}^{\mathrm{T}} \Sigma \boldsymbol{X} = \lambda_1, \quad \min_{\boldsymbol{X}^{\mathrm{T}}\boldsymbol{X}=1} \boldsymbol{X}^{\mathrm{T}} \Sigma \boldsymbol{X} = \lambda_d. \tag{6.1.3}$$

证明　因为 $\Sigma^{\mathrm{T}} = \Sigma \geqslant 0$, 所以存在正交阵 $P = (\boldsymbol{p}_1, \boldsymbol{p}_2, \cdots, \boldsymbol{p}_d)$, 使得

$$\Sigma = P \Lambda P^{\mathrm{T}},$$

其中, 对角阵 $\Lambda = \mathrm{diag}(\lambda_1, \lambda_2, \cdots, \lambda_d)$. 易知, $\boldsymbol{p}_i$ 为与特征值 λ_i 相对应的特征向量. 记 $\boldsymbol{Y} = (Y_1, Y_2, \cdots, Y_d)^{\mathrm{T}} = P^{\mathrm{T}} \boldsymbol{X}$, 则有

$$\boldsymbol{X}^{\mathrm{T}} \Sigma \boldsymbol{X} = \boldsymbol{X}^{\mathrm{T}} P \Lambda P^{\mathrm{T}} \boldsymbol{X} = \boldsymbol{Y}^{\mathrm{T}} \Lambda \boldsymbol{Y} = \sum_{i=1}^{d} \lambda_i Y_i^2.$$

又由于 $\boldsymbol{Y}^{\mathrm{T}} \boldsymbol{Y} = \boldsymbol{X}^{\mathrm{T}} \boldsymbol{X} = 1$, 故知

$$\max_{\boldsymbol{X}^{\mathrm{T}}\boldsymbol{X}=1} \boldsymbol{X}^{\mathrm{T}} \Sigma \boldsymbol{X} \leqslant \lambda_1, \quad \min_{\boldsymbol{X}^{\mathrm{T}}\boldsymbol{X}=1} \boldsymbol{X}^{\mathrm{T}} \Sigma \boldsymbol{X} \geqslant \lambda_d.$$

分别取 $\boldsymbol{X} = \boldsymbol{p}_1, \boldsymbol{p}_d$, 可知 $\boldsymbol{X}^{\mathrm{T}} \Sigma \boldsymbol{X}$ 等于 λ_1 (或 λ_d), 结论得证.

定理 6.1.1　设 $\lambda_1 \geqslant \lambda_2 \geqslant \cdots \geqslant \lambda_d$ 为 Σ 的特征值, $\boldsymbol{p}_1, \boldsymbol{p}_2, \cdots, \boldsymbol{p}_d$ 为对应的单位正交特征向量. 则第 i 个主成分为

$$Y_i = \boldsymbol{p}_i^{\mathrm{T}} \boldsymbol{X} = a_{i1} X_1 + a_{i2} X_2 + \cdots + a_{id} X_d, \quad i = 1, 2, \cdots, d, \tag{6.1.4}$$

且有

$$D(Y_i) = \lambda_i, \ i = 1, 2, \cdots, d, \quad \mathrm{Cov}(Y_i, Y_j) = 0, \ i \neq j, \ i, j = 1, 2, \cdots, d. \tag{6.1.5}$$

证明　设 $\boldsymbol{l}^{\mathrm{T}} \boldsymbol{l} = 1$. 由式 (6.1.3) 可知, $\max\limits_{\boldsymbol{l} \neq \boldsymbol{0}} \boldsymbol{l}^{\mathrm{T}} \Sigma \boldsymbol{l} = \lambda_1$. 故

$$\max_{\boldsymbol{l} \neq \boldsymbol{0}} \boldsymbol{l}^{\mathrm{T}} \Sigma \boldsymbol{l} = \lambda_1 = \boldsymbol{p}_1^{\mathrm{T}} \Sigma \boldsymbol{p}_1 = D(Y_1).$$

一般地有

$$\max_{\substack{\boldsymbol{l} \perp \boldsymbol{p}_i \\ i=1,2,\cdots,t}} \boldsymbol{l}^{\mathrm{T}} \Sigma \boldsymbol{l} = \lambda_{t+1}, \quad t = 1, 2, \cdots, d-1.$$

又当 $\boldsymbol{l}=\boldsymbol{p}_{t+1}$ 时,

$$D(Y_{t+1})=\boldsymbol{p}_{t+1}^{\mathrm{T}}\Sigma\boldsymbol{p}_{t+1}=\lambda_{t+1},\quad t=1,2,\cdots,d-1,$$

故 $D(Y_i)=\lambda_i,\ i=1,2,\cdots,d$, 且有 $\mathrm{Cov}(Y_i,Y_j)=0,\ i\neq j,\ i,j=1,2,\cdots,d$.

正交变换 $\boldsymbol{Y}=P^{\mathrm{T}}\boldsymbol{X}$ 将 $\boldsymbol{X}$ 所在的坐标系旋转称为 $\boldsymbol{Y}$ 所在的新坐标系. 新坐标轴为具有最大方差的方向, $\boldsymbol{Y}$ 的协差阵为对角阵, 即 $\mathrm{Cov}(\boldsymbol{Y})=\mathrm{diag}(\lambda_1,\lambda_2,\cdots,\lambda_d)$. 此时, $\boldsymbol{Y}$ 的各个分量是不相关的. 由此, 我们可以从 $\boldsymbol{Y}$ 的诸分量中挑选主要成分, 忽略其影响较弱的部分分量.

定理 6.1.2 设定理 6.1.1 的条件成立, 记 $\Sigma=(\sigma_{ij})$. 则

$$\sum_{i=1}^{d}D(X_i)=\sum_{i=1}^{d}\sigma_{ii}=\sum_{i=1}^{d}\lambda_i=\sum_{i=1}^{d}D(Y_i).$$

证明 由引理 6.1.1 可知, $\Sigma=P\Lambda P^{\mathrm{T}}$. 故有

$$\mathrm{tr}(\Sigma)=\mathrm{tr}(P\Lambda P^{\mathrm{T}})=\mathrm{tr}(\Lambda P^{\mathrm{T}}P)=\mathrm{tr}(\Lambda)=\sum_{i=1}^{d}\lambda_i.$$

故由定理 6.1.1 可知

$$\sum_{i=1}^{d}D(X_i)=\mathrm{tr}(\Sigma)=\mathrm{tr}(\Lambda)=\sum_{i=1}^{d}\lambda_i=\sum_{i=1}^{d}D(Y_i).$$

定义 6.1.1 称 $\dfrac{\lambda_k}{\sum_{i=1}^{d}\lambda_i}$ 为第 k 个主成分 Y_k 的方差贡献率, 称 $\dfrac{\sum_{i=1}^{k}\lambda_i}{\sum_{i=1}^{d}\lambda_i}$ 为主成分 $Y_1,Y_2,\cdots,Y_k$ 的累积贡献率.

累积贡献率表明前 k 个主成分的方差和占总方差的比例. 在实际应用中, 通常选取 $k<d$, 使前 k 个主成分的累积贡献率达到 80% 以上. 这样, 用前 k 个主成分替代原来 d 个变量 $X_1,X_2,\cdots,X_d$ 不会损失太多的信息, 有达到减少变量个数的目的.

通过线性组合 $\boldsymbol{p}_i^{\mathrm{T}}\boldsymbol{X}$, 主成分分析将原始变量 $\boldsymbol{X}$ 的 d 个随机分量的总方差 $\mathrm{tr}(\Sigma)$, 分解为 d 个不相关的随机变量 $Y_i\ (i=1,2,\cdots,d)$ 的方差的和, 使第一主成分 Y_1 具有最大的方差 λ_1.

定理 6.1.3 设定理 6.1.1 的条件成立, 记 $\Sigma=(\sigma_{ij})$. 则 Y_i 与 $\boldsymbol{X}$ 的第 j 个分变量 X_j 的相关系数为

$$\rho_{Y_i,X_j}=\frac{a_{ij}\sqrt{\lambda_i}}{\sqrt{\sigma_{jj}}},\quad i,j=1,2,\cdots,d. \tag{6.1.6}$$

证明 记 $\boldsymbol{l}_j = (0,\cdots,0,1,0,\cdots,0)^{\mathrm{T}}$, 其中 $\boldsymbol{l}_j$ 的第 j 个分量为 1. 则有 $X_j = \boldsymbol{l}_j^{\mathrm{T}}X$. 又由于 $\Sigma\boldsymbol{p}_i = \lambda_i\boldsymbol{p}_i$, 故

$$\mathrm{Cov}(X_j, Y_i) = \mathrm{Cov}(\boldsymbol{l}_j^{\mathrm{T}}X, \boldsymbol{p}_i^{\mathrm{T}}X) = \boldsymbol{l}_j^{\mathrm{T}}\Sigma\boldsymbol{p}_i = \boldsymbol{l}_j^{\mathrm{T}}\lambda_i\boldsymbol{p}_i = \lambda_i a_{ij}.$$

又 $D(Y_i) = \lambda_i, D(X_j) = \sigma_{jj}$, 故有

$$\rho_{Y_i,X_j} = \frac{\mathrm{Cov}(Y_i, X_j)}{\sqrt{D(Y_i)D(X_j)}} = \frac{a_{ij}\sqrt{\lambda_i}}{\sqrt{\sigma_{jj}}}, \quad i,j = 1,2,\cdots,d.$$

系数向量 $\boldsymbol{p}_i$ 的第 j 个分量为 a_{ij}, 它刻画了 $\boldsymbol{X}$ 的第 j 个分量 X_j 对第 i 个主成分的影响程度. 式 (6.1.6) 表明, Y_i 与 X_j 的相关系数与 a_{ij} 成比例.

现考虑对数据进行标准化处理. 记

$$Z_i = \frac{X_i - \mu_i}{\sqrt{\sigma_{ii}}}, \quad i = 1,2,\cdots,d, \tag{6.1.7}$$

其中, $E(\boldsymbol{X}) = \boldsymbol{\mu} = (\mu_1,\mu_2,\cdots,\mu_d)^{\mathrm{T}}$. 记

$$\boldsymbol{Z} = Q^{-1/2}(\boldsymbol{X} - \boldsymbol{\mu}), \quad Q^{1/2} = \begin{pmatrix} \sqrt{\sigma_{11}} & 0 & \cdots & 0 \\ 0 & \sqrt{\sigma_{22}} & \cdots & 0 \\ \vdots & \vdots & & \vdots \\ 0 & 0 & \cdots & \sqrt{\sigma_{dd}} \end{pmatrix}. \tag{6.1.8}$$

则 $E(\boldsymbol{Z}) = \boldsymbol{0}$, 且有

$$\mathrm{Cov}(\boldsymbol{Z}) = Q^{-1/2}\Sigma Q^{-1/2} = \begin{pmatrix} 1 & \rho_{12} & \cdots & \rho_{1d} \\ \rho_{12} & 1 & \cdots & \rho_{2d} \\ \vdots & \vdots & & \vdots \\ \rho_{1d} & \rho_{2d} & \cdots & 1 \end{pmatrix} = R. \tag{6.1.9}$$

相关阵 R 是对原始变量 $\boldsymbol{X}$ 标准化后得到的协方差阵. 利用相关阵 R 求主成分, 可以得到和前述一致的结论.

定理 6.1.4 设 $\boldsymbol{Z} = (Z_1, Z_2,\cdots,Z_d)^{\mathrm{T}}$ 为 $\boldsymbol{X}$ 的标准化变量, $\mathrm{Cov}(\boldsymbol{Z}) = R$. 设 $\lambda_{1*} \geqslant \lambda_{2*} \geqslant \cdots \geqslant \lambda_{d*}$ 为 R 的特征值, $\boldsymbol{p}_{1*}, \boldsymbol{p}_{2*},\cdots,\boldsymbol{p}_{d*}$ 为对应的标准化正交特征向量. 则第 i 主成分为

$$Y_{i*} = \boldsymbol{p}_{i*}^{\mathrm{T}}\boldsymbol{Z} = \boldsymbol{p}_{i*}^{\mathrm{T}}Q^{-1/2}(\boldsymbol{X} - \boldsymbol{\mu}), \quad i = 1,2,\cdots,d,$$

且有

$$\sum_{i=1}^{d} D(Y_{i*}) = \sum_{i=1}^{d} D(Z_i) = d, \tag{6.1.10}$$

$$\rho_{Y_{i*},Z_j} = a_{ij}^*\sqrt{\lambda_{i*}}, \quad i,j=1,2,\cdots,d,$$

其中, a_{ij}^* 为 $\boldsymbol{p}_{i*}$ 的第 j 个分量.

定义 6.1.2 称 $\dfrac{\lambda_{k*}}{\sum_{i=1}^{d}\lambda_{i*}}$ 为第 k 个主成分 Y_{k*} 的方差贡献率, 称 $\dfrac{\sum_{i=1}^{k}\lambda_{i*}}{\sum_{i=1}^{d}\lambda_{i*}}$ 为主成分 $Y_{1*},Y_{2*},\cdots,Y_{k*}$ 的累积贡献率.

一般来说, 由 Σ 求得的主成分与由 R 求得的主成分是不相同的, 甚至会有很大的不同. 若分量指标的度量单位不同或其取值范围彼此差异较大, 考虑由 R 出发求得主成分. 若分量指标的度量单位相同或其取值范围彼此差异较小, 考虑由 Σ 出发求得主成分.

6.1.2 样本主成分

设总体 $\boldsymbol{X}=(X_1,X_2,\cdots,X_d)^{\mathrm{T}}$ 的均值为 $\boldsymbol{\mu}$, 协差阵为 Σ, $\boldsymbol{X}_1,\boldsymbol{X}_2,\cdots,\boldsymbol{X}_n$ 为来自总体 $\boldsymbol{X}$ 的样本. 记

$$\mathbb{S}=(s_{ij})=\frac{1}{n-1}\sum_{i=1}^{n}(\boldsymbol{X}_i-\overline{\boldsymbol{X}})(\boldsymbol{X}_i-\overline{\boldsymbol{X}})^{\mathrm{T}}, \tag{6.1.11}$$

$$\overline{\boldsymbol{X}}=\frac{1}{n}\sum_{i=1}^{n}\boldsymbol{X}_i, \quad \mathbb{R}=\left(\frac{s_{ij}}{\sqrt{s_{ii}s_{jj}}}\right). \tag{6.1.12}$$

分别称 $\overline{\boldsymbol{X}}$, $\mathbb{S}$ 和 $\mathbb{R}$ 为总体 $\boldsymbol{X}$ 的样本均值、样本协差阵和样本相关阵. 当总体 $\boldsymbol{X}$ 的协差阵 Σ 和相关阵 R 未知时, 分别以样本协差阵 $\mathbb{S}$ 和样本相关阵 $\mathbb{R}$ 作为 Σ 和 R 的估计, 按前述方法求得的主成分称为样本主成分.

定理 6.1.5 设 $\widehat{\lambda}_1\geqslant\widehat{\lambda}_2\geqslant\cdots\geqslant\widehat{\lambda}_d$ 为样本协差阵 $\mathbb{S}$ 的特征值, $\widehat{\boldsymbol{p}}_1,\widehat{\boldsymbol{p}}_2,\cdots,\widehat{\boldsymbol{p}}_d$ 为对应的单位正交特征向量. 则第 i 个样本主成分为

$$\widehat{Y}_i=\widehat{\boldsymbol{p}}_i^{\mathrm{T}}\boldsymbol{x}=\widehat{a}_{i1}x_1+\widehat{a}_{i2}x_2+\cdots+\widehat{a}_{id}x_d, \quad i=1,2,\cdots,d, \tag{6.1.13}$$

这里, $\boldsymbol{x}$ 为 $\boldsymbol{X}=(X_1,X_2,\cdots,X_d)^{\mathrm{T}}$ 的任一观测. 同时有

$$\begin{gathered}
\widehat{Y}_i \text{ 的样本方差} = \widehat{\lambda}_i, \quad i=1,2,\cdots,d,\\
\widehat{Y}_i \text{ 与 } \widehat{Y}_j \text{ 的样本协方差} = 0, \quad i\neq j,\ i,j=1,2,\cdots,d,\\
\text{样本总方差} = \sum_{i=1}^{d}s_{ii}=\sum_{i=1}^{d}\widehat{\lambda}_{i*},\\
\widehat{Y}_i \text{ 与 } x_j \text{ 的样本相关系数 } \rho_{\widehat{Y}_i,x_j}=\frac{\widehat{a}_{ij}\sqrt{\widehat{\lambda}_i}}{\sqrt{s_{jj}}}, \quad i,j=1,2,\cdots,d.
\end{gathered} \tag{6.1.14}$$

证明　只证明式 (6.1.14) 的前两个公式. 记 $\boldsymbol{x}_k=(x_{1k},x_{2k},\cdots,x_{dk})^{\mathrm{T}}$.

$$\begin{aligned}\widehat{Y}_i\text{ 的样本方差}&=\frac{1}{n-1}\sum_{k=1}^{n}(\widehat{\boldsymbol{p}}_i^{\mathrm{T}}\boldsymbol{x}_k-\widehat{\boldsymbol{p}}_i^{\mathrm{T}}\overline{\boldsymbol{x}})^2,\\&=\frac{1}{n-1}\sum_{k=1}^{n}[\widehat{\boldsymbol{p}}_i^{\mathrm{T}}(\boldsymbol{x}_k-\overline{\boldsymbol{x}})]^2\\&=\widehat{\boldsymbol{p}}_i^{\mathrm{T}}\left[\frac{1}{n-1}\sum_{k=1}^{n}(\boldsymbol{x}_k-\overline{\boldsymbol{x}})(\boldsymbol{x}_k-\overline{\boldsymbol{x}})^{\mathrm{T}}\right]\widehat{\boldsymbol{p}}_i\\&=\widehat{\boldsymbol{p}}_i^{\mathrm{T}}\mathbb{S}\widehat{\boldsymbol{p}}_i=\widehat{\lambda}_i,\quad i=1,2,\cdots,d.\end{aligned}$$

$$\begin{aligned}\widehat{Y}_i\text{ 与 }\widehat{Y}_j\text{ 的样本协方差}&=\frac{1}{n-1}\sum_{k=1}^{n}(\widehat{\boldsymbol{p}}_i^{\mathrm{T}}\boldsymbol{x}_k-\widehat{\boldsymbol{p}}_i^{\mathrm{T}}\overline{\boldsymbol{x}})(\widehat{\boldsymbol{p}}_j^{\mathrm{T}}\boldsymbol{x}_k-\widehat{\boldsymbol{p}}_j^{\mathrm{T}}\overline{\boldsymbol{x}})\\&=\widehat{\boldsymbol{p}}_i^{\mathrm{T}}\mathbb{S}\widehat{\boldsymbol{p}}_j=0,\quad i\neq j,\ i,j=1,2,\cdots,d.\end{aligned}$$

定义 6.1.3　称 $\dfrac{\widehat{\lambda}_k}{\sum_{i=1}^{d}\widehat{\lambda}_i}$ 为第 k 个样本主成分 $\widehat{Y}_k$ 的方差贡献率, 称 $\dfrac{\sum_{i=1}^{k}\widehat{\lambda}_i}{\sum_{i=1}^{d}\widehat{\lambda}_i}$ 为样本主成分 $\widehat{Y}_1,\widehat{Y}_2,\cdots,\widehat{Y}_k$ 的累积贡献率.

对样本进行标准化处理, 得到样本相关阵 $\mathbb{R}$. 记

$$\boldsymbol{x}_k=(x_{k1},\cdots,x_{kd})^{\mathrm{T}},\quad \overline{x}_j=\frac{1}{n}\sum_{k=1}^{n}x_{kj},\quad j=1,2,\cdots,d,$$

$$\boldsymbol{z}_k=\left(\frac{x_{k1}-\overline{x}_1}{\sqrt{s_{11}}},\cdots,\frac{x_{kd}-\overline{x}_d}{\sqrt{s_{dd}}}\right)^{\mathrm{T}},\quad k=1,2,\cdots,n.$$

据此获标准化数据, 获得样本主成分.

定理 6.1.6　设 $\widehat{\lambda}_{1*}\geqslant\widehat{\lambda}_{2*}\geqslant\cdots\geqslant\widehat{\lambda}_{d*}$ 为样本相关阵 $\mathbb{R}$ 的特征值, $\widehat{\boldsymbol{p}}_{1*},\widehat{\boldsymbol{p}}_{2*},\cdots,\widehat{\boldsymbol{p}}_{d*}$ 为对应的单位正交特征向量. 则第 i 个样本主成分为

$$\widehat{Y}_{i*}=\widehat{\boldsymbol{p}}_{i*}^{\mathrm{T}}\boldsymbol{z}=\widehat{a}_{i1}^{*}z_1+\widehat{a}_{i2}^{*}z_2+\cdots+\widehat{a}_{id}^{*}z_d,\quad i=1,2,\cdots,d,\tag{6.1.15}$$

这里, $\boldsymbol{z}=(z_1,z_2,\cdots,z_d)^{\mathrm{T}}$ 为 $\boldsymbol{X}$ 的标准化变量 $\boldsymbol{Z}=(Z_1,Z_2,\cdots,Z_d)^{\mathrm{T}}$ 的任一观测. 同时有

$$\begin{aligned}\widehat{Y}_{i*}\text{ 的样本方差}&=\widehat{\lambda}_{i*},\quad i=1,2,\cdots,d,\\\widehat{Y}_{i*}\text{ 与 }\widehat{Y}_{j*}\text{ 的样本协方差}&=0,\quad i\neq j,\ i,j=1,2,\cdots,d,\\\text{样本总方差}&=\mathrm{tr}(\mathbb{R})=\sum_{i=1}^{d}\widehat{\lambda}_{i*}=d,\\\widehat{Y}_i\text{ 与 }x_j\text{ 的样本相关系数 }\rho_{\widehat{Y}_i,x_j}&=\widehat{a}_{ij}^{*}\sqrt{\widehat{\lambda}_{i*}},\quad i,j=1,2,\cdots,d.\end{aligned}\tag{6.1.16}$$

定义 6.1.4 称 $\dfrac{\widehat{\lambda}_{k*}}{d}$ 为第 k 个样本主成分 $\widehat{Y}_{k*}$ 的方差贡献率, 称 $\dfrac{\sum_{i=1}^{k}\widehat{\lambda}_{i*}}{d}$ 为样本主成分 $\widehat{Y}_{1*},\widehat{Y}_{2*},\cdots,\widehat{Y}_{k*}$ 的累积贡献率.

6.1.3 主成分的几何意义

主成分分析是对总体协差阵 Σ 结构的分析, 通过计算 Σ 的特征值与对应的标准化特征向量, 得到若干主成分, 进而降低指标的数目. 主成分是依多元数据最大离散的方向对坐标轴进行旋转, 主成分分析并不要求总体 $\boldsymbol{X}=(X_1,X_2,\cdots,X_d)^{\mathrm{T}}$ 服从多元正态分布 $N_d(\boldsymbol{\mu},\Sigma)$. 在正态总体条件下, 可以得到主成分及其方差的极大似然估计, 同时便于给出主成分的几何解释. 假设 $\boldsymbol{X}\sim N_d(\boldsymbol{\mu},\Sigma)$, 则 $\boldsymbol{X}$ 的密度函数为

$$f(\boldsymbol{x})=\frac{1}{(2\pi)^{d/2}|\Sigma|^{1/2}}\exp\Big[-\frac{1}{2}(\boldsymbol{x}-\boldsymbol{\mu})^{\mathrm{T}}\Sigma^{-1}(\boldsymbol{x}-\boldsymbol{\mu})\Big],\quad \boldsymbol{x}\in\mathbf{R}^d.$$

中心在 $\boldsymbol{X}=\boldsymbol{\mu}$ 的等密度的椭球为

$$(\boldsymbol{X}-\boldsymbol{\mu})^{\mathrm{T}}\Sigma^{-1}(\boldsymbol{X}-\boldsymbol{\mu})=c^2.$$

设 $\lambda_1\geqslant\lambda_2\geqslant\cdots\geqslant\lambda_d$ 为 Σ 的特征值, $\boldsymbol{p}_1,\boldsymbol{p}_2,\cdots,\boldsymbol{p}_d$ 为对应的单位正交特征向量. 则等密度椭球的主轴为 $\pm c\sqrt{\lambda_i}\boldsymbol{p}_i,\ i=1,2,\cdots,d$.

不妨设 $\boldsymbol{\mu}=\mathbf{0}$, 记 $P=(\boldsymbol{p}_1,\boldsymbol{p}_2,\cdots,\boldsymbol{p}_d),\boldsymbol{Y}=P^{\mathrm{T}}\boldsymbol{X}$. 则有

$$\begin{aligned}\boldsymbol{X}^{\mathrm{T}}\Sigma^{-1}\boldsymbol{X}&=\boldsymbol{X}^{\mathrm{T}}(P\Lambda^{-1}P^{\mathrm{T}})\boldsymbol{X}\\&=\boldsymbol{X}^{\mathrm{T}}\Big[\sum_{i=1}^{d}\frac{1}{\lambda_i}\boldsymbol{p}_i\boldsymbol{p}_i^{\mathrm{T}}\Big]\boldsymbol{X}\\&=\sum_{i=1}^{d}\frac{1}{\lambda_i}[\boldsymbol{p}_i^{\mathrm{T}}\boldsymbol{X}]^2\\&=\sum_{i=1}^{d}\frac{1}{\lambda_i}Y_i^2=c^2,\quad Y_i=\boldsymbol{p}_i^{\mathrm{T}}\boldsymbol{X}.\end{aligned}\tag{6.1.17}$$

由此可得

$$\frac{Y_1^2}{(c\sqrt{\lambda_1})^2}+\cdots+\frac{Y_d^2}{(c\sqrt{\lambda_d})^2}=1.\tag{6.1.18}$$

故在以 $Y_1,Y_2,\cdots,Y_d$ 为轴的坐标系中, 式 (6.1.18) 表示一个椭圆, 其主轴方向分别为 $\boldsymbol{p}_1,\boldsymbol{p}_2,\cdots,\boldsymbol{p}_d$. 线性组合 $Y_i=\boldsymbol{p}_i^{\mathrm{T}}\boldsymbol{X},\ i=1,2,\cdots,d$ 恰为总体 $\boldsymbol{X}$ 的 d 个主成分, 通过坐标系的旋转, 将以 $X_1,X_2,\cdots,X_d$ 为轴的原坐标系变换为以 $Y_1,Y_2,\cdots,Y_d$ 为轴的新坐标系. 新坐标系各坐标轴 (主轴) 的方向即为原始数据变差最大的方向.

假设 $d=2$, 且二元数据在以 X_1,X_2 为轴的坐标系中呈现为中心在原点的倾斜的椭圆. 经过旋转后, 原坐标系成为以 Y_1,Y_2 为轴的坐标系. 在新坐标系中, 原二元

数据散点图呈现为非倾斜的椭圆. $Y_1 = \boldsymbol{p}_1^{\mathrm{T}}\boldsymbol{X}$ 与 $Y_2 = \boldsymbol{p}_2^{\mathrm{T}}\boldsymbol{X}$ 即为原始变量 X_1, X_2 的两个主成分.

例 6.1.1 随着经济状况的变化, 股票有聚集的趋势, 不同股票周回升率是彼此相关的, 王学仁和王松桂 (1990) 的著作分解纽约股市五种股票价格为三种不相关行为. 有必要研究国内股市结构, 并用以预测上海证券交易所 (简称上证) A 股综合指数的走势. 苏岩 (2002) 对 1996 年上证 51 周 A 股价格数据 (见童恒庆 (1997) 的著作), 即四川长虹 (X_1)、青岛海尔 (X_2)、延中实业 (X_2)、永生制笔 (X_4)、嘉丰股份 (X_5) 与上证 A 股综合指数 (X_6) 进行了实证研究. 记 X_{ij} 表示 X_i 第 j 周市场收盘价, 第 j 周的回升率定义为

[第 j 周市场收盘价 − 第 $i-1$ 周市场收盘价]/第 $i-1$ 周市场收盘价.

由表 6.1.1 和表 6.1.2 知, 第一与第二样本主成分的累积贡献率约为 80.32%, 且有

$$PRIN1 = 0.345948Y_1 + 0.44051Y_2 + 0.47292Y_3 + 0.439817Y_4 + 0.518825Y_5,$$

$$PRIN2 = 0.649742Y_1 + 0.514282Y_2 - 0.3018Y_3 - 0.391107Y_4 - 0.263251Y_5,$$

其中, Y_i 表示 X_i 的周回升率, $i = 1, 2, 3, 4, 5$. 在 $PRIN1$ 中, Y_i, $i = 1, 2, 3, 4, 5$ 的系数在 0.4 左右. 在 $PRIN2$ 中, Y_1, Y_2 的系数为正, Y_3, Y_4, Y_5 的系数为负.

第一主成分大约等于五种股票周回升率的一个常数倍, 可称为股票市场主成分, 第二主成分代表股票 X_1, X_2 和 X_3, X_4, X_5 的一个对比, 可称为工业主成分. 这表明, 这些股票周回升率的大部分变差来自市场活动和与之不相关的工业活动.

表 6.1.1 协差阵的特征根

	特征值	差分	贡献率	累积贡献率
$PRIN1$	2.66164	1.30717	0.532292	0.53229
$PRIN2$	1.35429	0.88819	0.270858	0.80315
$PRIN3$	0.46610	0.17878	0.093220	0.89637
$PRIN4$	0.28731	0.05647	0.057463	0.95383
$PRIN5$	0.23084		0.046168	1.00000

表 6.1.2 特征向量

	第一主成分	第二主成分	第三主成分	第四主成分	第五主成分
Y_1	0.345948	0.649742	0.124257	0.078795	0.660686
Y_2	0.440510	0.514282	−0.035192	0.036126	−0.734113
Y_3	0.472920	−0.301800	−0.691253	0.437379	0.127014
Y_4	0.439817	−0.391107	0.710532	0.384846	−0.025198
Y_5	0.518825	−0.263251	−0.025213	−0.808133	0.088345

第一主成分集中了所选五种股票的 53.23% 信息, 故考虑建立上证 51 周 A 股

综合指数的票周回升率 Y_6 关于第一主成分的回归模型, 取显著水平 $\alpha = 0.05$. 由表 6.1.3 和表 6.1.4 知, $Prob > F = 0.0001 < \alpha = 0.05$, 且有 Y_6 与第一主成分相关系数 $\rho = 0.72539$, 线性回归模型是成立的. 50 组数据回代预测表明, 其残差均散落在区间 $(-2, 2)$ 内, 故据此可进行上证 A 股综合指数周回升率的短期预测. 经验公式为

$$\widehat{Y_6} = 0.012594 + 0.029373PRIN1.$$

表 6.1.3　主成分回归模型方差分析

方差来源	自由度	平方和	均方和	F 值	p 值
回归	1	0.11252	0.11252	53.308	0.0001
误差	48	0.10131	0.00211		
总和	49	0.21383			
误差项标准差	0.04594	R 平方	0.5262		
因变量均值	0.01295	修正 R 平方	0.5163		

表 6.1.4　主成分回归模型参数估计

变量	自由度	参数估计	标准误差	检验 H_0: 参数为 0 的 T 统计量	$Prob > \|T\|$ p 值
截距项	1	0.012954	0.00649726	1.994	0.0519
第一主成分	1	0.029373	0.00402307	7.301	0.0001

6.2 因子分析

因子分析的基本思想是依据相关性将原始变量分组, 使得同组内的变量之间具有较高的相关性, 而不同组的变量间相关性较低. 每组变量表示一个基本结构, 称之为公共因子, 它是一个不可观测的综合变量. 其目的是用少数公共因子去描述原始变量之间的相关关系.

Linden 对第二次世界大战以来奥林匹克十项全能比赛得分做了因子分析研究. 十项全能项目包括 100 米跑、跳远、铅球、跳高、400 米跑、110 米跨栏、铁饼、撑杆跳高、标枪、1500 米跑. 他搜集了 160 组数据, 通过因子分析, 他将十项全能项目归结为短跑速度、爆发性臂力、爆发性腿力和长跑耐力四个公共因子. 通过对各项比赛得分做因子分析, 得到若干公共因子, 以此指导运动员的挑选.

6.2.1 因子模型

设 d 维随机向量 $\boldsymbol{X} = (X_1, X_2, \cdots, X_d)^{\mathrm{T}}$ 的均值为 $\boldsymbol{\mu} = (\mu_1, \mu_2, \cdots, \mu_d)^{\mathrm{T}}$, 协差阵为 $\Sigma = (\sigma_{ij})$. 设 $F_1, F_2, \cdots, F_m$ $(m < d)$ 为若干不可观测的随机变量, $\varepsilon_1, \varepsilon_2, \cdots,$

ε_d 为随机误差项. 假设 $X_i\ (i \leqslant d)$ 线性地依赖 $F_1, F_2, \cdots, F_m$, 即

$$\begin{aligned} X_1 &= \mu_1 + l_{11}F_1 + l_{12}F_2 + \cdots + l_{1m}F_m + \varepsilon_1, \\ X_2 &= \mu_2 + l_{21}F_1 + l_{22}F_2 + \cdots + l_{2m}F_m + \varepsilon_2, \\ &\cdots\cdots \\ X_d &= \mu_d + l_{d1}F_1 + l_{d2}F_2 + \cdots + l_{dm}F_m + \varepsilon_d. \end{aligned} \tag{6.2.1}$$

称 $F_1, F_2, \cdots, F_m$ 为公共因子, 称 $\varepsilon_1, \varepsilon_2, \cdots, \varepsilon_d$ 为特殊因子. 这里, 第 i 个特殊因子 ε_i 仅影响 $\boldsymbol{X}$ 第 i 个分量 X_i. 记

$$\boldsymbol{F} = \begin{pmatrix} F_1 \\ F_2 \\ \vdots \\ F_d \end{pmatrix}, \quad \boldsymbol{\varepsilon} = \begin{pmatrix} \varepsilon_1 \\ \varepsilon_2 \\ \vdots \\ \varepsilon_d \end{pmatrix}, \quad L = \begin{pmatrix} l_{11} & l_{12} & \cdots & l_{1m} \\ l_{21} & l_{22} & \cdots & l_{2m} \\ \vdots & \vdots & & \vdots \\ l_{d1} & l_{d2} & \cdots & l_{dm} \end{pmatrix} = \begin{pmatrix} \boldsymbol{\gamma}_1^{\mathrm{T}} \\ \boldsymbol{\gamma}_2^{\mathrm{T}} \\ \vdots \\ \boldsymbol{\gamma}_d^{\mathrm{T}} \end{pmatrix}, \tag{6.2.2}$$

则式 (6.2.1) 的矩阵表达式为

$$\boldsymbol{X} = \boldsymbol{\mu} + L\boldsymbol{F} + \boldsymbol{\varepsilon}. \tag{6.2.3}$$

称矩阵 $L = (l_{ij})$ 为因子载荷阵, 称元素 l_{ij} 为第 i 个变量 X_i 在第 j 个因子 F_j 上的载荷.

通常假定

$$\begin{aligned} &E(\boldsymbol{F}) = \boldsymbol{0}, \quad \mathrm{Cov}(\boldsymbol{F}) = I_d, \\ &E(\boldsymbol{\varepsilon}) = \boldsymbol{0}, \quad \mathrm{Cov}(\boldsymbol{\varepsilon}) = \Sigma_{\boldsymbol{\varepsilon}} = \mathrm{diag}(\sigma_1^2, \sigma_2^2, \cdots, \sigma_d^2), \\ &\boldsymbol{F} \text{ 和 } \boldsymbol{\varepsilon} \text{ 相互独立}. \end{aligned} \tag{6.2.4}$$

称式 (6.2.3) 与式 (6.2.4) 为因子模型. 称特殊因子 ε_i 的方差 σ_i^2 为特殊方差.

引理 6.2.1　设式 (6.2.3) 与式 (6.2.4) 成立. 则

(1) $\mathrm{Cov}(\boldsymbol{X}) = \Sigma = LL^{\mathrm{T}} + \Sigma_{\boldsymbol{\varepsilon}}$, 即

$$\begin{aligned} &D(X_i) = l_{i1}^2 + l_{i2}^2 + \cdots + l_{im}^2 + \sigma_i^2, \quad i = 1, 2, \cdots, d. \\ &\mathrm{Cov}(X_i, X_j) = l_{i1}l_{j1} + l_{i2}l_{j2} + \cdots + l_{im}l_{jm}, \quad i \neq j,\ i, j = 1, 2, \cdots, d. \end{aligned} \tag{6.2.5}$$

(2) $\mathrm{Cov}(\boldsymbol{X}, \boldsymbol{F}) = L$, 即

$$\mathrm{Cov}(X_i, F_j) = l_{ij}, \quad i, j = 1, 2, \cdots, d. \tag{6.2.6}$$

证明 易知 $E(\boldsymbol{X})=\boldsymbol{\mu}$. 故有

$$
\begin{aligned}
\mathrm{Cov}(\boldsymbol{X}) &= E[(\boldsymbol{X}-\boldsymbol{\mu})(\boldsymbol{X}-\boldsymbol{\mu})^{\mathrm{T}}] \\
&= E[(L\boldsymbol{F}+\boldsymbol{\varepsilon})(L\boldsymbol{F}+\boldsymbol{\varepsilon})^{\mathrm{T}}] \\
&= E[L\boldsymbol{F}\boldsymbol{F}^{\mathrm{T}}L^{\mathrm{T}}+\boldsymbol{\varepsilon}\boldsymbol{F}^{\mathrm{T}}L^{\mathrm{T}}+L\boldsymbol{F}\boldsymbol{\varepsilon}^{\mathrm{T}}+\boldsymbol{\varepsilon}\boldsymbol{\varepsilon}^{\mathrm{T}}] \\
&= LE(\boldsymbol{F}\boldsymbol{F}^{\mathrm{T}})L^{\mathrm{T}}+E(\boldsymbol{\varepsilon}\boldsymbol{\varepsilon}^{\mathrm{T}}) \\
&= LL^{\mathrm{T}}+\Sigma_{\boldsymbol{\varepsilon}}. \qquad (6.2.7)
\end{aligned}
$$

$$
\begin{aligned}
\mathrm{Cov}(\boldsymbol{X},\boldsymbol{F}) &= \mathrm{Cov}(\boldsymbol{\mu}+L\boldsymbol{F}+\boldsymbol{\varepsilon},\boldsymbol{F}) \\
&= \mathrm{Cov}(L\boldsymbol{F},\boldsymbol{F})+\mathrm{Cov}(\boldsymbol{\varepsilon},\boldsymbol{F}) \\
&= L\mathrm{Cov}(\boldsymbol{F})=L. \qquad (6.2.8)
\end{aligned}
$$

引理 6.2.2 因子模型不受单位的影响.

证明 设 $\Psi=\mathrm{diag}(\nu_1,\nu_2,\cdots,\nu_d),\nu_i>0,\ i=1,2,\cdots,d$. 记 $\boldsymbol{X}_*=\Psi\boldsymbol{X},\boldsymbol{\mu}_*=\Psi\boldsymbol{\mu},L_*=\Psi L,\boldsymbol{F}_*=\boldsymbol{F},\boldsymbol{\varepsilon}_*=\Psi\boldsymbol{\varepsilon}$. 则

$$\boldsymbol{X}_*=\boldsymbol{\mu}_*+L_*\boldsymbol{F}_*+\boldsymbol{\varepsilon}_*,$$

且有

$$
\begin{aligned}
&E(\boldsymbol{F}_*)=\boldsymbol{0},\quad \mathrm{Cov}(\boldsymbol{F}_*)=I_d,\\
&E(\boldsymbol{\varepsilon}_*)=\boldsymbol{0},\quad \mathrm{Cov}(\boldsymbol{\varepsilon}_*)=\Sigma_{\boldsymbol{\varepsilon}_*}=\mathrm{diag}(\sigma_{1*}^2,\sigma_{2*}^2,\cdots,\sigma_{d*}^2), \qquad (6.2.9)\\
&\boldsymbol{F}_* \text{ 和 } \boldsymbol{\varepsilon}_* \text{ 相互独立, 其中 } \sigma_{i*}^2=\nu_i^2\sigma_i^2,\ i=1,\cdots,d.
\end{aligned}
$$

引理 6.2.3 因子载荷阵不具唯一性.

证明 设 P 为任一正交阵, 记

$$L_*=LP,\quad \boldsymbol{F}_*=P^{\mathrm{T}}\boldsymbol{F}.$$

则式 (6.2.3) 可表示为

$$\boldsymbol{X}=\boldsymbol{\mu}+L_*\boldsymbol{F}_*+\boldsymbol{\varepsilon}, \qquad (6.2.10)$$

且由式 (6.2.4) 可知

$$
\begin{aligned}
&E(\boldsymbol{F}_*)=\boldsymbol{0},\quad \mathrm{Cov}(\boldsymbol{F}_*)=I_d,\\
&E(\boldsymbol{\varepsilon})=\boldsymbol{0},\quad \mathrm{Cov}(\boldsymbol{\varepsilon})=\Sigma_{\boldsymbol{\varepsilon}}=\mathrm{diag}(\sigma_1^2,\sigma_2^2,\cdots,\sigma_d^2), \qquad (6.2.11)\\
&\boldsymbol{F}_* \text{ 和 } \boldsymbol{\varepsilon} \text{ 相互独立.}
\end{aligned}
$$

协差阵 Σ 可分解为

$$\mathrm{Cov}(\boldsymbol{X})=\Sigma=L_*L_*^{\mathrm{T}}+\Sigma_{\boldsymbol{\varepsilon}}=LL^{\mathrm{T}}+\Sigma_{\boldsymbol{\varepsilon}}.$$

正交矩阵对应着坐标系的旋转及反射, 故在实际应用中常作因子旋转, 以便更好地进行因子解释. 下面介绍因子载荷阵的统计意义.

1. **因子载荷** l_{ij}

由式 (6.2.1) 可知

$$X_i = \mu_i + l_{i1}F_1 + l_{i2}F_2 + \cdots + l_{im}F_m + \varepsilon_i. \tag{6.2.12}$$

故有

$$\mathrm{Cov}(X_i, F_j) = \sum_{t=1}^{m} l_{it}\mathrm{Cov}(F_t, F_j) + \mathrm{Cov}(\varepsilon_i, F_j) = l_{ij}.$$

因此, l_{ij} 为原始分量 X_i 与因子 F_j 的协方差.

2. **因子载荷阵第** i **行元素的平方和** $h_i^2 = \sum_{j=1}^{m} l_{ij}^2$

称 h_i^2 为分量 X_i 的共同度, $i = 1, 2, \cdots, d$. 由式 (6.2.7) 可知

$$D(X_i) = \sigma_{ii} = h_i^2 + \sigma_i^2. \tag{6.2.13}$$

h_i^2 反映了诸因子对 X_i 的影响. h_i^2 越大, m 个公共因子解释 X_i 方差的比例越高.

3. **因子载荷阵第** j **列元素的平方和** $g_j^2 = \sum_{i=1}^{d} l_{ij}^2$

由式 (6.2.4) 与 (6.2.12) 可知

$$D(X_i) = l_{i1}^2 D(F_1) + l_{i2}^2 D(F_2) + \cdots + l_{im}^2 D(F_m) + D(\varepsilon_i). \tag{6.2.14}$$

故有

$$\begin{aligned}\sum_{i=1}^{d} D(X_i) &= \sum_{i=1}^{d} l_{i1}^2 D(F_1) + \sum_{i=1}^{d} l_{i2}^2 D(F_2) + \cdots + \sum_{i=1}^{d} l_{im}^2 D(F_m) + \sum_{i=1}^{d} D(\varepsilon_i) \\ &= g_1^2 D(F_1) + g_2^2 D(F_2) + \cdots + g_m^2 D(F_m) + \sum_{i=1}^{d} D(\varepsilon_i) \\ &= g_1^2 + g_2^2 + \cdots + g_m^2 + \sum_{i=1}^{d} \sigma_i^2. \end{aligned} \tag{6.2.15}$$

由式 (6.2.15) 可知, g_j^2 为 $D(F_j)$ 的系数, g_j^2 反映了第 j 个公共因子 F_j 对原始变量 $\boldsymbol{X}$ 的影响. g_j^2 越大, 则 F_j 对 $\boldsymbol{X}$ 的影响越大.

6.2.2　因子模型的参数估计

为建立因子模型, 需要估计因子载荷阵与特殊因子的方差. 下面介绍参数估计的主成分法和极大似然估计法.

1. **主成分法**

设总体 $\boldsymbol{X}=(X_1,X_2,\cdots,X_d)^{\mathrm{T}}$ 的协差阵为 Σ, $\boldsymbol{X}_1,\boldsymbol{X}_2,\cdots,\boldsymbol{X}_n$ 为来自总体 $\boldsymbol{X}$ 的样本. 设 $\overline{\boldsymbol{X}}$,$\mathbb{S}$ 和 $\mathbb{R}$ 为总体 $\boldsymbol{X}$ 的样本均值、样本协差阵和样本相关阵. 设 $\widehat{\lambda}_1\geqslant\widehat{\lambda}_2\geqslant\cdots\geqslant\widehat{\lambda}_d$ 为样本协差阵 $\mathbb{S}$ 的特征值, $\widehat{\boldsymbol{p}}_1,\widehat{\boldsymbol{p}}_2,\cdots,\widehat{\boldsymbol{p}}_d$ 为对应的单位正交特征向量. 下述 m 的选取按 $(\widehat{\lambda}_1+\cdots+\widehat{\lambda}_m)/\sum\limits_{j=1}^{m}\widehat{\lambda}_i$ 的给定值决定. 则

$$\begin{aligned}\mathbb{S}&=\sum_{i=1}^{m}\widehat{\lambda}_i\widehat{\boldsymbol{p}}_i\widehat{\boldsymbol{p}}_i^{\mathrm{T}}+\sum_{i=m+1}^{d}\widehat{\lambda}_i\widehat{\boldsymbol{p}}_i\widehat{\boldsymbol{p}}_i^{\mathrm{T}}\\&=\widehat{L}\widehat{L}^{\mathrm{T}}+\sum_{i=m+1}^{d}\widehat{\lambda}_i\widehat{\boldsymbol{p}}_i\widehat{\boldsymbol{p}}_i^{\mathrm{T}}\\&\approx\widehat{L}\widehat{L}^{\mathrm{T}}+\widehat{\Sigma}_{\boldsymbol{\varepsilon}},\end{aligned}\tag{6.2.16}$$

其中

$$\begin{aligned}&\widehat{L}=\left(\sqrt{\widehat{\lambda}_1}\widehat{\boldsymbol{p}}_1,\sqrt{\widehat{\lambda}_2}\widehat{\boldsymbol{p}}_2,\cdots,\sqrt{\widehat{\lambda}_m}\widehat{\boldsymbol{p}}_m\right)_{d\times m}=(\widehat{l}_{ij})_{d\times m},\\&\widehat{\sigma}_i^2=s_{ii}-\sum_{j=1}^{m}\widehat{l}_{ij}^{\,2},\quad i=1,2,\cdots,d.\end{aligned}\tag{6.2.17}$$

由此可得 h_i^2 (X_i 的共同度) 与 g_j^2 (第 j 个公共因子 F_j 对原始变量 $\boldsymbol{X}$ 的影响) 的估计分别为

$$\widehat{h}_i^2=\sum_{j=1}^{m}\widehat{l}_{ij}^{\,2},\quad\widehat{g}_j^2=\sum_{i=1}^{d}\widehat{l}_{ij}^{\,2}=\sqrt{\widehat{\lambda}_j}\widehat{\boldsymbol{p}}_j^{\mathrm{T}}\cdot\sqrt{\widehat{\lambda}_j}\widehat{\boldsymbol{p}}_j=\widehat{\lambda}_j.\tag{6.2.18}$$

因为 $\widehat{L}$ 是 $\mathbb{S}$ 前 m 个主成分系数的倍数, 故称之为主成分解. 若以样本相关阵 $\mathbb{R}$ 替代样本协差阵 $\mathbb{S}$, 则得到基于 $\mathbb{R}$ 的主成分法因子分析. 设 $\widehat{\lambda}_{1*}\geqslant\widehat{\lambda}_{2*}\geqslant\cdots\geqslant\widehat{\lambda}_{d*}$ 为样本相关阵 $\mathbb{R}$ 的特征值, $\widehat{\boldsymbol{p}}_{1*},\widehat{\boldsymbol{p}}_{2*},\cdots,\widehat{\boldsymbol{p}}_{d*}$ 为对应的单位正交特征向量. 下述 m 的选取按 $(\widehat{\lambda}_{1*}+\widehat{\lambda}_{2*}+\cdots+\widehat{\lambda}_{m*})/d$ 的给定值决定. 则

$$\begin{aligned}\mathbb{R}&=\sum_{i=1}^{m}\widehat{\lambda}_{i*}\widehat{\boldsymbol{p}}_{i*}\widehat{\boldsymbol{p}}_{i*}^{\mathrm{T}}+\sum_{i=m+1}^{d}\widehat{\lambda}_{i*}\widehat{\boldsymbol{p}}_{i*}\widehat{\boldsymbol{p}}_{i*}^{\mathrm{T}}\\&=\widetilde{L}\widetilde{L}^{\mathrm{T}}+\sum_{i=m+1}^{d}\widehat{\lambda}_{i*}\widehat{\boldsymbol{p}}_{i*}\widehat{\boldsymbol{p}}_{i*}^{\mathrm{T}}\\&\approx\widetilde{L}\widetilde{L}^{\mathrm{T}}+\widetilde{\Sigma}_{\boldsymbol{\varepsilon}},\end{aligned}\tag{6.2.19}$$

其中

$$\begin{aligned}&\widetilde{L}=\left(\sqrt{\widehat{\lambda}_{1*}}\widehat{\boldsymbol{p}}_{1*},\sqrt{\widehat{\lambda}_{2*}}\widehat{\boldsymbol{p}}_{2*},\cdots,\sqrt{\widehat{\lambda}_{m*}}\widehat{\boldsymbol{p}}_{m*}\right)_{d\times m}=(\widetilde{l}_{ij})_{d\times m},\\&\widetilde{\sigma}_i^2=1-\sum_{j=1}^{m}\widetilde{l}_{ij}^{\,2},\quad i=1,2,\cdots,d.\end{aligned}\tag{6.2.20}$$

由此可得 h_i^2 与 g_j^2 的估计分别为

$$\widetilde{h}_i^2=\sum_{j=1}^m \widetilde{l}_{ij}^2,\quad \widetilde{g}_j^2=\sum_{i=1}^d \widetilde{l}_{ij}^2=\widehat{\lambda}_{j*}. \tag{6.2.21}$$

2. 极大似然估计法

设公共因子 $\boldsymbol{F}$ 与特殊因子 $\boldsymbol{\varepsilon}$ 均服从多元正态分布. 现考虑因子载荷阵与特殊因子的方差的极大似然估计. 设总体 $\boldsymbol{X}\sim N_d(\boldsymbol{\mu},\Sigma)$, 其中 $\Sigma=LL^{\mathrm{T}}+\Sigma_{\boldsymbol{\varepsilon}}$ 由式 (6.2.5) 定义. 设 $\boldsymbol{X}_1,\boldsymbol{X}_2,\cdots,\boldsymbol{X}_n$ 为来自总体 $\boldsymbol{X}$ 的样本. 因为

$$(\boldsymbol{X}_j-\boldsymbol{\mu})^{\mathrm{T}}\Sigma^{-1}(\boldsymbol{X}_j-\boldsymbol{\mu})=\mathrm{tr}[\Sigma^{-1}(\boldsymbol{X}_j-\boldsymbol{\mu})(\boldsymbol{X}_j-\boldsymbol{\mu})^{\mathrm{T}}],$$

所以

$$\begin{aligned}\sum_{i=1}^n(\boldsymbol{X}_j-\boldsymbol{\mu})^{\mathrm{T}}\Sigma^{-1}(\boldsymbol{X}_j-\boldsymbol{\mu})&=\sum_{i=1}^n\mathrm{tr}[\Sigma^{-1}(\boldsymbol{X}_j-\boldsymbol{\mu})(\boldsymbol{X}_j-\boldsymbol{\mu})^{\mathrm{T}}]\\&=\mathrm{tr}\left[\Sigma^{-1}\left(\sum_{i=1}^n(\boldsymbol{X}_j-\boldsymbol{\mu})(\boldsymbol{X}_j-\boldsymbol{\mu})^{\mathrm{T}}\right)\right],\end{aligned}$$

且有

$$\begin{aligned}\sum_{i=1}^n(\boldsymbol{X}_j-\boldsymbol{\mu})(\boldsymbol{X}_j-\boldsymbol{\mu})^{\mathrm{T}}&=\sum_{i=1}^n(\boldsymbol{X}_j-\overline{\boldsymbol{X}}+\overline{\boldsymbol{X}}-\boldsymbol{\mu})(\boldsymbol{X}_j-\overline{\boldsymbol{X}}+\overline{\boldsymbol{X}}-\boldsymbol{\mu})^{\mathrm{T}}\\&=\sum_{i=1}^n(\boldsymbol{X}_j-\overline{\boldsymbol{X}})(\boldsymbol{X}_j-\overline{\boldsymbol{X}})^{\mathrm{T}}+n(\overline{\boldsymbol{X}}-\boldsymbol{\mu})(\overline{\boldsymbol{X}}-\boldsymbol{\mu})^{\mathrm{T}}.\end{aligned}$$

故相应似然函数为

$$\begin{aligned}L(\boldsymbol{\mu},\Sigma)&=c\cdot\prod_{j=1}^n\exp\left[-\frac{1}{2}(\boldsymbol{X}_j-\boldsymbol{\mu})^{\mathrm{T}}\Sigma^{-1}(\boldsymbol{X}_j-\boldsymbol{\mu})\right]\\&=c\cdot\exp\left[-\frac{1}{2}\sum_{i=1}^n(\boldsymbol{X}_j-\boldsymbol{\mu})^{\mathrm{T}}\Sigma^{-1}(\boldsymbol{X}_j-\boldsymbol{\mu})\right]\\&=c\cdot\exp\left[-\frac{1}{2}\mathrm{tr}\left\{\Sigma^{-1}\sum_{i=1}^n(\boldsymbol{X}_j-\overline{\boldsymbol{X}})(\boldsymbol{X}_j-\overline{\boldsymbol{X}})^{\mathrm{T}}\right.\right.\\&\qquad\left.\left.+n\Sigma^{-1}(\overline{\boldsymbol{X}}-\boldsymbol{\mu})(\overline{\boldsymbol{X}}-\boldsymbol{\mu})^{\mathrm{T}}\right\}\right]\\&=c_1\cdot\exp\left[-\frac{1}{2}\mathrm{tr}\left\{\Sigma^{-1}\sum_{i=1}^n(\boldsymbol{X}_j-\overline{\boldsymbol{X}})(\boldsymbol{X}_j-\overline{\boldsymbol{X}})^{\mathrm{T}}\right\}\right]\\&\qquad\times c_2\cdot\exp\left[-\frac{n}{2}(\overline{\boldsymbol{X}}-\boldsymbol{\mu})^{\mathrm{T}}\Sigma^{-1}(\overline{\boldsymbol{X}}-\boldsymbol{\mu})\right],\end{aligned} \tag{6.2.22}$$

其中

$$c=(2\pi)^{-\frac{nd}{2}}|\Sigma|^{-\frac{n}{2}},\quad c_1=(2\pi)^{-\frac{(n-1)d}{2}}|\Sigma|^{-\frac{(n-1)}{2}},\quad c_2=(2\pi)^{-\frac{d}{2}}|\Sigma|^{-\frac{1}{2}}. \tag{6.2.23}$$

式 (6.2.22) 不能唯一确定因子载荷阵 L, 故添加下述唯一性条件:

$$L^{\mathrm{T}}\Sigma_{\boldsymbol{\varepsilon}}^{-1}L = \Lambda \ (\Lambda\text{为对角阵}). \tag{6.2.24}$$

由式 (6.2.22) 与式 (6.2.24) 得到参数极大似然估计 $\widehat{L}, \widehat{\Sigma}_{\boldsymbol{\varepsilon}}$ 与 $\widehat{\boldsymbol{\mu}} = \overline{\boldsymbol{X}}$, 其满足 $\widehat{L}^{\mathrm{T}}\widehat{\Sigma}_{\boldsymbol{\varepsilon}}^{-1}\widehat{L}$ 为对角阵, 且使式 (6.2.22) 达到最大. 一般需要通过迭代法得到极大似然估计数值解. 常见的统计软件 (例如 SAS 软件) 可实现相关计算.

6.2.3 因子旋转与因子得分

首先介绍因子旋转. 设 P 为任意正交阵, 则因子模型中 $\mathrm{Cov}(\boldsymbol{X}) = \Sigma$ 可分解为

$$\Sigma = LL^{\mathrm{T}} + \Sigma_{\boldsymbol{\varepsilon}} = LP(LP)^{\mathrm{T}} + \Sigma_{\boldsymbol{\varepsilon}} = L_*L_*^{\mathrm{T}} + \Sigma_{\boldsymbol{\varepsilon}}.$$

因子载荷阵 L 右乘任一正交阵 P 后, 得到新的因子载荷阵 L_*. 正交阵对应着正交变换, 而正交变换对应着因子空间坐标轴 $F_1, F_2, \cdots, F_m$ 的旋转或反射. 称因子载荷与公共因子的正交变换为因子旋转. 通过因子旋转, 使因子载荷阵 L_* 中每一列元素的绝对值之间尽可能地扩大距离, 以便于对因子作出解释. 下面介绍常用的正交旋转方法: 方差极大正交旋转. 设 $L_* = LP = (l_{ij*})_{d\times m}$, 记

$$h_{i*}^2 = \sum_{j=1}^{m} l_{ij*}^2, \quad d_{ij*} = \frac{l_{ij*}}{h_{i*}}, \quad \overline{d}_{j*} = \frac{1}{d}\sum_{i=1}^{d} d_{ij*}^2.$$

易知经过旋转后, 分量 X_i 的共同度保持不变, 即 $h_{i*}^2 = h_i^2$, $i = 1, 2, \cdots, d$. 事实上, 由式 (6.2.2) 知

$$h_{i*}^2 = \gamma_i^{\mathrm{T}}P\cdot(\gamma_i^{\mathrm{T}}P)^{\mathrm{T}} = \gamma_i^{\mathrm{T}}PP^{\mathrm{T}}\gamma_i = \gamma_i^{\mathrm{T}}\gamma_i = h_i^2.$$

用 l_{ij*} 除以 h_{i*} 是为了消除各 X_i 不同的共同度所带来的影响. 取 d_{ij*}^2 是为了避免元素的符号差异影响. L_* 的第 j 列元素平方的方差定义为

$$V_j = \frac{1}{d}\sum_{i=1}^{d}(d_{ij*}^2 - \overline{d}_{j*})^2.$$

方差极大正交旋转, 使得 L_* 的各列的方差和

$$V = V_1 + V_2 + \cdots + V_m$$

达到最大.

下面我们介绍因子得分. 考虑因子模型式 (6.2.3):

$$\boldsymbol{X} = \boldsymbol{\mu} + L\boldsymbol{F} + \boldsymbol{\varepsilon}.$$

设 $\boldsymbol{X}_1, \boldsymbol{X}_2, \cdots, \boldsymbol{X}_n$ 为来自总体 $\boldsymbol{X}$ 的样本. 基于样本, 可以估计因子模型中的未知参数. 对于建立的因子模型, 我们往往关心诸公共因子在某一样品 $\boldsymbol{X}_i$ 上的取值, $i=1,2,\cdots,n$. 例如, 欲选拔十项全能运动员, 可计算测试者的短跑速度 F_1、爆发性臂力 F_2、爆发性腿力 F_3 和长跑耐力 F_4 等公共因子的取值, 通过比较每位测试者的综合 (加权) 得分, 指导运动员的挑选. 因子得分就是公共因子 $F_1, F_2, \cdots, F_m$ 在每一个样品 $\boldsymbol{X}_i$ 上的得分值. 以下介绍两种常用的因子得分估计方法.

1. **加权最小二乘法**

由因子模型 (6.2.3) 和 (6.2.4) 可知, 公共因子 $\boldsymbol{F}$ 的加权最小二乘估计为

$$\widehat{\boldsymbol{F}} = (L^{\mathrm{T}}\Sigma_{\boldsymbol{\varepsilon}}^{-1}L)^{-1}L^{\mathrm{T}}\Sigma_{\boldsymbol{\varepsilon}}^{-1}(\boldsymbol{X}-\boldsymbol{\mu}). \tag{6.2.25}$$

在 F 已知的条件下, $\widehat{\boldsymbol{F}}$ 的条件数学期望为

$$\begin{aligned} E(\widehat{\boldsymbol{F}}|\boldsymbol{F}) &= (L^{\mathrm{T}}\Sigma_{\boldsymbol{\varepsilon}}^{-1}L)^{-1}L^{\mathrm{T}}\Sigma_{\boldsymbol{\varepsilon}}^{-1}E(\boldsymbol{X}-\boldsymbol{\mu}) \\ &= (L^{\mathrm{T}}\Sigma_{\boldsymbol{\varepsilon}}^{-1}L)^{-1}L^{\mathrm{T}}\Sigma_{\boldsymbol{\varepsilon}}^{-1}E(L\boldsymbol{F}+\varepsilon) \\ &= (L^{\mathrm{T}}\Sigma_{\boldsymbol{\varepsilon}}^{-1}L)^{-1}L^{\mathrm{T}}\Sigma_{\boldsymbol{\varepsilon}}^{-1}L\boldsymbol{F} \\ &= \boldsymbol{F}. \end{aligned}$$

故知因子得分 $\widehat{\boldsymbol{F}}$ 具有条件无偏性.

分别记 $\widehat{L}, \widehat{\Sigma}_{\boldsymbol{\varepsilon}}$ 和 $\overline{\boldsymbol{X}}$ 为 $L, \Sigma_{\boldsymbol{\varepsilon}}$ 和 $\boldsymbol{\mu}$ 的估计. 则对应于观测 $\boldsymbol{X}=\boldsymbol{X}_j$ 的因子得分为

$$\widehat{\boldsymbol{F}}_j = (\widehat{L}^{\mathrm{T}}\widehat{\Sigma}_{\boldsymbol{\varepsilon}}^{-1}\widehat{L})^{-1}\widehat{L}^{\mathrm{T}}\widehat{\Sigma}_{\boldsymbol{\varepsilon}}^{-1}(\boldsymbol{X}_j-\overline{\boldsymbol{X}}), \quad j=1,2,\cdots,n. \tag{6.2.26}$$

当用主成分法估计因子载荷阵时, 通常用非加权的最小二乘法, 即极小化

$$\boldsymbol{\varepsilon}^{\mathrm{T}}\boldsymbol{\varepsilon} = (\boldsymbol{X}-\boldsymbol{\mu}-L\boldsymbol{F})^{\mathrm{T}}(\boldsymbol{X}-\boldsymbol{\mu}-L\boldsymbol{F})$$

来估计 $\boldsymbol{F}$. 故因子得分为

$$\widehat{\boldsymbol{F}}_j = (\widehat{L}^{\mathrm{T}}\widehat{L})^{-1}\widehat{L}^{\mathrm{T}}(\boldsymbol{X}_j-\overline{\boldsymbol{X}}), \quad j=1,2,\cdots,n.$$

由式 (6.2.17) 知, $\widehat{L} = \left(\sqrt{\widehat{\lambda}_1}\widehat{\boldsymbol{p}}_1, \sqrt{\widehat{\lambda}_2}\widehat{\boldsymbol{p}}_2^{\mathrm{T}}, \cdots, \sqrt{\widehat{\lambda}_m}\widehat{\boldsymbol{p}}_m\right)_{d\times m}$. 因为

$$(\widehat{L}^{\mathrm{T}}\widehat{L})^{-1}\widehat{L}^{\mathrm{T}} = \begin{pmatrix} \widehat{\lambda}_1^{-1} & & & \\ & \widehat{\lambda}_2^{-1} & & \\ & & \ddots & \\ & & & \widehat{\lambda}_m^{-1} \end{pmatrix} \begin{pmatrix} \sqrt{\widehat{\lambda}_1}\widehat{\boldsymbol{p}}_1^{\mathrm{T}} \\ \sqrt{\widehat{\lambda}_2}\widehat{\boldsymbol{p}}_2^{\mathrm{T}} \\ \vdots \\ \sqrt{\widehat{\lambda}_m}\widehat{\boldsymbol{p}}_m^{\mathrm{T}} \end{pmatrix}.$$

故有

$$\widehat{\boldsymbol{F}}_j = \begin{pmatrix} \widehat{\boldsymbol{p}}_1^{\mathrm{T}}(\boldsymbol{X}_j - \overline{\boldsymbol{X}}) \Big/ \sqrt{\widehat{\lambda}_1} \\ \widehat{\boldsymbol{p}}_2^{\mathrm{T}}(\boldsymbol{X}_j - \overline{\boldsymbol{X}}) \Big/ \sqrt{\widehat{\lambda}_2} \\ \vdots \\ \widehat{\boldsymbol{p}}_m^{\mathrm{T}}(\boldsymbol{X}_j - \overline{\boldsymbol{X}}) \Big/ \sqrt{\widehat{\lambda}_m} \end{pmatrix}.$$

2. 回归法

引理 6.2.4 设

$$\boldsymbol{X} = \begin{pmatrix} \boldsymbol{X}_1 \\ \boldsymbol{X}_2 \end{pmatrix} \sim N_d(\boldsymbol{\mu}, \Sigma),$$

$$\boldsymbol{\mu} = \begin{pmatrix} \boldsymbol{\mu}_1 \\ \boldsymbol{\mu}_2 \end{pmatrix}, \quad \Sigma = \begin{pmatrix} \Sigma_{11} & \Sigma_{12} \\ \Sigma_{21} & \Sigma_{22} \end{pmatrix}, \quad |\Sigma_{22}| > 0.$$

则给定 $\boldsymbol{X}_2 = \boldsymbol{x}_2$ 时, k 元随机向量 $\boldsymbol{X}_1$ 的条件分布为多元正态分布, 即

$$\boldsymbol{X}_1|_{\boldsymbol{X}_2=\boldsymbol{x}_2} \sim N_k(\boldsymbol{\mu}_1 + \Sigma_{12}\Sigma_{22}^{-1}(\boldsymbol{x}_2 - \boldsymbol{\mu}_2),\ \Sigma_{11} - \Sigma_{12}\Sigma_{22}^{-1}\Sigma_{21}), \quad k < d. \tag{6.2.27}$$

记 $\boldsymbol{Y} = \begin{pmatrix} \boldsymbol{F} \\ \boldsymbol{X} - \boldsymbol{\mu} \end{pmatrix}$. 在因子模型中, 假设 $\boldsymbol{Y}$ 服从 $m+d$ 元正态分布. 则有

$$E(\boldsymbol{Y}) = \begin{pmatrix} E(\boldsymbol{F}) \\ E(\boldsymbol{X} - \boldsymbol{\mu}) \end{pmatrix} = \begin{pmatrix} \boldsymbol{0} \\ \boldsymbol{0} \end{pmatrix},$$

$$\begin{aligned} \mathrm{Cov}(\boldsymbol{Y}) &= E(\boldsymbol{Y}\boldsymbol{Y}^{\mathrm{T}}) \\ &= \begin{pmatrix} E(\boldsymbol{F}\boldsymbol{F}^{\mathrm{T}}) & E[\boldsymbol{F}(L\boldsymbol{F} + \boldsymbol{\varepsilon})^{\mathrm{T}}] \\ E[(L\boldsymbol{F} + \boldsymbol{\varepsilon})\boldsymbol{F}^{\mathrm{T}}] & E[(L\boldsymbol{F} + \boldsymbol{\varepsilon})(L\boldsymbol{F} + \boldsymbol{\varepsilon})^{\mathrm{T}}] \end{pmatrix} \\ &= \begin{pmatrix} I_m & E[\boldsymbol{F}\boldsymbol{F}^{\mathrm{T}}L^{\mathrm{T}} + \boldsymbol{F}\boldsymbol{\varepsilon}^{\mathrm{T}}] \\ E[L\boldsymbol{F}\boldsymbol{F}^{\mathrm{T}} + \boldsymbol{\varepsilon}\boldsymbol{F}^{\mathrm{T}}] & \Sigma \end{pmatrix} \\ &= \begin{pmatrix} I_m & L^{\mathrm{T}} \\ L & \Sigma \end{pmatrix}. \end{aligned}$$

由引理 6.2.4 可知, 给定 $\boldsymbol{X}$ 下, $\boldsymbol{F}$ 的条件数学期望为

$$\begin{aligned} E(\boldsymbol{F}|\boldsymbol{X}) &= L^{\mathrm{T}}\Sigma^{-1}(\boldsymbol{X} - \boldsymbol{\mu}) \\ &= L^{\mathrm{T}}(LL^{\mathrm{T}} + \Sigma_{\boldsymbol{\varepsilon}})^{-1}(\boldsymbol{X} - \boldsymbol{\mu}), \\ \mathrm{Cov}(\boldsymbol{F}|\boldsymbol{X}) &= I_m - L^{\mathrm{T}}\Sigma^{-1}L \\ &= I_m - L^{\mathrm{T}}(LL^{\mathrm{T}} + \Sigma_{\boldsymbol{\varepsilon}})^{-1}L. \end{aligned} \tag{6.2.28}$$

故有

$$\widetilde{\boldsymbol{F}} = L^{\mathrm{T}}(LL^{\mathrm{T}} + \Sigma_{\boldsymbol{\varepsilon}})^{-1}(\boldsymbol{X} - \boldsymbol{\mu}). \tag{6.2.29}$$

易知

$$L^{\mathrm{T}}(LL^{\mathrm{T}} + \Sigma_{\boldsymbol{\varepsilon}})^{-1} = (I + L^{\mathrm{T}}\Sigma_{\boldsymbol{\varepsilon}}^{-1}L)^{-1}L^{\mathrm{T}}\Sigma_{\boldsymbol{\varepsilon}}^{-1}.$$

故有

$$\begin{aligned} E(\widetilde{\boldsymbol{F}}|\boldsymbol{F}) &= (I + L^{\mathrm{T}}\Sigma_{\boldsymbol{\varepsilon}}^{-1}L)^{-1}L^{\mathrm{T}}\Sigma_{\boldsymbol{\varepsilon}}^{-1}E(L\boldsymbol{F} + \boldsymbol{\varepsilon}) \\ &= (I + L^{\mathrm{T}}\Sigma_{\boldsymbol{\varepsilon}}^{-1}L)^{-1}L^{\mathrm{T}}\Sigma_{\boldsymbol{\varepsilon}}^{-1}L\boldsymbol{F} \\ &= (I + L^{\mathrm{T}}\Sigma_{\boldsymbol{\varepsilon}}^{-1}L)^{-1}(I + L^{\mathrm{T}}\Sigma_{\boldsymbol{\varepsilon}}^{-1}L - I)\boldsymbol{F} \\ &= \boldsymbol{F} - (I + L^{\mathrm{T}}\Sigma_{\boldsymbol{\varepsilon}}^{-1}L)^{-1}\boldsymbol{F}. \end{aligned}$$

故因子得分 $\widetilde{\boldsymbol{F}}$ 是条件有偏的.

分别记 $\widehat{L}, \widehat{\Sigma}_{\boldsymbol{\varepsilon}}$ 和 $\widehat{\boldsymbol{\mu}}$ 为 $L, \Sigma_{\boldsymbol{\varepsilon}}$ 和 $\boldsymbol{\mu}$ 的极大似然估计. 则对应于观测 $\boldsymbol{X} = \boldsymbol{X}_j$ 的因子得分为

$$\widetilde{\boldsymbol{F}}_j = \widehat{L}^{\mathrm{T}}(\widehat{L}\widehat{L}^{\mathrm{T}} + \widehat{\Sigma}_{\boldsymbol{\varepsilon}})^{-1}(\boldsymbol{X}_j - \overline{\boldsymbol{X}}), \quad j = 1, 2, \cdots, n. \tag{6.2.30}$$

因子得分的加权最小二乘法与回归法会导致不同的结果. 前者具有条件无偏性, 后者具有较小的平均预报误差.

例 6.2.1 对例 6.1.1 中的股票数据做因子分析的计算, 得到表 6.2.1 和表 6.2.2.

表 6.2.1 主成分法因子分析

变量	第一因子	第二因子	共同度的估计
Y_1	0.56439	0.75613	0.890268
Y_2	0.71867	0.59848	0.874660
Y_3	0.77152	−0.35122	0.718596
Y_4	0.71751	−0.45516	0.721989
Y_5	0.84641	−0.306361	0.810265
每个因子解释的方差	2.661484	1.354295	

表 6.2.2 因子载荷阵的方差最大正交旋转

变量	第一因子	第二因子	共同度的估计
Y_1	0.07308	0.80098	0.646912
Y_2	0.26449	0.79931	0.708848
Y_3	0.72249	0.15940	0.547399
Y_4	0.71130	0.07371	0.511376
Y_5	0.80476	0.22318	0.697440
每个因子解释的方差	1.750860	1.361116	

由表 6.2.1, 对五种股票周回升率的因子分析表明, 所有股票在 $FACTOR1$ 上的载荷较大, 在 0.7 左右, 故第一因子 F_1 代表了一般经济条件, 可称为市场因子. 在 $FACTOR2$ 上, Y_1, Y_2 和 Y_3, Y_4, Y_5 分别有较大的正载荷和绝对值较大的负载荷, F_2 使不同部门的股票产生差异. 第二因子 F_2 代表了 X_1, X_2 和 X_3, X_4, X_5 的一个对照, 可称为工业因子. 所以, 股票周回升率由一般经济条件、工业部门活动和各公司特殊活动三部分决定, 这与例 6.1.1 中的主成分分析是一致的. 由表 6.2.2 知

$$Y_1 = 0.07308F_1 + 0.80098F_2, \quad Y_2 = 0.26449F_1 + 0.79931F_2,$$

$$Y_3 = 0.72249F_1 + 0.1594F_2, \quad Y_4 = 0.7113F_1 + 0.07371F_2,$$

$$Y_5 = 0.80476F_1 + 0.22318F_2.$$

方差极大正交旋转表明, 五个指标 X_1, X_2, X_3, X_4, X_5 按高载荷亦可分为两类, 即 X_1, X_2 和 X_3, X_4, X_5.

例 6.1.1 与例 6.2.1 结果具有一定的现实意义, 即可在所选指标具有较大代表性的前提下, 适当增大指标的数目, 在此基础上进行统计分析, 可概括股市结构. 结合股市结构, 对回归模型散点图的强势走高 (或强势走低) 点附近的波动方面, 尚待进一步的实证分析.

*6.3 椭球对称分布

多元正态分布是经典多元分析的基本假设, 椭球对称分布是广义多元分析的基本假设. 在多元正态总体条件下, 我们给出了主成分的几何解释, 介绍了因子模型参数的极大似然估计. 椭球对称分布是多元正态分布的推广形式, 可进行椭球对称分布下的统计推断, 拓展多元数据分析. 下面将介绍椭球对称分布的定义与性质, 参见 Fang, Kotz 和 Ng(1990) 等的著作. 记 Ω_d 为球心在原点的单位球面, 记球面均匀分布为 $U(\Omega_d)$.

1. 球对称分布与椭球对称分布

定义 6.3.1 称 d 维随机变量 $\boldsymbol{X}$ 称为服从球对称分布, 若

$$\boldsymbol{X} \overset{d}{=} R\boldsymbol{U}_d, \tag{6.3.1}$$

其中 R 是非负随机变量, $\boldsymbol{U}_d$ 是 d 维单位球面上的均匀分布随机变量, R 与 $\boldsymbol{U}_d$ 独立. 称 $\boldsymbol{U}_d$ 为球对称分布的球面均匀分布基. 这里 $\overset{d}{=}$ 表示等号两边具有相同的概率分布.

定义 6.3.2 设 A 为 $d\times d$ 非奇异矩阵, $\Sigma=A^{\mathrm{T}}A$ 且 $\mathrm{Rank}(\Sigma)=d$. 称 d 维随机向量 $\boldsymbol{X}$ 服从参数为 $\boldsymbol{\mu},\Sigma$ 的椭球对称分布, 简称椭球分布, 若

$$\boldsymbol{X}\stackrel{d}{=}\boldsymbol{\mu}+RA^{\mathrm{T}}\boldsymbol{U}_d, \tag{6.3.2}$$

其中 $\boldsymbol{U}_d\sim U(\Omega_d)$, R 为非负随机变量, 且 $\boldsymbol{U}_d$ 与 R 相互独立. 记为 $\boldsymbol{X}\sim E_d(\boldsymbol{\mu},\Sigma)$.

椭球分布 $E_d(\boldsymbol{\mu},\Sigma)$ 由分布参数 $\theta=(\boldsymbol{\mu},\Sigma)$ 和一维随机变量 R 的概率分布决定.

(1) 若 $\boldsymbol{\mu}=\mathbf{0}, A=I_d$, 则 $\boldsymbol{X}$ 服从球对称分布, 此时有 $\boldsymbol{X}\stackrel{d}{=}R\boldsymbol{U}_d$.

(2) 若 $R^2\sim\chi^2(d)$, 则 $\boldsymbol{X}\sim N_d(\boldsymbol{\mu},\Sigma)$. 多元正态分布完全由其参数 $\boldsymbol{\mu},\Sigma$ 确定.

称 $\boldsymbol{X}$ 服从标准多元正态分布, 若 $\boldsymbol{X}\sim N_d(\mathbf{0},I_d)$. 标准多元正态分布为球对称分布. 由此可知, 多元正态分布为椭球对称分布的特殊情形. 由式 (6.3.2) 知, 椭球对称分布可由球面均匀分布 $U(\Omega_d)$ 生成. 球面均匀分布是球面上基础性概率分布.

设 $\boldsymbol{X}\sim N_d(\boldsymbol{\mu},\Sigma)$ 且 Σ 为正定矩阵 (即 $\Sigma>0$), 则 $\boldsymbol{X}$ 的概率密度为

$$f_{\boldsymbol{X}}(\boldsymbol{x})=\frac{1}{(2\pi)^{d/2}|\Sigma|^{1/2}}\exp\left[-\frac{1}{2}(\boldsymbol{x}-\boldsymbol{\mu})^{\mathrm{T}}\Sigma^{-1}(\boldsymbol{x}-\boldsymbol{\mu})\right]. \tag{6.3.3}$$

$f_{\boldsymbol{X}}(\boldsymbol{x})$ 的密度等高面为

$$(\boldsymbol{x}-\boldsymbol{\mu})^{\mathrm{T}}\Sigma^{-1}(\boldsymbol{x}-\boldsymbol{\mu})=c^2. \tag{6.3.4}$$

式 (6.3.4) 表示 $\mathbf{R}^d$ 中的椭球面. 若某多元概率密度具有形式

$$h((\boldsymbol{x}-\boldsymbol{\mu})^{\mathrm{T}}\Sigma^{-1}(\boldsymbol{x}-\boldsymbol{\mu})), \tag{6.3.5}$$

则式 (6.3.5) 为椭球对称分布概率密度.

定理 6.3.1 设 $\boldsymbol{X}\sim E_d(\boldsymbol{\mu},\Sigma)$, $\mathrm{Rank}(\Sigma)=d$, B 为 $d\times m$ 常数矩阵且 $\boldsymbol{\nu}$ 为 m 维常数向量. 则

$$\boldsymbol{\nu}+B^{\mathrm{T}}\boldsymbol{X}\sim E_m(\boldsymbol{\nu}+B^{\mathrm{T}}\boldsymbol{\mu},B^{\mathrm{T}}\Sigma B).$$

证明 由式 (6.3.2) 知

$$\boldsymbol{\nu}+B^{\mathrm{T}}\boldsymbol{X}\stackrel{d}{=}\boldsymbol{\nu}+B^{\mathrm{T}}\boldsymbol{\mu}+R(AB)^{\mathrm{T}}\boldsymbol{U}_d.$$

又 $(AB)^{\mathrm{T}}AB=B^{\mathrm{T}}\Sigma B$, 故知结论成立.

定理 6.3.2 设 $\boldsymbol{U}_d$ 是 d 维球面上均匀分布随机向量, 则

$$E(\boldsymbol{U}_d)=\mathbf{0},\quad \mathrm{Cov}(\boldsymbol{U}_d)=\frac{1}{d}I_d. \tag{6.3.6}$$

推论 6.3.1 若 $\boldsymbol{X} = R\boldsymbol{U}_d$ 服从 d 维球对称分布, 则

$$E(\boldsymbol{X}) = \mathbf{0}, \quad \mathrm{Cov}(\boldsymbol{X}) = \frac{E(R^2)}{d} I_d, \tag{6.3.7}$$

其中 R 与 $\boldsymbol{U}_d$ 相互独立且 $E(R^2) < \infty$.

证明

$$\begin{aligned}\mathrm{Cov}(\boldsymbol{X}) &= E[R\boldsymbol{U}_d(R\boldsymbol{U}_d)^{\mathrm{T}}]\\ &= E[R^2\boldsymbol{U}_d\boldsymbol{U}_d^{\mathrm{T}}]\\ &= E(R^2)E(\boldsymbol{U}_d\boldsymbol{U}_d^{\mathrm{T}})\\ &= \frac{E(R^2)}{d} I_d.\end{aligned}$$

推论 6.3.2 若 $X \sim E_d(\mu, \Sigma)$ 且 $E(R^2) < \infty$, 则

$$E(X) = \mu, \quad \mathrm{Cov}(X) = \frac{E(R^2)}{d}\Sigma. \tag{6.3.8}$$

证明

$$\begin{aligned}\mathrm{Cov}(\boldsymbol{X}) &= E[(RA^{\mathrm{T}}\boldsymbol{U}_d)(RA^{\mathrm{T}}\boldsymbol{U}_d)^{\mathrm{T}}]\\ &= E[R^2A^{\mathrm{T}}\boldsymbol{U}_d\boldsymbol{U}_d^{\mathrm{T}}A]\\ &= E(R^2)A^{\mathrm{T}}E(\boldsymbol{U}_d\boldsymbol{U}_d^{\mathrm{T}})A\\ &= E(R^2)A^{\mathrm{T}}\left(\frac{1}{d}I_d\right)A\\ &= \frac{E(R^2)}{d}\Sigma.\end{aligned}$$

引理 6.3.1 设 $\boldsymbol{x} = (x_1, x_2, \cdots, x_d)^{\mathrm{T}}$ 且 $\psi(\boldsymbol{x}^{\mathrm{T}}\boldsymbol{x})$ 使式 (6.3.9) 左端积分有意义. 则

$$\int_{\mathbf{R}^d} \psi\left(\sum_{i=1}^d x_i^2\right) \mathrm{d}x_1\mathrm{d}x_2\cdots\mathrm{d}x_d = \frac{\pi^{d/2}}{\Gamma(d/2)}\int_0^\infty y^{\frac{d}{2}-1}\psi(y)\mathrm{d}y. \tag{6.3.9}$$

若 d 维随机变量 $\boldsymbol{X}$ 服从球对称分布且具有概率密度, 则 $\boldsymbol{X}$ 的概率密度必为 $h(\boldsymbol{x}^{\mathrm{T}}\boldsymbol{x})$ 形式. 故有

$$\int_{\mathbf{R}^d} h\left(\sum_{i=1}^d x_i^2\right) \mathrm{d}x_1\mathrm{d}x_2\cdots\mathrm{d}x_d = \frac{\pi^{d/2}}{\Gamma(d/2)}\int_0^\infty y^{\frac{d}{2}-1}h(y)\mathrm{d}y = 1.$$

因此, 非负函数 $h(\boldsymbol{x}^{\mathrm{T}}\boldsymbol{x})$ 可用以定义为某球对称分布概率密度的充要条件是

$$\int_0^\infty y^{\frac{d}{2}-1}h(y)\mathrm{d}y < \infty. \tag{6.3.10}$$

此时, 称 $h(\cdot)$ 为球对称分布的密度生成函数.

定理 6.3.3 设 $\boldsymbol{X} \stackrel{d}{=} R\boldsymbol{U}_d$ 服从 d 维球对称分布. 则 $\boldsymbol{X}$ 具有密度生成函数 $h(\cdot)$ 的充要条件是

$$f_R(r) = \frac{2\pi^{d/2}}{\Gamma(d/2)} r^{d-1}h(r^2), \tag{6.3.11}$$

其中, $f_R(r)$ 为非负随机变量 R 的概率密度.

证明　先证必要性. 设 d 维随机变量 $\boldsymbol{X}$ 具有概率密度 $h(\boldsymbol{x}^{\mathrm{T}}\boldsymbol{x})$ 且 $q(\cdot)$ 为任意非负可积函数. 由式 (6.3.9) 知

$$\begin{aligned}E[q(R)] &= E[q(\sqrt{\boldsymbol{x}^{\mathrm{T}}\boldsymbol{x}})] \\ &= \int_{\mathbf{R}^d} q(\sqrt{\boldsymbol{x}^{\mathrm{T}}\boldsymbol{x}})h(\boldsymbol{x}^{\mathrm{T}}\boldsymbol{x})\mathrm{d}\boldsymbol{x} \\ &= \frac{\pi^{d/2}}{\Gamma(d/2)}\int_0^{\infty} q(y^{1/2})y^{d/2-1}h(y)\mathrm{d}y \quad (\text{令 } y=r^2) \\ &= \frac{2\pi^{d/2}}{\Gamma(d/2)}\int_0^{\infty} q(r)r^{d-1}h(r^2)\mathrm{d}r.\end{aligned}$$

故知, R 的概率密度 $f(r)$ 由式 (6.3.11) 给出.

再证充分性. 设式 (6.3.11) 成立. 故 $(\boldsymbol{X}, R)$ 的联合概率密度为

$$\begin{aligned}g(\boldsymbol{x}, r) &= f(r)f_{\boldsymbol{X}|R}(\boldsymbol{x}|r) \\ &= \frac{2\pi^{d/2}}{\Gamma(d/2)}r^{d-1}h(r^2)\frac{1}{a_d(r)} \\ &= h(r^2)I_{\{\boldsymbol{x}^{\mathrm{T}}\boldsymbol{x}=r^2\}}(\boldsymbol{x}),\end{aligned}$$

其中 $a_d(r)$ 为半径为 r 的球面面积, 且有

$$a_d(r) = \frac{2\pi^{d/2}}{\Gamma(d/2)}r^{d-1}. \tag{6.3.12}$$

故 $\boldsymbol{x}$ 的概率密度为

$$\begin{aligned}f_{\boldsymbol{x}}(\boldsymbol{x}) &= \int_0^{\infty} h(r^2)I_{\{\boldsymbol{x}^{\mathrm{T}}\boldsymbol{x}=r^2\}}(\boldsymbol{x})\mathrm{d}r \\ &= h(\boldsymbol{x}^{\mathrm{T}}\boldsymbol{x}).\end{aligned}$$

定理 6.3.4　设 $\boldsymbol{X} \stackrel{d}{=} R\boldsymbol{U}_d$ 服从 d 维球对称分布, 且设 $\boldsymbol{X}$ 具有密度生成函数 $h(\cdot)$. 则 $\zeta = \dfrac{R^2}{k}$ 的概率密度为

$$f_{\zeta}(s) = \frac{\pi^{d/2}}{\Gamma(d/2)}k^{d/2}s^{d/2-1}h(ks), \quad s>0, \tag{6.3.13}$$

其中, $k>0$.

证明　对任意 $s>0$, ζ 的分布函数为

$$\begin{aligned}F_{\zeta}(s) &= P(\zeta \leqslant s) \\ &= P(R^2 \leqslant ks) \\ &= P(R \leqslant k^{1/2}s^{1/2}) \\ &= F_R(k^{1/2}s^{1/2}),\end{aligned}$$

其中, $F_R(\cdot)$ 为 R 的分布函数. 故由式 (6.3.11) 知, ζ 的概率密度为

$$\begin{aligned}f_\zeta(s) &= f_R(k^{1/2}s^{1/2})k^{1/2}\frac{1}{2}s^{-1/2}\\ &= \left[\frac{2\pi^{d/2}}{\Gamma(d/2)}k^{(d-1)/2}s^{(d-1)/2}h(ks)\right]\left[k^{1/2}\frac{1}{2}s^{-1/2}\right]\\ &= \frac{\pi^{d/2}}{\Gamma(d/2)}k^{d/2}s^{d/2-1}h(ks).\end{aligned}$$

定义 6.3.3 称随机变量 ξ 服从参数为 $\alpha>0,\beta>0$ 的 Beta II型分布, 若 ξ 的概率密度为

$$\frac{1}{B(\alpha,\beta)}t^{\alpha-1}(1+t)^{-(\alpha+\beta)},\quad t>0, \tag{6.3.14}$$

记为 $\xi\sim$Beta II (α,β), 其中 $B(\alpha,\beta)$ 为 Beta 函数.

定理 6.3.5 设 $\boldsymbol{X}\overset{d}{=}\boldsymbol{\mu}+RA^{\mathrm{T}}\boldsymbol{U}_d$ 由式 (6.3.2) 定义, 即 $\boldsymbol{X}\sim E_d(\boldsymbol{\mu},\Sigma)$, $\Sigma=A^{\mathrm{T}}A$. 设 $\boldsymbol{Z}=R\boldsymbol{U}_d$ 的密度生成函数为 $h(\cdot)$, 则 $\boldsymbol{X}$ 的概率密度为

$$|\Sigma|^{-1/2}h((\boldsymbol{x}-\boldsymbol{\mu})^{\mathrm{T}}\Sigma^{-1}(\boldsymbol{x}-\boldsymbol{\mu})). \tag{6.3.15}$$

证明 设 $\boldsymbol{X}$ 与 $\boldsymbol{Z}$ 的概率密度分别为 $f_{\boldsymbol{X}}(\boldsymbol{x})$ 与 $f_{\boldsymbol{Z}}(\boldsymbol{z})$. 易知

$$\boldsymbol{Z}=(A^{\mathrm{T}})^{-1}(\boldsymbol{X}-\boldsymbol{\mu}).$$

设 $J(\boldsymbol{z}|\boldsymbol{x})$ 为 $\boldsymbol{z}$ 关于 $\boldsymbol{x}$ 的雅可比行列式. 则有

$$\begin{aligned}f_{\boldsymbol{X}}(\boldsymbol{x}) &= f_{\boldsymbol{Z}}(\boldsymbol{z}(\boldsymbol{x}))|J(\boldsymbol{z}|\boldsymbol{x})|\\ &= h((\boldsymbol{x}-\boldsymbol{\mu})^{\mathrm{T}}A^{-1}(A^{\mathrm{T}})^{-1}(\boldsymbol{x}-\boldsymbol{\mu}))|J(\boldsymbol{z}|\boldsymbol{x})|\\ &= h((\boldsymbol{x}-\boldsymbol{\mu})^{\mathrm{T}}(A^{\mathrm{T}}A)^{-1}(\boldsymbol{x}-\boldsymbol{\mu}))|(A^{\mathrm{T}})^{-1}|\\ &= |\Sigma|^{-1/2}h((\boldsymbol{x}-\boldsymbol{\mu})^{\mathrm{T}}\Sigma^{-1}(\boldsymbol{x}-\boldsymbol{\mu})).\end{aligned}$$

例 6.3.1 设 $\boldsymbol{X}\overset{d}{=}\boldsymbol{\mu}+RA^{\mathrm{T}}\boldsymbol{U}_d$ 由式 (6.3.2) 定义, 即 $\boldsymbol{X}$ 服从椭球对称分布 $E_d(\boldsymbol{\mu},\Sigma)$. 设 $R^2\sim\chi^2(d)$, 证明 $\boldsymbol{X}\sim N_d(\boldsymbol{\mu},\Sigma)$.

证明 因为 $R^2\sim\chi^2(d)$, 由式 (2.2.2) 知 R^2 的密度函数为

$$f_{R^2}(x)=\frac{1}{2^{d/2}\Gamma(d/2)}x^{d/2-1}\mathrm{e}^{-x/2},\quad x>0.$$

又由定理 6.3.4 知, 当 $k=1$ 时, R^2 的密度函数为

$$f_{R^2}(x)=\frac{\pi^{d/2}}{\Gamma(d/2)}x^{d/2-1}h(x),\quad x>0.$$

比较 R^2 的密度函数可得

$$h(x)=\frac{1}{(2\pi)^{d/2}}\mathrm{e}^{-x/2},\quad x>0.$$

由定理 6.3.5 知

$$\begin{aligned}f_{\boldsymbol{X}}(\boldsymbol{x}) &= |\Sigma|^{-1/2}h((\boldsymbol{x}-\boldsymbol{\mu})^{\mathrm{T}}\Sigma^{-1}(\boldsymbol{x}-\boldsymbol{\mu}))\\ &= \frac{1}{(2\pi)^{d/2}|\Sigma|^{1/2}}\exp\left[-\frac{1}{2}(\boldsymbol{x}-\boldsymbol{\mu})^{\mathrm{T}}\Sigma^{-1}(\boldsymbol{x}-\boldsymbol{\mu})\right].\end{aligned}$$

故知 $\boldsymbol{X} \sim N_d(\boldsymbol{\mu}, \Sigma)$.

例 6.3.2　设 $\boldsymbol{X} \sim N_d(\boldsymbol{\mu}, \Sigma)$, 其中, $\boldsymbol{\mu} = (\mu_1, \mu_2, \cdots, \mu_d)^{\mathrm{T}}$ 为 $\boldsymbol{X}$ 的均值向量, $\Sigma = (\sigma_{ij})$ 为 $\boldsymbol{X}$ 的协差阵. 设 R 为 $\boldsymbol{X}$ 的相关阵且记

$$Y_i = \frac{X_i - \mu_i}{\sqrt{\sigma_{ii}}}, \quad \boldsymbol{Y} = (Y_1, Y_2, \cdots, Y_d)^{\mathrm{T}}.$$

证明 $\boldsymbol{Y}$ 的概率密度函数为

$$f_{\boldsymbol{Y}}(\boldsymbol{y}) = \frac{1}{(2\pi)^{d/2}|R|^{1/2}}\exp\left[-\frac{1}{2}\boldsymbol{y}^{\mathrm{T}}R^{-1}\boldsymbol{y}\right].$$

证明　记对角阵 $B^{\mathrm{T}} = \mathrm{diag}(1/\sqrt{\sigma_{11}}, 1/\sqrt{\sigma_{22}}, \cdots, 1/\sqrt{\sigma_{dd}})$, 则有 $\boldsymbol{Y} = B^{\mathrm{T}}(\boldsymbol{X} - \boldsymbol{\mu})$, 且知

$$E(\boldsymbol{Y}) = \boldsymbol{0}, \quad \mathrm{Cov}(\boldsymbol{Y}) = B^{\mathrm{T}}\Sigma B = R.$$

故 $\boldsymbol{Y} \sim N_d(\boldsymbol{0}, R)$, 由例 6.3.1 知结论成立.

2. *多元 t 分布*

多元 t 分布亦为椭球对称分布的特殊情形.

定义 6.3.4　设 $\boldsymbol{Z} \sim N_d(\boldsymbol{0}, I_d)$, ξ 非负与 $\boldsymbol{Z}$ 独立且 $\xi^2 \sim \chi^2(k)$. 记

$$\boldsymbol{Y} = \frac{\boldsymbol{Z}}{\sqrt{\xi^2/k}} = \sqrt{k}\frac{\boldsymbol{Z}}{\xi}. \tag{6.3.16}$$

称 $\boldsymbol{Y}$ 服从自由度为 k 参数 $\boldsymbol{0}, I_d$ 的多元 t 分布, 记为 $\boldsymbol{Y} \sim Mt_d(k, \boldsymbol{0}, I_d)$.

定义 6.3.5　设 $\boldsymbol{Y} \sim Mt_d(k, \boldsymbol{0}, I_d)$. 记

$$\boldsymbol{X} \overset{d}{=} \boldsymbol{\mu} + A^{\mathrm{T}}\boldsymbol{Y}, \quad \Sigma = A^{\mathrm{T}}A, \tag{6.3.17}$$

其中 $\boldsymbol{\mu}$ 为 d 维向量, A 为 d 阶非奇异方阵. 称 $\boldsymbol{X}$ 服从自由度为 k, 参数为 $\boldsymbol{\mu}, \Sigma$ 的多元 t 分布, 记为 $\boldsymbol{X} \sim Mt_d(k, \boldsymbol{\mu}, \Sigma)$.

定理 6.3.6　设 $\boldsymbol{X} \sim Mt_d(k, \boldsymbol{\mu}, \Sigma)$, B 为 $d \times m$ 常数矩阵且 $\boldsymbol{\nu}$ 为 m 维常数向量. 则

$$\boldsymbol{\nu} + B^{\mathrm{T}}\boldsymbol{X} \sim Mt_m(k, \boldsymbol{\nu} + B^{\mathrm{T}}\boldsymbol{\mu}, B^{\mathrm{T}}\Sigma B).$$

推论 6.3.3 设 $\boldsymbol{X} \sim Mt_d(k, \boldsymbol{\mu}, \Sigma)$, 且

$$\boldsymbol{X} = \begin{pmatrix} \boldsymbol{X}_1 \\ \boldsymbol{X}_2 \end{pmatrix}, \quad \boldsymbol{\mu} = \begin{pmatrix} \boldsymbol{\mu}_1 \\ \boldsymbol{\mu}_2 \end{pmatrix}, \quad \Sigma = \begin{pmatrix} \Sigma_{11} & \Sigma_{12} \\ \Sigma_{21} & \Sigma_{22} \end{pmatrix},$$

其中, $\boldsymbol{X}_1, \boldsymbol{\mu}_1$ 为 l 维向量, Σ_{11} 为 $l \times l$ 矩阵, $l < d$. 则

$$\boldsymbol{X}_1 \sim Mt_d(k, \boldsymbol{\mu}_1, \Sigma_{11}).$$

证明 取 $l \times d$ 矩阵 $B^{\mathrm{T}} = (I_l, 0)$. 故有

$$B^{\mathrm{T}}\boldsymbol{X} = \boldsymbol{X}_1, \quad B^{\mathrm{T}}\boldsymbol{\mu} = \boldsymbol{\mu}_1, \quad B^{\mathrm{T}}\Sigma B = \Sigma_{11}.$$

由定理 6.3.6 知, $\boldsymbol{X}_1 \sim Mt_d(k, \boldsymbol{\mu}_1, \Sigma_{11})$.

推论 6.3.3 说明, 多元 t 分布的所有多元边缘分布仍为多元 t 分布, 且自由度不变. 特别地, 多元 t 分布的所有一元边缘分布仍为 t 分布, 且自由度不变.

例 6.3.3 设 $\boldsymbol{Y}$ 由式 (6.3.16) 定义. 由 $\boldsymbol{Z} \sim N_d(\boldsymbol{0}, I_d)$ 知

$$\boldsymbol{Z} \stackrel{d}{=} R\boldsymbol{U}_d, \quad R^2 \sim \chi^2(d). \tag{6.3.18}$$

故知

$$\boldsymbol{Y} \stackrel{d}{=} \frac{R}{\sqrt{\xi^2/k}}\boldsymbol{U}_d = R_*\boldsymbol{U}_d, \quad R_* = \frac{R}{\sqrt{\xi^2/k}}. \tag{6.3.19}$$

因为 ξ 与 $\boldsymbol{Z}$ 独立, 所以 ξ 与 $R, \boldsymbol{U}_d$ 独立. 由此可得

$$\frac{R_*^2}{d} = \frac{R^2/d}{\xi^2/k} \sim F(d, k).$$

故有 $R_*^2/d \sim F(d,k)$. 又 R 与 $\boldsymbol{U}_d$ 独立, 所以在式 (6.3.19) 中, R_* 与 $\boldsymbol{U}_d$ 独立.

将式 (6.3.19) 代入式 (6.3.17), 可得

$$\boldsymbol{X} \stackrel{d}{=} \boldsymbol{\mu} + R_* A^{\mathrm{T}}\boldsymbol{U}_d \sim Mt_d(k, \boldsymbol{\mu}, \Sigma), \tag{6.3.20}$$

其中, $\Sigma = A^{\mathrm{T}}A$.

例 6.3.4 设 $\boldsymbol{Y} \sim Mt_d(k, \boldsymbol{0}, I_d)$. 证明 $R_*^2/k \sim \mathrm{Beta\ II}\ (d/2, k/2)$.

证明 由 $R_*^2/d \sim F(d,k)$ 知, R_*^2/d 的概率密度为

$$f_{R_*^2/d}(t) = \frac{\Gamma\left(\dfrac{d+k}{2}\right)}{\Gamma\left(\dfrac{d}{2}\right)\Gamma\left(\dfrac{k}{2}\right)}\left(\frac{d}{k}\right)^{\frac{d}{2}} \frac{t^{\frac{d}{2}-1}}{\left(1+\dfrac{d}{k}t\right)^{\frac{d+k}{2}}}, \quad t > 0.$$

故 $\dfrac{R_*^2}{k}=\dfrac{d}{k}\dfrac{R_*^2}{d}$ 的概率密度为

$$\begin{aligned}
f_{R_*^2/k}(s)&=\frac{k}{d}\cdot f_{R_*^2/d}\left(\frac{k}{d}s\right)\\
&=\frac{k}{d}\frac{\Gamma\left(\dfrac{d+k}{2}\right)}{\Gamma\left(\dfrac{d}{2}\right)\Gamma\left(\dfrac{k}{2}\right)}\left(\frac{d}{k}\right)^{\frac{d}{2}}\frac{\left(\dfrac{k}{d}s\right)^{\frac{d}{2}-1}}{\left(1+\dfrac{d}{k}\dfrac{k}{d}s\right)^{\frac{d+k}{2}}}\\
&=\frac{1}{B\left(\dfrac{d}{2},\dfrac{k}{2}\right)}s^{\frac{d}{2}-1}(1+s)^{-\frac{d+k}{2}},\quad s>0.
\end{aligned}$$

结论得证.

例 6.3.5　设 $\boldsymbol{X}\sim Mt_d(k,\boldsymbol{\mu},\Sigma)$. 证明 $\boldsymbol{X}$ 的概率密度为

$$f_{\boldsymbol{X}}(\boldsymbol{x})=\frac{\Gamma\left(\dfrac{d+k}{2}\right)}{(\pi k)^{d/2}\Gamma\left(\dfrac{k}{2}\right)}|\Sigma|^{-1/2}[1+k^{-1}(\boldsymbol{x}-\boldsymbol{\mu})^{\mathrm{T}}\Sigma^{-1}(\boldsymbol{x}-\boldsymbol{\mu})]^{-(d+k)/2}.\tag{6.3.21}$$

证明　设 $\boldsymbol{Y}$ 由式 (6.3.16) 定义. 由例 6.3.4 知, $R_*^2/k\sim$ Beta II $(d/2,k/2)$. 设

$$\boldsymbol{Y}\overset{d}{=}R_*\boldsymbol{U}_d$$

具有密度生成函数 $h(\cdot)$. 由定理 6.3.4 知, $\zeta_*=\dfrac{R_*^2}{k}$ 的概率密度为

$$f_{\zeta_*}(s)=\frac{\pi^{d/2}}{\Gamma(d/2)}k^{d/2}s^{d/2-1}h(ks),\quad s>0.\tag{6.3.22}$$

故有

$$\frac{1}{B(d/2,k/2)}s^{d/2-1}(1+s)^{-(d+k)/2}=\frac{\pi^{d/2}}{\Gamma(d/2)}k^{d/2}s^{d/2-1}h(ks),$$

$$\frac{\Gamma\left(\dfrac{d+k}{2}\right)}{(\pi k)^{d/2}\Gamma\left(\dfrac{k}{2}\right)}(1+s)^{-(d+k)/2}=h(ks).$$

令 $ks=t$, 可得

$$h(t)=\frac{\Gamma\left(\dfrac{d+k}{2}\right)}{(\pi k)^{d/2}\Gamma\left(\dfrac{k}{2}\right)}(1+k^{-1}t)^{-(d+k)/2}.$$

由定理 6.3.5 知, $\boldsymbol{X}$ 的概率密度为式 (6.3.21).

习 题 6

1. 基于样本协差阵和样本相关阵得到的样本主成分各有什么特点?

2. 简述主成分的几何意义.

3. 对我国某行业上市公司的财务绩效状况作主成分分析. 选取的财务指标包括: 流动比率、速动比率、存货周转率、总资产周转率、净资产收益率、经营净利率、净资产收益率增长率、每股收益、股东权益增长率.

4. 对我国内地 31 个省 (自治区、直辖市) 某年经济发展基本情况的七项指标作主成分分析, 并评价影响各地区经济发展的主要因素. 七项指标包括: 国内生产总值、居民消费水平、居民消费价格指数、商品零售价格指数、旅客周转量、货物周转量、教育经费.

5. 简述因子载荷阵的统计意义.

6. 对某年我国内地 31 个省 (自治区、直辖市) 工业生产情况的八项指标作因子分析. 八项指标包括: 工业总产值、工业增加值、实收资本、资本合计、流动负债合计、产品销售收入、产品销售利润、应交增值税.

7. 对我国汽车制造业上市公司, 选取某年 11 个指标进行因子分析. 指标包括: 每股收益 (万元)、主营业务收入 (万元)、主营收入同比增长率 (%)、净利润 (万元)、净利润同比增长 (%)、主营业务利润率 (%)、销售净利率 (%)、总资产收益率 (%)、净资产收益率 (%)、流动比率 (%)、速动比率 (%).

8. 猜想: $\boldsymbol{U}_d \sim U(\Omega_d)$ 的充要条件是

$$E(\boldsymbol{U}_d) = \boldsymbol{0}, \quad \mathrm{Cov}(\boldsymbol{U}_d) = \frac{1}{d} I_d.$$

参 考 文 献

何晓群. 2009. 多元统计分析. 2 版. 北京: 中国人民大学出版社.

苏岩. 2002. 股票周回升率的统计分析. 保定师范专科学校学报, 15(2): 16-19.

童恒庆. 1997. 经济回归模型及计算. 武汉: 湖北科学技术出版社.

王学仁, 王松桂. 1990. 实用多元统计分析. 上海: 上海科技出版社.

Fang K T, Kotz S, Ng K W. 1990. Symmetric Multivariate and Related Distributions. London: Chapman and Hall.

第 7 章　蒙特卡罗方法

蒙特卡罗 (Monte Carlo) 方法又称随机模拟, 它是一种建立所研究问题的统计模型, 并以此模型进行抽样试验, 以获得对所研究问题的认识或近似解决的统计试验方法. 该定义有两个要素: 模型与试验; 一个原理: 抽样理论; 两个目的: 发现问题, 解决问题. 所谓发现问题是指通过模拟, 判断建立的模型是否较好地描述了实际问题, 该模型是恰当的或模型需要改进. 当前统计理论研究强调模拟验证, 即通过模拟, 来检验统计模型理论推导的正确性与可实际应用性, 通过随机模拟比较不同模型的优劣, 以提出更具优良性的模型. 所谓解决问题是指若建立的模型是合适的, 则通过模拟可得到理论或实际问题的近似解决, 通过模拟达到对系统行为的认识并帮助解决决策问题.

对于那些复杂的数学模型或极富不确定性的问题, 分析方法常难以奏效. 对于那些费用高、耗时长的试验, 模拟方法能发挥其独特的作用. 随机模拟可看作是在计算机上进行试验的统计方法. 例如, 大型系统的可靠性分析, 经济活动中的统计决策, 机器故障与维修, 高维数学方程的求解, 保险评估等, 这些问题可借助蒙特卡罗方法确定解决方案.

有意义的模拟依赖于所建的模型. 模拟程序是基于模型加以设计的, 故要求模型尽可能贴近实际问题, 即模型能够较客观地反映实际状况. 模拟的局限之一是, 需获得必要的输入数据, 开发模拟模型与计算机程序, 运行的时间可能较长及需解释模拟结果; 模拟的局限之二是没有精确的答案. 模拟运行结果仅仅是许多可能结果中的一个或若干结果. 时常需将模拟重复运行多次, 用以刻画结果分布的统计特征.

理论分析与随机模拟的结合使用, 常是解决问题的有效方式. 当理论分析难以实施时, 蒙特卡罗方法可以提供解决问题的思路或方案. 随机投针概型是 Buffon 于 1777 年提出的用于估计圆周率而设计的概率模型. Gosset 通过随机模拟试验结果, 提出了 t 分布, 其对统计的发展有着深远的影响. Neumann 等利用计算机进行随机抽样, 模拟中子的连锁反应.

7.1　随机数的生成

在统计计算与随机模拟中需要生成各种概率分布的随机数. 多数概率分布的随机数, 均可基于均匀分布 $U(0,1)$ 的随机数生成. 常用计算软件中都有均匀分布的随机数生成函数, 例如 MATLAB 统计工具箱提供了多种随机数生成函数. 因此, 可在 $U(0,1)$ 的随机数生成方法已知下, 探讨各种概率分布的随机数的生成.

1. 逆变换法

设随机变量 X 的分布函数为 $F(x)$. 定义

$$F^{-1}(y)=\inf\{x: F(x)\geqslant y\},\quad 0\leqslant y\leqslant 1.$$

定理 7.1.1 设随机变量 X 具有连续分布函数 $F(x)$. 设随机变量 U 服从 $(0,1)$ 上的均匀分布, 即 $U\sim U(0,1)$. 则 $X=F^{-1}(U)$ 的分布函数为 $F(x)$.

证明 易知 U 的分布函数为

$$F_U(t)=\begin{cases}0, & t<0,\\ t, & 0\leqslant t<1,\\ 1, & t\geqslant 1.\end{cases}$$

故 X 的分布函数为

$$\begin{aligned}P(X\leqslant x)&=P(F^{-1}(U)\leqslant x)\\ &=P(U\leqslant F(x))=F(x).\end{aligned}$$

定理 7.1.1 说明, 要生成来自 $F(x)$ 的随机数, 只要先生成来自 $U(0,1)$ 的随机数, 再计算 $F^{-1}(u)$ 即可. 生成步骤如下:

(1) 抽取 $U(0,1)$ 的随机数 u;

(2) 计算 $x=F^{-1}(u)$,

则 x 即为来自 $F(x)$ 的随机数.

例 7.1.1 设 $X\sim U(a,b)$, 其中 a,b 为参数. 则 X 的分布函数为

$$F(x)=\begin{cases}0, & x<a,\\ \dfrac{x-a}{b-a}, & a\leqslant x<b,\\ 1, & x\geqslant b.\end{cases}$$

故有

$$F^{-1}(y)=a+(b-a)y,\quad 0\leqslant y\leqslant 1.$$

故若 $U\sim U(0,1)$, 则有 $F^{-1}(U)\sim U(a,b)$.

由 $U(0,1)$ 抽得 u, 则 $F^{-1}(u)=a+(b-a)u$ 为来自 $U(a,b)$ 的一个随机数.

例 7.1.2 用逆变换法抽取概率密度为

$$f(x)=\lambda \mathrm{e}^{-\lambda x},\quad x\geqslant 0$$

的指数分布随机数, 其中 $\lambda>0$ 为参数.

解 X 的分布函数为 $F(x)=1-\mathrm{e}^{-\lambda x}$, $x\geqslant 0$. 故对 $U\sim U(0,1)$,

$$F^{-1}(U)=-\frac{1}{\lambda}\ln(1-U)$$

为所求. 又当 $U\sim U(0,1)$ 时, $1-U\sim U(0,1)$, 故由 $U(0,1)$ 抽得 u, 则有

$$-\frac{1}{\lambda}\ln u$$

为来自参数为 λ 的指数分布随机数.

对于离散型分布, 也有与定理 7.1.1 类似的结论.

定理 7.1.2 设 $F(x)$ 是对应于离散型分布

$$P(X=x_j)=p_j,\quad j=1,2,\cdots$$

的分布函数, 且 $x_1<x_2<\cdots$. 取 $x_0<x_1$, 并定义 $F(x_0)=0$. 设 $U\sim U(0,1)$, 当 x_j 满足

$$F(x_{j-1})<U\leqslant F(x_j),\quad j=1,2,\cdots$$

时, 取 $X=x_j$, 则 $X\sim F(x)$.

证明 X 的分布函数为

$$\begin{aligned}P(X\leqslant x_j)&=\sum_{i=1}^{j}P(X=x_i)\\&=\sum_{i=1}^{j}P(F(x_{i-1})<U\leqslant F(x_i))\\&=\sum_{i=1}^{j}[P(U\leqslant F(x_i))-P(U\leqslant F(x_{i-1}))]\\&=\sum_{i=1}^{j}[F(x_i)-F(x_{i-1})]\\&=F(x_j)-F(x_0)=F(x_j).\end{aligned}$$

故有 $X\sim F(x)$.

由定理 7.1.2, 可得离散型分布 $F(x)$ 随机数的一般抽样法:

(1) 生成 $u\sim U(0,1)$;

(2) 若 u 满足

$$F(x_{j-1})<u\leqslant F(x_j),\quad j=1,2,\cdots,$$

取 $x=x_j$, 否则转到 (1).

则 x 为来自 $F(x)$ 的随机数.

例 7.1.3 生成服从均匀离散分布

$$P(X=j)=\frac{1}{n}, \quad j=1,2,\cdots,n$$

的均匀随机整数的随机数.

解 X 的分布函数为

$$F(j)=P(X\leqslant j)=\frac{j}{n}, \quad j=1,2,\cdots,n.$$

由定理 7.1.2 可得均匀随机整数的抽样法为

(1) 生成 $U(0,1)$ 随机数 u;

(2) 取 $x=j$, 其中 j 满足 $\frac{j-1}{n}<u\leqslant\frac{j}{n}$, 即

$$j-1<nu\leqslant j \quad \text{或} \quad j=[nu]+1,$$

其中 $[x]$ 表示不超过 x 的最大整数.

2. **变换抽样法**

变换抽样法是较逆变换法更为一般的抽样法.

定理 7.1.3 设随机变量 X 的概率密度为 $f_X(x)$, $Y=g(X)$, 反函数 g^{-1} 存在且具有连续的一阶导数. 则 Y 的概率密度为

$$f_Y(y)=f_X(g^{-1}(y))\left|\frac{\mathrm{d}g^{-1}(y)}{\mathrm{d}y}\right|.$$

定理 7.1.4 设随机变量 (X,Y) 具有联合概率密度为 $f_{X,Y}(x,y)$, 对 (X,Y) 进行函数变换

$$\begin{cases} u=g_1(x,y), \\ v=g_2(x,y), \end{cases}$$

若其逆变换

$$\begin{cases} x=h_1(u,v), \\ y=h_2(u,v) \end{cases}$$

唯一存在且具有一阶连续偏导数, 则对 $(U,V)=(g_1(X,Y),g_2(X,Y))$, 二维随机变量 (U,V) 的联合概率密度为

$$f_{U,V}(u,v)=f_{X,Y}(h_1(u,v),h_2(u,v))|J(u,v)|,$$

其中, $J(u,v)$ 为 (x,y) 关于 (u,v) 的雅可比行列式:

$$J(u,v)=\begin{vmatrix} \frac{\partial x}{\partial u} & \frac{\partial x}{\partial v} \\ \frac{\partial y}{\partial u} & \frac{\partial y}{\partial v} \end{vmatrix}.$$

例 7.1.4 用变换抽样法生成标准正态分布随机数.

解 设 u,v 是来自 $U(0,1)$ 的独立同分布随机数. 作变换

$$\begin{cases} x=\sqrt{-2\ln u}\cdot\cos(2\pi v), \\ y=\sqrt{-2\ln u}\cdot\sin(2\pi v), \end{cases}$$

解此方程组, 得到逆变换

$$\begin{cases} u=\exp\left(-\dfrac{x^2+y^2}{2}\right), \\ v=\dfrac{1}{2\pi}\left(\arctan\dfrac{y}{x}+c\right), c\text{为常数}. \end{cases}$$

这个变换的雅可比行列式的绝对值为

$$|J(x,y)|=\frac{1}{2\pi}\mathrm{e}^{-\frac{x^2+y^2}{2}}.$$

由定理 7.1.4 知, 对应二维随机变量 (X,Y) 的联合概率密度为

$$\begin{aligned} f_{X,Y}(x,y) &= f_{U,V}(g_1(x,y),g_2(x,y))|J(x,y)| \\ &= 1\times\frac{1}{2\pi}\mathrm{e}^{-\frac{x^2+y^2}{2}} \\ &= \frac{1}{\sqrt{2\pi}}\mathrm{e}^{-\frac{x^2}{2}}\frac{1}{\sqrt{2\pi}}\mathrm{e}^{-\frac{y^2}{2}}. \end{aligned}$$

故 X 与 Y 相互独立且具有相同标准正态分布 $N(0,1)$, 对应的 x 与 y 为独立同 $N(0,1)$ 随机数.

3. **舍选抽样法** (acceptance/rejection sample)

由舍选变换得到的抽样方法称为舍选抽样法. 舍选变换是指将一个集合映射到其自身的一个子集, 这个映射过程相当于将该集合中的某些元素舍去. 一般是先建立一个检验条件, 再将不满足该条件的元素舍去.

定理 7.1.5 设随机变量 ξ 的密度函数为 $p_\xi(y)$, 且

$$p_\xi(y)=c\cdot h(y)\cdot g(y), \quad y\in\mathbf{R},$$

其中 $c\geqslant 1$, $0<g(y)\leqslant 1$, $h(\cdot)$ 是一个密度函数. 设 U 和 Y 相互独立且分别服从 $U(0,1)$ 和 $h(y)$, 则在 $U\leqslant g(Y)$ 的条件下, Y 的条件密度为

$$p_Y(y|U\leqslant g(Y))=p_\xi(y).$$

证明 易知 $c^{-1}=\int_{\mathbf{R}}h(y)g(y)\mathrm{d}y$, 现求 Y 的条件分布函数. 因为

$$P(Y\leqslant y|U\leqslant g(Y))=\frac{P(Y\leqslant y,U\leqslant g(Y))}{P(U\leqslant g(Y))}=\frac{\int_{-\infty}^{y}\mathrm{d}y\int_{0}^{g(y)}h(y)\mathrm{d}u}{\int_{-\infty}^{\infty}\mathrm{d}y\int_{0}^{g(y)}h(y)\mathrm{d}u}=\frac{\int_{-\infty}^{y}g(y)h(y)\mathrm{d}y}{\int_{\mathbf{R}}g(y)h(y)\mathrm{d}y},$$

故 Y 的条件密度函数为

$$p_Y(y|U\leqslant g(Y))=\frac{g(y)h(y)}{\int_{\mathbf{R}}g(y)h(y)\mathrm{d}y}=cg(y)h(y)=p_\xi(y).$$

由定理 7.1.5, 可设计密度函数为 $p_\xi(y)$ 的抽样步骤如下.

(1) 由 $U(0,1)$ 抽取随机数 u, 由 $h(y)$ 抽取随机数 y.

(2) 若 $u\leqslant g(y)$, 则 $\xi=y$, 停止.

(3) 若 $u>g(y)$, 转到 (1).

选取的 $h(y)$ 应易于抽样. 称

$$p=P(U\leqslant g(Y))=\frac{1}{c}$$

为舍选抽样的效率, 该 p 的取值越大, 说明算法的计算量越小, 效率越高.

$h(y)$ 的一种直观选法是: 若存在一个函数 $M(y)$, 满足

$$p_\xi(y)\leqslant M(y),\quad 且\quad c=\int_{\mathbf{R}}M(y)\mathrm{d}y<\infty,$$

记 $h(y)=\dfrac{M(y)}{c}$, $g(y)=\dfrac{p_\xi(y)}{M(y)}$, 则

$$p_\xi(y)=ch(y)g(y).$$

对应 $h(y)$ 应易于抽样. 此时, 舍选抽样的效率为 $1\bigg/\int_{\mathbf{R}}M(y)\mathrm{d}y$. 为提高算法效率, 应选取 $p_\xi(y)$ 的尽可能小的上界函数 $M(x)$.

特别地, 若 $-\infty < a < \xi < b < \infty$, 且有 $M = \sup\limits_{y\in\mathbf{R}} p_\xi(y) < \infty$, 则可取

$$h(y) = \frac{1}{b-a}, \quad c = M(b-a), \quad g(y) = \frac{p_\xi(y)}{M}.$$

这里, $h(y)$ 为区间 (a,b) 上均匀分布的密度函数, 故其随机数便于抽取. 此时, 可设计密度函数为 $p_\xi(y)$ 的抽样步骤如下.

(1) 由 $U(0,1)$ 抽取独立随机数 u_1, u_2.

(2) 计算 $y = a + u_2(b-a)$.

(3) 若 $u_1 \leqslant g(y)$, 则 $\xi = y$, 停止.

(4) 若 $u > g(y)$, 转到 (1).

例 7.1.5　半正态分布的舍选抽样法.

解　半正态分布密度函数为

$$p(x) = \begin{cases} \sqrt{\dfrac{2}{\pi}} \exp\left(-\dfrac{1}{2}x^2\right), & x \geqslant 0, \\ 0, & x < 0. \end{cases}$$

$p(x)$ 可分解为

$$p(x) = \sqrt{\frac{2\mathrm{e}}{\pi}} \cdot \exp\left[-\frac{1}{2}(x-1)^2\right] \cdot \exp(-x).$$

取

$$c = \sqrt{\frac{2\mathrm{e}}{\pi}}, \quad g(x) = \exp\left[-\frac{1}{2}(x-1)^2\right], \quad h(x) = \mathrm{e}^{-x}, \quad x \geqslant 0,$$

其中 $h(x) = \mathrm{e}^{-x}$, $x \geqslant 0$ 为 $\lambda = 1$ 的指数分布的密度函数. 故得 $p(x)$ 的抽样步骤如下.

(1) 由 $U(0,1)$ 抽取独立随机数 u_1, u_2, 取 $y = -\ln u_2$.

(2) 若 $u_1 \leqslant g(y)$, 则 $\xi = y$, 停止.

(3) 若 $u_1 > g(y)$, 转到 (1).

效率 $p = \dfrac{1}{c} = \sqrt{\dfrac{\pi}{2\mathrm{e}}} = 0.7602$.

4. **复合抽样法**

设待抽样的分布函数为 $F(x)$, 它可分解为若干较简单的子分布的线性组合:

$$F(x) = \sum_{i=1}^{m} p_j F_j(x), \tag{7.1.1}$$

其中 $F_j(x)$ 为对应于 j 的分布函数, $p_j > 0, j = 1, 2, \cdots, m$, 且 $p_1 + p_2 + \cdots + p_m = 1$. 因此, 可通过抽取简单分布函数 $F_j(x)$ 的随机数, 来构造 $F(x)$ 随机数的抽取, 这种方法称为复合抽样法.

定理 7.1.6 设分布函数为 $F(x)$ 具有式 (7.1.1) 的分解形式. 若按下述步骤进行抽样:

(1) 由离散分布 $P(Y=j)=p_j, j=1,2,\cdots,m$ 生成随机数 y;

(2) 由 $F_y(x)$ 生成随机数 x_y;

(3) 取 $\xi=x_y$,

则 ξ 的分布函数为 $F(x)=\sum_{i=1}^{m}p_jF_j(x)$.

证明 ξ 的分布函数为

$$\begin{aligned}F_\xi(x)=P(\xi\leqslant x)&=P\left(\{\xi\leqslant x\}\cap\left\{\bigcup_{j=1}^{m}\{Y=j\}\right\}\right)\\&=\sum_{j=1}^{m}P(\{\xi\leqslant x\}\cap\{Y=j\})\\&=\sum_{j=1}^{m}P(\{\xi\leqslant x|Y=j\})P(Y=j)\\&=\sum_{j=1}^{m}p_jF_j(x).\end{aligned}$$

设式 (7.1.1) 成立. 若随机变量 ξ 的分布函数 $F(x)$ 具有概率密度 $f(x)$, 且 $F_j(x)$ 具有概率密度 $f_j(x), j=1,2,\cdots,m$, 则有

$$f(x)=\sum_{j=1}^{m}p_jf_j(x). \tag{7.1.2}$$

复合抽样法的步骤是, 首先以概率 p_j 选出子分布函数, 然后选取 $F_j(x)$ 的随机数. 这一过程可看作是以概率 p_j 从 $F_j(x)$ 中抽样.

例 7.1.6 称 $\varepsilon N(\mu_1,\sigma_1^2)+(1-\varepsilon)N(\mu_2,\sigma_2^2)$ 为混合正态分布, 即以概率 ε 服从 $N(\mu_1,\sigma_1^2)$, 以概率 $1-\varepsilon$ 服从 $N(\mu_2,\sigma_2^2)$. 当 ε 取值较小时, 混合正态分布也称为受污染的正态分布. 利用复合抽样法, 可以生成混合正态分布随机数.

5. *近似抽样法*

当分布 $F(x)$ 较为复杂、不易抽样时, 可利用极限分布或经验分布函数进行抽样. 此种抽样方法称为近似抽样法.

例 7.1.7 利用中心极限定理生成 $N(0,1)$ 随机数.

解 设 $U\sim U(0,1)$, 易知

$$E(U)=\frac{1}{2},\quad D(U)=\frac{1}{12}.$$

设 $U_1, \cdots, U_n$ 为来自 $U(0,1)$ 的样本. 由中心极限定理, 当 n 充分大时, 近似地有

$$\xi_n = \frac{\sum_{i=1}^{n} U_i - n/2}{\sqrt{n/12}} \sim N(0,1).$$

故当 n 足够大时, 可视 ξ_n 为 $N(0,1)$ 随机数. 一般可取 $n=6$ 或 $n=12$.

6. 多维随机变量的抽样法

在多元统计分析及随机过程的统计分析中, 经常遇到多维随机变量, 故需研究多维随机变量的抽样方法. 下面介绍连续型多维随机变量的条件密度法.

设 $\boldsymbol{X} = (X_1, X_2, \cdots, X_d)^{\mathrm{T}}$ 的联合概率密度为 $f(x_1, x_2 \cdots, x_d)$, 则有

$$f(x_1, x_2, \cdots, x_d) = f(x_1) f(x_2|x_1) f(x_3|x_1, x_2) \cdots f(x_d|x_1, x_2, \cdots, x_{d-1}), \quad (7.1.3)$$

其中, $f(x_1)$ 为 X_1 的边缘概率密度, $f(x_j|x_1, x_2, \cdots, x_{j-1})$ 为给定 $X_1, X_2, \cdots, X_{j-1}$ 下 X_j 的条件边缘概率密度, $j = 2, 3, \cdots, d$.

由此可得 d 维随机变量的条件密度抽样法如下.

(1) 生成 $f(x_1)$ 随机数 x_1, 置 $j=1$.

(2) 生成 $f(x_{j+1}|x_1, x_2, \cdots, x_j)$ 随机数 x_{j+1}, 置 $j=j+1$.

(3) 若 $j=d$, 则输出 $\boldsymbol{x} = (x_1, x_2, \cdots, x_d)^{\mathrm{T}}$. 否则转到 (2).

当 $X_1, \cdots, X_d$ 是一个马尔可夫过程时, 式 (7.1.3) 成为

$$f(x_1, \cdots, x_d) = f(x_1) f(x_2|x_1) f(x_3|x_2) \cdots f(x_d|x_{d-1}). \quad (7.1.4)$$

此时, 步骤 (2) 成为

(2)* 生成 $f(x_{j+1}|x_j)$ 随机数 x_{j+1}, 置 $j=j+1$.

当多维随机变量具有随机表示时, 可基于随机表示生成多维随机变量随机数.

例 7.1.8 生成多元正态分布随机数.

设 $\boldsymbol{Y} \sim N(\boldsymbol{\mu}, \Sigma)$, 其中 $\boldsymbol{\mu}$ 为 d 维常数向量, $\Sigma > 0$ 为 d 阶协差阵. 易知, 若

$$\boldsymbol{X} = (X_1, X_2, \cdots, X_d)^{\mathrm{T}} \sim N_d(\boldsymbol{0}, I_d),$$

则有

$$\boldsymbol{Y} = \boldsymbol{\mu} + A\boldsymbol{X} \sim N_d(\boldsymbol{\mu}, AA^{\mathrm{T}}),$$

其中 I_d 为 d 阶单位阵, A 为 d 阶方阵.

设计 $N_d(\boldsymbol{\mu}, \Sigma)$ 随机数生成步骤如下:

(1) 分解正定阵 Σ 为 $\Sigma = AA^{\mathrm{T}}$;

(2) 生成 $N(0,1)$ 随机数 $x_1, x_2, \cdots, x_d$, 记 $\boldsymbol{x} = (x_1, x_2, \cdots, x_d)^{\mathrm{T}}$;

(3) 取 $\boldsymbol{y} = \boldsymbol{\mu} + A\boldsymbol{x}$, 输出 $\boldsymbol{y}$.

则 $\boldsymbol{y}$ 为 $N(\boldsymbol{\mu}, \Sigma)$ 随机数.

注 因为步骤 (1) 中的 Σ 为正定阵, 故存在正交阵 P, 使得

$$P^{\mathrm{T}}\Sigma P = \Lambda = \begin{pmatrix} \lambda_1 & & & \\ & \lambda_2 & & \\ & & \ddots & \\ & & & \lambda_d \end{pmatrix},$$

其中, $\lambda_1, \lambda_2, \cdots, \lambda_d$ 为 Σ 的特征值. 由于 Σ 为正定阵, 故 $\lambda_i > 0, i = 1, \cdots, d$, 且有

$$\begin{aligned} \Sigma &= P\Lambda P^{\mathrm{T}} \\ &= [P\Lambda^{\frac{1}{2}}P^{\mathrm{T}}][P\Lambda^{\frac{1}{2}}P^{\mathrm{T}}] \\ &= [P\Lambda^{\frac{1}{2}}P^{\mathrm{T}}]^2, \end{aligned}$$

其中,

$$\Lambda^{\frac{1}{2}} = \begin{pmatrix} \sqrt{\lambda_1} & & & \\ & \sqrt{\lambda_2} & & \\ & & \ddots & \\ & & & \sqrt{\lambda_d} \end{pmatrix}.$$

记 $\Sigma^{\frac{1}{2}} = P\Lambda^{\frac{1}{2}}P^{\mathrm{T}}$, 可得 $\Sigma = [\Sigma^{\frac{1}{2}}]^2$, 称 $\Sigma^{\frac{1}{2}}$ 为 Σ 的平方根阵. 在步骤 (1) 中可取 $A = \Sigma^{\frac{1}{2}}$.

7.2 积分的概率计算方法

利用大数定律, 可进行定积分或多重积分的计算.

1. 随机投点法

(1) 设要计算的定积分为

$$I = \int_0^1 f(x)\mathrm{d}x,$$

其中, $f(x)$ 在 [0,1] 上连续且 $0 \leqslant f(x) \leqslant 1$. 易知, 定积分 I 等于以 [0,1] 为底、$f(x)$ 为顶的曲边梯形的面积. 记该曲边梯形区域为 G, 则 G 属于单位正方形 $[0,1]\times[0,1]$. 现在向该单位正方形内随机投点 (U_1, U_2), 则随机点落在曲线 $y = f(x)$ 下方的条件为

$$U_2 \leqslant f(U_1),$$

其概率为

$$\begin{aligned} p &= P(U_2 \leqslant f(U_1)) \\ &= \iint\limits_G 1 \times 1 \mathrm{d}x\mathrm{d}y \\ &= \int_0^1 \mathrm{d}x \int_0^{f(x)} \mathrm{d}y \\ &= \int_0^1 f(x)\mathrm{d}x. \end{aligned}$$

设在 n 次随机投点试验中, 随机点落在 G 内的频率为 m/n 且 $m \sim b(n,p)$. 由强大数定律知, 以概率 1 有

$$\lim_{n\to\infty} \frac{m}{n} = p = I.$$

故定积分 I 的估计为 $\widehat{I} = \dfrac{m}{n}$. 当 n 充分大时, 以 m/n 作为定积分 I 的近似值.

(2) 若所求积分为

$$I = \int_a^b f(x)\mathrm{d}x,$$

其中, a, b 有限, 且 $L \leqslant f(x) \leqslant M,\ x \in [a,b]$. 作变换 $x = a + (b-a)t$, 则有

$$I = \int_a^b f(x)\mathrm{d}x = (M-L)(b-a)\int_0^1 f^*(t)\mathrm{d}t + L(b-a),$$

其中

$$f^*(t) = \frac{1}{M-L}[f(a+(b-a)t) - L],$$

且有 $f^*(t) \in [0,1]$.

现在向 $[0,1] \times [0,1]$ 内随机投点 (U_1, U_2), 则随机点落在曲线 $y = f^*(x)$ 下方的条件为 $U_2 \leqslant f^*(U_1)$, 其概率为

$$\begin{aligned} p_* &= P(U_2 \leqslant f^*(U_1)) \\ &= \int_0^1 \mathrm{d}x \int_0^{f^*(x)} \mathrm{d}y \\ &= \int_0^1 f^*(x)\mathrm{d}x \\ &= \frac{I - L(b-a)}{(M-L)(b-a)}. \end{aligned}$$

$I^* = \displaystyle\int_0^1 f^*(t)\mathrm{d}t$ 的估计为

$$\widehat{I^*} = \frac{m_*}{n}, \quad m_* \sim b(n, p_*).$$

故 $I=\int_a^b f(x)\mathrm{d}x$ 的估计为

$$\widehat{I}=(M-L)(b-a)\widehat{I}^*+L(b-a), \tag{7.2.1}$$

且有

$$\begin{aligned}D(\widehat{I})&=[(M-L)(b-a)]^2D(\widehat{I}^*)\\&=\frac{[(M-L)(b-a)]^2}{n^2}np_*(1-p_*)\\&=\frac{1}{n}[I-L(b-a)][M(b-a)-I]\\&=\frac{1}{n}[(b-a)(M+L)I-ML(b-a)^2-I^2].\end{aligned} \tag{7.2.2}$$

(3) 随机投点法可应用于多重积分的计算. 设有 d 重积分

$$I=\int_D f(\boldsymbol{x})\mathrm{d}\boldsymbol{x},$$

其中,

$$\boldsymbol{x}=(x_1,x_2,\cdots,x_d)^{\mathrm{T}},\quad D=\{(x_1,x_2,\cdots,x_d):0\leqslant x_j\leqslant 1,\ j=1,2,\cdots,d\},$$

且在 D 上有 $f(\boldsymbol{x})\in[0,1]$, $\boldsymbol{x}\in D$. 记

$$V=D\times[0,f(\boldsymbol{x})],\quad D_{d+1}=\{(x_1,x_2,\cdots,x_{d+1}):\ 0\leqslant x_j\leqslant 1,\ j=1,2,\cdots,d+1\}.$$

设在 n 次向区域 D_{d+1} 的随机投点试验中, 随机点落在 V 内的频率为 m/n, 则该频率值为 d 重积分 I 的估计, 即

$$\widehat{I}=\frac{m}{n}.$$

2. *样本均值法*

设 $f(x)$ 为 $[a,b]$ 上的可积函数, 考虑求 $I=\int_a^b f(x)\mathrm{d}x$ 的估计值. 设 $X_1,X_2,\cdots,X_n$ 为来自 $[a,b]$ 上均匀分布的样本,

$$E[f(X_1)]=\frac{1}{b-a}\int_a^b f(x)\mathrm{d}x=\frac{I}{b-a}. \tag{7.2.3}$$

由强大数定律知, 以概率 1 有

$$\lim_{n\to\infty}\frac{1}{n}\sum_{i=1}^n f(X_i)=\frac{I}{b-a}.$$

当 n 充分大时, 得到积分 I 的近似值:

$$I\approx\frac{b-a}{n}\sum_{i=1}^n f(X_i)=\widehat{I}_\diamond. \tag{7.2.4}$$

易知

$$E(\widehat{I}_\diamond)=\frac{b-a}{n}\sum_{i=1}^{n}E[f(X_i)]=(b-a)\frac{I}{b-a}=I,$$

故 $\widehat{I}_\diamond$ 为积分 I 的无偏估计. $\widehat{I}_\diamond$ 的方差为

$$\begin{aligned}D(\widehat{I}_\diamond)&=\frac{(b-a)^2}{n^2}\sum_{i=1}^{n}D[f(X_i)]\\&=\frac{(b-a)^2}{n}\{E[f^2(X_1)]-E^2[f(X_1)]\}\\&=\frac{1}{n}\left[(b-a)\cdot\int_a^b f^2(x)\mathrm{d}x-I^2\right].\end{aligned}\tag{7.2.5}$$

定理 7.2.1　设 I 由式 (7.2.3) 定义, $\widehat{I}_\diamond$ 由式 (7.2.4) 定义, 且 $\int_a^b f^2(x)\mathrm{d}x<\infty$. 则当 n 充分大时近似地有

$$P\left(\left|\frac{\widehat{I}_\diamond-I}{S_n/\sqrt{n}}\right|\leqslant k\right)=\int_{-k}^{k}\mathrm{d}\Phi(x)=2\Phi(k)-1,\tag{7.2.6}$$

其中 $\Phi(x)$ 为 $N(0,1)$ 的分布函数,

$$S_n^2=\frac{1}{n}\sum_{i=1}^{n}[(b-a)f(X_i)-\widehat{I}_\diamond]^2,\quad S_n=\sqrt{S_n^2}.\tag{7.2.7}$$

证明　记 $Y_i=(b-a)f(X_i), i=1,2,\cdots,n$, 则有

$$\widehat{I}_\diamond=\frac{1}{n}\sum_{i=1}^{n}Y_i=\overline{Y},\quad S_n^2=\frac{1}{n}\sum_{i=1}^{n}(Y_i-\overline{Y})^2.\tag{7.2.8}$$

由大数定律可知

$$S_n^2=\frac{1}{n}\sum_{i=1}^{n}(Y_i-\overline{Y})^2\xrightarrow{p}D(Y_1),\quad n\to\infty.$$

故由中心极限定理知

$$\frac{\widehat{I}_\diamond-I}{S_n/\sqrt{n}}=\frac{\sqrt{D(Y_1)}}{S_n}\frac{[\overline{Y}-E(Y_1)]}{\sqrt{D(Y_1)}/\sqrt{n}}\xrightarrow{d}N(0,1),\quad n\to\infty.$$

由此可知式 (7.2.6) 成立.

在式 (7.2.6) 中, 取 $k=2$, 则当 n 充分大时, 近似地有

$$P(|\widehat{I}_\diamond-I|\leqslant 2S_n/\sqrt{n})=2\Phi(k)-1\approx 0.955,$$

即 $|\widehat{I}_\diamond-I|\leqslant 2S_n/\sqrt{n}$ 的概率约为 0.955.

定理 7.2.2 设 $L \leqslant f(x) \leqslant M,\ x \in [a,b]$. 设 $\widehat{I}$ 由式 (7.2.1) 定义, $\widehat{I}_\diamond$ 由式 (7.2.4) 定义. 则对于相同的 n 有

$$D(\widehat{I}_\diamond) \leqslant D(\widehat{I}).$$

证明 由式 (7.2.2)、式 (7.2.5) 知

$$D(\widehat{I}) = \frac{1}{n}[(b-a)(M+L)I - ML(b-a)^2 - I^2],$$

$$D(\widehat{I}_\diamond) = \frac{1}{n}\left[(b-a)\cdot\int_a^b f^2(x)\mathrm{d}x - I^2\right].$$

(1) 假设 $L=0$, 则 $0 \leqslant f(x) \leqslant M$, 且有

$$D(\widehat{I}) = \frac{1}{n}[(b-a)MI - I^2].$$

故

$$\begin{aligned} D(\widehat{I}) - D(\widehat{I}_\diamond) &= \frac{b-a}{n}\left[MI - \int_a^b f^2(x)\mathrm{d}x\right] \\ &\geqslant \frac{b-a}{n}[MI - MI] = 0. \end{aligned}$$

(2) 假设 $L \neq 0$. 记 $h(x) = f(x) - L$, 则有

$$0 \leqslant h(x) \leqslant M - L.$$

因为

$$\int_a^b f(x)\mathrm{d}x = \int_a^b h(x)\mathrm{d}x + L(b-a),$$

$$\int_a^b f^2(x)\mathrm{d}x = \int_a^b h^2(x)\mathrm{d}x + 2L\int_a^b h(x)\mathrm{d}x + L^2(b-a).$$

故有

$$\begin{aligned} n[D(\widehat{I}) - D(\widehat{I}_\diamond)] &= (b-a)\left[(M+L)I - ML(b-a) - \int_a^b f^2(x)\mathrm{d}x\right] \\ &= (b-a)\left[(M+L)\int_a^b h(x)\mathrm{d}x - \int_a^b h^2(x)\mathrm{d}x - 2L\int_a^b h(x)\mathrm{d}x\right] \\ &= (b-a)\left[(M-L)\int_a^b h(x)dx - \int_a^b h^2(x)\mathrm{d}x\right] \\ &\geqslant (b-a)\left[(M-L)\int_a^b h(x)\mathrm{d}x - (M-L)\int_a^b h(x)\mathrm{d}x\right] = 0. \end{aligned}$$

所以, $D(\widehat{I}) \geqslant D(\widehat{I}_\diamond)$.

由此可知, 样本均值法较随机投点法有效. 样本均值法也可应用于多重积分的计算. 设有 d 重积分

$$I = \int_D f(\boldsymbol{x})\mathrm{d}\boldsymbol{x},$$

其中, $\boldsymbol{x} = (x_1, x_2, \cdots, x_d)^{\mathrm{T}}$, D 为某 d 维积分区域. 选取一在 D 上易于抽样的概率密度 $q(\boldsymbol{x}) \neq 0, \boldsymbol{x} \in D$. 则有

$$I = \int_D \frac{f(\boldsymbol{x})}{q(\boldsymbol{x})} q(\boldsymbol{x})\mathrm{d}\boldsymbol{x} = E_q\Big[\frac{f(\boldsymbol{X})}{q(\boldsymbol{X})}\Big].$$

若选取 $q(\boldsymbol{x})$ 为 D 上的均匀分布:

$$q(\boldsymbol{x}) = \frac{1}{L(D)}, \quad \boldsymbol{x} \in D,$$

其中, $L(D)$ 表示 D 的测度 (体积), 则有

$$I = L(D)E_q[f(\boldsymbol{X})].$$

3. **重要抽样法**

对任意密度函数 $q(x) \neq 0, x \in [a, b]$,

$$I = \int_a^b \frac{f(x)}{q(x)} q(x)\mathrm{d}x = E\Big[\frac{f(X)}{q(X)}\Big].$$

因此, 若 $X_1, \cdots, X_n$ 为来自 $q(x)$ 的样本, 则 I 的估计可取为

$$\widehat{I} = \frac{1}{n}\sum_{i=1}^{n} \frac{f(X_i)}{q(X_i)}$$

易知, $\widehat{I}$ 为 I 的无偏估计, 其方差与 $q(x)$ 有关. 在 I 的计算中, 需选择 $q(x)$, 使得 $\widehat{I}$ 的方差尽可能小. $\widehat{I}$ 的方差为

$$\begin{aligned} D(\widehat{I}) &= \frac{1}{n} D\Big[\frac{f(X)}{q(X)}\Big] \\ &= \frac{1}{n}\Big(E\Big[\frac{f^2(X)}{q^2(X)}\Big] - E^2\Big[\frac{f(X)}{q(X)}\Big]\Big) \\ &= \frac{1}{n}\Big(E\Big[\frac{f^2(X)}{q^2(X)}\Big] - I^2\Big). \end{aligned} \tag{7.2.9}$$

由 Jensen 不等式, 有

$$\begin{aligned} E\Big[\frac{f^2(X)}{q^2(X)}\Big] &\geqslant \Big(E\Big[\frac{|f(X)|}{q(X)}\Big]\Big)^2 \\ &= \Big(\int_a^b |f(x)|\mathrm{d}x\Big)^2. \end{aligned}$$

故可取达到下界的 $q(x)$ 为

$$q(x)=\frac{|f(x)|}{\int_a^b |f(x)|\mathrm{d}x}. \tag{7.2.10}$$

例 7.2.1 用重要抽样法计算 $I=\int_0^1 \mathrm{e}^x\mathrm{d}x$ 的值.

解 因为

$$\mathrm{e}^x=1+x+\frac{x^2}{2!}+\frac{x^3}{3!}+\cdots,$$

故可取与 e^x 相近的 $1+x$ 得线性化密度函数

$$q(x)=\frac{2}{3}(1+x),\quad x\in(0,1).$$

设 $X_1,\cdots,X_n$ 为来自 $q(x)$ 的样本, 则 I 的估计为

$$\widehat{I}=\frac{1}{n}\sum_{i=1}^n\frac{f(X_i)}{q(X_i)}=\frac{3}{2n}\sum_{i=1}^n\frac{\mathrm{e}^{X_i}}{1+X_i}.$$

由式 (7.2.9) 可知

$$D(\widehat{I})=\frac{1}{n}\left[\int_0^1\frac{f^2(x)}{q(x)}\mathrm{d}x-(\mathrm{e}-1)^2\right]\approx\frac{0.0269}{n}.$$

若用样本均值法计算 $I=\int_0^1 \mathrm{e}^x\mathrm{d}x$, 则有

$$\widehat{I}=\frac{1}{n}\sum_{i=1}^n\mathrm{e}^{U_i},$$

其中, $U_1,\cdots,U_n$ 为来自 $U(0,1)$ 的样本. 由式 (7.2.5) 可知

$$D(\widehat{I})=\frac{1}{n}\left[\int_0^1\mathrm{e}^{2x}\mathrm{d}x-(\mathrm{e}-1)^2\right]\approx\frac{0.242}{n}.$$

故在此例中, 重要抽样法优于样本均值法.

4. *分层抽样法*

分层抽样法是一种利用贡献率大小来降低估计方差的抽样方法. 它把积分区间 D 划分为一些互不相交的小区间, 使得 $D=\bigcup\limits_{i=1}^m D_i$, 且在各小区间的抽样数由其贡献大小决定. 定义

$$\delta_i=\int_{D_i}f(x)\mathrm{d}x,$$

则 D_i 内的抽样数应与 δ_i 成正比, 即对积分值 I 贡献大的 D_i 抽取较多的随机数, 以提高抽样效率. 对于 $I=\int_0^1 f(x)\mathrm{d}x$, 将 [0,1] 区间划分为 m 个小区间, 各区间端点记为 a_i, $0=a_0<a_1<\cdots<a_m=1$. 则有

$$I=\int_0^1 f(x)\mathrm{d}x=\sum_{i=1}^m\int_{a_{i-1}}^{a_i} f(x)\mathrm{d}x=\sum_{i=1}^m I_i.$$

记 $\Delta_i=a_i-a_{i-1}$ 为第 i 个小区间的长度, 用样本均值法计算第 i 个小区间上的积分值 $I_i, i=1,2,\cdots,m$. 将这些积分值相加即得 I 的估计. 计算步骤如下:

(1) 生成 $U(0,1)$ 随机数 $u_{ij},\ i=1,2,\cdots,m,\ j=1,2,\cdots,n_i$;

(2) 计算 $x_{ij}=a_{i-1}+\Delta_i u_{ij},\ i=1,2,\cdots,m,\ j=1,2,\cdots,n_i$;

(3) 计算 $\widehat{I}_i=\dfrac{\Delta_i}{n_i}\sum_{j=1}^{n_i} f(x_{ij})$.

则 I 的估计为

$$\widehat{I}=\sum_{i=1}^m \widehat{I}_i.$$

易知, $\widehat{I}$ 为 I 的无偏估计, 且其方差为

$$\begin{aligned}
D(\widehat{I})&=D\left(\sum_{i=1}^m \widehat{I}_i\right)\\
&=D\Big(\sum_{i=1}^m\Big[\frac{\Delta_i}{n_i}\sum_{j=1}^{n_i} f(x_{ij})\Big]\Big)\\
&=\sum_{i=1}^m\frac{\Delta_i^2}{n_i}\left(E^2 f(X_{i1})-[Ef(X_{i1})]^2\right)\\
&=\sum_{j=1}^m\frac{\Delta_i^2}{n_i}\sigma_i^2,
\end{aligned}\tag{7.2.11}$$

其中

$$\sigma_i^2=\int_{a_{i-1}}^{a_i}\frac{f^2(x)}{\Delta_i}\mathrm{d}x-\left(\frac{I_i}{\Delta_i}\right)^2.\tag{7.2.12}$$

对于固定的 n, 在 $\sum\limits_{i=1}^m n_i=n$ 的条件下, 可证当

$$n_i=n\Delta_i\sigma_i\Big[\sum_{i=1}^m\Delta_i\sigma_i\Big]^{-1}$$

时, 估计的方差 $D(\widehat{I})$ 达到最小.

定理 7.2.3 设 $\widehat{I}_\diamond, \widehat{I}_\circ$ 分别为 $\int_a^b f(x)\mathrm{d}x$ 的样本均值估计和分层抽样估计. 对于区间 $[a,b]$, 选取抽样分配为

$$n_i = n\Delta_i\Big[\sum_{i=1}^m \Delta_i\Big]^{-1} = n\Delta_i(b-a)^{-1}.$$

则有

$$D(\widehat{I}_\circ) \leqslant D(\widehat{I}_\diamond).$$

证明 将 $n_i = n\Delta_i(b-a)^{-1}$ 代入式 (7.2.11), 有

$$D(\widehat{I}_\circ) = \frac{b-a}{n}\sum_{i=1}^m \Delta_i\sigma_i^2.$$

由 Cauchy-Schwarz 不等式得

$$\begin{aligned} I^2 &= \Big(\sum_{i=1}^m I_i\Big)^2 = \Big(\sum_{i=1}^m \frac{I_i}{\sqrt{\Delta_i}}\sqrt{\Delta_i}\Big)^2 \\ &\leqslant \sum_{i=1}^m \frac{I_i^2}{\Delta_i}\sum_{i=1}^m \Delta_i \\ &= (b-a)\sum_{i=1}^m \frac{I_i^2}{\Delta_i}. \end{aligned} \tag{7.2.13}$$

又由式 (7.2.12) 可得

$$\begin{aligned} \sum_{i=1}^m \Delta_i\sigma_i^2 &= \int_a^b f^2(x)\mathrm{d}x - \sum_{i=1}^m \frac{I_i^2}{\Delta_i} \\ &\leqslant \int_a^b f^2(x)\mathrm{d}x - \frac{I^2}{b-a}. \end{aligned} \tag{7.2.14}$$

所以

$$\begin{aligned} D(\widehat{I}_\circ) &= \frac{b-a}{n}\sum_{i=1}^m \Delta_i\sigma_i^2 \\ &\leqslant \frac{b-a}{n}\int_a^b f^2(x)\mathrm{d}x - \frac{I^2}{n} \\ &= D(\widehat{I}_\diamond). \end{aligned} \tag{7.2.15}$$

7.3 蒙特卡罗推断

蒙特卡罗方法可应用于统计推断, 包括 Bootstrap 方法与蒙特卡罗检验等.

7.3.1 Bootstrap 方法

当抽样分布未知时, 可采用经验分布抽样法进行抽样. $F(x)$ 未知, $X_1, X_2, \cdots, X_n$ 为来自 $F(x)$ 的样本, $X_{(1)}, X_{(2)}, \cdots, X_{(n)}$ 为其顺序统计量. 则其经验分布函数为

$$F_n(x)=\begin{cases}0, & x<X_{(1)},\\ \dfrac{k}{n}, & X_{(k)}\leqslant x<X_{(k+1)},\ k=1,2,\cdots,n-1,\\ 1, & x\geqslant X_{(n)}.\end{cases}$$

当 $n\to\infty$ 时, $F_n(x)$ 一致收敛于分布函数 $F(x)$. 因此, 当 n 充分大时, 可用已知的 $F_n(x)$ 近似替代未知的 $F(x)$.

当 $(X_1, X_2, \cdots, X_n)=(x_1, x_2, \cdots, x_n)$ 时, $F_n(x)=F_n(x; x_1, x_2, \cdots, x_n)$ 为 x 的单调不减的阶梯函数跳跃值为 $1/n$. 此时, $F_n(x)$ 对应某离散型随机变量 ξ, 且有

$$P(\xi=x_{(k)})=\frac{1}{n},\quad k=1,2,\cdots,n.$$

对离散型分布函数 $F_n(x)$ 进行抽样, 得到 $F_n(x)$ 随机数 ξ, 则可视 ξ 为来自 $F(x)$ 的随机数. 这种抽样方法也称为非参数 Bootstrap 抽样法.

下面介绍几个基于 Bootstrap 方法进行统计推断的例题, 参见 Hogg, McKean 和 Craig (2013) 的著作.

例 7.3.1 Bootstrap 分位点区间估计.

设 $X_1, X_2, \cdots, X_n$ 为来自总体分布函数为 $F(x)$ 的样本, $F_n(x)$ 为其经验分布函数, $\widehat{\theta}=g(X_1, X_2, \cdots, X_n)$ 为 $F(x)$ 中未知参数 θ 的估计. 现欲基于统计量 $g(X_1, X_2, \cdots, X_n)$ 构造 θ 的置信区间, 这需要知道统计量 $g(X_1, X_2, \cdots, X_n)$ 的概率分布.

对于总体为非正态分布的情形, 统计量 $g(X_1, X_2, \cdots, X_n)$ 的精确分布经常是较难获得的. 此时, 可借助 Bootstrap 抽样法, 通过蒙特卡罗模拟, 得到 θ 的置信水平 $1-\alpha$ 的 Bootstrap 区间估计.

设 $X_1^*, X_2^*, \cdots, X_n^*$ 为来自 $F_n(x)$ 的样本, $\widehat{\theta}^*=g(X_1^*, X_2^*, \cdots, X_n^*)$ 为 θ 的 Bootstrap 估计. 重复进行样本容量为 n 的 Bootstrap 抽样 m 次, 计算相应的 $\widehat{\theta}^*$, 得到 $\widehat{\theta}_1^*, \widehat{\theta}_2^*, \cdots, \widehat{\theta}_m^*$, $\widehat{\theta}_{(1)}^*, \widehat{\theta}_{(2)}^*, \cdots, \widehat{\theta}_{(m)}^*$ 为其顺序统计量. 则参数 θ 的置信水平为 $1-\alpha$ 的 Bootstrap 分位点区间估计为

$$[\widehat{\theta}^*(\alpha/2),\ \widehat{\theta}^*(1-\alpha/2)], \tag{7.3.1}$$

其中, $\widehat{\theta}^*(\beta)=\widehat{\theta}^*_{([\beta m])}$. 这里, $[a]$ 表示不超过 a 的最大整数.

例 7.3.2 Bootstrap 预测区间.

设 X_t 为零均值的实平稳时间序列, 1 阶自回归模型定义为

$$X_t = \phi X_{t-1} + \varepsilon_t, \tag{7.3.2}$$

$$E(\varepsilon_t) = 0, \quad E(\varepsilon_t \varepsilon_s) = \begin{cases} \sigma_\varepsilon^2, & t = s, \\ 0, & t \neq s. \end{cases} \tag{7.3.3}$$

$$E(\varepsilon_s X_t) = 0, \quad s > t.$$

记模型 (7.3.2) 为 $AR(1)$. 称满足条件 (7.3.3) 的 $\{\varepsilon_t\}$ 为白噪声 (white noise) 序列, 记为 $\varepsilon_t \sim WN(0, \sigma_\varepsilon^2)$. 若式 (7.3.3) 成立且 $\varepsilon_t \sim N(0, \sigma_\varepsilon^2)$, 则称 $\{\varepsilon_t\}$ 为正态白噪声序列.

假定当前时刻为 T, 现欲基于 $\{X_T, X_{T-1}, \cdots\}$ 的取值, 对 $AR(1)$ 过程作向前一步预测. 基于样本得到参数 $\phi, \sigma_\varepsilon^2$ 的估计 $\widehat{\phi}, \hat{\sigma}_\varepsilon^2$, 由此可得

$$\widehat{X}_T(1) = \widehat{\phi} X_T.$$

若 $\{\varepsilon_t\}$ 为正态白噪声序列, 则 $\widehat{X}_T(1)$ 的近似置信水平为 $1-\alpha$ 的区间估计为

$$[\widehat{X}_T(1) - z_{\alpha/2}\widehat{\sigma}_\varepsilon,\ \widehat{X}_T(1) + z_{\alpha/2}\widehat{\sigma}_\varepsilon], \tag{7.3.4}$$

其中 $z_{\alpha/2}$ 为 $N(0,1)$ 的上 $\alpha/2$ 分位点, $\widehat{\sigma}_\varepsilon = \sqrt{\widehat{\sigma}_\varepsilon^2}$.

在一些情况下, 正态性假设是不成立的, 例如对金融资产收益的预报. 此时, 可利用 Bootstrap 抽样, 获得非正态分布假设下的区间估计. 计算步骤如下.

(1) 计算残差 $\widehat{\varepsilon}_t = X_t - \widehat{\phi} X_{t-1}, i = 1, 2, \cdots, T$.

(2) 对每个残差配以$1/T$的概率, 并从中重复有放回抽样N次, 得到 $\{\varepsilon_{T+1,j}^*\}_{j=1}^N$. 对每一次抽样, 建立相应于 X_{T+1} 的预测值:

$$X_{T+1,j}^* = \widehat{\phi} X_T + \varepsilon_{T+1,j}^*, \quad j = 1, 2, \cdots, N.$$

(3) 将 $\{X_{T+1,j}^*\}_{j=1}^N$ 从小到大排序, 得到其顺序统计量 $X_{T+1,1}^* \leqslant X_{T+1,2}^* \leqslant \cdots \leqslant X_{T+1,N}^*$. 则向前一步预报的置信水平为 $1-\alpha$ 的 Bootstrap 区间估计为

$$[X_{T+1}^*(\alpha/2),\ X_{T+1}^*(1-\alpha/2)], \tag{7.3.5}$$

其中, $X_{T+1}^*(\beta) = X_{T+1,\ [\beta N]}^*$. 这里 $[\cdot]$ 表示最大整数函数. 在实际模拟中, N 应为较大的数, 例如取 $N = 20000$.

例 7.3.3 Bootstrap 检验.

设 $X_1, X_2, \cdots, X_n$ 为来自总体 X 的样本, 且设 $E(X) = \mu$. 考虑假设检验:

$$H_0: \mu = \mu_0, \quad H_1: \mu > \mu_0.$$

当样本均值 $\overline{X}$ 偏大时, 拒绝原假设.

设 $X_1, X_2, \cdots, X_n$ 的观测值为 $x_1, x_2, \cdots, x_n$, 样本均值 $\overline{X}$ 的观测值为 $\overline{x}$. 假设检验的 p 值为 $P(\overline{X} \geqslant \overline{x}|H_0)$. 记

$$y_i = x_i - \overline{x} + \mu_0, \quad i = 1, 2, \cdots, n.$$

现基于 $y_1, y_2, \cdots, y_n$ 做 Bootstrap 抽样. 设 y^* 为 Bootstrap 抽样, 则有

$$E(y^*) = \frac{1}{n}\sum_{i=1}^{n} y_i = \frac{1}{n}\sum_{i=1}^{n}(x_i - \overline{x} + \mu_0) = \mu_0.$$

在 H_0 下估计 p 值的计算步骤如下.

(1) 计算 $y_i = x_i - \overline{x} + \mu_0$, $i = 1, 2, \cdots, n$.

(2) 从 $y_1, y_2, \cdots, y_n$ 等概率抽取样本 $y_1^*, y_2^*, \cdots, y_n^*$.

(3) 计算 $\overline{y}_* = \frac{1}{n}\sum_{i=1}^{n} y_i^*$.

(4) 重复步骤 (2) 和 (3)N 次, 得到 N 个 Bootstrap 样本均值 $\overline{y}_{*1}, \overline{y}_{*2}, \cdots, \overline{y}_{*N}$.

(5) 计算 p 值的估计值

$$\widehat{p}_* = \frac{{}^\sharp\{\overline{y}_{*j} \geqslant \overline{x},\ j = 1, 2, \cdots, N\}}{N},$$

这里, ${}^\sharp A$ 表示集合 A 中所含元素的个数.

下面介绍参数 Bootstrap 抽样.

设 $X_1, X_2, \cdots, X_n$ 为来自总体 $X \sim F(x, \boldsymbol{\theta})$ 的样本, 其中分布函数 F 的形式已知, $\boldsymbol{\theta}$ 为未知参数向量. 设 $\widehat{\boldsymbol{\theta}} = \widehat{\boldsymbol{\theta}}(X_1, X_2, \cdots, X_n)$ 为 $\boldsymbol{\theta}$ 的估计量, 称与 $F(x, \widehat{\boldsymbol{\theta}})$ 对应的分布为插件分布 (plug in distribution). 设 $X_1^*, X_2^*, \cdots, X_n^*$ 为来自 $F(x, \widehat{\boldsymbol{\theta}})$ 的样本, 称 $X_1^*, X_2^*, \cdots, X_n^*$ 为参数 Bootstrap 样本.

例 7.3.4　参数 Bootstrap 估计.

设 $X_1, X_2, \cdots, X_n$ 为来自总体 $X \sim N(\mu, \sigma^2)$ 的样本, k 为已知常数. 现欲估计 $\theta = P(X > k)$. 易知

$$\theta = P\Big(\frac{X - \mu}{\sigma} > \frac{k - \mu}{\sigma}\Big) = 1 - \Phi\Big(\frac{k - \mu}{\sigma}\Big).$$

设 $\widehat{\mu}, \widehat{\sigma}$ 分别为参数 μ, σ 的极大似然估计. 则 θ 的极大似然估计为

$$\widehat{\theta} = 1 - \Phi\Big(\frac{k - \widehat{\mu}}{\widehat{\sigma}}\Big).$$

现欲估计 $\widehat{\theta}$ 的期望与标准差. 设抽取 N 组来自正态分布 $N(\widehat{\mu}, \widehat{\sigma}^2)$ 的样本容量为 n 的 Bootstrap 样本, 且设第 i 组样本均值与标准差分别为

$$\overline{X}^{*[i]}, \quad \widehat{\sigma}^{*[i]}, \quad i = 1, 2, \cdots, N.$$

进而有

$$\widehat{\theta}^{*[i]} = 1 - \Phi\Big(\frac{k - \overline{X}^{*[i]}}{\widehat{\sigma}^{*[i]}}\Big).$$

由此可得, $\widehat{\theta}$ 的期望与标准差的 Bootstrap 估计分别为

$$\overline{\theta}^* = \frac{1}{N}\sum_{i=1}^{N}\widehat{\theta}^{*[i]}, \quad \tau^* = \Big[\frac{1}{N-1}\sum_{i=1}^{N}(\widehat{\theta}^{*[i]} - \overline{\theta}^*)^2\Big]^{1/2}.$$

7.3.2　蒙特卡罗模拟

1. Buffon 概型

设在 xOy 坐标面上画有距离为 $2a$ 的平行线束, 现向该平面随机投掷一长为 $2b\ (b<a)$ 的针, 试由针与任一平行直线相交的概率, 来求 π 的近似值.

以 X 表示针投到平面上时, 针的中点 M 到最近的平行直线的距离, θ 表示针与该直线的夹角, 易知 X,θ 分别服从区间为 $[0,a],[0,\pi]$ 上的均匀分布, 即

$$X \sim U(0,a), \quad \theta \sim U(0,\pi),$$

且针与平行直线相交的充要条件为

$$X \leqslant b\sin\theta, \quad X \in [0,a],\ \theta \in [0,\pi].$$

故针与平行直线相交的概率为

$$\begin{aligned} p = P(X \leqslant b\sin\theta) &= \int_0^{\pi}\mathrm{d}t\int_0^{b\sin t}\frac{1}{\pi a}\mathrm{d}x \\ &= \frac{1}{\pi a}\int_0^{\pi} b\sin t\mathrm{d}t \\ &= \frac{2b}{\pi a}. \end{aligned}$$

现重复投针试验 n 次, 设针与平行直线相交 m 次, 则由大数定律知, 当 n 充分大时, $p \approx m/n$. 故 π 的近似计算公式为

$$\pi \approx \frac{2bn}{am}.$$

也可通过随机模拟得到 π 的估计, 其步骤如下.

(1) 抽取 $U(0,a)$ 随机数 x_i 和 $U(0,\pi)$ 随机数 θ_i, $i=1,2,\cdots,n$.

(2) 设不等式 $x_i \leqslant b\sin\theta_i$, $i=1,2,\cdots,n$ 成立的次数为 m. 则 π 的估计为

$$\widehat{\pi} = \frac{2bn}{am}.$$

2. 系统可靠性

系统寿命 Y 在时刻 t 的可靠度 $R(t)$ 定义为在时间区间 $[0,t]$ 中, 在一定的工作条件下, 系统完成预定功能的概率, 即

$$R(t) = P(Y \geqslant t) = 1 - F_Y(t),$$

其中 $F_Y(t)$ 为 Y 的分布函数. 称 $E(Y)$ 为系统的平均寿命.

设三个元件的寿命 X_1, X_2, X_3 分别服从参数为 $\lambda_1, \lambda_2, \lambda_3$ 的指数分布. 一个不可修复系统 (记为系统 L) 由这三个元件构成,X_2 与 X_3 先并联, 然后与 X_1 串联. 利用随机模拟求这一系统在 $[0,t]$ 中的可靠度 $R(t)$ 与平均寿命 $MTTF$. 设系统 L 的寿命为随机变量 Y.

记第 j 次的试验结果是 $X_1 = x_{1j}, X_2 = x_{2j}, X_3 = x_{3j}$. 则系统 L 的寿命为

$$y_j = \min\{x_{1j}, \max\{x_{2j}, x_{3j}\}\}. \tag{7.3.6}$$

对于给定的 t, 当 $y_j < t$ 时, 系统 L 在此次试验中失效. 当 $y_j \geqslant t$ 时, 系统 L 在此次试验中正常工作. 设试验了 n 次, 失败了 m 次, 成功了 $k = n - m$ 次. 则系统 L 模拟可靠度为

$$\widehat{R(t)} = 1 - \frac{m}{n} = \frac{k}{n}, \tag{7.3.7}$$

系统 L 模拟平均寿命为

$$\widehat{MTTF} = \frac{1}{n}\sum_{j=1}^{n} y_j. \tag{7.3.8}$$

若 X 服从参数为 λ 的指数分布, 则 X 具有概率密度:

$$f(x) = \begin{cases} \lambda \mathrm{e}^{-\lambda x}, & x \geqslant 0, \\ 0, & x < 0. \end{cases}$$

由条件概率可以推知, 参数 λ 是指数分布的瞬时失效率, 简称为失效率. 又知 $E(X) = \lambda^{-1}$, 即参数为 λ 的指数分布随机变量的平均寿命为 λ^{-1}. 因此失效率越高, 平均寿命就越小. 通过直接抽样法, 生成指数分布随机数. 由此, 可对给定的参数值 $\lambda_1, \lambda_2, \lambda_3$, 给定的时间区间 $[0,t]$ 及重复试验次数 N, 设计模拟程序.

推导可得系统 L 可靠度和平均寿命的理论公式 (留作练习). 在系统 L 中, 选取参数 $\lambda_1 = 0.000217, \lambda_2 = 0.000592, \lambda_3 = 0.000687$. 模拟系统 L 的 $t = 1000$ 小时内的可靠度及平均寿命. 重复试验次数 $N = 10000$ 到 1000000, 用以比较随试验次数 N 的增加, 估计值与真值的接近程度. 通过模拟可以发现, 模拟值与理论值的差异随试验次数的增多而减少.

注　蒙特卡罗方法的实质性作用之一在于, 将理论公式的推导问题转化为重复试验过程. 对本例而言, 即简化为分子与分母之比. 对于简单系统, 还可以推出理

论公式. 考虑多个元件构成的复杂系统, 此时, 其可靠度及平均寿命的理论公式是不易推导得出的, 而蒙特卡罗方法则是易于实施的.

3. 统计量的收敛速度模拟

利用极限定理, 可以得到统计量的依概率收敛性及渐近正态性. 统计量的理论收敛速度与实际收敛速度常有较大差别. 在实际应用中, 对有限的样本容量 n, 尚需模拟统计量的实际收敛速度.

例如, 设 $X_1, X_2, \cdots, X_n$ 为来自总体 $X \sim F(x), x \in \mathbf{R}$ 的样本, $F_n(x)$ 为对应的经验分布函数. 可以通过随机模拟, 计算经验分布函数 $F_n(x)$ 趋向分布函数 $F(x)$ 的实际收敛速度. 记

$$h_n = \sup_{x\in\mathbf{R}}|F_n(x) - F(x)|. \tag{7.3.9}$$

设总体 X 的实际取值几乎以概率 1 落在区间 $[L, M]$ 内. 离散化 h_d, 计算其在 L (步长 $\Delta = 0.01$)M 点上的最大值. 对给定的 n, 进行 N 次重复模拟, 得到样本容量为 n 时, $F_n(x)$ 趋向 $F(x)$ 的收敛速度.

4. 拟合优度检验的功效模拟

分布的拟合优度检验属于非参数检验. 构造的检验统计量既应具有理论的合理性与优良性, 同时还需具有较高的检验功效. 检验功效是指, 当原假设分布不成立时, 拒绝原假设分布的概率. 实际模拟时, 以频率替代概率, 得到经验检验功效. 对于有限的样本容量 n, 须选取各种不同的对立分布, 进行分布检验功效的随机模拟, 以筛选出具有较高功效的检验统计量.

随机模拟显示, 总的来说, EDF 型检验较 Pearson χ^2 检验有更高的检验功效, AD 型检验较其他 EDF 型检验有更高的检验功效. 因此, 对于一元连续型分布的拟合优度检验, 推荐使用 AD 型检验.

5. 统计方法的随机模拟

由上述 4. 可以看出, 对于同一问题, 可能有不同的统计方法, 当不易讨论其统计优良性时, 可通过随机模拟进行统计方法的比较分析. 统计理论研究是直接面向应用的, 随机模拟在统计理论与实际应用之间起到桥梁作用.

注 蒙特卡罗方法的实质性作用之二在于, 可通过蒙特卡罗方法对提出的理论结果予以验证或加以改进.

习 题 7

1. 标准 Cauchy 分布的概率密度为

$$f(x)=\frac{1}{\pi(1+x^2)},\quad x\in\mathbf{R}.$$

给出标准 Cauchy 分布随机数的抽样算法.

2. 设随机变量 X 具有概率密度

$$f(x)=\frac{\lambda}{\pi[\lambda^2+(x-\mu)^2]},\quad x\in\mathbf{R},$$

其中 $\lambda>0$. 则称 X 服从参数为 μ,λ 的 Cauchy 分布, 记为 $X\sim C(\mu,\lambda)$. 证明

(1) 若随机变量 X,Y 独立且均服从 $N(0,1)$, 则 $Z=X/Y\sim C(0,1)$;

(2) 若随机变量 $X\sim C(0,1)$, 则 $Y=\mu+\lambda X\sim C(\mu,\lambda)$.

由上述性质, 可以基于 $N(0,1)$ 随机数, 生成 $C(\mu,\lambda)$ 随机数.

3. 设随机变量 X 服从拉普拉斯分布, 其概率密度为

$$f(x)=\frac{1}{2\beta}\exp\Big(-\frac{|x-\mu|}{\beta}\Big),\quad x\in\mathbf{R},$$

其中参数 $\mu\in\mathbf{R}$, $\beta>0$. 分别用逆变换法和复合抽样法给出其随机数的抽样算法.

4. 设 X 的概率密度为

$$f(x)=\frac{3}{2}x^2,\quad x\in(-1,1).$$

用逆变换法、复合抽样法和舍选抽样法生成它的随机数, 并比较三种方法的优劣.

5. 分别用随机投点法、平均值法、重要抽样法和分层抽样法近似计算

$$I=\int_{-1}^{1}\mathrm{e}^x\mathrm{d}x,$$

并比较各种算法的精度.

6. 用重要抽样法近似计算

$$I=\int_0^1\mathrm{e}^{x^2}\mathrm{d}x.$$

7. 设计一个由 5 个元件构成的不可修复串并联系统, 假设该系统的第 j 个元件的寿命服从参数为 λ_j 的指数分布, $j=1,\cdots,5$. 对于给定的参数值, 用随机模拟求这一系统在 $[0,t]$ 中的可靠度与平均寿命.

8. 设有一元线性回归模型

$$y_t=-42.131+0.895x_t+\varepsilon_t,\tag{7.3.10}$$

$$\varepsilon_t\sim N(0,\sigma^2),\quad \sigma^2=0.144.$$

设 x_t 的取值由表 7.1 给出.

表 7.1　x_t 的取值

t	1	2	3	4	5	6	7	8	9
x_t	194.5	194.3	197.9	198.4	199.4	199.9	200.9	201.1	201.4
t	10	11	12	13	14	15	16	17	
x_t	201.3	203.6	204.6	209.6	208.6	210.7	211.9	212.2	

现欲得到 $t=1,2,\cdots,17$ 的 y_t 随机数, 抽样步骤如下.

(1) 生成 $\varepsilon_t\sim N(0,\sigma^2)$ 随机数, 其中 $\sigma^2=0.144$.

(2) 由式 (7.3.10) 生成 y_t 随机数.

考虑一元线性回归模型

$$y_t=\beta_0+\beta_1x_t+\varepsilon_t,$$
$$\varepsilon_t\sim N(0,\sigma^2).$$

(1) 利用生成的随机数组 $\{(x_t,y_t)\}_{t=1}^{17}$, 估计参数 β_0,β_1 及 σ^2.

(2) 基于残差 $\widehat{\varepsilon_t}$, 进行误差项 ε_t 服从正态分布 $N(0,\sigma^2)$ 的拟合优度检验.

9. 设 $X_1,X_2,\cdots,X_n$ 为来自总体 X 的一个样本, $F(x)$ 为 X 的分布函数, $\widehat{F}(x)$ 为基于样本的经验分布函数. 设 $X_1^*,X_2^*,\cdots,X_n^*$ 为来自 $X_1,X_2,\cdots,X_n$ 的 Bootstrap 抽样, 且设 $E(X)=\mu$. 证明:

(1) $E_{\widehat{F}}(X_i^*)=\overline{X}$;

(2) $E(X_i^*)=\mu$;

(3) $D_{\widehat{F}}(X_i^*)=\dfrac{1}{n}\sum\limits_{i=1}^{n}(X_i-\overline{X})^2$.

10. 进行下述随机游走的随机模拟, 并对其曲线进行统计解释.

(1) 随机游走:

$$X_t=X_{t-1}+\varepsilon_t,\quad t\in T,$$

其中 $\varepsilon_t\sim N(0,\sigma^2)$, $t\in T$, 且 $\{\varepsilon_t,\ t\in T\}$ 为一个独立正态分布序列. 绘出一个随机游走过程的实现及其一阶差分序列折线, 取 $x_0=3$, $\sigma=1,T=\{1,2,\cdots,500\}$.

(2) 含漂移项的随机游走:

$$X_t=\delta+X_{t-1}+\varepsilon_t,\quad t\in T,$$

其中 $\varepsilon_t\sim N(0,\sigma^2)$, $t\in T$, 且 $\{\varepsilon_t,\ t\in T\}$ 为一个独立正态白噪声序列. 绘出一个含漂移项的随机游走过程的实现及其一阶差分序列折线, 取

$$\delta=0.25,\quad x_0=3,\quad \sigma=1,\quad T=\{1,2,\cdots,500\}.$$

11. 抽取来自 $N(\mu_0,\sigma_0^2)$ 分布的样本容量为 n 的随机数, 共重复 m 次, 得到随机数 $x_{i1},x_{i2},\cdots,x_{in}$, $i=1,2,\cdots,m$. 记

$$t_i=\frac{\overline{x}_i-\mu_0}{s_i/\sqrt{n}},\quad \overline{x}_i=\frac{1}{n}\sum_{j=1}^{n}x_{ij},\quad s_i^2=\frac{1}{n-1}\sum_{j=1}^{n}(x_{ij}-\overline{x}_i)^2,\quad i=1,2,\cdots,m.$$

进行 $t_1,\cdots,t_m$ 为来自 $t(n-1)$(自由度为 $n-1$ 的 t 分布) 的拟合优度检验. 这里, 取

$$\mu_0=1,\quad \sigma_0=2,\quad n=8,\quad m=12.$$

12. 考虑带有自回归误差的回归模型

$$y_t=\beta_0+\beta_1x_{t1}+\beta_2x_{t2}+\cdots+\beta_px_{tp}+\nu_t,$$

$$\nu_t = \phi_1 \nu_{t-1} + \phi_2 \nu_{t-2} + \cdots + \phi_k \nu_{t-k} + \varepsilon_t,$$

其中, $\varepsilon_t, t = 1, 2, \cdots, n$ 为独立同正态分布 $N(0, \sigma^2)$ 的随机变量, 参数 $\phi_i, i = 1, 2, \cdots, k$ 为误差项 ν_t 的自回归系数. 模拟模型

$$\begin{aligned} y_t &= 8 + 0.3t + \nu_t, \\ \nu_t &= 0.1\nu_{t-1} + 0.2\nu_{t-2} + \varepsilon_t, \\ \varepsilon_t &\sim N(0, [1.5]^2). \end{aligned}$$

绘出时间序列 $y_t, t = 1, 2, \cdots, 50$ 的折线图.

参 考 文 献

邓集贤, 杨维权, 司徒荣, 邓永录. 2009. 概率论及数理统计 (上、下册). 4 版. 北京: 高等教育出版社.

茆诗松, 王静龙, 濮晓龙. 1998. 高等数理统计. 北京: 高等教育出版社.

Gentle J E. 2002. Elements of Computational Statistics. Berlin: Springer Science+Business Media, Inc.

Hogg R V., Mckean J W., Craig A T. 2013. Introduction to Mathematical Statistics, 7th ed. Boston: Pearson Education, lnc.

Weisberg S. 2005. Applied Linear Regression. 3rd ed. Hoboken: John Wiley & Sons, Inc.

附　　表

附表 1　标准正态分布表

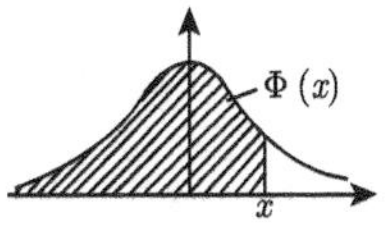

$$\Phi(x)=\int_{-\infty}^{x}\frac{1}{\sqrt{2\pi}}\mathrm{e}^{-u^2/2}\mathrm{d}u$$

x	0.00	0.01	0.02	0.03	0.04	0.05	0.06	0.07	0.08	0.09
0.0	0.5000	0.5040	0.5080	0.5120	0.5160	0.5199	0.5239	0.5279	0.5319	0.5359
0.1	0.5398	0.5438	0.5478	0.5517	0.5557	0.5596	0.5636	0.5675	0.5714	0.5753
0.2	0.5793	0.5832	0.5871	0.5910	0.5948	0.5987	0.6026	0.6064	0.6103	0.6141
0.3	0.6179	0.6217	0.6255	0.6293	0.6331	0.6368	0.6406	0.6443	0.6480	0.6517
0.4	0.6554	0.6591	0.6628	0.6664	0.6700	0.6736	0.6772	0.6808	0.6844	0.6879
0.5	0.6915	0.6950	0.6985	0.7019	0.7054	0.7088	0.7123	0.7157	0.7190	0.7224
0.6	0.7257	0.7291	0.7324	0.7357	0.7389	0.7422	0.7454	0.7486	0.7517	0.7549
0.7	0.7580	0.7611	0.7642	0.7673	0.7703	0.7734	0.7764	0.7794	0.7823	0.7852
0.8	0.7881	0.7910	0.7939	0.7967	0.7995	0.8023	0.8051	0.8078	0.8106	0.8133
0.9	0.8159	0.8186	0.8212	0.8238	0.8264	0.8289	0.8315	0.8340	0.8365	0.8389
1.0	0.8413	0.8438	0.8461	0.8485	0.8508	0.8531	0.8554	0.8577	0.8599	0.8621
1.1	0.8643	0.8665	0.8686	0.8708	0.8729	0.8749	0.8770	0.8790	0.8810	0.8830
1.2	0.8849	0.8869	0.8888	0.8907	0.8925	0.8944	0.8962	0.8980	0.8997	0.9015
1.3	0.9032	0.9049	0.9066	0.9082	0.9099	0.9115	0.9131	0.9147	0.9162	0.9177
1.4	0.9192	0.9207	0.9222	0.9236	0.9251	0.9265	0.9278	0.9292	0.9306	0.9319
1.5	0.9332	0.9345	0.9357	0.9370	0.9382	0.9394	0.9406	0.9418	0.9430	0.9441
1.6	0.9452	0.9463	0.9474	0.9484	0.9495	0.9505	0.9515	0.9525	0.9535	0.9545
1.7	0.9554	0.9564	0.9573	0.9582	0.9591	0.9599	0.9608	0.9616	0.9625	0.9633
1.8	0.9641	0.9648	0.9656	0.9664	0.9671	0.9678	0.9686	0.9693	0.9700	0.9706
1.9	0.9713	0.9719	0.9726	0.9732	0.9738	0.9744	0.9750	0.9756	0.9762	0.9767
2.0	0.9772	0.9778	0.9783	0.9788	0.9793	0.9798	0.9803	0.9808	0.9812	0.9817
2.1	0.9821	0.9826	0.9830	0.9834	0.9838	0.9842	0.9846	0.9850	0.9854	0.9857
2.2	0.9861	0.9864	0.9868	0.9871	0.9874	0.9878	0.9881	0.9884	0.9887	0.9890
2.3	0.9893	0.9896	0.9898	0.9901	0.9904	0.9906	0.9909	0.9911	0.9913	0.9916
2.4	0.9918	0.9920	0.9922	0.9925	0.9927	0.9929	0.9931	0.9932	0.9934	0.9936
2.5	0.9938	0.9940	0.9941	0.9943	0.9945	0.9946	0.9948	0.9949	0.9951	0.9952
2.6	0.9953	0.9955	0.9956	0.9957	0.9959	0.9960	0.9961	0.9962	0.9963	0.9964
2.7	0.9965	0.9966	0.9967	0.9968	0.9969	0.9970	0.9971	0.9972	0.9973	0.9974
2.8	0.9974	0.9975	0.9976	0.9977	0.9977	0.9978	0.9979	0.9979	0.9980	0.9981
2.9	0.9981	0.9982	0.9982	0.9983	0.9984	0.9984	0.9985	0.9985	0.9986	0.9986
3.0	0.9987	0.9990	0.9993	0.9995	0.9997	0.9998	0.9998	0.9999	0.9999	1.0000

注：表中末行为函数值 $\Phi(3.0),\Phi(3.1),\cdots,\Phi(3.9)$.

附表 2　t 分布表

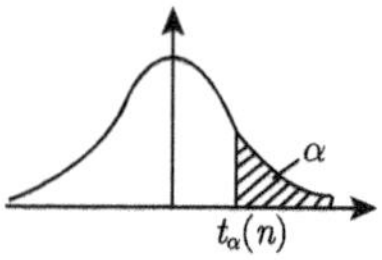

$$P(t(n) > t_\alpha(n)) = \alpha$$

n \ α	0.25	0.10	0.05	0.025	0.01	0.005
1	1.0000	3.0777	6.3138	12.7062	31.8207	63.6574
2	0.8165	1.8856	2.9200	4.3027	6.9646	9.9248
3	0.7649	1.6377	2.3534	3.1824	4.5407	5.8409
4	0.7407	1.5332	2.1318	2.7764	3.7469	4.6041
5	0.7267	1.4759	2.0150	2.5706	3.3649	4.0322
6	0.7176	1.4398	1.9432	2.4469	3.1427	3.7074
7	0.7111	1.4149	1.8946	2.3646	2.9980	3.4995
8	0.7064	1.3968	1.8595	2.3060	2.8965	3.3554
9	0.7027	1.3830	1.8331	2.2622	2.8214	3.2498
10	0.6998	1.3722	1.8125	2.2281	2.7638	3.1693
11	0.6974	1.3634	1.7959	2.2010	2.7181	3.1058
12	0.6955	1.3562	1.7823	2.1788	2.6810	3.0545
13	0.6938	1.3502	1.7709	2.1604	2.6503	3.0123
14	0.6924	1.3450	1.7613	2.1448	2.6245	2.9768
15	0.6912	1.3406	1.7531	2.1315	2.6025	2.9467
16	0.6901	1.3368	1.7459	2.1199	2.5835	2.9208
17	0.6892	1.3334	1.7396	2.1098	2.5669	2.8982
18	0.6884	1.3304	1.7341	2.1009	2.5524	2.8784
19	0.6876	1.3277	1.7291	2.0930	2.5395	2.8609
20	0.6870	1.3253	1.7247	2.0860	2.5280	2.8453
21	0.6864	1.3232	1.7207	2.0796	2.5177	2.8314
22	0.6858	1.3212	1.7171	2.0739	2.5083	2.8188
23	0.6853	1.3195	1.7139	2.0687	2.4999	2.8073
24	0.6848	1.3178	1.7109	2.0639	2.4922	2.7969
25	0.6844	1.3163	1.7081	2.0595	2.4851	2.7874
26	0.6840	1.3150	1.7056	2.0555	2.4786	2.7787
27	0.6837	1.3137	1.7033	2.0518	2.4727	2.7707
28	0.6834	1.3125	1.7011	2.0484	2.4671	2.7633
29	0.6830	1.3114	1.6991	2.0452	2.4620	2.7564
30	0.6828	1.3104	1.6973	2.0423	2.4573	2.7500
40	0.681	1.303	1.684	2.021	2.423	2.704
60	0.679	1.296	1.671	2.000	2.390	2.660
120	0.677	1.289	1.658	1.980	2.358	2.617
∞	0.674	1.282	1.654	1.960	2.326	2.576

附表 3　χ^2 分布表

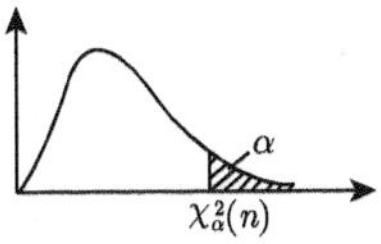

$$P(\chi^2(n) > \chi^2_\alpha(n)) = \alpha$$

n \ α	0.995	0.99	0.975	0.95	0.90	0.75
1	—	—	0.001	0.004	0.016	0.102
2	0.010	0.020	0.051	0.103	0.211	0.575
3	0.072	0.115	0.216	0.352	0.584	1.213
4	0.207	0.297	0.484	0.711	1.064	1.923
5	0.412	0.554	0.831	1.145	1.610	2.675
6	0.676	0.872	1.237	1.635	2.204	3.455
7	0.989	1.239	1.690	2.167	2.833	4.255
8	1.344	1.646	2.180	2.733	3.490	5.071
9	1.735	2.088	2.700	3.325	4.168	5.899
10	2.156	2.558	3.247	3.940	4.865	6.737
11	2.603	3.053	3.816	4.575	5.578	7.584
12	3.074	3.571	4.404	5.226	6.304	8.438
13	3.565	4.107	5.009	5.892	7.042	9.299
14	4.075	4.660	5.629	6.571	7.790	10.165
15	4.601	5.229	6.262	7.261	8.547	11.037
16	5.142	5.812	6.908	7.962	9.312	11.912
17	5.697	6.408	7.564	9.672	10.085	12.792
18	6.265	7.015	8.231	9.390	10.865	13.675
19	6.844	7.633	8.907	10.117	11.651	14.562
20	7.434	8.260	9.591	10.851	12.443	15.452
21	8.034	8.897	10.283	11.591	13.240	16.344
22	8.643	9.542	10.982	12.338	14.042	17.240
23	9.260	10.196	11.689	13.091	14.848	18.137
24	9.886	10.856	12.401	13.848	15.659	19.037
25	10.520	11.524	13.120	14.611	16.473	19.939
26	11.160	12.198	13.844	15.379	17.292	20.843
27	11.808	12.879	14.573	16.151	18.114	21.749
28	12.461	13.565	15.308	16.928	18.939	22.657
29	13.121	14.257	16.047	17.708	19.768	23.567
30	13.787	14.954	16.791	18.493	20.599	24.478
35	17.192	18.509	20.569	22.465	24.797	29.054
40	20.707	22.164	24.433	26.509	29.051	33.660
45	24.311	25.901	28.366	30.612	33.350	38.291

续表

n \ α	0.50	0.25	0.10	0.05	0.025	0.01	0.005
1	0.455	1.323	2.706	3.841	5.024	6.635	7.879
2	1.386	2.773	4.605	5.991	7.378	9.210	10.597
3	2.366	4.108	6.251	7.815	9.348	11.345	12.838
4	3.357	5.385	7.779	9.488	11.143	13.277	14.860
5	4.351	6.626	9.236	11.071	12.833	15.086	16.750
6	5.348	7.841	10.645	12.592	14.449	16.812	18.548
7	6.346	9.037	12.017	14.067	16.013	18.475	20.278
8	7.344	10.219	13.362	15.507	17.535	20.090	21.955
9	8.343	11.389	14.684	16.919	19.023	21.666	23.589
10	9.342	12.549	15.987	18.307	20.483	23.209	25.188
11	10.341	13.701	17.275	19.675	21.920	24.725	26.757
12	11.340	14.845	18.549	21.026	23.337	26.217	28.299
13	12.340	15.984	19.812	22.362	24.736	27.688	29.819
14	13.339	17.117	21.064	23.685	26.119	29.141	31.319
15	14.339	18.245	22.307	24.996	27.488	30.578	32.801
16	15.338	19.369	23.542	26.296	28.845	32.000	34.267
17	16.338	20.489	24.769	27.587	30.191	33.409	35.718
18	17.338	21.605	25.989	28.869	31.526	34.805	37.156
19	18.338	22.718	27.204	30.144	32.852	36.191	38.582
20	19.337	23.828	28.412	31.410	34.170	37.566	39.997
21	20.337	24.935	29.615	32.671	35.479	38.932	41.401
22	21.337	26.039	30.813	33.924	36.781	40.289	42.796
23	22.337	27.141	32.007	35.172	38.076	41.638	44.181
24	23.337	28.241	33.196	36.415	39.364	42.980	45.559
25	24.337	29.339	34.382	37.652	40.646	44.314	46.928
26	25.336	30.435	35.563	38.885	41.923	45.642	48.290
27	26.336	31.528	36.741	40.113	43.194	46.963	49.645
28	27.336	32.620	37.916	41.337	44.461	48.278	50.993
29	28.336	33.711	39.087	42.557	45.722	49.588	52.336
30	29.336	34.800	40.256	43.773	46.979	50.892	53.672
35	34.336	40.223	46.059	49.802	53.203	57.342	60.275
40	39.335	45.616	51.805	55.758	59.342	63.691	66.766
45	44.335	50.985	57.505	61.656	65.410	69.957	73.166

附表 4　F 分布表

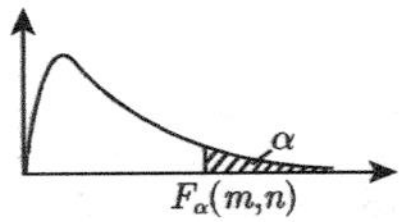

$$P\{F(m,n) > F_\alpha(m,n)\} = \alpha$$

n \ m	1	2	3	4	5	6	7	8	9	10	12	15	20	24	30	40	60	120	∞
	$\alpha = 0.10$																		
1	39.86	49.50	53.59	55.83	57.24	58.20	58.91	59.44	59.86	60.19	60.71	61.22	61.74	62.00	62.26	62.53	62.79	63.06	63.33
2	8.53	9.00	9.16	9.24	9.29	9.33	9.35	9.37	9.38	9.39	9.41	9.42	9.44	9.45	9.46	9.47	9.47	9.48	9.49
3	5.54	5.46	5.39	5.34	5.31	5.28	5.27	5.25	5.24	5.23	5.22	5.20	5.18	5.18	5.17	5.16	5.15	5.14	5.13
4	4.54	4.32	4.19	4.11	4.05	4.01	3.98	3.95	3.94	3.92	3.90	3.87	3.84	3.83	3.82	3.80	3.79	3.78	4.76
5	4.06	3.78	3.62	3.52	3.45	3.40	3.37	3.34	3.32	3.30	3.27	3.24	3.21	3.19	3.17	3.16	3.14	3.12	3.10
6	3.78	3.46	3.29	3.18	3.11	3.05	3.01	2.98	2.96	2.94	2.90	2.87	2.84	2.82	2.80	2.78	2.76	2.74	2.72
7	3.59	3.26	3.07	2.96	2.88	2.83	2.78	2.75	2.72	2.70	2.67	2.63	2.59	2.58	2.56	2.54	2.51	2.49	2.47
8	3.46	3.11	2.92	2.81	2.73	2.67	2.62	2.59	2.56	2.54	2.50	2.46	2.42	2.40	2.38	2.36	2.34	2.32	2.29
9	3.36	3.01	2.81	2.69	2.61	2.55	2.51	2.47	2.44	2.42	2.38	2.34	2.30	2.28	2.25	2.23	2.21	2.18	2.16
10	3.29	2.92	2.73	2.61	2.52	2.46	2.41	2.38	2.35	2.32	2.28	2.24	2.20	2.18	2.16	2.13	2.11	2.08	2.06
11	3.23	2.86	2.66	2.54	2.45	2.39	2.34	2.30	2.27	2.25	2.21	2.17	2.12	2.10	2.08	2.05	2.03	2.00	1.97
12	3.18	2.81	2.61	2.48	2.39	2.33	2.28	2.24	2.21	2.19	2.15	2.10	2.06	2.04	2.01	1.99	1.96	1.93	1.90
13	3.14	2.76	2.56	2.43	2.35	2.28	2.23	2.20	2.16	2.14	2.10	2.05	2.01	1.98	1.96	1.93	1.90	1.88	1.85
14	3.10	2.73	2.52	2.39	2.31	2.24	2.19	2.15	2.12	2.10	2.05	2.01	1.96	1.94	1.91	1.89	1.86	1.83	1.80
15	3.07	2.70	2.49	2.36	2.27	2.21	2.16	2.12	2.09	2.06	2.02	1.97	1.92	1.90	1.87	1.85	1.82	1.79	1.76
16	3.05	2.67	2.46	2.33	2.24	2.18	2.13	2.09	2.06	2.03	1.99	1.94	1.89	1.87	1.84	1.81	1.78	1.75	1.72
17	3.03	2.64	2.44	2.31	2.22	2.15	2.10	2.06	2.03	2.00	1.96	1.91	1.86	1.84	1.81	1.78	1.75	1.72	1.69
18	3.01	2.62	2.42	2.29	2.20	2.13	2.08	2.04	2.00	1.98	1.93	1.89	1.84	1.81	1.78	1.75	1.72	1.69	1.66
19	2.99	2.61	2.40	2.27	2.18	2.11	2.06	2.02	1.98	1.96	1.91	1.86	1.81	1.79	1.76	1.73	1.70	1.67	1.63
20	2.97	2.59	2.38	2.25	2.16	2.09	2.04	2.00	1.96	1.94	1.89	1.84	1.79	1.77	1.74	1.71	1.68	1.64	1.61
21	2.96	2.57	2.36	2.23	2.14	2.08	2.02	1.98	1.95	1.92	1.87	1.83	1.78	1.75	1.72	1.69	1.66	1.62	1.59
22	2.95	2.56	2.35	2.22	2.13	2.06	2.01	1.97	1.93	1.90	1.86	1.81	1.76	1.73	1.70	1.67	1.64	1.60	1.57
23	2.94	2.55	2.34	2.21	2.11	2.05	1.99	1.95	1.92	1.89	1.84	1.80	1.74	1.72	1.69	1.66	1.62	1.59	1.55
24	2.93	2.54	2.33	2.19	2.10	2.04	1.98	1.94	1.91	1.88	1.83	1.78	1.73	1.70	1.67	1.64	1.61	1.57	1.53
25	2.92	2.53	2.32	2.18	2.09	2.02	1.97	1.93	1.89	1.87	1.82	1.77	1.72	1.69	1.66	1.63	1.59	1.56	1.52
26	2.91	2.52	2.31	2.17	2.08	2.01	1.96	1.92	1.88	1.86	1.81	1.76	1.71	1.68	1.65	1.61	1.58	1.54	1.50
27	2.90	2.51	2.30	2.17	2.07	2.00	1.95	1.91	1.87	1.85	1.80	1.75	1.70	1.67	1.64	1.60	1.57	1.53	1.49
28	2.89	2.50	2.29	2.16	2.06	2.00	1.94	1.90	1.87	1.84	1.79	1.74	1.69	1.66	1.63	1.59	1.56	1.52	1.48

续表

n \ m	1	2	3	4	5	6	7	8	9	10	12	15	20	24	30	40	60	120	∞
$\alpha = 0.10$																			
29	2.89	2.50	2.28	2.15	2.06	1.99	1.93	1.89	1.86	1.83	1.78	1.73	1.68	1.65	1.62	1.58	1.55	1.51	1.47
30	2.88	2.49	2.28	2.14	2.05	1.98	1.93	1.88	1.85	1.82	1.77	1.72	1.67	1.64	1.61	1.57	1.54	1.50	1.46
40	2.84	2.44	2.23	2.09	2.00	1.93	1.87	1.83	1.79	1.76	1.71	1.66	1.61	1.57	1.54	1.51	1.47	1.42	1.38
60	2.79	2.39	2.18	2.04	1.95	1.87	1.82	1.77	1.74	1.71	1.66	1.60	1.54	1.51	1.48	1.44	1.40	1.35	1.29
120	2.75	2.35	2.13	1.99	1.90	1.82	1.77	1.72	1.68	1.65	1.60	1.55	1.48	1.45	1.41	1.37	1.32	1.26	1.19
∞	2.71	2.30	2.08	1.94	1.85	1.77	1.72	1.67	1.63	1.60	1.55	1.49	1.42	1.38	1.34	1.30	1.24	1.17	1.00
$\alpha = 0.05$																			
1	161.4	199.5	215.7	224.6	230.2	234.0	236.8	238.9	240.5	241.9	243.9	245.9	248.0	249.1	250.1	251.1	252.2	253.3	254.3
2	18.51	19.00	19.16	19.25	19.30	19.33	19.35	19.37	19.38	19.40	19.41	19.43	19.45	19.45	19.46	19.47	19.48	19.49	19.50
3	10.13	9.55	9.28	9.12	9.01	8.94	8.89	8.85	8.81	8.79	8.74	8.70	8.66	8.64	8.62	8.59	8.57	8.55	8.53
4	7.71	6.94	6.59	6.39	6.26	6.16	6.09	6.04	6.00	5.96	5.91	5.86	5.80	5.77	5.75	5.72	5.69	5.66	5.63
5	6.61	5.79	5.41	5.19	5.05	4.95	4.88	4.82	4.77	4.74	4.68	4.62	4.56	4.53	4.50	4.46	4.43	4.40	4.36
6	5.99	5.14	4.76	4.53	4.39	4.28	4.21	4.15	4.10	4.06	4.00	3.94	3.87	3.84	3.81	3.77	3.74	3.70	3.67
7	5.59	4.74	4.35	4.12	3.97	3.87	3.79	3.73	3.68	3.64	3.57	3.51	3.44	3.41	3.38	3.34	3.30	3.27	3.23
8	5.32	4.46	4.07	3.84	3.69	3.58	3.50	3.44	3.39	3.35	3.28	3.22	3.15	3.12	3.08	3.04	3.01	2.97	2.93
9	5.12	4.26	3.86	3.63	3.48	3.37	3.29	3.23	3.18	3.14	3.07	3.01	2.94	2.90	2.86	2.83	2.79	2.75	2.71
10	4.96	4.10	3.71	3.48	3.33	3.22	3.14	3.07	3.02	2.98	2.91	2.85	2.77	2.74	2.70	2.66	2.62	2.58	2.54
11	4.84	3.98	3.59	3.36	3.20	3.09	3.01	2.95	2.90	2.85	2.79	2.72	2.65	2.61	2.57	2.53	2.49	2.45	2.40
12	4.75	3.89	3.49	3.26	3.11	3.00	2.91	2.85	2.80	2.75	2.69	2.62	2.54	2.51	2.47	2.43	2.38	2.34	2.30
13	4.67	3.81	3.41	3.18	3.03	2.92	2.83	2.77	2.71	2.67	2.60	2.53	2.46	2.42	2.38	2.34	2.30	2.25	2.21
14	4.60	3.74	3.34	3.11	2.96	2.85	2.76	2.70	2.65	2.60	2.53	2.46	2.39	2.35	2.31	2.27	2.22	2.18	2.13
15	4.54	3.68	3.29	3.06	2.90	2.79	2.71	2.64	2.59	2.54	2.48	2.40	2.33	2.29	2.25	2.20	2.16	2.11	2.07
16	4.49	3.63	3.24	3.01	2.85	2.74	2.66	2.59	2.54	2.49	2.42	2.35	2.28	2.24	2.19	2.15	2.11	2.06	2.01
17	4.45	3.59	3.20	2.96	2.81	2.70	2.61	2.55	2.49	2.45	2.38	2.31	2.23	2.19	2.15	2.10	2.06	2.01	1.96
18	4.41	3.55	3.16	2.93	2.77	2.66	2.58	2.51	2.46	2.41	2.34	2.27	2.19	2.15	2.11	2.06	2.02	1.97	1.92
19	4.38	3.52	3.13	2.90	2.74	2.63	2.54	2.48	2.42	2.38	2.31	2.23	2.16	2.11	2.07	2.03	1.98	1.93	1.88
20	4.35	3.49	3.10	2.87	2.71	2.60	2.51	2.45	2.39	2.35	2.28	2.20	2.12	2.08	2.04	1.99	1.95	1.90	1.84
21	4.32	3.47	3.07	2.84	2.68	2.57	2.49	2.42	2.37	2.32	2.25	2.18	2.10	2.05	2.01	1.96	1.92	1.87	1.81
22	4.30	3.44	3.05	2.82	2.66	2.55	2.46	2.40	2.34	2.30	2.23	2.15	2.07	2.03	1.98	1.94	1.89	1.84	1.78
23	4.28	3.42	3.03	2.80	2.64	2.53	2.44	2.37	2.32	2.27	2.20	2.13	2.05	2.01	1.96	1.91	1.86	1.81	1.76
24	4.26	3.40	3.01	2.78	2.62	2.51	2.42	2.36	2.30	2.25	2.18	2.11	2.03	1.98	1.94	1.89	1.84	1.79	1.73
25	4.24	3.39	2.99	2.76	2.60	2.49	2.40	2.34	2.28	2.24	2.16	2.09	2.01	1.96	1.92	1.87	1.82	1.77	1.71

续表

n \ m	1	2	3	4	5	6	7	8	9	10	12	15	20	24	30	40	60	120	∞
									$\alpha = 0.05$										
26	4.23	3.37	2.98	2.74	2.59	2.47	2.39	2.32	2.27	2.22	2.15	2.07	1.99	1.95	1.90	1.85	1.80	1.75	1.69
27	4.21	3.35	2.96	2.73	2.57	2.46	2.37	2.31	2.25	2.20	2.13	2.06	1.97	1.93	1.88	1.84	1.79	1.73	1.67
28	4.20	3.34	2.95	2.71	2.56	2.45	2.36	2.29	2.24	2.19	2.12	2.04	1.96	1.91	1.87	1.82	1.77	1.71	1.65
29	4.18	3.33	2.93	2.70	2.55	2.43	2.35	2.28	2.22	2.18	2.10	2.03	1.94	1.90	1.85	1.81	1.75	1.70	1.64
30	4.17	3.32	2.92	2.69	2.53	2.42	2.33	2.27	2.21	2.16	2.09	2.01	1.93	1.89	1.84	1.79	1.74	1.68	1.62
40	4.08	3.23	2.84	2.61	2.45	2.34	2.25	2.18	2.12	2.08	2.00	1.92	1.84	1.79	1.74	1.69	1.64	1.58	1.51
60	4.00	3.15	2.76	2.53	2.37	2.25	2.17	2.10	2.04	1.99	1.92	1.84	1.75	1.70	1.65	1.59	1.53	1.47	1.39
120	3.92	3.07	2.68	2.45	2.29	2.17	2.09	2.02	1.96	1.91	1.83	1.75	1.66	1.61	1.55	1.50	1.43	1.35	1.25
∞	3.84	3.00	2.60	2.37	2.21	2.10	2.01	1.94	1.88	1.83	1.75	1.67	1.57	1.52	1.46	1.39	1.32	1.22	1.00
									$\alpha = 0.025$										
1	647.8	799.5	864.2	899.6	921.8	937.1	948.2	956.7	963.3	968.6	976.7	984.9	993.1	997.2	1001	1006	1010	1014	1018
2	38.51	39.00	39.17	39.25	39.30	39.33	39.36	39.37	39.39	39.40	39.41	39.43	39.45	39.46	39.46	39.47	39.48	39.49	39.50
3	17.44	16.04	15.44	15.10	14.88	14.73	14.62	14.54	14.47	14.42	14.34	14.25	14.17	14.12	14.08	14.04	13.99	13.95	13.90
4	12.22	10.65	9.98	9.60	9.36	9.20	9.07	8.98	8.90	8.84	8.75	8.66	8.56	8.51	8.46	8.41	8.36	8.31	8.26
5	10.01	8.43	7.76	7.39	7.15	6.98	6.85	6.76	6.68	6.62	6.52	6.43	6.33	6.28	6.23	6.18	6.12	6.07	6.02
6	8.81	7.26	6.60	6.23	5.99	5.82	5.70	5.60	5.52	5.46	5.37	5.27	5.17	5.12	5.07	5.01	4.96	4.90	4.85
7	8.07	6.54	5.89	5.52	5.29	5.12	4.99	4.90	4.82	4.76	4.67	4.57	4.47	4.42	4.36	4.31	4.25	4.20	4.14
8	7.57	6.06	5.42	5.05	4.82	4.65	4.53	4.43	4.36	4.30	4.20	4.10	4.00	3.95	3.89	3.84	3.78	3.73	3.67
9	7.21	5.71	5.08	4.72	4.48	4.23	4.20	4.10	4.03	3.96	3.87	3.77	3.67	3.61	3.56	3.51	3.45	3.39	3.33
10	6.94	5.46	4.83	4.47	4.24	4.07	3.95	3.85	3.78	3.72	3.62	3.52	3.42	3.37	3.31	3.26	3.20	3.14	3.08
11	6.72	5.26	4.63	4.28	4.04	3.88	3.76	3.66	3.59	3.53	3.43	3.33	3.23	3.17	3.12	3.06	3.00	2.94	2.88
12	6.55	5.10	4.47	4.12	3.89	3.73	3.61	3.51	3.44	3.37	3.28	3.18	3.07	3.02	2.96	2.91	2.85	2.79	2.72
13	6.41	4.97	4.35	4.00	3.77	3.60	3.48	3.39	3.31	3.25	3.15	3.05	2.95	2.89	2.84	2.78	2.72	2.66	2.60
14	6.30	4.86	4.24	3.89	3.66	3.50	3.38	3.29	3.21	3.15	3.05	2.95	2.84	2.79	2.73	2.67	2.61	2.55	2.49
15	6.20	4.77	4.15	3.80	3.58	3.41	3.29	3.20	3.12	3.06	2.96	2.86	2.76	2.70	2.64	2.59	2.52	2.46	2.40
16	6.12	4.69	4.08	3.73	3.50	3.34	3.22	3.12	3.05	2.99	2.89	2.79	2.68	2.63	2.57	2.51	2.45	2.38	2.32
17	6.04	4.62	4.01	3.66	3.44	3.28	3.16	3.06	2.98	2.92	2.82	2.72	2.62	2.56	2.50	2.44	2.38	2.32	2.25
18	5.98	4.56	3.95	3.61	3.38	3.22	3.10	3.01	2.93	2.87	2.77	2.67	2.56	2.50	2.44	2.38	2.32	2.26	2.19
19	5.92	4.51	3.90	3.56	3.33	3.17	3.05	2.96	2.88	2.82	2.72	2.62	2.51	2.45	2.39	2.33	2.27	2.20	2.13
20	5.87	4.46	3.86	3.51	3.29	3.13	3.01	2.91	2.84	2.77	2.68	2.57	2.46	2.41	2.35	2.29	2.22	2.16	2.09
21	5.83	4.42	3.82	3.48	3.25	3.09	2.97	2.87	2.80	2.73	2.64	2.53	2.42	2.37	2.31	2.25	2.18	2.11	2.04
22	5.79	4.38	3.78	3.44	3.22	3.05	2.93	2.84	2.76	2.70	2.60	2.50	2.39	2.33	2.27	2.21	2.14	2.08	2.00

续表

$n \backslash m$	1	2	3	4	5	6	7	8	9	10	12	15	20	24	30	40	60	120	∞
									$\alpha = 0.025$										
23	5.75	4.35	3.75	3.41	3.18	3.02	2.90	2.81	2.73	2.67	2.57	2.47	2.36	2.30	2.24	2.18	2.11	2.04	1.97
24	5.72	4.32	3.72	3.38	3.15	2.99	2.87	2.78	2.70	2.64	2.54	2.44	2.33	2.27	2.21	2.15	2.08	2.01	1.94
25	5.69	4.29	3.69	3.35	3.13	2.97	2.85	2.75	2.68	2.61	2.51	2.41	2.30	2.24	2.18	2.12	2.05	1.98	1.91
26	5.66	4.27	3.67	3.33	3.10	2.94	2.82	2.73	2.65	2.59	2.49	2.39	2.28	2.22	2.16	2.09	2.03	1.95	1.88
27	5.63	4.24	3.65	3.31	3.08	2.92	2.80	2.71	2.63	2.57	2.47	2.36	2.25	2.19	2.13	2.07	2.00	1.93	1.85
28	5.61	4.22	3.63	3.29	3.06	2.90	2.78	2.69	2.61	2.55	2.45	2.34	2.23	2.17	2.11	2.05	1.98	1.91	1.83
29	5.59	4.20	3.61	3.27	3.04	2.88	2.76	2.67	2.59	2.53	2.43	2.32	2.21	2.15	2.09	2.03	1.96	1.89	1.81
30	5.57	4.18	3.59	3.25	3.03	2.87	2.75	2.65	2.57	2.51	2.41	2.31	2.20	2.14	2.07	2.01	1.94	1.87	1.79
40	5.42	4.05	3.46	3.13	2.90	2.74	2.62	2.53	2.45	2.39	2.29	2.18	2.07	2.01	1.94	1.88	1.80	1.72	1.64
60	5.29	3.93	3.34	3.01	2.79	2.63	2.51	2.41	2.33	2.27	2.17	2.06	1.94	1.88	1.82	1.74	1.67	1.58	1.48
120	5.15	3.80	3.23	2.89	2.67	2.52	2.39	2.30	2.22	2.16	2.05	1.94	1.82	1.76	1.69	1.61	1.53	1.43	1.31
∞	5.02	3.69	3.12	2.79	2.57	2.41	2.29	2.19	2.11	2.05	1.94	1.83	1.71	1.64	1.57	1.48	1.39	1.27	1.00
									$\alpha = 0.01$										
1	4052	4999.5	5403	5625	5764	5859	5928	5982	6022	6056	6106	6157	6209	6235	6261	6287	6313	6339	6366
2	98.50	99.00	99.17	99.25	99.30	99.33	99.36	99.37	99.39	99.40	99.42	99.43	99.45	99.46	99.47	99.47	99.48	99.49	99.50
3	34.12	30.82	29.46	28.71	28.24	27.91	27.67	27.49	27.35	27.23	27.05	26.87	26.69	26.60	26.50	26.41	26.32	26.22	26.13
4	21.20	18.00	16.69	15.98	15.52	15.21	14.98	14.80	14.66	14.55	14.37	14.20	14.02	13.93	13.84	13.75	13.65	13.56	13.46
5	16.26	13.27	12.06	11.39	10.97	10.67	10.46	10.29	10.16	10.05	9.89	9.72	9.55	9.47	9.38	9.29	9.20	9.11	9.02
6	13.75	10.92	9.78	9.15	8.75	8.47	8.26	8.10	7.98	7.87	7.72	7.56	7.40	7.31	7.23	7.14	7.06	6.97	6.88
7	12.25	9.55	8.45	7.85	7.46	7.19	6.99	6.84	6.72	6.62	6.47	6.31	6.16	6.07	5.99	5.91	5.82	5.74	5.65
8	11.26	8.65	7.59	7.01	6.63	6.37	6.18	6.03	5.91	5.81	5.67	5.52	5.36	5.28	5.20	5.12	5.03	4.95	4.86
9	10.56	8.02	6.99	6.42	6.06	5.80	5.61	5.47	5.35	5.26	5.11	4.96	4.81	4.73	4.65	4.57	4.48	4.40	4.31
10	10.04	7.56	6.55	5.99	5.64	5.39	5.20	5.06	4.94	4.85	4.71	4.56	4.41	4.33	4.25	4.17	4.08	4.00	3.91
11	9.65	7.21	6.22	5.67	5.32	5.07	4.89	4.74	4.63	4.54	4.40	4.25	4.10	4.02	3.94	3.86	3.78	3.69	3.60
12	9.33	6.93	5.95	5.41	5.06	4.82	4.64	4.50	4.39	4.30	4.16	4.01	3.86	3.78	3.70	3.62	3.54	3.45	3.36
13	9.07	6.70	5.74	5.21	4.86	4.62	4.44	4.30	4.19	4.10	3.96	3.82	3.66	3.59	3.51	3.43	3.34	3.25	3.17
14	8.86	6.51	5.56	5.04	4.69	4.46	4.28	4.14	4.03	3.94	3.80	3.66	3.51	3.43	3.35	3.27	3.18	3.09	3.00
15	8.68	6.36	5.42	4.89	4.56	4.32	4.14	4.00	3.89	3.80	3.67	3.52	3.37	3.29	3.21	3.13	3.05	2.96	2.87
16	8.53	6.23	5.29	4.77	4.44	4.20	4.03	3.89	3.78	3.69	3.55	3.41	3.26	3.18	3.10	3.02	2.93	2.84	2.75
17	8.40	6.11	5.18	4.67	4.34	4.10	3.93	3.79	3.68	3.59	3.46	3.31	3.16	3.08	3.00	2.92	2.83	2.75	2.65
18	8.29	6.01	5.09	4.58	4.25	4.01	3.84	3.71	3.60	3.51	3.37	3.23	3.08	3.00	2.92	2.84	2.75	2.66	2.57

续表

$n \backslash m$	1	2	3	4	5	6	7	8	9	10	12	15	20	24	30	40	60	120	∞
									$\alpha = 0.01$										
19	8.18	5.93	5.01	4.50	4.17	3.94	3.77	3.63	3.52	3.43	3.30	3.15	3.00	2.92	2.84	2.76	2.67	2.58	2.49
20	8.10	5.85	4.94	4.43	4.10	3.87	3.70	3.56	3.46	3.37	3.23	3.09	2.94	2.86	2.78	2.69	2.61	2.52	2.42
21	8.02	5.78	4.87	4.37	4.04	3.81	3.64	3.51	3.40	3.31	3.17	3.03	2.88	2.80	2.72	2.64	2.55	2.46	2.36
22	7.95	5.72	4.82	4.31	3.99	3.76	3.59	3.45	3.35	3.26	3.12	2.98	2.83	2.75	2.67	2.58	2.50	2.40	2.31
23	7.88	5.66	4.76	4.26	3.94	3.71	3.54	3.41	3.30	3.21	3.07	2.93	2.78	2.70	2.62	2.54	2.45	2.35	2.26
24	7.82	5.61	4.72	4.22	3.90	3.67	3.50	3.36	3.26	3.17	3.03	2.89	2.74	2.66	2.58	2.49	2.40	2.31	2.21
25	7.77	5.57	4.68	4.18	3.85	3.63	3.46	3.32	3.22	3.13	2.99	2.85	2.70	2.62	2.54	2.45	2.36	2.27	2.17
26	7.72	5.53	4.64	4.14	3.82	3.59	3.42	3.29	3.18	3.09	2.96	2.81	2.66	2.58	2.50	2.42	2.33	2.23	2.13
27	7.68	5.49	4.60	4.11	3.78	3.56	3.39	3.26	3.15	3.06	2.93	2.78	2.63	2.55	2.47	2.38	2.29	2.20	2.10
28	7.64	5.45	4.57	4.07	3.75	3.53	3.36	3.23	3.12	3.03	2.90	2.75	2.60	2.52	2.44	2.35	2.26	2.17	2.06
29	7.60	5.42	4.54	4.04	3.73	3.50	3.33	3.20	3.09	3.00	2.87	2.73	2.57	2.49	2.41	2.33	2.23	2.14	2.03
30	7.56	5.39	4.51	4.02	3.70	3.47	3.30	3.17	3.07	2.98	2.84	2.70	2.55	2.47	2.39	2.30	2.21	2.11	2.01
40	7.31	5.18	4.31	3.83	3.51	3.29	3.12	2.99	2.89	2.80	2.66	2.52	2.37	2.29	2.20	2.11	2.02	1.92	1.80
60	7.08	4.98	4.13	3.65	3.34	3.12	2.95	2.82	2.72	2.63	2.50	2.35	2.20	2.12	2.03	1.94	1.84	1.73	1.60
120	6.85	4.79	3.95	3.48	3.17	2.96	2.79	2.66	2.56	2.47	2.34	2.19	2.03	1.95	1.86	1.76	1.66	1.53	1.38
∞	6.63	4.61	3.78	3.32	3.02	2.80	2.64	2.51	2.41	2.32	2.18	2.04	1.88	1.79	1.70	1.59	1.47	1.32	1.00
									$\alpha = 0.005$										
1	16211	20000	21615	22500	23056	23437	23715	23925	24091	24224	24426	24630	24836	24940	25044	25148	25253	25359	25465
2	198.5	199.0	199.2	199.2	199.3	199.3	199.4	199.4	199.4	199.4	199.4	199.4	199.4	199.5	199.5	199.5	199.5	199.5	199.5
3	55.55	49.80	47.47	46.19	45.39	44.84	44.43	44.13	43.88	43.69	43.39	43.08	42.78	42.62	42.47	42.31	42.15	41.99	41.83
4	31.33	26.28	24.26	23.15	22.46	21.97	21.62	21.35	21.14	20.97	20.70	20.44	20.17	20.03	19.89	19.75	19.61	19.47	19.32
5	22.78	18.31	16.53	15.56	14.94	14.51	14.20	13.96	13.77	13.62	13.38	13.15	12.90	12.78	12.66	12.53	12.40	12.27	12.14
6	18.63	14.54	12.92	12.03	11.46	11.07	10.79	10.57	10.39	10.25	10.03	9.81	9.59	9.47	9.36	9.24	9.12	9.00	8.88
7	16.24	12.40	10.88	10.05	9.52	9.16	8.89	8.68	8.51	8.38	8.18	7.97	7.75	7.65	7.53	7.42	7.31	7.19	7.08
8	14.69	11.04	9.60	8.81	8.30	7.95	7.69	7.50	7.34	7.21	7.01	6.81	6.61	6.50	6.40	6.29	6.18	6.06	5.95
9	13.61	10.11	8.72	7.96	7.47	7.13	6.88	6.69	6.54	6.42	6.23	6.03	5.83	5.73	5.62	5.52	5.41	5.30	5.19
10	12.83	9.43	8.08	7.34	6.87	6.54	6.30	6.12	5.97	5.85	5.66	5.47	5.27	5.17	5.07	4.97	4.86	4.75	4.64
11	12.23	8.91	7.60	6.88	6.42	6.10	5.86	5.68	5.54	5.42	5.24	5.05	4.86	4.76	4.65	4.55	4.44	4.34	4.23
12	11.75	8.51	7.23	6.52	6.07	5.76	5.52	5.35	5.20	5.09	4.91	4.72	4.53	4.43	4.33	4.23	4.12	4.01	3.90
13	11.37	8.19	6.93	6.23	5.79	5.48	5.25	5.08	4.94	4.82	4.64	4.46	4.27	4.17	4.07	3.97	3.87	3.76	3.65
14	11.06	7.92	6.68	6.00	5.56	5.26	5.03	4.86	4.72	4.60	4.43	4.25	4.06	3.96	3.86	3.76	3.66	3.55	3.44

续表

n \ m	1	2	3	4	5	6	7	8	9	10	12	15	20	24	30	40	60	120	∞
$\alpha = 0.005$																			
15	10.80	7.70	6.48	5.80	5.37	5.07	4.85	4.67	4.54	4.42	4.25	4.07	3.88	3.79	3.69	3.58	3.48	3.37	3.26
16	10.58	7.51	6.30	5.64	5.21	4.91	4.69	4.52	4.38	4.27	4.10	3.92	3.73	3.64	3.54	3.44	3.33	3.22	3.11
17	10.38	7.35	6.16	5.50	5.07	4.78	4.56	4.39	4.25	4.14	3.97	3.79	3.61	3.51	3.41	3.31	3.21	3.10	2.98
18	10.22	7.21	6.03	5.37	4.96	4.66	4.44	4.28	4.14	4.03	3.86	3.68	3.50	3.40	3.30	3.20	3.10	2.99	2.87
19	10.07	7.09	5.92	5.27	4.85	4.56	4.34	4.18	4.04	3.93	3.76	3.59	3.40	3.31	3.21	3.11	3.00	2.89	2.78
20	9.94	6.99	5.82	5.17	4.76	4.47	4.26	4.09	3.96	3.85	3.68	3.50	3.32	3.22	3.12	3.02	2.92	2.81	2.69
21	9.83	6.89	5.73	5.09	4.68	4.39	4.18	4.01	3.88	3.77	3.60	3.43	3.24	3.15	3.05	2.95	2.84	2.73	2.61
22	9.73	6.81	5.65	5.02	4.61	4.32	4.11	3.94	3.81	3.70	3.54	3.36	3.18	3.08	2.98	2.88	2.77	2.66	2.55
23	9.63	6.73	5.58	4.95	4.54	4.26	4.05	3.88	3.75	3.64	3.47	3.30	3.12	3.02	2.92	2.82	2.71	2.60	2.48
24	9.55	6.66	5.52	4.89	4.49	4.20	3.99	3.83	3.69	3.59	3.42	3.25	3.06	2.97	2.87	2.77	2.66	2.55	2.43
25	9.48	6.60	5.46	4.84	4.43	4.15	3.94	3.78	3.64	3.54	3.37	3.20	3.01	2.92	2.82	2.72	2.61	2.50	2.38
26	9.41	6.54	5.41	4.79	4.38	4.10	3.89	3.73	3.60	3.49	3.33	3.15	2.97	2.87	2.77	2.67	2.56	2.45	2.33
27	9.34	6.49	5.36	4.74	4.34	4.06	3.85	3.69	3.56	3.45	3.28	3.11	2.93	2.83	2.73	2.63	2.52	2.41	2.29
28	9.28	6.44	5.32	4.70	4.30	4.02	3.81	3.65	3.52	3.41	3.25	3.07	2.89	2.79	2.69	2.59	2.48	2.37	2.25
29	9.23	6.40	5.28	4.66	4.26	3.98	3.77	3.61	3.48	3.38	3.21	3.04	2.86	2.76	2.66	2.56	2.45	2.33	2.21
30	9.18	6.35	5.24	4.62	4.23	3.95	3.74	3.58	3.45	3.34	3.18	3.01	2.82	2.73	2.63	2.52	2.42	2.30	2.18
40	8.83	6.07	4.98	4.37	3.99	3.71	3.51	3.35	3.22	3.12	2.95	2.78	2.60	2.50	2.40	2.30	2.18	2.06	1.93
60	8.49	5.79	4.73	4.14	3.76	3.49	3.29	3.13	3.01	2.90	2.74	2.57	2.39	2.29	2.19	2.08	1.96	1.83	1.69
120	8.18	5.54	4.50	3.92	3.55	3.28	3.09	2.93	2.81	2.71	2.54	2.37	2.19	2.09	1.98	1.87	1.75	1.61	1.43
∞	7.88	5.30	4.28	3.72	3.35	3.09	2.90	2.74	2.62	2.52	2.36	2.19	2.00	1.90	1.79	1.67	1.53	1.36	1.00
$\alpha = 0.001$																			
1	4053†	5000†	5404†	5625†	5764†	5859†	5929†	5981†	6023†	6056†	6107†	6158†	6209†	6235†	6261†	6287†	6313†	6340†	6366†
2	998.5	999.0	999.2	999.2	999.3	999.3	999.4	999.4	999.4	999.4	999.4	999.4	999.4	999.5	999.5	999.5	999.5	999.5	999.5
3	167.0	148.5	141.1	137.1	134.6	132.8	131.6	130.6	129.9	129.2	128.3	127.4	126.4	125.9	125.4	125.0	124.5	124.0	123.5
4	74.14	61.25	56.18	53.44	51.71	50.53	49.66	49.00	48.47	48.05	47.41	46.76	46.10	45.77	45.43	45.09	44.75	44.40	44.05
5	47.18	37.12	33.20	31.09	27.75	28.84	28.16	27.64	27.24	26.92	26.42	25.91	25.39	25.14	24.87	24.60	24.33	24.06	23.79
6	35.51	27.00	23.70	21.92	20.81	20.03	19.46	19.03	18.69	18.41	17.99	17.56	17.12	16.89	16.67	16.44	16.21	15.99	15.75
7	29.25	21.69	18.77	17.19	16.21	15.52	15.02	14.63	14.33	14.08	13.71	13.32	12.93	12.73	12.53	12.33	12.12	11.91	11.70
8	25.42	18.49	15.83	14.39	13.49	12.86	12.40	12.04	11.77	11.54	11.19	10.84	10.48	10.30	10.11	9.92	9.73	9.53	9.33
9	22.86	16.39	13.90	12.56	11.71	11.13	10.70	10.37	10.11	9.89	9.57	9.24	8.90	8.72	8.55	8.37	8.19	8.00	7.81
10	21.04	14.91	12.55	11.28	10.48	9.92	9.52	9.20	8.96	8.75	8.45	8.13	7.80	7.64	7.47	7.30	7.12	6.94	6.76
11	19.69	13.81	11.56	10.35	9.58	9.05	8.66	8.35	8.12	7.92	7.63	7.32	7.01	6.85	6.68	6.52	6.35	6.17	6.00

续表

$n \backslash m$	1	2	3	4	5	6	7	8	9	10	12	15	20	24	30	40	60	120	∞
	$\alpha = 0.001$																		
12	18.64	12.97	10.80	9.63	8.89	8.38	8.00	7.71	7.48	7.29	7.00	6.71	6.40	6.25	6.09	5.93	5.76	5.59	5.42
13	17.81	12.31	10.21	9.07	8.35	7.86	7.49	7.21	6.98	6.80	6.52	6.23	5.93	5.78	5.63	5.47	5.30	5.14	4.97
14	17.14	11.78	9.73	8.62	7.92	7.43	7.08	6.80	6.58	6.40	6.13	5.85	5.56	5.41	5.25	5.10	4.94	4.77	4.60
15	16.59	11.34	9.34	8.25	7.57	7.09	6.74	6.47	6.26	6.08	5.81	5.54	5.25	5.10	4.95	4.80	4.64	4.47	4.31
16	16.12	10.97	9.00	7.94	7.27	6.81	6.46	6.19	5.98	5.81	5.55	5.27	4.99	4.85	4.70	4.54	4.39	4.23	4.06
17	15.72	10.66	8.73	7.68	7.02	6.56	6.22	5.96	5.75	5.58	5.32	5.05	4.78	4.63	4.48	4.33	4.18	4.02	3.85
18	15.38	10.39	8.49	7.46	6.81	6.35	6.02	5.76	5.56	5.39	5.13	4.87	4.59	4.45	4.30	4.15	4.00	3.84	3.67
19	15.08	10.16	8.28	7.26	6.62	6.18	5.85	5.59	5.39	5.22	4.97	4.70	4.43	4.29	4.14	3.99	3.84	3.68	3.51
20	14.82	9.95	8.10	7.10	6.46	6.02	5.69	5.44	5.24	5.08	4.82	4.56	4.29	4.15	4.00	3.86	3.70	3.54	3.38
21	14.59	9.77	7.94	6.95	6.32	5.88	5.56	5.31	5.11	4.95	4.70	4.44	4.17	4.03	3.88	3.74	3.58	3.42	3.26
22	14.38	9.61	7.80	6.81	6.19	5.76	5.44	5.19	4.99	4.83	4.58	4.33	4.06	3.92	3.78	3.63	3.48	3.32	3.15
23	14.19	9.47	7.67	6.69	6.08	5.65	5.33	5.09	4.89	4.73	4.48	4.23	3.96	3.82	3.68	3.53	3.38	3.22	3.05
24	14.03	9.34	7.55	6.59	5.98	5.55	5.23	4.99	4.80	4.64	4.39	4.14	3.87	3.74	3.59	3.45	3.29	3.14	2.97
25	13.88	9.22	7.45	6.49	5.88	5.46	5.15	4.91	4.71	4.56	4.31	4.06	3.79	3.66	3.52	3.37	3.22	3.06	2.89
26	13.74	9.12	7.36	6.41	5.80	5.38	5.07	4.83	4.64	4.48	4.24	3.99	3.72	3.59	3.44	3.30	3.15	2.99	2.82
27	13.61	9.02	7.27	6.33	5.73	5.31	5.00	4.76	4.57	4.41	4.17	3.92	3.66	3.52	3.38	3.23	3.08	2.92	2.75
28	13.50	8.93	7.19	6.25	5.66	5.24	4.93	4.69	4.50	4.35	4.11	3.86	3.60	3.46	3.32	3.18	3.02	2.86	2.69
29	13.39	8.85	7.12	6.19	5.59	5.18	4.87	4.64	4.45	4.29	4.05	3.80	3.54	3.41	3.27	3.12	2.97	2.81	2.64
30	13.29	8.77	7.05	6.12	5.53	5.12	4.82	4.58	4.39	4.24	4.00	3.75	3.49	3.36	3.22	3.07	2.92	2.76	2.59
40	12.61	8.25	6.60	5.70	5.13	4.73	4.44	4.21	4.02	3.87	3.64	3.40	3.15	3.01	2.87	2.73	2.57	2.41	2.23
60	11.97	7.76	6.17	5.31	4.76	4.37	4.09	3.87	3.69	3.54	3.31	3.08	2.83	2.69	2.55	2.41	2.25	2.08	1.89
120	11.38	7.32	5.79	4.95	4.42	4.04	3.77	3.55	3.38	3.24	3.02	2.78	2.53	2.40	2.26	2.11	1.95	1.76	1.54
∞	10.83	6.91	5.42	4.62	4.10	3.74	3.47	3.27	3.10	2.96	2.74	2.51	2.27	2.13	1.99	1.84	1.66	1.45	1.00

注：† 表示要将此数乘以 100.